Unterwasserschalltechnik

Grundlagen, Ziele und Grenzen

(Submarine Akustik in Theorie und Praxis)

von

Dr. Franz Aigner

Privatdozent für Experimentalphysik an der Technischen Hochschule Wien.

Mit 169 Abbildungen.

BERLIN W.

Verlag von M. Krayn

1922.

Vorwort.

Das vorliegende Werk über submarine Akustik verfolgt zunächst den Zweck, die Ergebnisse jahrelanger theoretischer und experimenteller Forschung auf diesem Gebiete, das bis vor kurzem noch strenges Geheimnis Weniger bildete, der wissenschaftlichen Oeffentlichkeit in zusammenhängender Darstellung bekanntzugeben. Manches darin wird insbesondere den Physiker interessieren, der im allgemeinen die Akustik als ein abgeschlossenes Gebiet mit geringer Aussicht auf neue Erkenntnis betrachtet. In erster Linie ist das Buch jedoch für den auf diesem Gebiete praktisch tätigen Ingenieur bestimmt, dem es als leicht faßliches, möglichst vollständiges Nachschlagewerk dienen soll. Aus diesem Gesichtspunkte heraus wurden einige Paragraphe ausführlicher behandelt, als dies für einen Physiker vom Fach erforderlich wäre. Das umfangreiche Literaturverzeichnis am Ende des Buches soll den Ingenieur in die Lage versetzen, sich rasch und ökonomisch über auftauchende Spezialfragen in der ihm nicht geläufigen physikalischen Literatur zurechtzufinden. Auch die physikalische Technik wurde nach Möglichkeit berücksichtigt und wo es angängig war, in kurzen Worten auf Besonderheiten aufmerksam gemacht. Die Figuren umfassen, soweit sie sich auf Apparate und technische Probleme erstrecken, durchwegs tatsächlich ausgeführte und erprobte Anordnungen; für die bereitwillige Ueberlassung des Bildermateriales bin ich den einzelnen Firmen zu Danke verpflichtet. Bei der Auswahl und Kritik der Figuren habe ich mich bemüht, objektiv vorzugehen und keine Firma zu bevorzugen. Schließlich möchte ich noch den Herren Prof. Dr. H. Thirring und Privatdz. Dr. A. Smekal für ihre Mithilfe beim Lesen der Korrekturen an dieser Stelle bestens danken. —

WIEN, im August 1920.

F. Aigner.

Inhaltsverzeichnis.

I. Kapitel.

Seite

Historischer Rückblick 1

II. Kapitel.

Das Schallfeld.

§ 1. Allgemeines über den Feldbegriff 12
§ 2. Die wichtigsten Begriffe aus der Kinematik der Schwingungen 15
§ 3. Darstellung einer periodischen Funktion durch Fouriersche Reihen . . 18
§ 4. Kugelfunktionen und Anderes 18
§ 5. Symbolische Darstellung periodischer Vorgänge durch komplexe Größen; Vektordiagramme 19
§ 6. Theorie des Schallfeldes im allgemeinen 25
§ 7. Wellenformen im Schallfeld 28
§ 8. Die akustische Druckgleichung 38
§ 9. Die Divergenz des Geschwindigkeitspotentiales als Quellenergiebigkeit . . 41
§ 10. Die Schallgeschwindigkeit und ihre Abhängigkeit von Temperatur, Druck, Luft- und Salzgehalt 43
§ 11. Schalleitung und Schallschwächung 46
§ 12. Theoretische und praktische Signalreichweite 52
§ 13. Das Problem der Senderfrequenz und die Frage nach der zweckmäßigsten Tonhöhe 59
§ 14 Reichsweite-Versuchsergebnisse 67
§ 15. Einbettungen von Fremdkörpern in das Schallfeld 77
§ 16. Die Verstärkung der Unterwasserschallsignale an der Empfangsstelle . . 80
§ 17. Telegraphie mit physiologisch unhörbaren Schwingungen 80
§ 18. Steigerung der Schallenergiestrahlung an Sendern 83

III. Kapitel.

Die Schallantennen

§ 1. Harmonische Schwingungen eines Systems mit einem Freiheitsgrad (einwellige Schallantennen) 84
§ 2. Harmonische Schwingungen eines Systems mit zwei Freiheitsgraden (zweiwellige, gekoppelte Schallantennen) 97
§ 3. Der Strahler nullter Ordnung 105
§ 4. Der Strahler erster Ordnung 109
§ 5. Die Kolbenmembran als strahlende Fläche nullter Ordnung 114
§ 6. Die elastische Membran als strahlende Fläche nullter Ordnung 118
§ 7. Die elastische Kraft für eine Kolbenmembran 129
§ 8. Energieabsorption in Schallantennen nullter und erster Ordnung . . . 138
§ 9. Rückwirkung von Schallantennen auf das primäre Schallfeld und gegenseitige Beeinflussung von Resonatoren 143

IV. Kapitel.

Sendeantennen.

Seit

§ 1. Unterwasserglocken 14

§ 2. Die Sirene als Nullstrahler 14

§ 3. Praktische Ausführungstypen von Unterwassersirenen 15

§ 4. Elektrodynamische Membransender und ihr elektrischer Ersatzkreis . . 16

§ 5. Praktische Ausführungstypen von elektrodynamischen Sendern nullter Ordnung 17

§ 6. Elektromagnetische Membransender und ihr elektrischer Ersatzkreis . . 17

§ 7. Praktische Ausführungstypen von elektromagnetischen Sendern nullter Ordnung 18

§ 8. Sendermembrankonstruktionstypen 19

§ 9. Elektrodynamische und elektromagnetische Sender erster Ordnung . . 19

§ 10. Vergleich zwischen den elektrodynamischen und elektromagnetischen Sendeantennen 20

V. Kapitel.

Empfangsantennen.

§ 1. Empfängereigenschaften 20

§ 2. Empfänger nullter und erster Ordnung 20

§ 3. Elemente zur Umformung der in die Empfangsantenne eingestrahlten akustischen Nutzenergie in elektrische Energie 20

§ 4. Empfängerausführungen 22

§ 5. Empfänger als direkte Schallsenken ohne Energieumformungselement . 23

VI. Kapitel.

Akustische Peilung und Vermessung.

§ 1. Der Schallschatten 23

§ 2. Der Wasserschädel 24

§ 3. Die stereoskopischen Hörmethoden 24

§ 4. Das Antennenkreuz aus Strahlern erster Ordnung 25

§ 5 Kombination einer gerichteten und einer ungerichteten Antenne . . . 25

§ 6. Distanzbestimmung unter Zuhilfenahme von Luftschall oder elektrischer Wellen 25

VII. Kapitel.

Sender- und Empfangs-Apparatur und Apparateneinbau.

§ 1. Senderapparatur 25

§ 2. Empfangsapparatur 25

§ 3. Einbau von Senderstationen 26

§ 4. Einbau von Empfangsstationen 26

VIII. Kapitel.

Praktische Anwendung der Unterwasserschalltelegraphie. Seite

§ 1. Anwendung als Telegraph und als Telephon 270
§ 2. Das Loten mittelst Unterwasserschallsignalen 271
§ 3. Verhütung von Zusammenstößen mit Hindernissen 272
§ 4. Das Unterwasserschallsignal als Lotse 272

Literaturverzeichnis und Ergänzungen 274
Namen-Verzeichnis 312
Sach-Verzeichnis 314
Figuren-Verzeichnis 321
Tabellen-Verzeichnis 322

Anmerkung: Die in runden Klammern dem Text beigesetzten, hochgestellten Zahlen verweisen auf die Nummer des Literaturverzeichnisses und der Ergänzungen, während die in eckigen Klammern dem Text beigefügten Zeichen auf die einzelnen Kapitel, Paragraphe, Figuren, Gleichungen und Seitenzahlen des Buches verweisen. Z. B. [IV, § 3, (5) 8] bedeutet einen Hinweis auf das Kapitel IV, seinen § 3 und zwar die Gleichung 5.) auf Seite 8.

I. Kapitel.

Historischer Rückblick.

Schon Leonardo da Vinci (⁰) war es bekannt, daß Wasser ein besonders guter Schalleiter ist. Er berichtet: „Wenn du auf der See die Oeffnung einer Tuba in das Wasser steckst und hältst die Spitze an dein Ohr, so vernimmst du, ob Schiffe in weiter Ferne fahren."

Die erste praktische Anwendung von der guten Schalleitfähigkeit des Wassers dürften die Eingeborenen auf Ceylon gemacht haben. Sie hängen aus ihren Fischerbooten einen irdenen Topf, den sogenannten „Chatty", über Bord und schlagen ihn unter Wasser an; der helle, scharfe Ton wird auf ziemlich große Entfernungen durch Anlegen des Ohres an den Boden des dünnwandigen Fahrzeuges abgehorcht.

Im Jahre 1826 bestimmten zum ersten Male in einwandfreier Weise J. D. Colladon und J. K. F. Sturm ([1]) die Schallgeschwindigkeit ([2]) im Wasser des Genfer Sees zwischen den Städten Rolle und Thonon. Als Schallsender diente den beiden Forschern eine 70 cm hohe, 65 kg schwere Kirchenglocke, die in 3 m Wassertiefe mit einem Hammer angeschlagen wurde, wobei sich gleichzeitig automatisch über Wasser eine größere Menge Schießpulver entzündete. Der dabei entstehende Lichtblitz diente als Zeitmarke. Den Empfänger bildete ein ins Wasser getauchtes Höhrrohr, dessen ca. 20 dm^2 große Auffangöffnung mit einer dünnen Metallmembran wasserdicht verschlossen war. Mit dieser Versuchsanordnung (Fig. 1) konnten die Glockenschläge auf rund 14 km Distanz deutlich wahrgenommen werden; die Wassertiefe betrug längs der Meßstrecke rund 140 m.

Die Behauptung von Bonnycastle ([3]), der im Jahre 1837 an der Küste der Vereinigten Staaten im Auftrage der Admiralität resultatlose Versuche zwecks Messung der Meerestiefe mittelst reflektierter Schallwellen anstellte, daß die Schallintensität im Wasser sehr gering sei, veranlaßte Colladon ([4]) im Jahre 1841 zu einer Wiederholung seiner Versuche mit einer 500 kg schweren Kirchenglocke, wobei er mit der ursprünglichen Empfangseinrichtung eine Reichweite von 35 km erzielte. Er schloß daraus, daß man unter günstigen Umständen und mit kräftigen, wohlberechneten Hilfsmitteln auf Entfernungen von einigen hundert Kilometern werde korrespondieren können. Colladon war somit der erste Forscher, der die Möglichkeit einer praktischen Bedeutung der submarinen Verständigung mittels Schallwellen erkannt und klar ausgesprochen hat. Wenn sich auch später zeigen wird, daß seine auf den beiden Versuchsreihen aufgebauten Schlüsse hinsichtlich Reichweite keineswegs im vollen Umfange stichhältig sind, so muß man sich doch ernstlich wundern, daß die Schiffahrt nicht unmittelbar nach Bekanntwerden der Versuchsresultate im Genfer See zur unterseeischen Signalisierung griff, sondern es zu einer nennenswerten Anwendung der Unterwasserschalltechnik für die Nebelsignalisierung zur See erst zu Beginn dieses Jahrhunderts kam. Ein Hauptgrund für die Verzögerung des praktischen Ausbaues der Colladonschen Ergebnisse liegt wohl in den hohen Kosten solcher Untersuchungen.

Die erste regere Tätigkeit auf diesem Gebiete finden wir gegen Ende des vorigen Jahrhunderts, die hauptsächlich das Ziel vor Augen hatte, die Eigen-

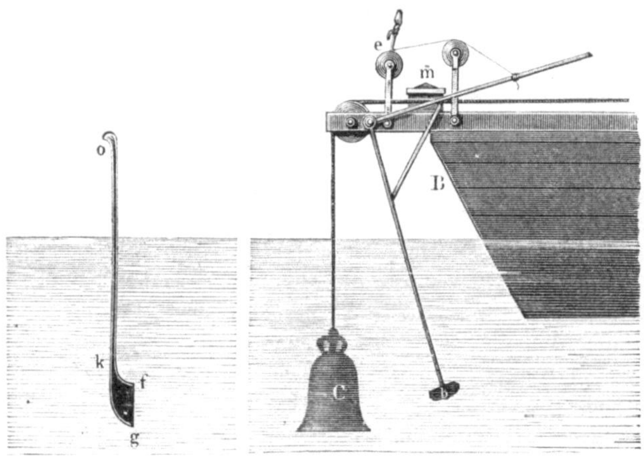

Fig. 1.

schaften des Unterwasserschalles der Navigation bei Nebel und unsichtigem Wetter dienstbar zu machen. Einer der bedeutendsten Vertreter dieser Bemühungen ist M. Banaré ([5]), der in seinem Buche „Les Collisions en Mer" eine zusammenfassende Darstellung des damaligen Standes der Unterwasserschalltechnik gab. Banaré löste in großen Zügen die Aufgabe, einen praktisch brauchbaren Unterwasserschallmikrophonempfänger herzustellen und gab auch einen Weg an, mittels des Schiffschallschattens durch Anordnen je eines Empfängers an der Steuerbord- und Backbordseite die Schallrichtung zu bestimmen.

In Deutschland machte die ersten Mitteilungen über Unterwasserschallapparate Körte ([6]) im Jahre 1901 auf dem 32. Verbandstage des deutschen nautischen Vereins in Berlin. Er berichtete dort über eigene auf dem Müggelsee angestellte Versuche sowie über Untersuchungen von E. Gray auf submarinakustischem Gebiete. Die Bestrebungen, Schallschwingungen für Signalzwecke von Schiff zu Schiff oder von Schiff zu Land und umgekehrt technisch zu verwerten, finden wir insbesondere bei zahlreichen englischen Erfindern. Auch von deutscher Seite wurde bereits im Jahre 1895 auf Veranlassung der nautischen Abteilung des Reichsmarineamtes von Peck zusammen mit N. M. Thompson auf dem Wannsee experimentiert. Diese von deutscher und englischer Seite angestellten Versuche sowie die von König in Verbindung mit Blake vorgenommenen Untersuchungen brachten insofern keinen wesentlichen Fortschritt, als sie lediglich die gute Schalleitfähigkeit des Wassers bestätigten, womit für die praktische Schiffahrt nicht viel gewonnen war.

Den ersten bedeutenden Schritt zur Ausgestaltung einer für den Seemann brauchbaren Apparatur machten Mundy und Millet zusammen mit E. Gray, indem sie den primitiven Weg der Uebertragung von Schallschwingungen vermittels des

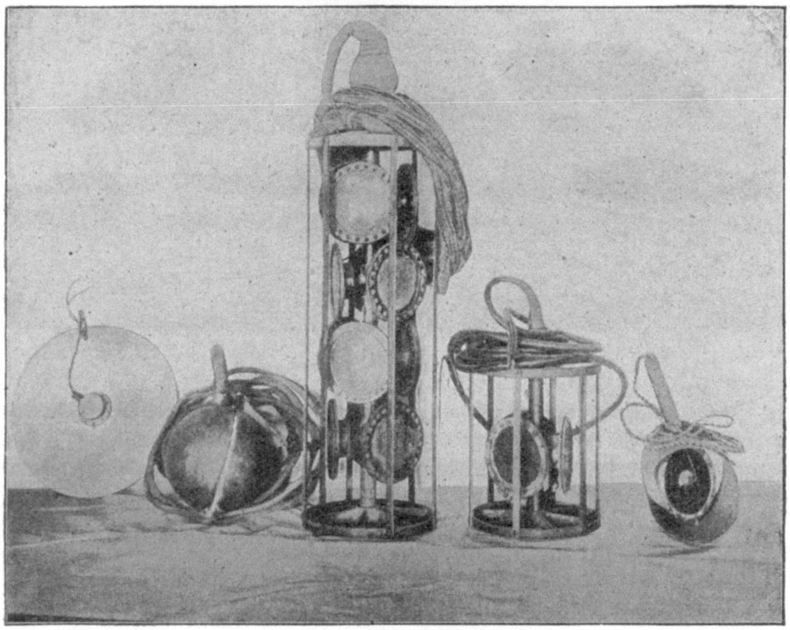

Fig. 2.

Schiffskörpers an die Luft und über diese an das menschliche Ohr verließen und Unterwassermikrophone als Schallempfänger einführten, deren Membranbewegung durch Vermittlung der Elektrizität mit Telephonen abgehorcht wurde.

Die gleichen Bestrebungen vor der Erfindung des Mikrophones seitens König und Blake im Jahre 1883 in Deutschland, mittels Telephonempfängern zum Ziele zu kommen, mißlangen infolge der zu geringen Empfindlichkeit der damaligen Telephone. Die Versuche mit den Mikrophonempfängern verliefen anfangs ebenso wie die bereits 1881 angestellten von Le Blon vollkommen resultatlos, da in diesen Außenbordmikrophonen durch das an den Kanten des Apparats vorbeiströmende Wasser derartig heftige Nebengeräusche entstanden, daß der eigentliche Signalton auch bei sehr geringer Fahrt nicht durchgehört wurde. Figur 2 zeigt einige dieser ältesten Originaltypen von Außenbordmikrophonen.

Auf Grund dieser Erfahrungen gab E. Gray den Außenbordmikrophonen zur Behebung der Nebengeräusche eine fischähnliche Form (Fig. 3), die schon günstigere Ergebnisse zeitigte. Damit war die erste, wenn auch noch unbequem handhabbare, so doch praktisch zur Not verwendbare Empfangsapparatur geschaffen, die bereits den schätzbaren Vorteil gegenüber einigen Vorläufern besaß, daß der Abhorchort für die Telephone im Schiff selbst beliebig wählbar

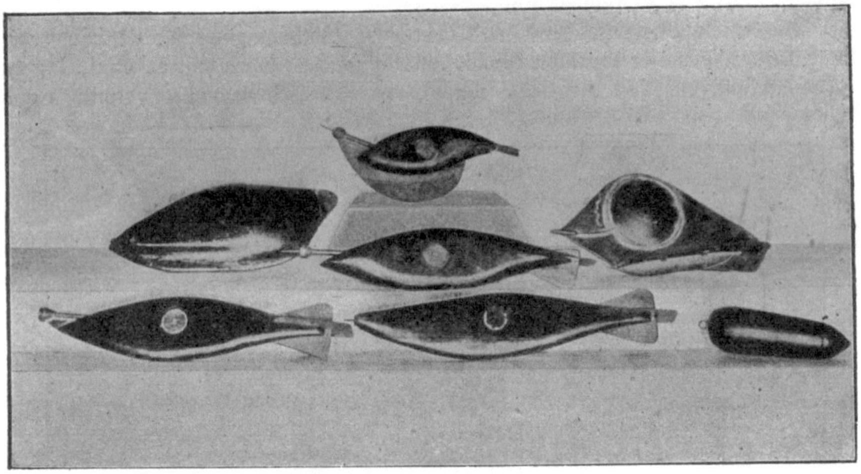

Fig 3.

wurde. Eine weitere Verbesserung erfuhren dann die Mikrophonempfänger im Jahre 1888 durch Banaré, der sie mit einem Druckausgleich versah, um so die unangenehme Empfindlichkeitsabnahme mit der Tauchtiefe zu kompensieren, während H. Hieronymus den Druckausgleich dadurch herbeizuführen suchte,

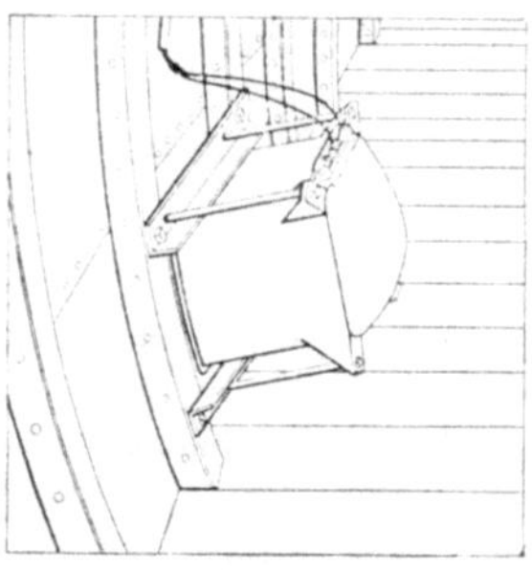

Fig. 4.

daß er den Raum zwischen den Mikrophonelektroden mit einer nichtleitenden Flüssigkeit füllte. Der Seemann allerdings war mit dem gegebenen Empfangsgerät nicht zufriedengestellt, denn er benötigte ein akustisches Navigationsmittel; für ihn war es wesentlich, beim Ansteuern eines Hafens, wenn Nebel, Regen und Schneetreiben jede optische Signalisierung unmöglich machten, und wenn das Heulen des Sturmes die akustischen Luftsignale übertönte, die Richtung feststellen zu können, aus der das submarine Signal kommt. Für ihn lag somit die Hauptfrage in der Peilungsmöglichkeit der Schallquelle.

Die erste praktische Lösung dieser Aufgabe gelang E. Gray und A. Mundy im Jahre 1902 durch die Konstruktion der Empfängertanks (Fig. 4).

Die Ausführung, die sich das Prinzip des Schallschattens für die Peilung der Schallquelle zunutze macht, besteht im wesentlichen darin, daß im Vorschiff,

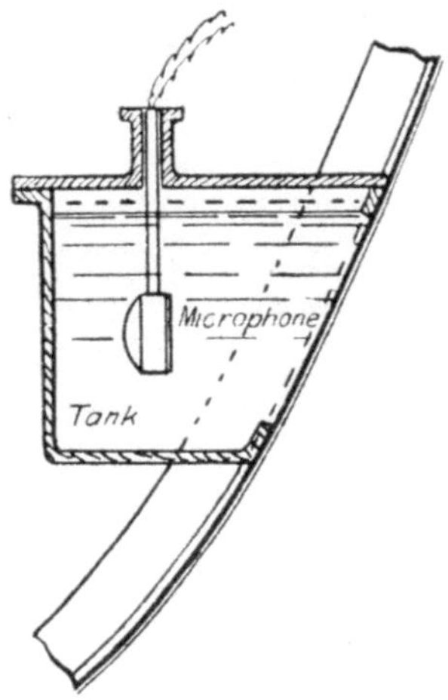

Fig. 5.

etwa 10 bis 12 Meter vom Vordersteven entfernt, backbord- und steuerbordseitig je ein mit Wasser gefüllter Aufnehmertank an die innere Schiffshaut angebaut wird. Die Tanks sind in solcher Tiefe unter dem Wasserspiegel angebracht, daß

Fig. 6.

auch bei stark bewegter See ruhiges Außenwasser vorausgesetzt werden kann. In dem gegen Einfrieren etwa durch Glyzerinzusatz geschützten Tankwasser befinden sich akustisch isoliert aufgehängt die Empfangsmikrophone (Fig. 5).

Von den Mikrophonen führen die Verbindungsleitungen zu den meist im Kartenhaus installierten Hörtelephonen (Fig. 6). Die Schaltung ist so eingerichtet, daß abwechselndes Abhorchen eines Steuerbord- und eines Backbord-Empfängers durch einfaches Umlegen eines Schalthebels ermöglicht wird.

Aus Fig. 7 ist das Navigationsmanöver ersichtlich. Der ursprüngliche Kurs A des Schiffes führt direkt ins Verderben. Nach Hörbarwerden der ebenfalls von Gray und Mundy durchgebildeten Unterwasserglocke (Fig. 8) spricht in

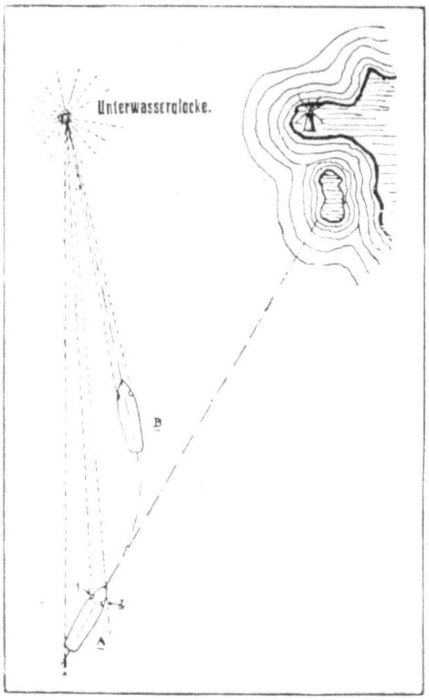

Fig. 7.

diesem Falle das B. B.-Mikrophon 1 wesentlich stärker an als das St. B.-Mikrophon 2, da der Luftraum im Schiffskörper einen kräftigen Schallschatten im Wasserschallfeld wirft. Wird das Schiff solange beigedreht, bis B. B.- und St. B.-Empfänger den Schall der Glocke gleich laut aufnehmen, so hat es direkten Kurs B auf die Schallquelle.

Die Unterwasserglocke dieses von der Submarine Signal Co. in Boston gebauten und in Deutschland von den Atlaswerken in Bremen in den Handel gebrachten Systems trägt oben in einem Kessel wasserdicht eingebaut die Antriebsvorrichtung für den Glockenschwengel, der entweder mittels Preßluft, Elektrizität, Dampf oder Handdruck oder endlich bei manchen an Bojen ausgelegten Unterwasserglocken (Fig. 9) auch durch die Ausnützung des Seeganges betätigt wird.

Dieses erste für die Praxis brauchbare und für den Anfang auch ausreichende Unterwasserschall-Orientierungs- und Warnungs-Mittel hat sich in vielen Fällen sehr gut bewährt.

Die Einführung des Tankprinzipes hat außerdem den nicht zu unterschätzenden Vorteil, daß die Mikrophone ortsfest mit dem Schiff verbunden sind und die notwendigen Drahtleitungen von den Empfängern zu den Telephonen im Schiffskörper ein für alle Male fix und geschützt verlegt werden können. Ferner befinden sich die Mikrophone im ruhigen vom Außenwasserdruck unabhängigen

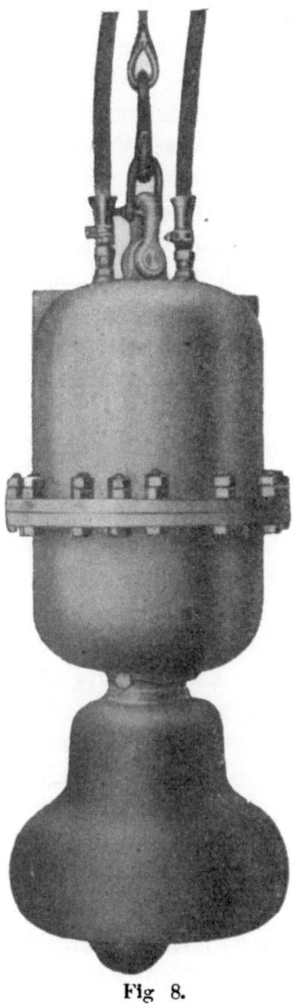

Fig 8.

Fig 9.

Wasser des Tankes, wodurch die bei Außenbordmikrophonen unvermeidlichen Nebengeräusche und Empfindlichkeitsschwankungen durch veränderlichen Außendruck wegfallen. Eine nennenswerte Schallschwächung vom See- auf das Tankwasser durch die normale Schiffshaut tritt nicht ein. Der Tank selbst wird an die Bordwand mittels einer den Schall schlecht leitenden Zwischenlage (meist Gummi) angepreßt, um eine Uebertragung der sich in der Schiffswand fortpflanzenden, aus dem Schiffsinnern herrührenden Geräusche auf das metallische Tankgefäß sowie auf den Schalleintrittsort der Bordwand abzudämpfen, so daß diese Störungen auf die Tankflüssigkeit und damit auf das Mikrophon nur eine schwache und für das Abhören erträgliche Wirkung ausüben können.

In diesem Stadium befand sich die praktische Apparatur in den letzten 10 Jahren vor dem Weltkrieg, wo man über die theoretischen Probleme der submarinen Akustik noch keine klare Vorstellung hatte. Wie meist, eilte auch hier bis zu einer gewissen Entwicklungsstufe die Technik der Theorie voraus und schuf in der von Colladon übernommenen Glocke als Sender und in den in Tanks montierten Mikrophonempfängern ein praktisch brauchbares Navigationsgerät, das nicht gerade selten für ein Schiff das einzige noch funktionierende Hilfsmittel darstellte und manches Menschenleben und manch kostbare Ladung vor dem sicheren Untergang rettete.

Bald traten jedoch seitens der Kriegsmarinen neue Forderungen an die submarine Akustik heran. Es fehlte jedes kriegstechnisch brauchbare Verständigungsmittel zwischen getauchten Unterseebooten sowohl untereinander als auch mit Ueberwasserfahrzeugen. Man benötigte einen akustischen Unterwassertelegraphen entsprechender Leistungsfähigkeit hinsichtlich Distanzüberbrückung und Telegraphiergeschwindigkeit. Letzten Endes wollte man auch akustisch unter Wasser telephonieren können.

Die Schwierigkeit, mit den stark gedämpften Glockenschlägen Morsezeichen zu senden, wurde ursprünglich dadurch behoben, daß man einen Punkt durch einen, einen Strich durch zwei Glockenschläge kennzeichnete. Eine wunde Stelle dieser Signalisiermethode blieb jedoch die äußerst langsame Telegraphiergeschwindigkeit, die bestenfalls eine Silbe pro Minute zeitigte. Versuche, mit Glocken ungedämpfte Schwingungen auszusenden, scheiterten aus Gründen der Materialbeanspruchung. Aus historischem Interesse soll nicht unerwähnt bleiben, daß man die Telegraphiergeschwindigkeit mit sogenannten Schnellschlagglocken zu erhöhen suchte. Bei diesen Rasselwerken stieg allerdings das Sendetempo auf etwa den dreifachen Betrag; doch sank gleichzeitig die Reichweite gegenüber den Einschlagglocken ganz beträchtlich, da eine brauchbare Lebensdauer der Glocke die raschen Schläge nicht mit der gleichen Intensität wie bei den Einschlagglocken zuließ. Der ganze Fragenkomplex ging schließlich darauf hinaus, eine Schallquelle entsprechender Intensität zur Aussendung von kontinuierlichen Schwingungen im Wasser zu bauen. Auf dem Papiere der Patentschriften war diese Aufgabe rasch und in zahlreichen Varianten oft in der abenteuerlichsten Form und häufig unbekümmert um die einfachsten Grundsätze der Schwingungstheorie gelöst. Anders lag die Sache in Wirklichkeit. Man stand vor einer theoretisch nirgends klar präzisierten, auch technisch ernstlich schwierigen Aufgabe, die sich noch dadurch wesentlich komplizierte, daß die experimentellen Versuchsergebnisse von den einzelnen Staaten aus militärischen Gründen streng geheim gehalten wurden.

Versuche, die bekannten Wasserpfeifen von Wertheim (7) technisch brauchbar durchzubilden, scheiterten unter anderm wegen des Luftgehaltes vom Seewasser vollständig.

Ein günstigeres Schicksal hatten die Wassersirenen, um deren Durchbildung sich besonders die Firmen Neufeldt und Kuhnke sowie die Signalgesellschaft in Kiel verdient machten. Auf die Dauer haben sich diese Apparate allerdings auch nicht bewährt, nachdem ihre Lebensdauer eine sehr beschränkte blieb, da der streng in den Sirenenstator passende Rotor und insbesondere die Sirenenöffnungen vom Seewasser enorm rasch angegriffen werden. Es gelang nicht, ein Material zu finden, das gegenüber der zerstörenden Wirkung an den Austrittskanälen infolge der hohen Wassergeschwindigkeiten einen genügenden Widerstand zu leisten vermochte. Außerdem trat sehr leicht Versanden und dgl. mehr ein, was zu einem Festsetzen des Rotors oder Morseschiebers und damit vollständigen Versagen der Sirene führte.

Eine wesentliche Verbesserung gegenüber den Rotorsirenen bildeten die Sirenen nach dem Prinzip des hydraulischen Selbstunterbrechers. Diese bestehen meist aus Membranen oder ähnlichen Schwingungskörpern, die mit Druckwasser betrieben werden. Die Membran sperrt in der Ruhelage die Düse der Druckleitung ganz oder teilweise ab. Infolgedessen findet ein Abheben der Membran von der Düse beim Anstellen der Druckwasserleitung statt, wodurch der Druck in der Düsenöffnung sinkt und das Abschlußorgan der Düse durch elastische Kraftwirkung wiederum in die Ruhelage zurückzukehren strebt. Es tritt ganz ähnlich wie bei den elektromagnetischen Selbstunterbrechern eine gesteuerte Schwingung des Düsenabschlußorganes auf, wodurch der Wasserausfluß eine periodische Regelung erfährt. Verfasser hat diesen Typ der sogenannten Oszillatorsirenen dahingehend verbessert, daß er zur Unterstützung der elastischen Kraft des Düsenabschlußorganes das von Clement und Désormes entdeckte Prinzip des negativen Druckes ([8]) heranzog und diesen Apparat zusammen mit R. Klinger zu einem technisch brauchbaren Sender durchgebildet. Die Oszillatorsirene hat gegenüber den Rotorsirenen einmal den wesentlichen Vorteil, daß sie keinen Motor zum Antrieb eines Rotors benötigt und sich ferner so bauen läßt, daß keinerlei störende Abnützung des Materials an der Düse auftritt. Auch ist diese Sirene gegenüber Fremdkörpern in der Druckleitung sehr unempfindlich, somit wesentlich betriebsicherer als die Rotorsirenen. Doch erwiesen sich auch Oszillatorsirenenanlagen nicht als bordfähig. Denn alle hydraulischen Sender sind mit dem Fehler behaftet, daß sich bei längerer Nichtbenützung überall am Sender, dann in der Rohrleitung, sowie besonders in den empfindlichen Teilen der Morsevorrichtung Seewasserkristalle ansetzen, die zu allen möglichen Havarien Veranlassung geben, so daß ein störungsfreies Arbeiten nicht zu erwarten ist. Nun bedeutet aber gerade letzterer Umstand eine conditio sine qua non für den Bordbetrieb, schon deshalb, da ein Versagen am Sender gewöhnlich nur im Dock behoben werden kann.

Es fehlte daher nicht an Bemühungen, elektrische Summer für die Zwecke der Unterwasserschalltelegraphie brauchbar zu gestalten. Die ursprünglichen Bemühungen auf elektromagnetischem Wege — einfach mit großen elektromagnetischen Telephonsendern — das Ziel zu erreichen, mißlangen aus folgenden Gründen: Einmal steigen bei gut hörbaren Tönen die Eisenverluste ins Uferlose; die einfache Anwendung von lamellierten Magneten mit ebensolchen Ankern erzeugt infolge der unstarren Blechpakete eine enorme Verlustdämpfung. Ferner hielten die ursprünglich verwendeten, am Rande eingespannten Membranen für die geforderten Tauchtiefen der U-Boote den Wasserdruck zum Teil überhaupt nicht aus, oder verstimmten sich derart, daß das für eine bestimmte Frequenz gebaute Sendetelephon nicht mehr auf die vorgegebene Periodenzahl resonierte, was eine beträchtliche Einbuße an Strahlungsleistung nach sich zieht. Ueberdies zeigen alle mechanischen Schwingungsgebilde mit gleichmäßig verteilter Masse und Elastizität — ein bei normalen Telephon-Membranen vorliegender Fall — die unangenehme Eigenschaft, daß sie sich, wenn treibende oder dämpfende Kräfte an ihnen angreifen, verstimmen. Abgesehen von allen diesen mir technischem Geschick auf irgendeine Weise doch zu meisternden Uebelständen stand endlich dem Bau von Unterwasserschallsendern nach dem Telephonprinzip mit einer einfachen, am Rande eingespannten elastischen Membran bei gleichmäßiger Verteilung von Masse und elastischer Kraft für die akustisch günstigste Periodenzahl von rund 1000 Perioden pro Sekunde das theoretische Hindernis entgegen, daß die rücktreibende elastische Membrankraft im Vergleich zu den im Wasser zulässigen Amplituden weit unter der Größe bleibt, die das Angreifen von nennenswerten eingeprägten Kräften an der Membran durch den Magnet und damit die Aussendung einer größeren Schallenergie erlauben würde.

Einen beachtenswerten Vorschlag zur Behebung dieses theoretischen Hindernisses machten im Jahre 1908 A. du Bois-Reymond und J. Görges (⁹), indem sie eine elastische Zusatzkraft für die Membran von genügender Größe vorschlugen. Sie hofften auf diese Weise Morsezeichen genügender Lautstärke unter Wasser herstellen zu können. Doch zeigte ein nach diesem Prinzip gebauter Sender infolge Nichtbeachtung der übrigen früher angeführten Umstände eine derart große Verlustdämpfung, daß damals die Versuche als aussichtslos abgebrochen wurden; später hat die Signalgesellschaft in Kiel die Versuche wieder aufgenommen. Doch gelang die technische Durchbildung des Apparates nicht sofort, wohl hauptsächlich deshalb, weil man sich nicht mit vollem Eifer damit beschäftigte, da zu dieser Zeit das Hauptaugenmerk den Sirenen zugewendet war, und der damals noch ziemlich unvollkommene elektromagnetische Probesender bei Parallelversuchen mit Unterwassersirenen wesentlich schlechtere Reichweiteergebnisse hatte.

Auf eine ganz andere Weise rückte R. A. Fessenden (¹⁰) dem Problem zu Leibe, der sich im Jahre 1911 im Auftrage der Submarine Signal Co. in Boston mit dieser Frage zu beschäftigen begann. Er löste das elektrische Senderproblem als erster in Form eines praktisch brauchbaren Apparates auf elektrodynamischem Wege mit Hilfe eines elektrodynamischen Oszillators von sehr großer Kraftwirkung in beiden Schwingungsphasen. Dadurch konnte er für die Erzielung großer Strahlungsleistungen auf die erforderliche elastische Kraft der Membran verzichten, da diese eben in beiden Schwingungsphasen durch dynamoelektrische Kraftwirkung zwangläufig gesteuert wird, im Gegensatz zur bekannten Telephonmagnetwirkung, die lediglich in der einen Schwingungsphase einen magnetischen Zug auf die Telephonmembran ausübt, während in der entgegengesetzten Phase die Direktionskraft der Membran die rückläufige Bewegung bestimmt. Der erste Typ des Fessenden Oszillators war für den Ton 500 gebaut, da in Amerika die Konstruktion auf Grund der Bedingung erfolgte, daß an Bord der Unserseeboote der für die drahtlose Telegraphie vorhandene Gleichstrom-Wechselstrom-Umformer von 500 Perioden im Interesse von Gewichts- und Raumersparnis auch für den Unterwasser-Telegraphiebetrieb verwendet werden sollte. In Deutschland erstreckten sich die ersten Versuche mit diesem Sender, die in das Jahr 1915, also bereits in die Kriegszeit fielen, zunächst lediglich auf die Untersuchungen der elektrischen Eigenschaften der neuen Schallquelle. Dieser Oszillator hat die experimentelle Versuchstätigkeit und das Sammeln experimentellen Materials für die Ausarbeitung der submarinen Theorie außerordentlich gefördert, da er den ersten Apparat darstellt, bei dem man einwandfrei die ausgestrahlte Schalleistung meßtechnisch feststellen und kontrollieren sowie genau regulieren kann.

Inzwischen hatten auch die Versuche der Signalgesellschaft mit elektromagnetischen Sendern zu einen brauchbaren Apparat geführt. Die Firma koppelte ein mechanisches Schwingungsgebilde, auf das ein Elektromagnet mit großen Amplituden und kleinen Kräften arbeitet, mit der strahlenden Membran derart, daß letztere mit kleinen Ampituden große Kraftwirkungen auf das anliegende Wasser ausüben konnte; wesentlich zugute kamen den Konstrukteuren dieses gekoppelten elektromagnetischen Senders die Erfahrungen auf dem Gebiete der drahtlosen Telegraphie mit gekoppelten Schwingungsgebilden, nachdem einmal erkannt worden war, daß bereits bei den kleinsten Bewegungen der schwingenden Membran sehr hohe Drücke im Wasser auftreten, die bei halbwegs ausgedehnten Membranen und gut hörbaren Periodenzahlen insgesamt mehrere Tonnen betragen und daher eine Lösung, den dazu gehörigen Elektromagneten mit gutem Wirkungsgrad zu bauen, nur auf dem Wege einer Transformation von Amplitude und schwingender Masse erhofft werden kann.

Sender mit großer Strahlungsdämpfung mit vollkommen starren strahlenden Flächen — sogenannten Kolbenmembranen —, bei denen die erforderliche Direktionskraft aus einem gleichzeitig als Gehäuse dienenden, longitudinal beanspruchten Rohr gewonnen wurde, konstruierte nach den Angaben des Verfassers die Hydrotelegraphgesellschaft in Gumpoldskirchen während des Krieges für die seinerzeitige k. u. k. österreichische Kriegsmarine. Ein nach Kriegsende veröffentlichtes deutsches Reichspatent der Signalgesellschaft in Kiel beschreibt eine nahezu gleiche Konstruktion solcher Sender.

Gegenwärtig ist die Technik des Senderbaues derartig hoch entwickelt, daß man einen Sender nach vorgegebenen Daten wie eine andere elektrische Maschine vollständig berechnen und nach den Rechnungsresultaten auch genau bauen kann. Ein schwieriges Stück Arbeit ist hier geleistet worden. Physiker und Elektrotechniker standen vor gänzlich neuen Aufgaben und es dürfte gewiß interessieren, daß der erste wohl berechnete und mit größter Sorgfalt erbaute Elektromagnetsender für eine Strahlungsleistung von 100 Watt am Prüfstand bloß 5 Watt abgab.

Auch die Frage der Telephonie unter Wasser erscheint wenigstens prinzipiell gelöst, nachdem sowohl die elektrodynamischen als auch die elektromagnetischen Sender eine submarine-akustische Telephonie durchzuführen erlauben.

Ebenso wurden auf dem Empfängergebiet ganz enorme Fortschritte gemacht, so daß auch diese heute, wenn wohl noch nicht nach allen Richtungen hin so formvollendet wie die Sender, so doch als den gegenwärtigen Anforderungen voll entsprechende Präzisionsapparate bezeichnet werden können. Hier waren es besonders die modernen trägheitslosen Verstärkereinrichtungen, die es gestatteten, die weniger empfindlichen, doch hinsichtlich ihrer Konstanz den Mikrophonempfängern überlegenen Telephonempfänger sowohl elektromagnetischer als auch elektrodynamischer Natur durchzubilden.

Mit einer modernen Unterwasserschallanlage findet heute nicht nur ein Schiff vollkommen sicher in einen schützenden Hafen, es ist auch imstande, selbständig ununterbrochen akustisch zu loten, Klippen und Eisbergen auszuweichen und endlich durch Kombination mit der drahtlosen Telegraphie Distanzmessungen auszuführen und Zusammenstöße mit anderen Schiffen sicher zu vermeiden. — Was der U-Bootkrieg an raffinierten Apparaturen auf diesem Gebiete in fieberhafter Tätigkeit in äußerst kurzer Zeit schuf, kommt heute als bleibender Wert der Handelsschiffahrt für den friedlichen Wiederaufbau der Welt zugute ([11]).

II. Kapitel.

Das Schallfeld.

§ 1. Allgemeines über den Feldbegriff.

Wenn jedem Punkte eines Raumes Werte einer bestimmten physikalischen Größe zugeordnet sind, so spricht man von einem „Feld" jener physikalischen Größe.

Die Größen, die einen Zustand charakterisieren, charakterisieren auch das Feld. Sie sind Funktionen der Zeit und in einem bestimmten Zeitmoment betrachtet, Funktionen des Ortes im Felde. Bei wirklichen Feldern sind diese Funktionen stetig und endlich, außer an den singulären Stellen des Feldes, wo sie unstetig oder unendlich werden. Andere bemerkenswerte Stellen sind solche, wo die betreffende Größe extreme Werte (ein Maximum oder ein Minimum oder ein gemischtes Maximum-Minimum) hat.

Ein Feld läßt sich durch gewisse Linien kennzeichnen, die in jedem Feldpunkt die Richtung angeben, in der sich die das Feld bestimmende Größe am stärksten ändert, in dem einen Sinne zunehmend, in dem andern abnehmend; diese Aenderungslinien nennt man Böschungs- oder Gefällslinien. Verbindet man die Punkte von Gefällslinien gleichen Betrages, so erhält man Flächen, deren jeder Punkt für eine bestimmte, das Feld charakterisierende Größe den gleichen Wert hat. Solche Flächen heißen Niveauflächen. Sie werden von den Böschungslinien orthogonal durchsetzt. Untereinander können sich weder die Böschungslinien noch die Niveauflächen schneiden; wohl aber vermögen sie sich in großer Zahl in etwa vorhandenen singulären Punkten des Feldes zu treffen.

Punkte, in denen ein Maximum oder ein Minimum auftritt, heißen positive resp. negative Pole, auch Quellen resp. Senken.

Das im allgemeinen bisher räumlich angenommene Feld liefert einen Spezialfall, wenn eine der drei Raumdimensionen sehr klein und überall gleich ist; diese Dimension bietet dann kein Interesse und man kann in solchen Fällen das Feld als zweidimensional ansehen. An Stelle der Niveauflächen treten dann Niveaulinien, die von den Böschungslinien überall senkrecht geschnitten werden.

Zum Studium derartiger zweidimensionaler Felder kommen wir auch dann, wenn das dreidimensionale Feld in einer seiner Ausdehnungen keine Mannigfaltigkeit aufweist, wenn also die Erscheinungen und die das Feld kennzeichnende Größe in räumlicher Hinsicht bloß von zwei Dimensionen abhängen. Dann sind die Niveauflächen Zylinderflächen und es genügt, irgendeinen Schnitt senkrecht zur gleichgültigen Dimension zu führen. Die Verhältnisse sind in allen diesen Schnitten die gleichen.

Eine wichtige Rolle in den Feldern spielt die „Ortsfunktion", deren Wert von der Lage des betrachteten Punktes, den man als „Aufpunkt" bezeichnet, abhängt. Handelt es sich um die Werte einer Ortsfunktion schlechtweg, so sagt man, man hat ein „skalares" Feld vor sich; dies ist beispielsweise der Fall, wenn die Temperaturverteilung etwa der Luft in einem geschlossenen Raum ins Auge gefaßt wird; man spricht dann von dem Felde der skalaren Größe „Temperatur". Ist hingegen den Werten der Ortsfunktion noch ein gewisser Richtungs- oder Drehungssinn zugeordnet, so spricht man von einem „Vektor"-Feld. So ist z. B. die Geschwindigkeit der Teile einer strömenden Flüssigkeit erst dann ausreichend charakterisiert, wenn für jeden Punkt jedes beliebigen Strömungsquerschnittes die Geschwindigkeit nicht bloß ihrer Größe — ihres absoluten Betrages — nach gegeben ist, sondern auch ihrer Richtung nach. Infolge dieser zusätzlichen Richtungsbestimmung wird die Geschwindigkeit zu einer Vektorgröße.

Im allgemeinen haben wir es mit einer Kombination von Skalar- und Vektorfeld zu tun; dies ergibt sich schon aus der Bezeichnung der Flächen und Linien, die uns im Felde als Ausgangspunkte dienten: das Niveau an sich ist ein Skalar (z. B. die Höhe über dem Meeresspiegel); dagegen ist die Aenderung von Ort zu Ort, also die Böschung, ein Vektor. Somit gibt ein Skalarfeld außer über diesen auch über einen zum Skalar gehörigen Vektor Aufschluß. Gewöhnlich liegt der Fall sogar umgekehrt; man kennt meist einen Vektor oder kann ihn durch Messung ermitteln und das Feld gibt dann nicht bloß über ihn, sondern auch über den zugehörigen Skalar Auskunft.

Ist Φ etwa die skalare Ortsfunktion eines Feldes, dann sind die Böschungslinien nach irgendeiner Richtung als die partiellen Ableitungen nach ihr — mit positiven Zeichen als Anstieg, mit negativen als Gefälle, also als Wertabnahme auf die Streckeneinheit — durch den „polaren" (d. h. bei einer Spiegelung sein Zeichen nicht ändernden) Vektor

$$\mathfrak{i} = \operatorname{grad} \Phi$$

oder ausgeschrieben im rechtwinkeligen räumlichen Koordinatensystem

$$\mathfrak{i}_x = \frac{\partial \Phi}{\partial x};\ \mathfrak{i}_y = \frac{\partial \Phi}{\partial y};\ \mathfrak{i}_z = \frac{\partial \Phi}{\partial z}$$

gegeben. Die Böschung selbst, also der Anstieg bzw. der Abfall in der Richtung der stärksten Aenderung wird zahlenmäßig durch den Ausdruck

$$\sqrt{\left(\frac{\partial \Phi}{\partial x}\right)^2 + \left(\frac{\partial \Phi}{\partial y}\right)^2 + \left(\frac{\partial \Phi}{\partial z}\right)^2} \quad \text{bestimmt.}$$

Aus dem polaren Vektor $\mathfrak{i}$ können wir die skalare Funktion $\operatorname{div} \mathfrak{i} = \triangle \Phi$, oder ausgeschrieben

$$\operatorname{div} \mathfrak{i} = \frac{\partial \mathfrak{i}_x}{\partial x} + \frac{\partial \mathfrak{i}_y}{\partial y} + \frac{\partial \mathfrak{i}_z}{\partial z} \quad \text{beziehungsweise} \quad \frac{\partial^2 \Phi}{\partial x^2} + \frac{\partial^2 \Phi}{\partial y^2} + \frac{\partial^2 \Phi}{\partial z^2} = \triangle \Phi$$

bilden. Dieser Skalar stellt, wie sich später zeigen wird, die Ergiebigkeit der Quelle dar, aus der das Feld gespeist wird, sofern das Feld nicht überhaupt quellenfrei ist.

Zu dem polaren Vektor $\mathfrak{i}$ gehört ferner ein „achsialer", also ein bei Spiegelung sein Zeichen wechselnder Vektor $\mathfrak{w}$, dessen Komponenten die Rotor-Komponenten von $\mathfrak{i}$ sind und sich in vektorieller Schreibweise durch rot $\mathfrak{i} = 2\,\mathfrak{w}$ oder ausgeschrieben durch

$$\frac{\partial \mathfrak{i}_z}{\partial y} - \frac{\partial \mathfrak{i}_y}{\partial z} = \operatorname{rot}_x \mathfrak{i};\quad \frac{\partial \mathfrak{i}_x}{\partial z} - \frac{\partial \mathfrak{i}_z}{\partial x} = \operatorname{rot}_y \mathfrak{i};\quad \frac{\partial \mathfrak{i}_y}{\partial x} - \frac{\partial \mathfrak{i}_x}{\partial y} = \operatorname{rot}_z \mathfrak{i} \text{ darstellen.}$$

Die Bezeichnung „Rotor" rührt davon her, daß diese Ausdrücke direkt die gewohnte Form von Drehungskomponenten besitzen.

Ein Skalarfeld liefert somit, wie ersichtlich, stets auch zugleich ein Vektorfeld; diese Aussage ist jedoch in der angegebenen Form im allgemeinen nicht umkehrbar, denn die Darstellung der Komponenten eines gegebenen Vektors $\mathfrak{i}$ als die partiellen Differentialquotienten einer und derselben Funktion Φ ist an bestimmte mathematische Bedingungen geknüpft.

Allgemein ist aus der Vektoranalysis ([12]) bekannt, daß ein Vektor eindeutig gegeben ist, wenn seine „Divergenz" und seine „Rotation" gegeben sind und er im Unendlichen wie $1/r^2$ verschwindet.

Ein solcher im Raume S gegebener Vektor möge $\mathfrak{A}$ heißen. $\mathfrak{A}$ läßt sich dann eindeutig darstellen durch:

$$\mathfrak{A} = \mathfrak{A}_1 + \mathfrak{A}_2 = \operatorname{grad}_p \int \frac{\operatorname{div}_q \mathfrak{A}}{4\pi r}\, dS + \operatorname{rot}_p \int \frac{\operatorname{rot}_q \mathfrak{A}}{4\pi r}\, dS = \operatorname{grad}\Phi + \operatorname{rot}\mathfrak{B}.$$

Dabei bedeutet q den Quellenpunkt und p den Aufpunkt, so daß die beigesetzten Indizes die Bedeutung haben, daß die Differentiationen bei angehängtem p nach den Koordinaten des Aufpunktes, der vom Quellenpunkt die Entfernung r hat, auszuführen sind, während in div_q resp. rot_q die laufenden Koordinaten des Raumes S vorkommen.

Obige Gleichung besagt, daß der Vektor $\mathfrak{A}$ in einen polaren $\mathfrak{A}_1$ und in einen achsialen $\mathfrak{A}_2$ zerlegt werden kann. Für einen gegebenen Vektor sind nun folgende Fälle möglich:

1. Es existiert $\mathfrak{A}_1 = \operatorname{grad}\Phi$, also es läßt sich eine im Raume S stetige Funktion mit endlichen ersten und zweiten Ableitungen finden derart, daß

$$\mathfrak{A}_{1,x} = \frac{\partial \Phi}{\partial x};\quad \mathfrak{A}_{1,y} = \frac{\partial \Phi}{\partial y};\quad \mathfrak{A}_{1,z} = \frac{\partial \Phi}{\partial z} \text{ ist.}$$

Dies ist dann und nur dann der Fall, wenn

$\mathfrak{A}_{1,x}dx + \mathfrak{A}_{1,y}dy + \mathfrak{A}_{1,z}dz = d\Phi$ ein exaktes Differential ist, da nach der Definition des Gradienten $d\Phi = \frac{\partial \Phi}{\partial x}dx + \frac{\partial \Phi}{\partial y}dy + \frac{\partial \Phi}{\partial z}dz$ sein muß.

$$\mathfrak{A}_{1,x}\,dx + \mathfrak{A}_{1,y}\,dy + \mathfrak{A}_{1,z}\,dz = \frac{\partial \Phi}{\partial x}dx + \frac{\partial \Phi}{\partial y}dy + \frac{\partial \Phi}{\partial z}dz$$

ist aber dann und nur dann ein vollständiges Differential, wenn

$$\frac{\partial \mathfrak{A}_{1z}}{\partial y} - \frac{\partial \mathfrak{A}_{1y}}{\partial z} = \frac{\partial \mathfrak{A}_{1,x}}{\partial z} - \frac{\partial \mathfrak{A}_{1,z}}{\partial x} = \frac{\partial \mathfrak{A}_{1,y}}{\partial x} - \frac{\partial \mathfrak{A}_{1,x}}{\partial y} = 0 \text{ oder rot } \mathfrak{A}_1 = 0 \text{ ist.}$$

Diese Differenzen sind Null, da sowohl Minuend wie auch Subtrahend gemischte zweite Ableitungen nach zwei Variablen darstellen. Dann wird aber $\mathfrak{A} = \mathfrak{A}_1 = \operatorname{grad}\Phi$. Existiert somit zum Vektor $\mathfrak{A}$ ein Skalar Φ von der Eigenschaft, daß

$\mathfrak{A} = \text{grad}\,\Phi$ ist, dann verschwindet rot $\mathfrak{A}$. Der Vektor $\mathfrak{A} = \mathfrak{A}_1$ ist dann ein polarer Vektor und der Skalar Φ heißt „Potential" im allgemeinsten Sinne des Wortes oder auch skalares Potential. Man nennt dieses Feld eines skalaren Vektors ein potentielles, oder da rot $\mathfrak{A}$ verschwindet, auch ein wirbelfreies. Auch als „lamellar" wird ein derartiges Feld öfters bezeichnet, da die Niveauflächen von den Böschungslinien orthogonal geschnitten werden, wodurch eine lamellenförmige Einteilung des Feldes resultiert.

2. div $\mathfrak{A} = 0$, das heißt, das Feld ist quellenfrei. Derartige Felder heißen auch „solenoidal" (von σωλήν, Röhre), da man solche Felder in Röhren von konstanter Stärke zerlegen kann. In diesen Feldern wird

$$\mathfrak{A} = \mathfrak{A}_2 = \text{rot}_p \int \frac{\text{rot}_q \mathfrak{A}}{4\pi r}\, dS = \text{rot}\,\mathfrak{B}\,.$$

Hat rot $\mathfrak{A}$ einen von Null verschiedenen Wert, so wird $\mathfrak{A} = \text{rot}\,\mathfrak{B}$ oder

$$\mathfrak{A}_x = \frac{\partial \mathfrak{B}_z}{\partial y} - \frac{\partial \mathfrak{B}_y}{\partial z}; \quad \mathfrak{A}_y = \frac{\partial \mathfrak{B}_x}{\partial z} - \frac{\partial \mathfrak{B}_z}{\partial x}; \quad \mathfrak{A}_z = \frac{\partial \mathfrak{B}_y}{\partial x} - \frac{\partial \mathfrak{B}_x}{\partial y}.$$

$\mathfrak{A} = \text{rot}\,\mathfrak{B}$ ist mit der gemachten Voraussetzung div $\mathfrak{A} = 0$ verträglich, denn div $\mathfrak{A} = \text{div rot}\,\mathfrak{B}$. Aus der Vektoranalysis ist aber bekannt, daß für jeden beliebigen Vektor div rot $\mathfrak{B} = 0$ ist. Der Vektor $\mathfrak{B}$ heißt „Vektorpotential". Er hat ferner die Eigenschaft, daß div $\mathfrak{B} = 0$ ist.

3. Es kann ein Feld frei von Wirbeln und auch gleichzeitig frei von Quellen sein. In einem derartigen Felde existiert infolge rot $\mathfrak{A} = 0$ ein Skalar Φ von der Eigenschaft $\mathfrak{A} = \text{grad}\,\Phi$. Die Quellenfreiheit besagt, daß der aus dem Vektor gebildete Skalar div $\mathfrak{A} = 0$ ist. Nachdem hier laut früherem der Skalar Φ existiert, ist die Gleichung div $\mathfrak{A} = 0$ gleichbedeutend mit $\Delta \Phi = 0$. Letztere Gleichung heißt bekanntlich die Laplacesche; daher nennt man ein wirbel- und quellenfreies Feld auch ein Laplacesches.

Was bisher von Feldern gesagt wurde, gilt ganz allgemein, unabhängig davon, welche physikalische Bedeutung dem Felde in Wirklichkeit zukommt. Hinsichtlich der Felder gibt es eine große Mannigfaltigkeit. Von den Bewegungsfeldern sind entsprechend den drei Haupttypen der Bewegung das Strömungsfeld, das Wirbelfeld und das Wellenfeld oder auch Strahlungsfeld die wichtigsten. Uns beschäftigt lediglich das letztere, und zwar speziell das akustische oder Schallfeld in tropfbaren Flüssigkeiten. Bevor wir in die spezielle Betrachtung des akustischen Strahlungsfeldes eintreten, sollen im folgenden die wichtigsten Begriffe über die Kinematik der Schwingungen sowie der Schwingungsanalyse kurz berührt werden.

§ 2. Die wichtigsten Begriffe aus der Kinematik der Schwingungen.

Jede zeitlich periodische Bewegung möge eine Schwingung genannt werden. Wird die Bewegung durch eine solche Funktion f(t) der Zeit beschrieben, die die Eigenschaft hat, daß sich der Funktionswert für keinen Wert von t ändert, wenn die Konstante τ oder ein ganzzahliges Vielfache von ihr zum Argument addiert wird, so daß also

$$f(t + k\tau) = f(t) \quad \ldots\ldots\ldots\ldots\ldots \quad 1.)$$

ist, dann ist f eine periodische Funktion.

Hat τ die erwähnte Eigenschaft, nicht aber $\frac{\tau}{m}$, wobei m eine beliebige ganze Zahl sein kann, so heißt τ die Periode oder die Schwingungsdauer der Bewegung.

Wird eine Schwingung in τ Sekunden ausgeführt, so werden $\frac{1}{\tau}$ Schwingungen in einer Sekunde vollführt; es wird somit

$$n = \frac{1}{\tau} \quad \ldots\ldots\ldots\ldots\ldots \quad 2.)$$

die Schwingungszahl oder die (sekundliche) Frequenz der Schwingung. Die Zahl der Schwingungen in 2π Sekunden, $\omega = 2\pi n$, wird als Kreisfrequenz der Schwingung bezeichnet.

Die einfachsten periodischen Funktionen sind der Sinus und der Kosinus. Läßt sich die Bewegung, z. B. die x-Koordinate eines Massenpunktes, durch die Gleichung

$$x = A \sin(\omega t + \alpha) \quad \ldots\ldots\ldots\ldots \quad 3.)$$

darstellen, so sagen wir, die Projektion der Bewegung auf die x-Achse sei eine einfach „harmonische" Bewegung resp. eine einfache Sinusschwingung. Das Argument $\omega t + \alpha$ heißt die Phase und α die Phasenkonstante der Schwingung. Letztere gibt den Argumentwert zur Zeit $t = 0$, hat also für eine Schwingung allein eine untergeordnete Bedeutung, da man durch geeignete Wahl des Anfangspunktes der Zeit α stets zu Null machen kann; man braucht hiezu bloß t durch $t = t' - \frac{\alpha}{\omega}$ zu ersetzen. Die Bedeutung der Phasenkonstante tritt erst zutage, wenn man es mit mehreren gleichzeitigen Schwingungen zu tun hat. Da der Sinus zwischen den Werten ± 1 hin und her schwankt, so wird x zwischen den Werten $\pm A$ schwanken. Diese maximale Elongation A bezeichnet man als die Amplitude oder als das Ausmaß der Schwingung.

Der Sinus ändert seinen Wert nicht, wenn zum Argument die Periode 2π des Sinus addiert wird. Damit das in 3.) der Fall ist, muß t um $\frac{2\pi}{\omega}$ wachsen; somit ist also

$$\tau = \frac{2\pi}{\omega} \quad \ldots\ldots\ldots\ldots\ldots \quad 4.)$$

die Periode der betrachteten Schwingung des Massenpunktes.

Führen wir τ vermittels 4.) in 3.) ein, so wird

$$x = A \sin\left(\frac{2\pi t}{\tau} + \alpha\right) \quad \ldots\ldots\ldots\ldots\ldots \quad 5.)$$

oder wegen 2.)

$$x = A \sin(2\pi n t + \alpha) = A \sin(\omega t + \alpha) \quad \ldots\ldots\ldots \quad 6.)$$

Nicht bloß $\sin \omega t$ resp. $\cos \omega t$ ist eine für die Schwingungstheorie wichtige Funktion, sondern auch die komplexe Funktion $e^{i 2\pi n t}$. Natürlich kann diese Funktion an sich keine physikalische Bedeutung besitzen, sondern nur ihr reeller oder imaginärer Bestandteil $\cos 2\pi n t$ resp. $\sin 2\pi n t$. Dadurch erhielten wir aber nichts Neues, denn $\cos\omega t = + \sin\left(\omega t + \frac{\pi}{2}\right)$ ist auch nur eine Sinusfunktion von der Form 6.) mit der Phasenkonstante $\alpha = \frac{\pi}{2}$. Die Funktion $e^{j\omega t}$ hat ebenso wie $\sin\omega t$ oder $\cos\omega t$ die Periode $\tau = \frac{1}{n}$.

Ist hingegen m in $e^{j2\pi mt}$ eine komplexe Zahl $m = n + \frac{j\delta}{2\pi}$, so hat die Funktion eine komplexe Periode 1/m. Durch Anwendung der Moivreschen Formel

$$e^{\pm jy} = \cos y \pm j \sin y, \quad \ldots \ldots \ldots \ldots \ldots 7.)$$

wobei $j^2 = -1$ definiert ist, wird

$$e^{j2\pi mt} = e^{-\delta t}\cos 2\pi nt + je^{-\delta t}\sin 2\pi nt \quad \ldots \ldots \ldots 8.)$$

Physikalische Bedeutung im vorstehenden Ausdruck kann natürlich nur der reelle resp. imaginäre Teil $e^{-\delta t}\cos\omega t$ resp. $e^{-\delta t}\sin\omega t$ haben. Da auch diese Funktion eine (komplexe) Periode hat, pflegt man die durch

$$x = Ae^{-\delta t}\sin(\omega t + \alpha) \quad \ldots \ldots \ldots \ldots \ldots 9.)$$

dargestellte Bewegung auch als Schwingung, und zwar als „gedämpfte" Schwingung zu bezeichnen, trotzdem die Funktion 9.) zu keiner Zeit wieder denselben Wert annehmen kann, da die Zeit t reell ist; man nennt auch hier $\tau = \frac{1}{n}$ die Periode genau wie in 6.), indem man $Ae^{-\delta t}$ als zeitlich veränderliche Amplitude ansieht. Nach einer Periode $\tau = \frac{1}{n}$ wird der Sinus wiederum den gleichen Wert haben, aber die Amplitude, die zur Zeit t den Wert $Ae^{-\delta t}$ hatte, ist zur Zeit $t + \tau$ auf $Ae^{-\delta(t+\tau)}$ gesunken. Das Amplitudenverhältnis zweier aufeinander folgender Schwingungen ist somit

$$\frac{x(t)}{x(t+\tau)} = e^{\delta\tau}.$$

Allgemein haben wir zur Zeit $t + k\tau$:

$$x(t + k\tau) = x[t + (k-1)\tau] \, . \, e^{-\delta\tau} = x(t) \, . \, e^{-k\delta\tau}.$$

Wenn also die Zeiten in arithmetischer Progression wachsen, nehmen die Amplituden in geometrischer Progression ab.

Die Größe δ heißt Dämpfungsfaktor oder Dämpfungszahl. Der natürliche Logarithmus des Amplitudenverhältnisses zweier aufeinander folgender Schwingungen, also

$$\ln e^{\delta\tau} = \delta\tau = \vartheta \quad \ldots \ldots \ldots \ldots \ldots 10.)$$

heißt nach Gauß das logarithmische Dekrement oder kurz die Dämpfung der schwingenden Bewegung.

Eine einfache gedämpfte Schwingung 9.) ist somit durch die Amplitude zur Zeit $t = 0$, durch ihre Schwingungszahl n, durch das Dekrement ϑ und durch die Phasenkonstante α vollständig gegeben.

§ 3. Darstellung einer periodischen Funktion durch Fouriersche Reihen.

Jede periodische Funktion f(t) der Periode τ läßt sich nach dem Fourierschen Satze ([13]) in folgender Form darstellen:

$$f(t) = \frac{A_0}{2} + \sum_{\nu=1}^{\infty}\left(A_\nu \cos \nu \frac{2\pi t}{\tau} + B_\nu \sin_\nu \frac{2\pi t}{\tau}\right).$$

Die Koeffizienten dieser Entwicklung sind auf folgende Weise leicht zu finden: Man multipliziert beide Seiten der Gleichung mit $\cos \mu \frac{2\pi t}{\tau}$ und integriert von 0 bis τ; dann wird, da sämtliche Integrale, für die $\mu \neq \nu$ ist, verschwinden,

$$A_\mu = \frac{2}{\tau}\int_0^\tau f(t) \cos \mu \frac{2\pi t}{\tau}\, dt \quad \ldots\ldots\ldots\ldots\ldots \quad (\mu = 0, 1, 2 \ldots\ldots).$$

Ebenso multipliziert man beide Seiten der Entwicklung mit $\sin \mu \frac{2\pi t}{\tau}$ und erhält

$$B_\mu = \frac{2}{\tau}\int_0^\tau f(t) \sin \mu \frac{2\pi t}{\tau}\, dt \quad \ldots\ldots\ldots\ldots\ldots \quad (\mu = 1, 2, 3 \ldots\ldots).$$

Ist speziell $f\left(\frac{\tau}{2} - t\right) = f\left(\frac{\tau}{2} + t\right)$, so verschwinden die B_μ; ist $f\left(\frac{\tau}{2} - t\right) = -f\left(\frac{\tau}{2} - t\right)$, so werden die A_μ Null. Im ersteren Falle heißt $f\left(\frac{\tau}{2} + t\right) = F(t)$ eine gerade, im zweiten Falle eine ungerade Funktion von t.

Durch die Reihenentwicklung von Fourier sind wir in der Lage, von einem Klang, der etwa durch f(t) dargestellt wird, die Werte A_μ und B_μ, d. h. die Amplituden der einzelnen Obertöne zu finden. Dieser Umstand erlaubt für viele akustische Probleme eine wesentliche mathematische Vereinfachung, indem es in den meisten Fällen genügt, die Untersuchungen auf eine einfache Schwingung zu reduzieren, da die Analyse von zusammengesetzten Wellenbewegungen durch obige Entwicklung immer durchführbar ist.

§ 4. Kugelfunktionen und anderes.

Die Kugelfunktionen finden in den Berechnungen der Akustik eine ausgedehnte Anwendung und können bei allen nicht rein elementaren Aufgaben kaum entbehrt werden. Die „zonalen harmonischen" Kugelfunktionen treten bei der Reihenentwicklung des Ausdruckes

$$R = 1 / \sqrt{(1 - 2r\cos\vartheta + r^2)}$$

auf. Bedeuten $P_0 \cdot P_1 \cdot \cdot \cdot \cdot \cdot P_i$ solche Funktionen — sie werden auch als Legendresche bezeichnet — nullter, erster . . . iter Ordnung, so ist, wenn $\cos \vartheta =$ $= x$ gesetzt wird [14]:

$$P_0(x) = 1;\ P_1(x) = \cos \vartheta = x;\ P_2(x) = {}^1/_4\ (3 \cos 2\vartheta + 1) = \frac{1}{2}\left(3\,x^2 + 1\right) \text{ usw.,}$$

und die Reihe R:

$$1.)\ \text{für } r < 1;\ R = P_0(x) + r\,P_1(x) + r^2\,P_2(x) + \ldots\ldots$$

$$2.)\ \text{für } r > 1;\ R = \frac{P_0(x)}{r} + \frac{P_1(x)}{r^2} + \frac{P_2(x)}{r^8} + \ldots\ldots\ldots$$

Bezüglich der elliptischen Integrale und Funktionen, der Gamma-, Theta-, Besselschen Funktionen usw., die bei speziellen Problemen auftreten, muß auf die einschlägigen mathematischen Spezialwerke ([15]) verwiesen werden.

§ 5. Symbolische Darstellung periodischer Vorgänge durch komplexe Größen; Vektordiagramme.

Eine komplexe Größe kann man auf zweierlei Arten darstellen, entweder

in der Form $a + j\,b$ . . . . 1.)

oder in der Form $r \cdot e^{j\varphi} = a + jb$ . . . . 2.)

Dabei bedeutent $j = \sqrt{-1}$ die imaginäre Einheit, a und b sind reelle Größen. Die Umrechnung der einen Form in die andere geschieht mit Hilfe der Gleichungen:

$$\left.\begin{array}{l} a = r\cos\varphi;\ b = r\sin\varphi \text{ und } r = +\sqrt{a^2 + b^2}, \\ \text{sowie} \quad \operatorname{tg}\varphi = \frac{b}{a},\ \sin\varphi = \frac{b}{r},\ \cos\varphi = \frac{a}{r}. \end{array}\right\} \ldots 2a).$$

r heißt Modul und φ ist die Anomalie oder der Richtungswinkel; er ist folgendermaßen zu zählen:

wenn $a > 0, b > 0$, so gilt $0 < \varphi < \frac{\pi}{2}$

wenn $a < 0, b > 0$, so gilt $\frac{\pi}{2} < \varphi < \pi$

wenn $a < 0, b < 0$, so gilt $\pi < \varphi < \frac{3\pi}{2}$

wenn $a > 0, b < 0$, so gilt $\frac{3\pi}{2} < \varphi < 2\pi$

Die komplexe Größe zerfällt in einen reellen Teil a und in einen imaginären Teil $j\,b$ Die Darstellung erfolgt in der Gaußschen Ebene: man wählt ein rechtwinkliges ebenes Koordinatensystem und darin als reelle Achse die Abszissen-Achse, als imaginäre Achse die Ordinaten-Achse. Der Winkel φ wird positiv in der Richtung gerechnet, in der man die positive Richtung der reellen Achse auf dem kürzesten Wege in die positive der imaginären Achsenlage drehen kann, also wenn die reelle Achse etwa horizontal nach rechts, die imaginäre vertikal nach oben zeigt, entgegen dem Uhrzeigersinn. Ein etwa im ersten Quadranten dieses Koordinatensystems liegender, vom Koordinatenursprung ausgehender Vektor schließt dann mit der positiven reellen Achsenrichtung den Winkel φ, den sogenannten Phasenwinkel ein. Man sagt dann, der betreffende Vektor eilt in der

Phase um φ einem mit der reellen Achse zusammenfallenden und nach deren positiven Richtung zeigenden zweiten Vektor vor, da ersterer bei einer Rotation entgegen dem Uhrzeigersinn die Abszissenachse früher erreicht als der zweite. Es eilt daher ein mit der positiven imaginären Achse zusammenfallender Vektor einem mit der positiven reellen Achse sich deckenden um 90° in der Phase vor. — Eine Multiplikation mit j bedeutet daher eine Phasenvoreilung von 90°. Dasselbe bedeutet die Multiplikation eines Vektors mit $e^{j\varphi}$, also, daß der mit $e^{j\varphi}$ multiplizierte Vektor um die Phase φ voreilt.

Um von einer beliebigen komplexen Funktion $F_{(j)}$ r und tg φ zu berechnen, die etwa in Form der Gleichung 2.) gegeben ist als $re^{j\varphi} = F_{(j)}$, bildet man:

$$r = \sqrt{F_{(+j)} \cdot F_{(-j)}} \quad \ldots \ldots \ldots \quad 3.)$$

und

$$\operatorname{tg} \varphi = \frac{1}{j} \frac{F_{(+j)} - F_{(-j)}}{F_{(+j)} + F_{(-j)}} \quad \ldots \ldots \quad 4.)$$

So findet man beispielsweise aus $r e^{j\varphi} = \frac{p + jq}{m + jn}$

$$r = \sqrt{\frac{p^2 + q^2}{m^2 + n^2}} \text{ und } \operatorname{tg} \varphi = \frac{mq - np}{mp + nq}.$$

Auf Grund der bestehenden Analogie akustischer Vorgänge mit denen eines Wechselstromes soll im folgenden der sinusförmige Wechselstrom als Beispiel dienen.

Ein Sinusstrom ist allgemein darstellbar in der Form

$$i = J_{max} \sin(\omega t + \alpha), \quad \ldots \ldots \ldots \quad 5.)$$

worin i den Augenblickswert des Stromes, J_{max} seinen Maximalwert, $\omega = 2\pi n = \frac{2\pi}{\tau}$ bedeutet, wenn n die sekundliche Frequenz und τ die Periode darstellt. α ist ein Phasenwinkel, der durch den Anfangspunkt der Zeit definiert ist. Letzterer wird so gewählt, daß der Strom zur Zeit $t = 0$ einen vorgeschriebenen Augenblickswert besitzt, der gleich $J_{max} \sin \alpha$ gesetzt wird. Bedeutet J den sogenannten Effektivwert des Stromes, so ist

$$J = \left(\frac{1}{\tau} \int_0^\tau i^2 dt\right)^{1/2} = \frac{J max}{2},$$

daher kann man Gleichung 5.) auch ansetzen:

$$i = J\sqrt{2} \cdot \sin(\omega t + \alpha) \quad \ldots \ldots \ldots \quad 5a.)$$

Nun wollen wir uns der Diagrammdarstellung kurz zuwenden. Die Darstellung von Wechselstromproblemen in Diagrammen geschieht bekanntlich nach zwei Festsetzungen: 1. die Länge der Vektoren wird den Effektivwerten der darzustellenden Größen gleich gesetzt, und 2. der Winkel, den zwei Vektoren mit einander einschließen, ist gleich der Phasendifferenz, die zwischen ihnen besteht.

Dazu zerlegen wir (Fig. 10) den durch die gerichtete Linie OM dargestellten Vektor $\mathfrak{V}$ in eine durch OL gegebene Komponente $\mathfrak{J}$ und ein dazu senkrecht stehende, durch die gerichtete Strecke ON gegebene Vektorkomponente $j\mathfrak{J}$. OL = a J und ON = b J, wo a und b reelle Zahlen bedeuten, die ein Vielfaches, beziehungsweise einen Bruchteil der Länge J angeben. Die Vektoren OL, ON sind also mit $a\mathfrak{J}$ und $jb\mathfrak{J}$ zu bezeichnen, und durch Vektoraddition ergibt sich:

$$\mathfrak{V} = a\mathfrak{J} + jb\mathfrak{J}$$

oder, da wir j wie einen Faktor behandeln dürfen:

$$\mathfrak{V} = (a + jb)\,\mathfrak{J}. \quad \ldots\ldots\ldots\ldots\ldots \quad 6.)$$

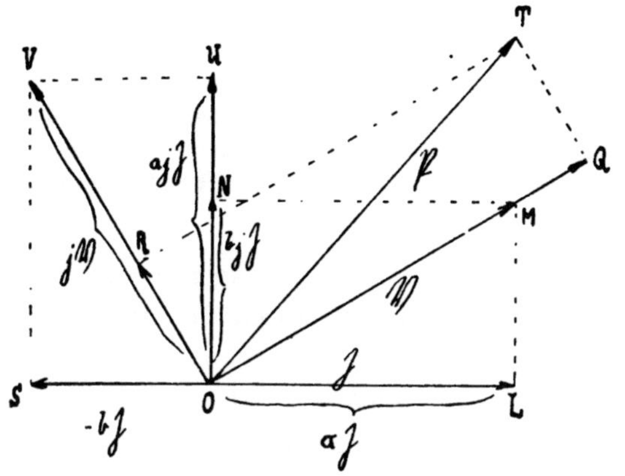

Fig. 10.

Man kann also jeden Vektor $\mathfrak{V}$ durch einen gegebenen $\mathfrak{J}$ darstellen, indem man letzteren mit einer komplexen Zahl a + jb multipliziert. Stellt man die komplexe Größe nach der Art der Gleichung 2.) dar, so nimmt 6.) die Form an:

$$\mathfrak{V} = r\,\mathfrak{J}\,e^{j\varphi} \quad \ldots\ldots\ldots\ldots\ldots \quad 6a.)$$

Diese Gleichung besagt, geometrisch gesprochen: man konstruiere einen Vektor, der r mal so lang ist als der gegebene $\mathfrak{J}$ und drehe ihn gegen $\mathfrak{J}$ um den Winkel φ nach vorwärts. Ist ein weiterer Vektor $\mathfrak{P}$ von der Länge OT gegeben, der ρ mal so lang sein soll als $\mathfrak{V}$ und gegen $\mathfrak{V}$ die Phasenvoreilung ψ besitzt, so ist klarerweise

$$\mathfrak{P} = \rho\,\mathfrak{V}\,e^{j\psi}.$$

$\mathfrak{P}$ leitet sich somit aus $\mathfrak{J}$ durch die Gleichung ab:

$$\mathfrak{P} = r\rho\,\mathfrak{J}\,e^{j(\varphi + \psi)}.$$

Nun wollen wir noch $\mathfrak{P}$ in zwei Komponenten nach $\mathfrak{V}$ und $j\mathfrak{V}$ zerlegen; ist OQ = cV und OR = dV, so wird

$$\mathfrak{P} = c\mathfrak{V} + jd\mathfrak{V}. \quad \ldots\ldots\ldots\ldots \quad 7)$$

Die Komponenten von $j\mathfrak{B}$ sind aber, wie aus der Figur ersichtlich:

$$j\mathfrak{B} = -b\mathfrak{J} + j\,a\mathfrak{J}.$$

Vergrößert man nun die Komponenten von $\mathfrak{B}$ auf das c-fache, die von $j\mathfrak{B}$ auf das d-fache, so erhält man die Komponenten von $\mathfrak{P}$ nach $\mathfrak{J}$ und $j\mathfrak{J}$ und es wird

$$\mathfrak{P} = (ac - bd)\,\mathfrak{J} + (bc + ad)\,j\mathfrak{J}.$$

Dieselbe Gleichung erhalten wir, wenn wir den Wert von $\mathfrak{B}$ aus 6.) in 7.) einsetzen und in dieser neuen Gleichung

$$\mathfrak{P} = (a + jb)\,(c + jd)\,\mathfrak{J}$$

die Klammern nach den Regeln für das Rechnen mit komplexen Größen ausmultiplizieren.

Sind ganz allgemein eine größere Anzahl von Vektoren in einem Diagramm vereinigt, so ist es am zweckmäßigsten, alle Vektoren aus einem einzigen abzuleiten, dem wir die Länge 1 geben und von dem aus wir alle Phasenwinkel rechnen wollen. Bildet also der Strom J mit diesem Vektor 1 den Winkel α, so ist nach Gleichung 6a)

$$\mathfrak{J} = J \cdot 1 \cdot e^{j\alpha} \quad \text{oder nach 6.)} \quad \mathfrak{J} = a \cdot 1 + b \cdot j \cdot 1.$$

Der Bequemlichkeit halber läßt man natürlich die Bezeichnung des Einheitsvektors weg und schreibt

$$\mathfrak{J} = J e^{j\alpha} = a + jb, \quad \ldots\ldots\ldots\ldots \quad 8.)$$

wobei $a + jb$ nur eine komplexe Zahl ist, die man sich aber mit dem Einheitsvektor multipliziert denken muß.

Im folgenden sollen die wichtigsten Regeln für das Rechnen mit solchen Symbolen angeführt werden.

1. Division. Seien $\mathfrak{J}_1$ und $\mathfrak{J}_2$ zwei Ströme, denen die Gleichungen zukommen:

$$\mathfrak{J}_1 = J_1\, e^{j\alpha_1} \quad \text{und} \quad \mathfrak{J}_2 = J_2\, e^{j\alpha_2},$$

so ist

$$\frac{\mathfrak{J}_1}{\mathfrak{J}_2} = \frac{J_1}{J_2}\, e^{j(\alpha_1 - \alpha_2)}.$$

Hat die Berechnung den Stromquotienten in der Form

$$\frac{\mathfrak{J}_1}{\mathfrak{J}_2} = f + jg \quad \ldots\ldots\ldots\ldots \quad 9)$$

ergeben, so ist nach 2a)

$$\operatorname{tg}(\alpha_1 - \alpha_2) = \frac{g}{f} \quad \ldots\ldots\ldots\ldots\ldots\ldots \quad 10.)$$

Die Gleichungen 9.) und 10.) zeigen, wie man aus $\frac{\mathfrak{J}_1}{\mathfrak{J}_2}$ die Phasendifferenz zwischen den Strömen i_1 und i_2 berechnen kann; $\frac{g}{f}$ ist gleich der Tangente des Phasenwinkels, um den $\mathfrak{J}_2$ gegen $\mathfrak{J}_1$ verzögert ist.

2. **Multiplikation.** Es sei eine Wechselspannung und ein Wechselstrom durch die beiden Gleichungen

$$v = V\sqrt{2}\sin(\omega t + \alpha)$$

$$i = J\sqrt{2}\sin(\omega t + \beta)$$

gegeben; dann ist der Momentanwert der Leistung aus beiden:

$$vi = 2VJ\sin(\omega t + \alpha)\cdot\sin(\omega t + \beta) = VJ[\cos(\alpha - \beta) - \cos(2\omega t + \alpha + \beta)]$$

Er zerfällt somit in ein konstantes und ein darübergelagertes periodisches Glied. Da aber letzteres die doppelte Frequenz aufweist, kann man den Ausdruck nicht in demselben Vektordiagramm darstellen, in dem die Ströme und Spannungen eingetragen sind. Für die Praxis kommt aber der Momentanwert der Leistung nicht in Frage, sondern ausschließlich der zeitliche Mittelwert $\overline{vi}$ über eine Periode. Formelmäßig schreibt sich dieser Mittelwert:

$$\overline{vi} = \frac{1}{\tau}\int_0^\tau vi\,dt = VJ\cdot\cos(\alpha - \beta) \quad \ldots\ldots\ 11)$$

Er ist von der Zeit unabhängig; er ist kein Vektor mehr, sondern eine skalare Größe. Zu seiner Berechnung aus der Vektordarstellung beachten wir, daß die Gleichung 11.) angibt, daß man die Länge der beiden Vektoren miteinander und mit dem Kosinus des von ihnen eingeschlossenen Winkels zu multiplizieren hat.

Dies bezeichnen wir wie folgt:

$$(\mathfrak{V} \times \mathfrak{J}) = VJ\cos(\mathfrak{V}\ \text{gegen}\ \mathfrak{J}) \quad \ldots\ldots\ 12.)$$

In der Vektorrechnung wird diese Gleichung als „inneres Vektorprodukt" definiert. Aus der Definitionsgleichung 12.) und dem Operationszeichen j ergibt sich:

$$(\mathfrak{V} \times j\mathfrak{V}) = 0, \quad \ldots\ldots\ 13.)$$

denn die Vektoren $\mathfrak{V}$ und $j\mathfrak{V}$ bilden miteinander einen rechten Winkel, daher ist $\cos 90^0 = 0$.

Außerdem wird

$$(j\mathfrak{V} \times j\mathfrak{J}) = (\mathfrak{V} \times \mathfrak{J}), \quad \ldots\ldots\ 14.)$$

denn, wenn beide Vektoren um 90^0 gedreht werden, so wird ihre gegenseitige Lage, auf die es beim inneren Produkt allein ankommt, nicht geändert.

Sind Spannung und Strom in der Form gefunden:

$$\left.\begin{array}{l}\mathfrak{V} = a + jb \\ \mathfrak{J} = c + jd\end{array}\right\}, \quad \ldots\ldots\ 15.$$

so folgt

$$(\mathfrak{V} \times \mathfrak{J}) = ac(1 \times 1) + bd(j\cdot 1 \times j\cdot 1) + (ad + bc)(1 + j\cdot 1)$$

und unter Berücksichtigung von 13.) und 14.) die Rechenregel:

$$(\mathfrak{V} \times \mathfrak{J}) = ac + bd, \quad \ldots\ldots\ 16.)$$

und für die Berechnung der Effektivwerte die Gleichung

$$V^2 = (\mathfrak{V} \times \mathfrak{V}) = a^2 + b^2 \quad \ldots\ldots\ 17.)$$

3. Differentiation und Integration. Die Vektoren drehen sich mit der Winkelgeschwindigkeit ω; in der Zeit dt hat sich also der Vektor $\mathfrak{J}_t$ um den Winkel ωdt nach vorwärts, also entgegen dem Uhrzeigersinn in die Lage $\mathfrak{J}_{t+dt}$ gedreht. Der die Vektorpfeilspitzen verbindende Bogen hat somit die Länge $J\omega dt$ und da er auf $\mathfrak{J}_t$ senkrecht steht, muß er als Vektor nach dem bisherigen mit $j\mathfrak{J}\omega dt$ bezeichnet werden. Es ergibt sich somit:

$$\mathfrak{J}_{t+dt} - \mathfrak{J}_t = j\omega\mathfrak{J}dt$$

oder

$$\frac{d\mathfrak{J}}{dt} = j\omega\mathfrak{J} \quad \ldots\ldots\ldots\ldots\ldots\ldots \quad 18.)$$

Daraus ersehen wir, daß man einen Vektor nach der Zeit differenziert, indem man ihn ω mal so lang macht und um 90° nach vorwärts dreht; für die Rechnung gilt die Regel: ein Vektor wird differenziert, indem man ihn mit $j\omega$ multipliziert.*

Daraus ergibt sich auch sogleich die Umkehrung: Ein Vektor wird nach der Zeit integriert, indem man ihn durch $j\omega$ dividiert.*

Dadurch werden die Rechnungen mit den symbolischen Größen besonders einfach. Ein anderer Vorteil besteht noch darin, daß die Zeit in den Gleichungen nicht auftritt, also die eine unabhängige Variable aus ihnen verschwindet.

Mit den drei angegebenen Rechnungsregeln reicht man vollständig aus, um ein Problem mittels der symbolischen Methode zu behandeln.

Im Nachstehenden soll noch auf einige oft vorkommende Beziehungen hingewiesen werden.

Zwischen Ladestrom und Spannung eines Kondensators von der Kapazität K besteht die Beziehung

$$i = K\frac{dv}{dt} \quad \ldots\ldots\ldots\ldots\ldots\ldots \quad 19.)$$

Führt man in diese Gleichung die neue Bezeichnungsweise ein, so ergibt sich

$$\mathfrak{J} = j\omega K\mathfrak{V} \quad \ldots\ldots\ldots\ldots\ldots\ldots \quad 20.)$$

Letzte Gleichung hat die Form des Ohmschen Gesetzes: An Stelle des Widerstandes tritt die Größe $1/j\omega K$ die man daher als den Widerstandsoperator der Kapazität K bezeichnet.

Eine Spannung $\mathfrak{V}$ werde durch eine Selbstinduktion L, die den Widerstand w habe, geschlossen. Es gilt sodann die Gleichung

$$\mathfrak{V} = w\mathfrak{J} + L\frac{d\mathfrak{J}}{dt}$$

oder

$$\mathfrak{V} = \mathfrak{J}(w + j\omega L). \quad \ldots\ldots\ldots\ldots\ldots \quad 21.)^*$$

Der letzte Ausdruck hat wiederum die Form des Ohmschen Gesetzes. An Stelle des Widerstandes tritt der Operator $w + j\omega L$, also der Widerstandsoperator einer Selbstinduktion mit Ohmschem Widerstand w in Serie. Der Widerstandsoperator einer reinen Selbstinduktion L ist $j\omega L$

* Diese Regel gilt natürlich nur für Vektoren die Kreisfunktionen der Zeit sind.

In sämtlichen Formeln sind, wie allgemein üblich, die Vektoren mit großen deutschen Buchstaben, die dazugehörigen Effektivwerte mit großen lateinischen bezeichnet, während den Augenblickswerten kleine lateinische Buchstaben zugeordnet sind.

§ 6. Theorie des Schallfeldes im allgemeinen.

Die Theorie der Wellenfelder in Flüssigkeiten ist im Prinzip derjenigen für feste Körper ganz entsprechend, nur insofern einfacher, als es sich hier bloß um einen Wellentyp, nämlich um longitudinale Wellen handelt; dies hängt damit zusammen, daß feste Medien durch 2 Elastizitätskonstante definiert sind, also eine Form- und eine Volumelastizität besitzen, während bei Flüssigkeiten nur Volumelastizität vorhanden ist; es gibt hier nur eine einzige Beziehung zwischen Druck und Dichte, und zwar handelt es sich in der Akustik um den adiabatischen Zusammenhang dieser beiden Größen.

Eine der ersten Fragen für das Problem der Schallschwingungen ist die Bestimmung der in einer unbegrenzten Flüssigkeitsmasse erfolgenden Bewegung, die durch eine beliebige Anfangsstörung erzeugt wird.

Wir wollen annehmen, daß wir es mit einer kompressiblen, reibungslosen Flüssigkeit zu tun haben, daß ferner die Störungen klein sind und weiter, daß die Anfangsgeschwindigkeiten der Art sind, daß sie von einem Geschwindigkeits-Potential ([16]) abgeleitet werden können, oder was das gleiche besagt, daß keine Zirkulation vorhanden ist. Ebenso sollen keine äußeren Kräfte auf das Schallmedium einwirken; die Bewegung rührt somit ausschließlich von einer Störung her, die zur Zeit $t = 0$, bei der wir unsere Betrachtungen beginnen, schon existierte. Was sich vor dieser Zeit abgespielt hat, ist für unsere Untersuchungen interesselos.

Die allgemeine Wellengleichung wird bekanntlich aus den Eulerschen hydrodynamischen Grundgleichungen

$$\frac{\partial i_x}{\partial t} + i_x \frac{\partial i_x}{\partial x} + i_y \frac{\partial i_x}{\partial y} + i_z \frac{\partial i_x}{\partial z} = X - \frac{1}{\rho}\frac{\partial p}{\partial x}$$

$$\frac{\partial i_y}{\partial t} + i_x \frac{\partial i_y}{\partial x} + i_y \frac{\partial i_y}{\partial y} + i_z \frac{\partial i_y}{\partial z} = Y - \frac{1}{\rho}\frac{\partial p}{\partial y}$$

$$\frac{\partial i_z}{\partial t} + i_x \frac{\partial i_z}{\partial x} + i_y \frac{\partial i_z}{\partial y} + i_z \frac{\partial i_z}{\partial z} = Z - \frac{1}{\rho}\frac{\partial p}{\partial z}$$

im Vereine mit der Kontinuitätsgleichung

$$\frac{\partial \rho}{\partial t} + \frac{\partial(\rho i_x)}{\partial x} + \frac{\partial(\rho i_y)}{\partial y} + \frac{\partial(\rho i_z)}{\partial z} = 0$$

gewonnen. Zur Bestimmung der 5 Unbekannten i_x, i_y, i_z, p und ρ fehlt noch eine Bestimmungsgleichung, die der spezielle Zusammenhang zwischen Druck und Dichte $p = f(\rho)$ liefert. Wegen der vorausgesetzten Kleinheit der Schallbewegung dürfen wir die Aenderungen des Druckes und der Dichte gegenüber ihren Normalwerten p_0 und ρ_0 als sehr klein ansehen und können daher zunächst ρ als eine lineare Funktion von p in Ansatz bringen und in der Form schreiben

$$dp = a^2 d\rho, \quad \ldots\ldots\ldots\ldots\ldots\ldots \quad 1)$$

wobei der Proportionalitätsfaktor deshalb als Quadrat gewählt wird, weil die Dichte mit dem Druck stets wächst, also kein Zeichenwechsel auftritt. Wie sich später zeigen wird, ist a die Fortpflanzungsgeschwindigkeit des Schalles.

Zur Vereinfachung der Gleichungssysteme setzen wir

$$\Omega = \int_{p_0}^{p} \frac{dp}{\rho} \quad \ldots\ldots\ldots\ldots\ldots \quad 1a.)$$

und denken uns dieses Integral mit Hilfe der Relation 1.) ausgeführt, die zwischen Druck und Dichte besteht, die obere Integrationsgrenze beliebig gewählt. Ferner führen wir die Verdichtung s ein. Handelt es sich bloß um kleine Abweichungen der Dichte vom normalen (mittleren) Zustand — ein Fall, der in der Akustik überall angenommen werden darf —, so führen wir die Verdichtung s durch die Definitionsgleichung

$$\rho = \rho_0 (1 + s) \ldots\ldots\ldots\ldots\ldots \quad 1b)$$

ein, wobei also ρ_0 die Dichte im Normalzustand und ρ die davon um ein Geringes abweichende tatsächliche Dichte darstellen. Da s, wie betont, eine sehr kleine Größe bedeutet, wollen wir im folgenden an ihrer Stelle ein Differential ds schreiben; dann können wir ρ auch gleich setzen ρ_0 plus Differential $d\rho_0$. Die Gleichung 1b.) hat nunmehr die Form $\rho_0 + d\rho_0 = \rho_0 (1 + ds)$

$$\text{oder } \frac{d\rho_0}{\rho_0} = ds. \ldots\ldots\ldots\ldots\ldots \quad 1c.)$$

Da der Index auf der linken Seite der letzten Gleichung unter dem Integralzeichen ohne Bedeutung ist, schreiben wir statt ρ_0 wiederum ρ, so daß sich $ds = \frac{d\rho}{\rho}$ ergibt und $\Omega = a^2 s$ wird.

Danach verwandeln sich die Eulerschen hydrodynamischen Grundgleichungen unter der Annahme des Fehlens äußerer Kräfte ($X = Y = Z = O$) und Voraussetzung der Existenz eines Geschwindigkeitspotentiales $\mathfrak{i} = \operatorname{grad} \Phi$ durch Addition und einmalige Integration in die Gleichung

$$-\Omega = -\int_{p_0}^{p} \frac{dp}{\rho} = -a^2 s = \frac{\partial \Phi}{\partial t} + \frac{1}{2}\left[\left(\frac{\partial \Phi}{\partial x}\right)^2 + \left(\frac{\partial \Phi}{\partial y}\right)^2 + \left(\frac{\partial \Phi}{\partial z}\right)^2\right], \ldots 2.)$$

während die Kontinuitätsgleichung die Form

$$\frac{\partial \rho}{\partial t} + \frac{\partial}{\partial x}\left(\rho \frac{\partial \Phi}{\partial x}\right) + \frac{\partial}{\partial y}\left(\rho \frac{\partial \Phi}{\partial y}\right) + \frac{\partial}{\partial z}\left(\rho \frac{\partial \Phi}{\partial z}\right)$$

annimmt. Unter Berücksichtigung des Umstandes, daß infolge der angenommenen Kleinheit der Dichten- und Geschwindigkeitsänderungen Produkte und höhere Potenzen aus den genannten Größen vernachlässigbar werden, erhalten wir daraus

$$\frac{\partial \rho}{\partial t} + \rho \operatorname{div} \mathfrak{i} = \frac{\partial \rho}{\partial t} + \rho \Delta \Phi = O \ldots\ldots\ldots \quad 3.)$$

Aus 2.) folgt unter den gemachten Voraussetzungen der Bewegungskleinheit

$$\frac{\partial \Phi}{\partial t} + a^2 s = 0 \quad \ldots\ldots\ldots\ldots\ldots\ldots \quad 4.)$$

1c.) liefert $\frac{1}{\rho}\frac{\partial \rho}{\partial t} = \frac{\partial s}{\partial t}$, und zusammen mit 3)

$$\frac{\partial s}{\partial t} + \Delta \Phi = 0 \quad \ldots\ldots\ldots\ldots \quad 5.)$$

Differenziert man 4.) nach t, so erhält man mittels 5.)

$$\frac{\partial^2 \Phi}{\partial t^2} = a^2 \Delta \Phi \quad \ldots\ldots\ldots\ldots\ldots\ldots \quad 6.)$$

Aus 1.), 1c.) und 4.) folgt:

$$p = -\rho \frac{\partial \Phi}{\partial t} \quad \ldots\ldots\ldots\ldots\ldots\ldots \quad 7.)$$

Die zu allen Zeiten und an allen Orten anwendbare Gleichung 6.) bestimmt das Geschwindigkeitspotential — seine Stetigkeit vorausgesetzt — dann vollkommen, wenn für die Zeit $t = 0$ die Anfangswerte Φ_0 und $\frac{\partial \Phi_0}{\partial t}$ als Funktionen der Raumkoordinaten gegeben sind und für alle Elemente der Grenzfläche der betrachteten Mediumsmasse $\frac{\partial \Phi}{\partial n}$ als Funktion von t gegeben ist, wobei n die Flächennormale darstellt. Mit anderen Worten kommt die Lösung der Schwingungsprobleme in Flüssigkeiten darauf hinaus, Lösungen der Gleichung 6.), also der allgemeinen Wellengleichung zu finden, die auch die Grenzbedingungen und Anfangsbedingungen befriedigen. Bei diesen Lösungen sind die beiden Klassen der fortschreitenden und der stehenden Wellen zu unterscheiden. Letztere können nur in abgeschlossenen Systemen stattfinden, d. h. in solchen Systemen, bei denen keine Energieabgabe nach außen durch Schallstrahlung erfolgt. Dabei können diese Systeme nach einer oder mehreren Dimensionen unendlich augedehnt sein. Das Charakteristikum stehender Wellen ist immer das, daß nirgends Energie dauernd in „einer" Richtung strömt, wie dies bei fortschreitenden Wellen der Fall ist.

Endlich ausgedehnte Systeme müssen, damit sie keine Energie durch Strahlung abgeben können, allseitig von festen Wänden eingegrenzt sein. Die Schallbewegung in solchen ringsum eingeschlossenen Flüssigkeitsräumen ist, sobald sie stationär, also unabhängig von der Zeit geworden ist, eine stehende Schwingung, und speziell eine Eigenschwingung, wenn keine äußeren Kräfte wirken, eine erzwungene, wenn äußere, nur von der Zeit abhängige Kräfte tätig sind. Die stehende Schwingung geht, physikalisch betrachtet, aus der Uebereinanderlagerung fortschreitender Wellensysteme hervor, im einfachsten Falle aus einem direkten und einem an den Wänden reflektierten System. Insolange der stationäre Zustand noch nicht erreicht ist, muß man zur Lösung der allgemeinen Wellengleichung 6.) Integrale benützen, die fortschreitende Wellen darstellen; nach Eintritt stationärer Verhältnisse kann die Lösung auch in solcher Form aufgestellt werden, daß fortschreitende Wellen überhaupt darin nicht mehr vorkommen.

Im stationären Zustand ist die Verschiebung und die Geschwindigkeit und daher auch das Geschwindigkeitspotential einer einfachen periodischen Funktion proportional, als die im einfachsten Falle die Sinus- bzw. Cosinus-Funktion oder zusammenfassend die Exponentialfunktion mit imaginären Exponenten zu wählen ist.

Setzen wir somit einen einfachen Ton voraus, was immer erlaubt ist, denn infolge der Linearität der allgemeinen Wellengleichung gilt für zusammengesetzte Schwingungen das in der Fourierschen Entwicklung auftretende Superpositionsgesetz, so können wir

$$\Phi = \Psi e^{j\omega t} \quad \ldots\ldots\ldots\ldots\ldots\ldots \quad 8.)$$

setzen, wobei Ψ unter Berücksichtigung von 6) der Bedingung

$$\Delta\Psi + k^2\Psi = 0 \quad \ldots\ldots\ldots\ldots\ldots\ldots \quad 9.)$$

genügt, wo k den Wert

$$k = \frac{\omega}{a} = \frac{2\pi}{a\tau} = \frac{2\pi}{\lambda}$$

bedeutet, wenn die Wellenlänge mit λ bezeichnet wird.

Mathematisch betrachtet kommt die für abgeschlossene Systeme bedeutungsvolle Bernoullische Lösung in ein Zerspalten der abhängigen Variablen in ein Produkt mehrerer, jede nur von je einer Urvariablen abhängiger Funktionen hinaus. Für die fortschreitenden Wellen verwendet man die d'Alembertsche Lösung, die wir im folgenden kennenlernen werden.

§ 7. Wellenformen im Schallfeld.

Die Verschiebung ξ der Massenpunkte eines kontinuierlichen Mediums sei eine Funktion der Zeit und des Ortes. Wir betrachten die einfache und in den Anwendungen besonders häufig vorkommende Funktion

$$\xi = A \sin\left[2\pi\left(\frac{t}{\tau} - \frac{x}{\lambda}\right) + \alpha\right],$$

indem wir voraussetzen, daß ξ außer von der Zeit nur von der einen Raumkoordinate x abhängt. Jede zur yz-Ebene parallele Ebene heißt dann eine Wellenebene. Für eine gegebenes x ist ξ eine reine Zeitfunktion. A heißt wie früher die Amplitude, $\tau = \frac{1}{n}$ die Periode, n die sekundliche Frequenz. Die Phase ist für verschiedene konstante Werte von x verschieden, d. h. an verschiedenen Orten geht die Schwingung zu verschiedenen Zeiten durch die Ruhelage. Eine solche Wellenbewegung heißt eine fortschreitende. Lassen wir t konstant, so stellt ξ als Funktion von x auch einen periodischen Vorgang dar, dessen Periode λ ist: man nennt λ die Wellenlänge. Ersetzen wir t durch $t + 1$ und x durch $x + \frac{\lambda}{\tau}$, so bleibt ξ unverändert, d. h. nach der Zeit 1 ist derselbe Zustand um die Strecke $a = \frac{\lambda}{\tau} = n\lambda$ in der Richtung der positiven x-Achse vorgerückt. a heißt die Fortpflanzungsgeschwindigkeit der Phasen in dem Medium.

Ganz allgemein stellt jede beliebige Funktion $f_1(x-at)$ einen Zustand dar, der sich mit der Geschwindigkeit a in der Richtung der positiven x-Achse fortpflanzt, während f_2 (x + at) einen Zustand kennzeichnet, der in der Richtung der negativen x-Achse mit der Geschwindigkeit a wandert, wie man sofort einsieht, wenn man t durch t + 1 und x durch x + a resp. durch x — a ersetzt.

Superponieren sich zwei Wellen gleicher Amplitude

$$\xi_1 = A \sin \left[2\pi \left(\frac{t}{\tau} - \frac{x}{\lambda} \right) + \alpha \right] \text{ und}$$

$$\xi_2 = A \sin \left[2\pi \left(\frac{t}{\tau} + \frac{x}{\lambda} \right) + \alpha' \right],$$

von denen die erste in der positiven, die zweite in der negativen x-Achsenrichtung wandert, so erhält man das Resultat

$$\xi = \xi_1 + \xi_2 = 2 A \sin \left(\frac{2\pi t}{\tau} + \frac{\alpha + \alpha'}{2} \right) \cdot \cos \left(\frac{2\pi x}{\lambda} + \frac{\alpha - \alpha'}{2} \right).$$

ξ stellt eine stehende Welle dar, die dadurch charakterisiert wird, daß an bestimmten Stellen, die den Abstand einer halben Wellenlänge haben, dauernd die Elongation ξ gleich Null ist, d. h. sich ein Knoten befindet, während mitten dazwischen dauernd ein Bauch vorhanden ist. Bei stehenden Wellen wandern alle Teilchen längs der Wellen gleichzeitig durch die Ruhelage, wie ohne weiteres aus der Superpositionsgleichung ersichtlich ist.

1. Ebene Wellen. Unter einer ebenen Welle versteht man eine solche Energieströmung in der Richtung der Wellennormale, bei der der Querschnitt, durch den die Energie wandert, konstant bleibt. Es findet daher, abgesehen von Verlusten, z. B. Reibungsverlusten des Mediums, keine Intensitätsabnahme mit der Entfernung statt. In mathematischer Formulierung heißt dies, daß das Geschwindigkeitspotential Φ nur von einer Raumkoordinate, z. B. von z, nicht aber von x und y abhängt, so daß sich die allgemeine Wellengleichung reduziert auf

$$\frac{\partial^2 \Phi}{\partial t^2} = a^2 \frac{\partial^2 \Phi}{\partial z^2} \quad \ldots\ldots\ldots\ldots\ldots \quad 1)$$

Ihre allgemeine Lösung nach d'Alembert lautet:

$$\Phi = f_1 (z - at) + f_2 (z + at) \quad \ldots\ldots\ldots\ldots \quad 1a.)$$

wobei f_1 und f_2 willkürliche Funktionen der Argumente z—at bzw. z+at sind. Sie stellen nach der positiven bzw. negativen z-Richtung mit der Geschwindigkeit

$$i_z = \frac{\partial \Phi}{\partial z} \quad \ldots\ldots\ldots\ldots\ldots\ldots \quad 2.)$$

fortschreitende Wellen dar. Beschränken wir uns auf die in der positiven Richtung hin wandernden Wellen, also auf Lösung f_1, so lautet das Geschwindigkeitspotential

$$\Phi = f_1 (z - at) \quad \ldots\ldots\ldots\ldots\ldots\ldots \quad 3.)$$

während die Geschwindigkeitskomponenten die Werte

$$i_x = i_y = 0 \text{ und } i_z = f_1' (z - at) \text{ haben.}$$

Ferner erhalten wir die Verdichtung s zu [II, § 6, (4), 27]

$$s = -\frac{1}{a^2}\frac{\partial \Phi}{\partial t} = +\frac{1}{a} f_1'(z - a t). \quad \ldots\ldots\ldots 4.)$$

und endlich den akustischen Druck in der Form [II, § 6, (7), 27]

$$p = -\rho \frac{\partial \Phi}{\partial t} = + a \rho f_1'(z - at). \quad \ldots\ldots\ldots 5)$$

Setzen wir

$$f_1 = A \cos 2\pi \left(n t - \frac{z}{\lambda} - \alpha\right), \text{ so wird } i_z = + \frac{2\pi A}{\lambda} \sin 2\pi \left(n t - \frac{z}{a} - \alpha\right).$$

Die Geschwindigkeit hat somit die Richtung, in der sich die Phasen fortpflanzen, d. h. die Schwingungen sind longitudinal. Aus den Gleichungen folgt weiter, daß sich die Verdichtung s mit der gleichen Geschwindigkeit a · fortpflanzt wie das Potential und die Geschwindigkeit der Teilchen.

Wir hätten auch aus Gleichung 9.), Seite 28, die allgemeine Lösung für Φ erhalten können. Hängt nämlich Ψ lediglich von z ab, so werden zwei partikuläre Integrale dieser Gleichung e^{-jkz} und e^{+jkz}. Mit deren Hilfe erhalten wir für Φ nach der vorhergehenden Gleichung 8.) für das Geschwindigkeitspotential zwei Teillösungen $e^{2\pi j\left(nt - \frac{z}{\lambda} - \alpha\right)}$ und $e^{2\pi j\left(nt + \frac{z}{\lambda} - \beta\right)}$, sodaß also die allgemeine Lösung den reellen Teil von

$$A e^{2\pi j\left(nt - \frac{z}{\lambda} - \alpha\right)} + B e^{2\pi j\left(nt + \frac{z}{\lambda} - \beta\right)}$$

darstellt, somit lautet:

$$\Phi = A \cos 2\pi \left(n t - \frac{z}{\lambda} - \alpha\right) + B \cos 2\pi \left(n t + \frac{z}{\lambda} - \beta\right). \quad . \; 1\,b.)$$

Ist ζ die Verschiebung (Verrückung), die ein Teilchen zur Zeit t in der Richtung der z-Achse aus seiner mittleren Lage erlitten hat, so ist

$$\frac{d\zeta}{dt} = \frac{\partial \Phi}{\partial z}. \quad \ldots\ldots\ldots\ldots\ldots\ldots 6.)$$

Da die Geschwindigkeit eine Funktion des Ortes und der Zeit ist, erhält man $\frac{d\zeta}{dt} = \frac{\partial \zeta}{\partial t} + \frac{\partial \zeta}{\partial z} i_z$; da aber andererseits die Geschwindigkeiten als unendlich klein angenommen wurden, so gilt einfach

$$\frac{\partial \zeta}{\partial t} = \frac{\partial \Phi}{\partial z} = i_z \quad \ldots\ldots\ldots\ldots\ldots\ldots 7.)$$

oder

$$\zeta = \int i_z \, dt = \frac{A}{a} \cos 2\pi \left(nt - \frac{z}{\lambda} - \alpha\right) \quad \ldots\ldots\ldots 8)$$

Aus den Gleichungen resultiert, daß für fortschreitende Wellen Geschwindigkeit und Verdichtung gleiche Phase haben, während die Phase der Verschiebung um ¼ Periode hinter der der Geschwindigkeit und Verdichtung zurückbleibt.

2. Energie einer ebenen fortschreitenden Welle. Unter Intensität oder Schallstärke pflegt man zu definieren entweder die im cm^3 im Mittel enthaltene mechanische Energie oder die im Mittel in einer Sekunde durch den cm^2 hindurchgehende Energie. Für fortschreitende Wellen sind beide Definitionen im Gebrauch, während die erstere für stehende Wellen die allein mögliche ist.

Die in der Zeiteinheit durch die Flächeneinheit wandernde Energie ist in einem Zylinder mit der Flächeneinheit als Basis und dem Zahlenwert der Schallgeschwindigkeit als Länge enthalten, sobald ein derartiger Zylinder in seiner ganzen Länge von der Wellenbewegung ergriffen ist. Dieses Bild gestattet nach Rayleigh ([17]) die Berechnung der Intensität, indem die totale Energie der Wellen gleich ist der kinetischen Energie der ganzen von der Wellenbewegung ergriffenen Flüssigkeit, wenn diese sich mit dem Maximum der in den Wellen auftretenden Geschwindigkeit fortbewegt, oder gleich der potentiellen Energie der gleichen Flüssigkeitsmenge, wenn sie auf die größte Dichtigkeit der Wellenbewegung gebracht wird. Bedeutet I die maximale Teilchengeschwindigkeit, so ergibt sich die Intensität L einer ebenen akustischen Welle in kinetischer Form zu

$$L = \frac{\rho a I^2}{2} \quad \ldots\ldots\ldots\ldots\ldots\ldots \quad 1.)$$

wobei a das Zylindervolumen und $a\rho$ die Zylindermasse bedeutet.

Führen wir statt I die Amplitude A ein unter Berücksichtigung ihres Zusammenhanges durch die Gleichung

$$I = 2\pi n A = \omega A, \quad \ldots\ldots\ldots\ldots\ldots \quad 2.)$$

so finden wir

$$L = \frac{a\rho}{2}(2\pi n A)^2 = \frac{a\rho}{2}\omega^2 A^2 \quad \ldots\ldots\ldots\ldots \quad 3.)$$

Vervollständigen wir das Bild des Wasserzylinders dahin, daß wir ihn uns mit vollkommen starren Wänden derart umgeben denken, daß eine Basisfläche als starrer, beweglicher Kolben ausgebildet ist, dem wir eine solche Verschiebung in der das Zylindervolumen verkleinernden Richtung erteilen, daß im Flüssigkeitszylinder ein der Maximaldruckamplitude P der Welle gleicher Ueberdruck P entsteht, so können wir nach diesem Bilde die potentielle Energie berechnen. Denn die ausgeführte Kolbenbewegung zieht eine Volumverringerung des Flüssigkeitszylinders um etwa V nach sich, deren zahlenmäßiger Wert infolge der vorausgesetzten Flächeneinheit des Kolbenquerschnittes den Kolbenweg selbst darstellt. Die mittlere Kraft, die der Kolben auf diesem Wege zu überwinden hat, ist P/2, daher seine Arbeitsleistung, die nach dem früher gesagten gleich der Intensität der Welle sein muß,

$$L = \frac{1}{2} P V. \quad \ldots\ldots\ldots\ldots\ldots\ldots \quad 4.)$$

Um zum endgültigen Ausdruck für die potentielle Energie zu kommen, ist es noch nötig, V durch P auszudrücken. Bezeichnen wir mit K den Kompressibilitätsmodul der Flüssigkeit, dann gilt

$$\frac{V}{V_0} = K P. \quad \ldots\ldots\ldots\ldots\ldots\ldots \quad 5.)$$

Das Zylindervolumen V_0 ist nun zahlenmäßig gleich der Schallgeschwindigkeit a, die sich später zu $\sqrt{\frac{1}{\rho K}}$ ergeben wird, so daß die Intensität in potentieller Form lautet:

$$L = \frac{P^2}{2 a \rho} \quad \ldots\ldots\ldots\ldots\ldots\ldots \quad 6.)$$

Nachdem bei einer idealen Wellenbewegung die kinetische und die potentielle Energie gleich groß ist, erhält man durch Kombination [Multiplikation der Ausdrücke 1.) und 6.)] die Beziehung:

$$L = \frac{1}{2} I P \quad \ldots\ldots\ldots\ldots\ldots\ldots \quad 7.)$$

Dabei ist L eine Leistung pro Flächeneinheit, hat somit die Dimensionen einer Masse mal einer Zeit hoch minus 3.

Wenn wir für den Augenblick unter I und P die Maximalwerte eines elektrischen Stromes und einer Spannung verstehen wollen, so liefert der Ausdruck 7.) eine beachtenswerte Analogie für die Leistung eines Wechselstromes bei Phasengleichheit für Spannung und Strom. Diese Analogie werden wir auch bei Phasenverschiebungen zwischen Geschwindigkeit und Druck wiederfinden. Die Leistung wird also dort noch mit dem cos φ der Phasenverschiebung multipliziert erscheinen.

Dividieren wir 6.) durch 3.), so erhalten wir unter Berücksichtigung von 2.) den Ausdruck

$$P = a \rho \cdot I \quad \ldots\ldots\ldots\ldots\ldots\ldots \quad 8.)$$

Diese Gleichung ist vollkommen analog dem Ohmschen Gesetz, so daß wir $a\rho$ als akustischen Widerstand bezeichnen können. Für eine nicht ebene Kugelwelle muß im Analogieschluß $a\rho$ mit dem Cosinus der dort zwischen Geschwindigkeit und Druck herrschenden Phasenverschiebung multipliziert erscheinen, was sich später auch tatsächlich zeigen wird.

3. Fortschreitende Kugelwellen. Eine wichtige Form der Lösung der allgemeinen Wellengleichung ist diejenige, die fortschreitende Kugelwellen liefert. Nimmt man an, daß die Erregung der Schwingungen von einem Punkte O der ruhenden, allseitig unbegrenzten Mediumsmasse ausgeht, so folgt aus Symmetriegründen, daß sich die Erregung rings um O mit nach allen Seiten gleicher Geschwindigkeit ausbreiten muß, Homogenität des Mediums vorausgesetzt. Die entstehenden Wellenflächen sind somit Kugelflächen um O als Mittelpunkt. Man führt dann zweckmäßig räumliche Polarkoordinaten r, ϑ, φ ein. Es ist r der Radiusvektor vom Quellenpunkt O bis zu dem betrachteten Aufpunkt P, positiv gerechnet im Sinne von O nach P; ϑ der Winkel zwischen r und der z-Achse, also die Zenitdistanz, φ der Winkel, den die durch P und die z-Achse gelegte Meridianebene mit der xz-Ebene einschließt, also das Azimut. Damit r, ϑ, φ ein rechtshändiges Polarkoordinatensystem bilden wie x, y, z, ist das Azimut φ in der Umlaufsrichtung zu nehmen, die die positive x-Achse mit dem kleinsten Drehungs-

winkel in die positive y-Achse dreht und von Null bis 2π zu rechnen; die Zenitdistanz ϑ ist von der positiven z-Achse an zu nehmen und von Null bis π zu zählen. Beide Richtungen sind in der Fig. 11 durch Pfeile gekennzeichnet. Die räumlichen Polarkoordinaten schreiben sich dann:

$$x = r \sin\vartheta \cos\varphi$$
$$y = r \sin\vartheta \sin\varphi$$
$$z = r \cos\vartheta .$$

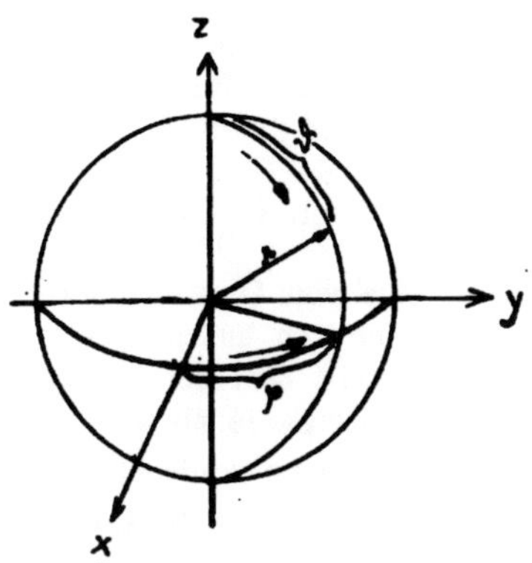

Fig. 11.

Durch Differentiation erhalten wir

$$dx = dr \sin\vartheta \cos\varphi + r \cos\vartheta \cos\varphi \, d\vartheta - r \sin\vartheta \sin\varphi \, d\varphi$$
$$dy = dr \sin\vartheta \sin\varphi + r \cos\vartheta \sin\varphi \, d\vartheta + r \sin\vartheta \cos\varphi \, d\varphi$$
$$dz = dr \cos\vartheta - r \sin\vartheta \, d\vartheta$$

und daraus, wenn ds das Linienelement darstellt,

$$ds^2 = dr^2 + r^2 d\vartheta^2 + r^2 \sin^2\vartheta \, d\varphi^2.$$

Drücken wir $\Delta\Phi$ in diesen Koordinaten aus, so erhält man

$$\Delta\Phi = \frac{1}{r}\frac{\partial^2 (r\Phi)}{\partial r^2} + \frac{1}{r^2 \sin\vartheta}\frac{\partial\left(\sin\vartheta \frac{\partial\Phi}{\partial\vartheta}\right)}{\partial\vartheta} + \frac{1}{r^2\sin^2\vartheta}\frac{\partial^2\Phi}{\partial\varphi^2} \quad . \; . \quad 1.)$$

Nun kann hier aus Symmetriegründen keine Abhängigkeit von ϑ und φ vorhanden sein, da die Bewegung gleichmäßig nach allen Seiten hin sich ausbreitet; daher sind $\frac{\partial\Phi}{\partial\vartheta}$ und $\frac{\partial^2\Phi}{\partial\varphi^2}$ gleich Null zu setzen und es hängt alles nur von r allein ab. Daher ergibt sich

$$\Delta\Phi = \frac{1}{r}\frac{\partial^2 (r\Phi)}{\partial r^2} \quad . \; . \; . \; . \; . \; . \; . \; . \; . \; . \; . \; . \; . \quad 2.)$$

Setzt man 2.) in die allgemeine Schwingungsgleichung ein, multipliziert beiderseits mit r und berücksichtigt, daß r von t nicht abhängig ist, daß man also $\frac{\partial^2 (r\Phi)}{\partial t^2}$ statt $r\frac{\partial^2 \Phi}{\partial t^2}$ schreiben darf, so geht die Bewegungsgleichung über in

$$\frac{\partial^2 (r\Phi)}{\partial t^2} = a^2 \frac{\partial^2 (r\Phi)}{\partial r^2} \qquad \ldots\ldots\ldots\ldots\ldots 3.)$$

Diese Gleichung stellt aber der Form nach nichts anderes dar, als die Differentialgleichung der ebenen Wellen, für die wir die allgemeine Lösung nach d'Alembert bereits [II, § 7, (1a), 29] aufgestellt haben. Nur ist hier die abhängige Variable das Produkt $r\Phi$, also Geschwindigkeitspotential mal Radiusvektor. Benutzt man also die d'Alembertsche Lösung und dividiert beiderseits durch r, so ergibt sich für das Geschwindigkeitspotential der Kugelwellen der Ausdruck

$$\Phi = \frac{1}{r} f_1(r - at) + \frac{1}{r} f_2(r + at). \qquad \ldots\ldots\ldots 4.)$$

Die Funktion $f_1(r-at)$ stellt eine von O nach außen hin fortschreitende, also divergierende Welle, $f_2(r+at)$ eine von außen nach dem Wellenzentrum O hin wandernde, also konvergierende Welle dar; bei beiden nimmt die Amplitude mit zunehmender Entfernung vom Erregungsorte ab wie $1/r$.

Differenzieren wir das Geschwindigkeitspotential partiell nach r, so erhalten wir die Geschwindigkeit i, die immer in die Richtung von r fällt, so daß hier ein Index am Geschwindigkeitsvektor überflüssig wird. Es ist:

$$i = \frac{\partial \Phi}{\partial r} = \frac{1}{r}\frac{\partial f_1(r-at)}{\partial r} - \frac{1}{r^2} f_1(r - at) + \frac{1}{r}\frac{\partial f_2(r+at)}{\partial r} - \frac{1}{r^2} f_2(r+at). \; 5.)$$

Daraus folgt, daß die Geschwindigkeit mit wachsendem Abstand von der Quelle nicht gleichmäßig abnimmt, wie das Potential Φ, sondern in unmittelbarer Nähe von Erregungszentrum wie $1/r^2$, in großer Entfernung aber wie $1/r$, dazwischen nach einem komplizierteren Gesetze.

Bilden wir das Zeitintegral der Geschwindigkeit, so erhalten wir die Teilchenverschiebung zu

$$\zeta = \int i\,dt = \frac{1}{r}\int \frac{\partial f_1(r-at)}{\partial r} dt - \frac{1}{r^2}\int f_1(r - at)\,dt + \frac{1}{r}\int \frac{\partial f_2(r+at)}{\partial r} dt - \frac{1}{r^2}\int f_2(r + at)\,dt, \qquad \ldots\ldots\ldots 6.)$$

wobei als obere Integrationsgrenze der Zeitmoment t zu wählen ist, für den man die Verschiebung wissen will, während die untere Grenze durch die Ruhelage des Teilchens gegeben ist, also für die Zeit, für die i gleich Null ist. Auch hier gilt, daß in der Nähe der Quelle mit wachsendem r die Amplitude wie $1/r^2$, in großer Entfernung wie $1/r$ abnimmt.

Aus Gleichung 4.) und 5.) Seite 27 finden wir die Verdichtung zu

$$s = -\frac{1}{a^2}\frac{\partial \Phi}{\partial t} = \int \Delta\Phi\,dt = \int \frac{1}{r}\frac{\partial^2 (r\Phi)}{\partial r^2} dt = \frac{1}{r}\int \frac{\partial^2 f_1(r-at)}{\partial r^2} dt + \frac{1}{r}\int \frac{\partial^2 f_2(r+at)}{\partial r^2} dt. \qquad \ldots\ldots\ldots 7.)$$

Die Integrationsgrenzen sind der Zeitmoment t, für den die Dichte ρ ist, ferner der Zeitmoment, wo sie ρ_0, also die Verdichtung s gleich Null ist. Diese Gleichung läßt sich integrieren, wenn man unter dem Integralzeichen $\frac{\partial^2 (r\Phi)}{\partial r}$ durch $\frac{1}{a^2}\frac{\partial^2 (r\Phi)}{\partial t^2}$ ersetzt. Es wird dann

$$s = \frac{1}{r a^2}\left[\frac{\partial (r\Phi)}{\partial t}\right]_{\rho_0}^{\rho} = \frac{1}{a^2}\left[\frac{\partial \Phi}{\partial t}\right]_{\rho_0}^{\rho} \quad \ldots\ldots\ldots \quad 7a.)$$

Aus der Verdichtung folgt ohne weiteres der Druck p, da nach Gleichung 4.) Seite 27 $s = -\frac{1}{a^2}\frac{\partial \Phi}{\partial t}$ und p nach Gleichung 7.), Seite 27 $p = -\rho\frac{\partial \Phi}{\partial t}$ ist. Die

Verdichtungs- und Druckwelle breitet sich also ebenso wie die Potentialwelle selbst
dichtungs- und Druckwelle breitet sich also ebenso wie die Potentialwelle selbst ohne Deformation, nur mit abnehmender Amplitude aus. Dagegen erleiden die Geschwindigkeits- und Verschiebungswellen außer der Amplitudenabnahme Deformationen, da die Amplitude ungleich abnimmt.

Statt mit dem Geschwindigkeitspotential kann man ebenso gut auch mit der Verdichtung rechnen. Wie man sich leicht überzeugen kann, ergibt sich dafür die Gleichung

$$\frac{\partial^2 (rs)}{\partial t^2} = a^2 \frac{\partial^2 (rs)}{\partial r^2} \quad \ldots\ldots\ldots \quad 3a.)$$

4. Die Kugelwelle in nächster Umgebung der Quelle.

Nehmen wir der Einfachheit halber an, daß $f_2 = 0$ ist, also lediglich die divergenten Wellen in Betracht kommen, so erhalten wir für das Geschwindigkeitspotential eines von einer einfachen Quelle gespeisten Schallfeldes im Abstande r von ihr ([17])

$$\Phi = -\frac{Q}{4\pi r}\cos 2\pi n\left(t - \frac{r}{a}\right) \quad \ldots\ldots\ldots \quad 8.)$$

Daraus finden wir den Druck und die Geschwindigkeit des Mediums an der betrachteten Stelle r zu

$$p = -\rho\frac{\partial \Phi}{\partial t} = -\frac{\rho n Q}{2r}\sin 2\pi n\left(t - \frac{r}{a}\right) \quad \ldots\ldots\ldots \quad 9.)$$

$$i = \frac{\partial \Phi}{\partial r} = \frac{Q}{4\pi r}\left[-\frac{2\pi n}{a}\sin 2\pi n\left(t - \frac{r}{a}\right) + \frac{1}{r}\cos 2\pi n\left(t - \frac{r}{a}\right)\right] \quad 10.)$$

oder nach Umformung mit Hilfe der Ansätze

$$\frac{2n\pi}{a} = K\cos\varphi;\ \frac{1}{r} = K\sin\varphi \text{ oder}$$

$$\operatorname{tg}\varphi = \frac{a}{2\pi n r} = \frac{\lambda}{2\pi r};\ K = +\sqrt{\left(\frac{2n\pi}{a}\right)^2 + \frac{1}{r^2}} = +\sqrt{\left(\frac{2\pi}{\lambda}\right)^2 + \frac{1}{r^2}},$$

wenn wir unter P und I die maximalen Zahlenwerte von Druck und Geschwindigkeit verstehen,

$$p = -P \sin 2\pi n \left(t - \frac{r}{a}\right) \quad \ldots\ldots\ldots \quad 11)$$

$$i = -I \sin \left\{ 2\pi n \left(t - \frac{r}{a}\right) - \varphi \right\}, \quad \ldots\ldots\ldots \quad 12)$$

wobei

$$P = \frac{\rho n Q}{2r} \text{ und } I = \frac{Q}{4\pi r} \sqrt{\left(\frac{2\pi}{\lambda}\right)^2 + \frac{1}{r^2}} = \frac{Q}{4\pi r^2} \sqrt{1 + \operatorname{ctg}^2 \varphi} = \frac{Q}{4\pi r^2 \sin \varphi} = \frac{n Q}{2 r a \cos \varphi}$$

ist. Es herrscht somit zwischen Druck- und Geschwindigkeitsmaximum eine Phasenverschiebung φ und zwar eilt der Druck der Geschwindigkeit voraus. Wie man sich durch eine sehr einfache Rechnung überzeugen kann, erhält man für den Fall $f_1 = 0$, also der konvergenten Welle, ein Nacheilen des Druckes gegenüber der Geschwindigkeit. Wie wir bereits für ein ebenes akustisches Feld eine formale Beziehung zu den elektrischen Vorgängen eines kapazitäts- und induktionsfreien Wechselstroms gefunden haben, finden wir auch hier die Analogie vollständig wieder, wenn wir die divergente akustische Welle mit einem Wechselstromkreis, der Ohmschen Widerstand und Selbstinduktion enthält, und die konvergente mit einem mit Widerstand und Kapazität belasteten Wechselstromkreis derart in Beziehung bringen, daß wir den akustischen Druck mit der Spannung, die Geschwindigkeit mit der Stromstärke in Analogie setzen ([18]).

5. E n e r g i e e i n e r f o r t s c h r e i t e n d e n K u g e l w e l l e. Ist ζ die Teilchenverschiebung, also $i = \frac{\partial \zeta}{\partial t}$, so findet man die Intensität der Kugelwelle zu

$$L = n \int\limits_{t=\frac{r}{a}}^{t-\frac{r}{a}+\frac{1}{n}} p \, d\zeta = n \int p \, \frac{\partial \zeta}{\partial t} \, dt = n \int\limits_{0}^{\frac{1}{n}} p \, i \, dt; \quad \ldots \quad 13.)$$

ausgeführt liefert dieser Ausdruck die Gleichung

$$L = \frac{1}{2} I P \cos \varphi. \quad \ldots\ldots\ldots\ldots \quad 13a)$$

Die letzte Gleichung hat wiederum ihre volle Analogie in der Leistung eines einphasigen Wechselstromes mit den um den Phasenwinkel φ verschobenen Maximalwerten I und P von Strom und Spannung. Für $\cos \varphi = 1$, also für Phasengleichheit erhalten wir als Spezialfall die Intensität einer ebenen Welle.

Bilden wir schließlich den Quotienten von P und I, so erhalten wir

$$\frac{P}{I} = \rho \frac{2\pi n}{K} \quad \ldots\ldots\ldots\ldots\ldots \quad 14)$$

und mit Hilfe der Gleichung $\frac{2\pi n}{a} = K \cos \varphi$, $P = a \rho \cos \varphi \cdot I$ als Beziehung zwischen Druck- und Geschwindigkeitsmaximum, worin die Form für die ebene Welle als Spezialfall für $\cos \varphi = 1$ enthalten ist.

6. Strömung, Zirkulation, Strömungsfunktion. Für das anschauliche Verständnis der Bewegungen von Flüssigkeiten hat eine Reihe durch hauptsächlich englische Autoren ([19]) eingeführter Begriffe Bedeutung. Ist dl das Element irgendeiner Linie in der Flüssigkeit und i_l die längs dieses Elementes herrschende Geschwindigkeit, so heißt das Intregal

$$\int_e (i_x\, dx + i_y\, dy + i_z\, dz) = \int_e \left(i_x \frac{\partial x}{\partial l} + i_y \frac{\partial y}{\partial l} + i_z \frac{\partial z}{\partial l}\right) dl = \int_e i_l\, dl \quad . \; . \; 1.)$$

genommen längs irgendeiner Linie vom Anfangspunkt der Linie nach einen laufenden Linienpunkt die „Strömung" längs dieser Linie. Fallen Anfangs- und Endpunkt zusammen, betrachten wir also die Strömung längs einer geschlossenen Linie, so heißt diese Strömung „Zirkulation".

Bei Potentialbewegungen ist die Strömung offenbar infolge Fehlens von Zirkulation eine reine Zustandsfunktion, und zwar gemäß der Gleichung

$$\varphi = \int i_x\, dx + i_y\, dy + i_z\, dz$$

identisch mit dem Geschwindigkeitspotential φ, gerechnet von dem für den Anfangspunkt gültigen Werte aus. Die Strömung erfüllt hier die Laplacesche Differentialgleichung $\Delta \varphi = 0$ Ist insbesondere ein solches Feld von einer Koordinate, etwa von der z-Koordinate unabhängig, so reduziert sich für eine inkompressible reibungslose Flüssigkeit die Kontinuitätsgleichung $\Delta \varphi = 0$ auf

$$\frac{\partial i_x}{\partial x} + \frac{\partial i_y}{\partial y} = 0 \quad . \; . \; . \; . \; . \; . \; . \; . \; . \; . \; . \; . \; . \; 2.)$$

Der Strömung „längs" einer Kurve kann man nun die Strömung „durch" eine Kurve gegenüberstellen. Ist etwa wiederum dl ein Kurvenelement der als eben vorausgesetzten Kurve und sind λ, μ die Richtungskosinusse ihrer Normalen in der xy-Ebene, dann bezeichnet man

$$\psi = \int (\lambda i_x + \mu i_y)\, dl \quad . \; . \; . \; . \; . \; . \; . \; . \; . \; . \; . \; . \; 3.)$$

als die „Stromfunktion". Dabei kann man den Kurvenanfangspunkt als fest betrachten, so daß ψ eine Funktion der Lage eines laufenden Kurvenpunktes wird. Wenn sich nun dieser laufende Punkt so bewegt, daß sich der Wert der Stromfunktion — auch Strömungsfunktion genannt — nicht ändert, so beschreibt er eine ausgezeichnete Kurve, durch die keine Flüssigkeit hindurch strömt, also eine „Stromlinie"; die Linien

$$\psi = \text{const} \quad . \; . \; . \; . \; . \; . \; . \; . \; . \; . \; . \; . \; . \; . \; . \; . \; 4)$$

sind somit die Stromlinien.

Wie aus φ kann man auch aus ψ die Geschwindigkeitskomponenten durch Differentiation berechnen; hier ist aber:

$$i_x = \frac{\partial \psi}{\partial y} \text{ und } i_y = -\frac{\partial \psi}{\partial x} \quad . \; . \; . \; . \; . \; . \; . \; . \; . \; . \; 5.)$$

Dies ist leicht einzusehen, da die partielle Differentialgleichung $\Delta \psi = 0$ für bloß zwei Variable x und y, sowohl durch den reellen wie auch durch den imaginären

Bestandteil irgend einer Funktion des komplexen Argumentes $x + jy$ befriedigt wird. Setzt man $z = x + jy$ und bildet einen analytischen Ausdruck von z, den wir mit Z bezeichnen wollen, der außer reellen Größen neben z auch j enthalten kann; dann läßt sich immer Z auf die Form $Z = \varphi + j\psi$ bringen, in der ψ und φ reelle Funktionen von x und y sind. Es ist dann Z eine Funktion von z und daher

$$\frac{\partial Z}{\partial x} = \frac{dZ}{dz}; \quad \frac{\partial Z}{\partial y} = j\frac{dZ}{dz} \quad \text{somit} \quad j\frac{\partial Z}{\partial x} = \frac{\partial Z}{\partial y} \quad \text{das heißt:} \quad j\frac{\partial \varphi}{\partial x} - \frac{\partial \psi}{\partial x} = \frac{\partial \varphi}{\partial y} + j\frac{\partial \psi}{\partial y}$$

und daher

$$\frac{\partial \varphi}{\partial x} = \frac{\partial \psi}{\partial y} \quad \text{und} \quad \frac{\partial \psi}{\partial x} = -\frac{\partial \varphi}{\partial y} \quad \dots\dots\dots \quad 6.)$$

Aus 6.) folgt, daß

$$\frac{\partial^2 \varphi}{\partial x^2} + \frac{\partial^2 \varphi}{\partial y^2} = 0 \text{ und } \frac{\partial^2 \psi}{\partial x^2} + \frac{\partial^2 \psi}{\partial y^2} = 0 \quad .. \quad 7.)$$

und überdies

$$\frac{\partial \varphi}{\partial x}\frac{\partial \psi}{\partial x} + \frac{\partial \varphi}{\partial y}\frac{\partial \psi}{\partial y} = 0 \quad \dots\dots\dots \quad 8.)$$

ist. 8.) besagt, daß die Linien $\varphi = \text{const.}$ und die Linien $\psi = \text{const.}$, also Äquipotentialkurven und Stromlinien sich senkrecht schneiden.

Ein anderer Spezialfall ergibt sich, wenn rund um eine Achse, z. B. um die x-Achse, Symmetrie herrscht. Es ist dann alles in den zwei Werten x und $r = \sqrt{y^2 + z^2}$ ausdrückbar und die Bewegung erfolgt in Ebenen, die durch die Symmetrieachse gehen. Sind die Geschwindigkeiten parallel resp. senkrecht zur Symmetrieachse u und q, so erhalten wir die Kontinuitätsgleichung

$\frac{\partial (ru)}{\partial x} + \frac{\partial (rq)}{\partial r} = 0$, was wie vorher äquivalent ist dem Gleichungssystem

$$ru = \frac{\partial \psi}{\partial r} \text{ und } rq = -\frac{\partial \psi}{\partial x} \quad \dots\dots\dots \quad 9.)$$

Danach genügt aber ψ auch der Gleichung $\Delta \psi = 0$, und da die Gleichungen 6.) resp. 9.) sich nicht ändern, wenn man φ durch ψ und ψ durch $-\varphi$ ersetzt, so folgt, daß die Vertauschung der Strömungslinien mit den Aequipotentialkurven wiederum eine mögliche Strömung liefert. Das Resultat, die Methoden komplexer Variabler zur Integration zweidimensionaler Probleme der wirbelfreien und reibungslosen Flüssigkeitsbewegung heranziehen zu können, hat oft wesentliche Vorteile. Die Stromfunktion kann prinzipiell auch für die Strömung durch Flächen hindurch definiert, also auch auf dreidimensionale Aufgaben ausgedehnt werden, worauf aber hier nicht eingegangen werden kann.

§ 8. Die akustische Druckgleichung.

Die gefundene [II, § 7, 36] Analogie des Schallfeldes mit dem eines einphasigen Wechselstromes in der Art, daß die Spannung dem akustischen Druck und die Stromstärke der akustischen Geschwindigkeit entspricht, muß sich auf Grund der beiden Problemen zugrunde liegenden Schwingungstheorie dahin weiterführen lassen, daß der Wechselstromgleichung

$$e = wi + \Pi\frac{\partial i}{\partial t} \quad \dots\dots\dots\dots \quad 1.)$$

eine akustisch analoge von der Form

$$p = w\,i + \Pi \frac{\partial i}{\partial t} \quad \ldots\ldots\ldots\ldots\ldots \; 2.)$$

gegenübergestellt werden kann. Darin ist die Größe w als akustischer Widerstand und Π als akustischer Induktionskoeffizient aufzusuchen. Wir wissen, daß beim einphasigen Wechselstrom die Leistung L gegeben ist durch

$$L = w\left(\frac{I}{\sqrt{2}}\right)^2 = w\,J^2_{eff}.$$

Aus der Formel [II, § 7, (13a), 36] $L = \frac{1}{2} I\,P \cos\varphi$ erhalten wir durch Multiplikation mit I/I für L den Wert

$$L = \frac{P}{I}\cos\varphi\left(\frac{I}{\sqrt{2}}\right)^2 = w\,J^2_{eff}.$$

Somit repräsentiert $w = \frac{P}{I}\cos\varphi$ den akustischen Widerstand.

Setzen wir die Seite 36 gefundenen Werte $I = \frac{n\,Q}{2\,r\,a\cos\varphi}$ und $P = \frac{\rho\,n\,Q}{2\,r}$ daselbst ein, so erhalten wir für w den Wert:

$$\frac{P}{I}\cos\varphi = w = a\,\rho\cos^2\varphi \quad \ldots\ldots\ldots\ldots \; 3.)$$

ausgedrückt in rein akustischen Größen.

Um den akustischen Selbstinduktionskoeffizienten zu finden, beachten wir, daß uns die elektrische Gleichung als logarithmisches Dekrement den Wert $\vartheta = \frac{w}{2\,n\,\Pi}$ liefert, der andererseits auch in der Form $\vartheta = \frac{\pi}{\operatorname{tg}\varphi}$ darstellbar ist. Es wird somit $\frac{w}{2\,n\,\Pi} = \frac{\pi}{\operatorname{tg}\varphi}$ und wir finden daraus Π zu

$$\Pi = \frac{w\operatorname{tg}\varphi}{2\pi n} = \frac{a\,\rho\cos^2\varphi\sin\varphi}{2\pi n\cos\varphi} = \frac{a\,\rho\cos\varphi\sin\varphi}{2\pi n}, \quad \ldots\ldots \; 4)$$

wo nur mehr akustische Größen erscheinen. Somit lautet nach Einsetzen der für w und Π gefundenen Werte die akustische Druckgleichung 2.

$$p = a\,\rho\cos^2\varphi \cdot i + \frac{a\,\rho\cos\varphi\sin\varphi}{2\pi n}\frac{\partial i}{\partial t} \quad \ldots\ldots\ldots \; 5)$$

Will man ohne Benutzung des Analogieschlusses diese Gleichung herleiten, so kann man nach dem Vorschlage von Runge ([18]) folgendermaßen verfahren: man differenziert den Ausdruck für die Geschwindigkeit [II, § 7, (10), 35] nach der Zeit, was ergibt:

$$\frac{\partial i}{\partial t} = \frac{Q}{4\pi r}\left[-\frac{(2\pi n)^2}{a}\cos 2\pi n\left(t-\frac{r}{a}\right) - \frac{2\pi n}{r}\sin 2\pi n\left(t-\frac{r}{a}\right)\right].$$

Ferner bildet man den Ausdruck

$$i\,r + \frac{a}{(2\pi n)}\frac{\partial i}{\partial t} = -\frac{Q}{4\pi r}\left(\frac{2\pi n r}{a} + \frac{a}{2\pi n r}\right)\sin 2\pi n\left(t-\frac{r}{a}\right).$$

Hier kann man nun auf der rechten Seite den Druck einführen und erhält schließlich:

$$p = \frac{a\rho}{1+\left(\frac{\lambda}{2\pi r}\right)^2}\cdot i + \rho r \frac{1}{1+\left(\frac{2\pi r}{\lambda}\right)^2}\cdot\frac{\partial i}{\partial t} \quad \ldots\ldots 5a.)$$

Benutzen wir endlich die Beziehung $\operatorname{tg}\varphi = \frac{\lambda}{2\pi r}$, so erhalten wir die akustische Druckgleichung in der früher gefundenen Form 5).

$$p = a\rho\cos^2\varphi\cdot i + \frac{a\rho\cos\varphi\sin\varphi}{\omega}\frac{\partial i}{\partial t} \quad \ldots\ldots\ldots 5b.)$$

Wir haben [II, § 7, (13), 36] gefunden, daß $L = n\int_0^{\frac{1}{n}} p\,i\,dt$ ist. Benutzen wir zur Auswertung dieses Integrales die eben gefundene Beziehung zwischen Druck und Geschwindigkeit, so erhalten wir:

$$L = n\int_0^{\frac{1}{n}} p\,i\,dt = n\int_0^{\frac{1}{n}} a\rho\cos^2\varphi\cdot i^2 dt + n\int_0^{\frac{1}{n}} \frac{a\rho\cos\varphi\sin\varphi}{\omega}\, i\,\frac{\partial i}{\partial t}\,dt. \quad 6)$$

Das zweite Integral verschwindet zwischen den vorliegenden Grenzen; das erste hat den Wert $\frac{a\rho}{2}\cos^2\varphi\, I^2$; somit wird

$$L = \frac{a\rho}{2}\cos^2\varphi\, I^2, \quad \ldots\ldots\ldots\ldots 7)$$

was uns übrigens auch Gleichung 3.) unter Berücksichtigung, daß $L = \frac{1}{2} P I \cos\varphi$ ist, liefert.

In weiterer Analogie mit einem Wechselstrom ersieht man aus der akustischen Druckgleichung, daß sich der Druck aus zwei Teilen zusammensetzt, aus einem Wattdruck

$$P_w = a\rho\cos^2\varphi I = P\cos\varphi \ldots\ldots\ldots\ldots 8.)$$

und aus einen wattlosen Druck

$$P_l = a\rho\cos\varphi\sin\varphi I = P\sin\varphi \ldots\ldots\ldots 9)$$

Der wattlose Druck wird durch eine mitschwingende Mediumsmasse M vom Werte

$$M = \frac{a\rho\cos\varphi\sin\varphi}{\omega} = \frac{a\rho\sin^2\varphi}{\omega\cdot\operatorname{tg}\varphi} = r\rho\sin^2\varphi \ldots\ldots 10)$$

hervorgerufen. Somit entspricht die Selbstinduktion der Elektrizität in der Akustik einer Massenträgheit.

Die divergente Ausbreitung des Schalles in der Akustik wird somit analog einem Widerstand mit Selbstinduktion in Serie in der Elektrizität. Die Geschwindigkeit ist gegenüber dem Druck nacheilend phasenverschoben.

Aus Analogiegründen muß eine konvergente Schallbewegung einem Widerstand in Serie mit einer Kapazität entsprechen. Dies ist leicht zu zeigen, denn im Geschwindigkeitspotential vertauscht sich lediglich das positive Vorzeichen in der Fortpflanzungsgeschwindigkeit mit dem negativen; es tritt also bei der konvergenten Welle —a an Stelle von +a, und die diesbezügliche Durchrechnung ergibt für die akustische Druckgleichung die Form

$$p = a\rho\cos^2\varphi \cdot i - \frac{a\rho\cos\varphi\sin\varphi}{\omega}\,\frac{\partial i}{\partial t} = a\rho\cos^2\varphi \cdot i + a\rho\cos\varphi\sin\varphi\,\omega\int i\,dt \quad . \; 11.)$$

Es erhält somit in der Druckgleichung für die konvergente Welle die Masse ein negatives Vorzeichen. Daher ist physikalisch eine negativ bezeichnete Masse als elastische Kraft zu deuten. In diesem Falle eilt die Geschwindigkeit dem Druck in der Phase voraus.

Den Grenzfall zwischen divergenter und konvergenter Schallausbreitung bildet die ebene Wellenausbreitung, die elektrisch einem Wechselstrom mit ausschließlich Ohmschen Widerstand analog ist.

§ 9. Die Divergenz des Geschwindigkeitspotentials als Quellenergiebigkeit.

Wir nehmen an, daß ein Vektor $\mathfrak{A}$ in jedem Punkt die Geschwindigkeit des dort befindlichen Teilchens einer strömenden, unzusammendrückbaren Flüssigkeit darstellt und daß die Flüssigkeit einen gegebenen Raum lückenlos ausfüllt, so daß der Vektor $\mathfrak{A}$ als stetige Funktion des Ortes gelten kann. Dann stellt das innere Vektorprodukt $d\mathfrak{f}\mathfrak{A}$ das Flüssigkeitsvolumen dar, das in der Zeiteinheit durch das Flächenelement $d\mathfrak{f}$ hindurchfließt. Denn die Flüssigkeitsteilchen, die sich

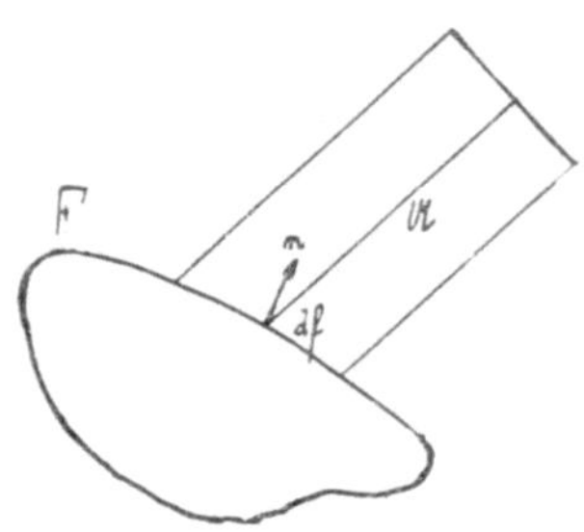

Fig. 12.

im gegebenen Augenblick auf dem Flächenelement $d\mathfrak{f}$ befinden, erfahren in der Zeiteinheit eine solche Verschiebung, daß die hindurchtretende Flüssigkeit das Volumen eines schiefen Zylinders (Fig. 12) einnimmt, dessen Grundfläche $d\mathfrak{f}$ ist und dessen Höhe gleich der Projektion von $\mathfrak{A}$ auf $d\mathfrak{f}$ ist. Das Flächenintegral $\int_F d\mathfrak{f}\mathfrak{A}$ stellt dann das in der Zeiteinheit durch die Fläche strömende Volumen der Flüssigkeit dar. Man nennt deswegen dieses Flächenintegral den „Fluß" des Vektors $\mathfrak{A}$ durch die Fläche F und behält diese Bezeichnung auch dann bei, wenn der Vektor mit einer strömenden Flüssigkeit nichts zu tun hat.

Wenn die Fläche F eine geschlossene ist, so ist jedem Flächenelement eine äußere Normale n zugeordnet. Ist der Vektor $\mathfrak{A}$ mit der äußeren Normale gleichgerichtet, so wird $d\mathfrak{f}\mathfrak{A}$ die durch das Element in der Zeiteinheit nach außen strömende Flüssigkeit. Ist hingegen für $d\mathfrak{f}$ die Richtung von $\mathfrak{A}$ entgegengesetzt der äußeren

Normale, so tritt in der Zeiteinheit die Flüssigkeitsmenge $d\mathfrak{f}\mathfrak{A}$ in das Innere von F ein. Im allgemeinen wird es Flächenelemente geben, durch die die Flüssigkeit nach Innen strömt und solche, durch die die Flüssigkeit den von F umschlossenen Raum verläßt. Das über die ganze Fläche F erstreckte Hüllenintegral muß nun für eine inkompressible lückenlos strömende Flüssigkeit Null sein. Denn wäre es von Null verschieden und hätte einen positiven Wert, so würde dies bedeuten, daß aus der geschlossenen Fläche mehr Flüssigkeit austritt, als in sie in der gleichen Zeit einströmt, was aber gegen die Inkompressibilität verstoßen würde. Es muß daher in einem solchen Falle im Innern des von F umschlossenen Raumes Flüssigkeit entstehen, das heißt mindestens eine Quelle [II, § 1, 12] vorhanden sein, oder, falls der von Null verschiedene Wert des Hüllenintegrales negativ ist, muß in dem von F umschlossenen Raume Flüssigkeit verschwinden, d. h. es muß sich in diesem Raume mindestens eine Senke befinden ([19]).

Nach dem Gaußschen Satze ([20]) stellt sich das Oberflächenintegral in der Form dar

$$\int_F d\mathfrak{f}\,\mathfrak{A} = \int_S \operatorname{div}\mathfrak{A}\, d\tau,$$

wo $d\tau$ das Volumelement des von F umschlossenen Raumes S bedeutet. Da nun der Wert von $\int_F d\mathfrak{f}\mathfrak{A}$ die von den Quellen innerhalb von F gelieferten Flüssigkeitsmenge mißt, beziehungsweise die in den innerhalb F befindlichen Senken verschwindende Flüssigkeitsmenge, so ist $\operatorname{div}\mathfrak{A}$ direkt als Maß für die Quellenergiebigkeit, beziehungsweise für die Leistung der Senken aufzufassen. Ist $\operatorname{div}\mathfrak{A} = 0$, so verschwindet das Integral und das Feld innerhalb von F ist quellenfrei (Senke als negative Quelle betrachtet).

Existiert ein Geschwindigkeitspotential Φ, so ist die Geschwindigkeit nach der Richtung der Normalen n gegeben durch $\frac{\partial\Phi}{\partial n} = \mathfrak{A}_n$ und die Größe der durch das Element $d\mathfrak{f}$ in der Zeiteinheit strömenden Flüssigkeitsmenge wird $\frac{\partial\Phi}{\partial n} d\mathfrak{f}$. Bei einer konstanten Dichtigkeit beträgt daher die ganze Aenderung an Mediumsmenge in der Zeit dt

$$\int_F \int_t \frac{\partial\Phi}{\partial n} d\mathfrak{f}\, dt,$$

wobei die Integration sich über die ganze Oberfläche F erstreckt. Ist die betrachtete Raumstelle innerhalb der Oberfläche F sowohl am Anfang als auch am Ende der betrachteten Zeit voll, so muß die Mediumsmengenänderung verschwinden, also

$$\int_F \int_t \frac{\partial\Phi}{\partial n} d\mathfrak{f}\, dt = 0$$

sein. An Stelle des früheren Vektors ist hier, abgesehen von der zeitlichen Integration, der Gradient von Φ getreten. Für die Inkompressibilitätsbedingung tritt somit die der Gleichung $\operatorname{div}\mathfrak{A} = 0$ entsprechende Beziehung $\Delta\Phi = 0$ für jeden Punkt innerhalb von F. Die letzte Gleichung ist aber nichts anderes als die Kontinuitätsgleichung für inkompressible Flüssigkeiten.

Ist das Medium kompressibel und die Bewegung von der Art, daß die Quadrate von kleinen Größen vernachlässigbar werden dürfen, so wird die Kontinuitätsgleichung [II, § 6, (5), 27]

$$\frac{\partial s}{\partial t} + \Delta \Phi = 0.$$

Man kann sich daher die einfachste Schallquelle in der Art vorstellen, daß an ihrem Orte unter Verletzung der Kontinuitätsgleichung des inkompressiblen Mediums von außen her eine geeignete periodische Zufuhr von Medium erfolgt. Das beste Beispiel dafür bilden die Sirenen, bei denen von außen her bei jedem Oeffnen der Schlitze Medium in das Schallfeld eingeführt wird.

§ 10. **Die Schallgeschwindigkeit und ihre Abhängigkeit von Temperatur, Druck, Luft- und Salzgehalt.**

Wir haben aus der Lösung der allgemeinen Wellengleichung ersehen, daß sich der Schall mit der Geschwindigkeit a im freien Medium ausbreitet. a steht dabei mit Druck und Dichte in der Beziehung:

$$a = \sqrt{\frac{dp}{d\rho}} \quad \ldots\ldots\ldots\ldots\ldots 1)$$

Ferner haben wir die Verdichtung definiert als $ds = \frac{d\rho}{\rho}$, also durch die bei Zunahme des allseitigen Flüssigkeitsdruckes p um dp eintretende relative Dichtenänderung $\frac{d\rho}{\rho}$.

Beziehen wir diese relative Dichtenänderung auf die Einheit der Druckzunahme, bilden also $\frac{d\rho}{\rho} \cdot \frac{1}{dp}$ so stellt dieser Ausdruck bekanntlich definitionsgemäß die Kompressibilität K dar, so daß die Schallgeschwindigkeit in Flüssigkeiten die Form annimmt:

$$a = \sqrt{\frac{1}{\rho K}} \quad \ldots\ldots\ldots\ldots\ldots 2.)$$

oder auch, wenn wir den Volumselastizitätsmodul $M = 1/K$ einführen,

$$a = \sqrt{\frac{M}{\rho}} \quad \ldots\ldots\ldots\ldots\ldots 2a.)$$

Für Wasser von 8° C ist im CGS-System:

$$K = 4{\cdot}75 \cdot 10^{-11}\ [m^{-1}\, l\, t^{+2}] \qquad \rho = 0{\cdot}998\ [m\, l^{-3}], \text{ somit}$$

$$a = \sqrt{\frac{10^{11}}{0{\cdot}998 \cdot 4{\cdot}75}} = 144100 \text{ cm/sec} = 1{\cdot}44 \text{ Km/sec.}$$

Wie bei Gasen ist auch hier der Vorgang als adiabatisch anzusehen, so daß für K die adiabatische, für schnell wechselnde Dichtenänderungen geltende Kompressibilität zu nehmen ist. Experimentell ist bisher fast stets die isotherme

Kompressibilität K_i bestimmt worden. Nach thermodynamischen Sätzen gilt ganz allgemein der Zusammenhang:

$$\left(\frac{d\,p}{d\,\rho}\right)_{adiab.} = \frac{c_p}{c_v}\left(\frac{d\,p}{d\,\rho}\right)_{isoth.}$$

sodaß

$$a = \sqrt{\frac{c_p}{c_v}\,\frac{1}{\rho\,K_i}} \quad \text{wird.}$$

c_p und ρ können direkt gemessen werden; das direkt bisher nicht bestimmbare c_v läßt sich aus dem spezifischen Volumen v, der isothermen Kompressibilität K_i und dem Ausdehnungskoeffizienten berechnen nach der von der Thermodynamik gelieferten Formel:

$$c_p - c_v = -\vartheta\left(\frac{\partial p}{\partial v}\right)_\vartheta \cdot \left(\frac{\partial v}{\partial \vartheta}\right)_p \cdot$$ (21).

Für Wasser von 13° C ist K_i auf Atmosphären bezogen $4.8\,10^{-5}$, der Ausdehnungskoeffizient $1.2\,10^{-4}$, das spezifische Volumen 1.0005. Danach ist

$$\frac{c_p}{c_v} = 1\,001.$$

In diesem Falle sind mithin $K_{isoth.}$ und $K_{adiab.}$ nur um ca. 1‰ voneinander verschieden, so daß praktisch in der Formel 2) die experimentell bestimmte isotherme Kompressibilität statt der adiabatischen benutzt werden darf. Doch ist dies keineswegs immer zulässig, z. B. ist für Aethyläther bei 18° C

$$\frac{c_p}{c_v} = 1.32,$$

also die adiabatische Kompressibilität ca. um 30% kleiner als die isotherme.

Wie bereits im historischen Rückblick (S. 1) erwähnt, bestimmten zum ersten Male Colladon und Sturm im Jahre 1826 die Schallgeschwindigkeit im Wasser des Genfer Sees bei einer Temperatur von 8° C. Die Bestimmungen wurden nach der sogenannten Signalmethode durchgeführt, indem eine ganz in das Wasser eingetauchte, von einem Boote B herabhängende Glocke C durch einen ebenfalls vom Boote aus bedienten Hammer b in der Weise angeschlagen wurde, daß im Moment des Anschlages durch eine mit dem Hammer zwangsläufig verbundene, brennende Lunte e ein Häufchen Schießpulver m am Bord in Brand geriet. In knapp 13.5 km Entfernung wurde der Pulverlichtblitz, und 9.4 Sek. später vermittels des vom Ohr des Beobachters in das Wasser reichenden Hörrohres k (Fig. 1, S. 2) der Glockenschlag wahrgenommen; die Division ergibt für a = 1435 m/sec. in guter Uebereinstimmung mit dem soeben früher für die gleiche Temperatur erhaltenen theoretischen Wert von 1441 m/sec.

Dies ist auch bis heute die einzige im freien Wasser bekannt gewordene Messung der Schallgeschwindigkeit, während die späteren Untersuchungen dieser Größe in Röhren und Pfeifen angestellt wurden. Die Werte, die man da erhält, fallen alle zu klein aus; es rührt dies davon her, daß wie Helmholtz (22) nachwies, ein erheblicher Teil der Schallenergie an die Röhrenwand, die nicht vollkommen starr ist, abgegeben wird.

Ueber die Abhängigkeit der Kompressibilität bei Wasser von Temperatur und Druck gibt folgende von Amagat herrührende Tabelle I Aufschluß, wobei, die Kompressibiltät K pro Atmosphäre in Zehnmilliontel, also der Wert K. 10^{+7} als Funktion von Druck und Temperatur verzeichnet ist ([23]).

Es soll hier ausdrücklich darauf aufmerksam gemacht werden, daß Wasser in Hinsicht der Kompressibilitätsänderung mit der Temperatur das gerade entgegengesetzte Verhalten bezüglich aller anderen Flüssigkeiten aufweist. Die Kompressibilität nimmt bei allen Flüssigkeiten, mit Ausnahme von Wasser, mit steigender Temperatur beträchtlich zu.

Tabelle Nr. I.

Kompressibilitätskoeffizient des Wasser in K. 10^{+7}.

Atmosphären	0°	5°	10°	15°	20°	30°	40°	50°
1—25	525	512	500	495	491	—	—	—
25—50	516	496	492	480	476	—	—	—
50—75	509	485	473	465	456	—	—	—
75—100	502	481	470	457	453	—	—	—
100—125	494	477	466	454	449	—	—	—
125—150	491	475	463	454	446	—	—	—
150—175	491	475	463	451	442	—	—	—
175—200	488	472	460	447	438	—	—	—
200—300	480	462	453	443	434	422	414	413
300—400	466	449	441	433	424	413	407	402
400—500	455	444	430	422	415	406	404	399
500—600	438	430	418	411	404	392	390	390
600—700	429	409	405	398	394	387	382	377
700—800	418	407	398	390	388	375	374	371
800—900	406	398	389	380	373	368	362	362
900—1000	—	—	—	368	365	360	358	353
1000—1500	358	355	348	344	338	—	—	325
1500—2000	324	318	313	312	309	—	—	300
2000—2500	292	289	298	280	278	—	—	275
2500-3000	261	264	259	261	257	—	—	254

Aus der Tabelle I ist zunächst ersichtlich, daß innerhalb der angegebenen Druckintervalle K mit steigender Temperatur abnimmt, somit die Schallgeschwindigkeit mit steigender Temperatur wächst. Andererseits ergibt sich, daß bei gegebener Temperatur die Schallgeschwindigkeit mit zunehmender Wassertiefe zunimmt, da die Kompressibilität mit wachsendem statischen Druck sinkt.

Tait ([24]) berechnete für Seewasser nachstehende Interpolationsformeln für die Abhängigkeit des Kompressibilitätskoeffizienten von der Temperatur:

Tabelle Nr. II.

Seewasser.

Extrapoliert für niedrige Drucke $K = 491 \cdot 10^{-7} - 340 \cdot 10^{-9} \vartheta + 3 \cdot 10^{-9} \vartheta^2$

für 150 Atmosph. $K = 462 \cdot 10^{-7} - 320 \cdot 10^{-9} \vartheta + 4 \cdot 10^{-9} \vartheta^2$

für 300 Atmosph. $K = 448 \cdot 10^{-7} - 305 \cdot 10^{-9} \vartheta + 5 \cdot 10^{-9} \vartheta^2$

für 450 Atmosph. $K = 438 \cdot 10^{-7} - 295 \cdot 10^{-9} \vartheta + 5 \cdot 10^{-9} \vartheta^2$

wobei ϑ die Temperatur in Celsiusgraden bedeutet.

Interessant ist das Verhalten der Flüssigkeiten gegenüber absorbierten Gasen; die Schallgeschwindigkeit wächst mit der Menge des absorbierten Gases. Dieses Verhalten ist sehr merkwürdig, da doch die Schallgeschwindigkeitszahlen für Gase an sich kleiner sind als die für Flüssigkeiten.

Was endlich die Abhängigkeit der Schallgeschwindigkeit vom Salzgehalt betrifft, so muß auch dessen Einfluß auf die Kompressibilität und auf die Dichte untersucht werden. Krümmel ([25]) gibt für den ersteren Zusammenhang folgende Werte an:

Tabelle Nr. III.

Salzgehalt in ‰	0	5	10	15	20	25	30	35	40
Kompressibilität $K.10^7$	490	484	478	472	466	461	455	450	422

Aendert sich somit der Salzgehalt absolut um 1‰, so beträgt die Aenderung des Kompressibilitätskoeffizienten $1{,}2 \cdot 10^{-7}$. Aus Tabelle I) läßt sich berechnen, daß die gleiche Aenderung der Kompressibilität durch eine Temperaturänderung von 0,6° C bedingt ist; es entspricht dieser Aenderungswert einer Aenderung der Schallgeschwindigkeit von 180 cm/sec.

Die Abhängigkeit der Dichte vom Salzgehalt findet Knudsen ([26]) mit genügender Genauigkeit durch die empirische Formel dargestellt:

$$\rho = 1 + 0{,}0008\,\sigma,$$

wobei σ den Salzgehalt in Promille bedeutet. Einer absoluten Zunahme des Salzgehaltes um 1‰ entspricht somit ein relativer Dichtenzuwachs um 0,8‰ und somit eine Abnahme der Schallgeschwindigkeit um 0,4‰, also um 58 cm/sec. Es beträgt also hinsichtlich der Schallgeschwindigkeit der Einfluß der Dichtenänderung bei wechselndem Salzgehalt etwa ⅓ von dem der Kompressibilitätsänderung.

§ 11. **Schalleitung und Schallschwächung.**

Die Schwächung, die der Schall bei seiner Ausbreitung erfährt, hat zwei Hauptursachen: erstens die infolge der Ausbreitung entstehende Verteilung der Gesamtschallenergie auf immer größere Flächen und zweitens die Mediumabsorption, d. h. die Umwandlung eines Teiles der schwingenden Energie in andere Energieformen, hauptsächlich in Wärme infolge der inneren Mediumreibung.

Betrachten wir die Schallausbreitung in offener See, so übertrifft normalerweise die Signalreichweite meist beträchtlich die Wassertiefe, so daß wir es mit einer ausgedehnten Wasserplatte zu tun haben, die einerseits von Luft, andererseits vom Meeresgrund begrenzt ist. Setzen wir zunächst Homogenität des flüssigen Mediums voraus, so ist die Wellenausbreitung in unmittelbarer Nähe einer einfachen Schallquelle kugelförmig. In großer, die Wassertiefe beträchtlich übersteigender Entfernung von der Quelle wird sich der Schall voraussichtlich in Form von Zylinderwellen ausbreiten. Der Uebergang zwischen diesen beiden Wellenarten ist natürlich nicht scharf. Die theoretisch überhaupt mögliche größte Grenzkugelwelle ist hinsichtlich ihres Durchmessers durch die Wassertiefe gegeben, wenn man sich die Schallquelle in halber Tiefe aufgestellt denkt.

Für Kugelwellen ist die Energieabnahme infolge der Flächenvergrößerung dem Quadrat der Entfernung, bei Zylinderwellen der ersten Potenz vom Quellenabstand verkehrt proportional. In Wirklichkeit gilt keines der beiden Gesetze genau — schon deshalb nicht, da das Medium nicht völlig homogen ist. — und wir werden es daher mit einer zwischen 1 und 2 liegenden Potenz einschließlich der Grenzen zu tun haben. Sind daher L_0 und L_r die Schallintensitäten in der Entfernung 1 und r von der Quelle, so haben wir für die Kugelwellen $L_r = \frac{L_0}{r^2}$ und für die Zylinderwellen $L_r = \frac{L_0}{r}$; ganz allgemein lautet die Gleichung

$$L_r = \frac{L_0}{r^m} \; \ldots\ldots \; 1 \leq m \leq 2 \; \ldots\ldots \; 1.)$$

Der Mediumabsorption tragen wir dadurch Rechnung, daß wir schreiben

$$L_r = \frac{L_0 \, e^{-2br}}{r^m}, \text{ bzw. } A_r = \frac{A_0 \, e^{-br}}{r^{m/2}}, \; \ldots\ldots \; 2.)$$

wenn A die Amplitude darstellt. b nennt man den Schallschwächungskoeffizienten. Er ist unter der Annahme, daß die innere Reibung η klein genug bleibt, um ihr Quadrat vernachlässigen zu können, nach Stokes ([27]) gegeben durch

$$b = \frac{8\pi^2 \eta}{3\lambda^2 \rho_0 a} = \frac{8\pi^2 \eta n^2}{3\rho_0 a^3} \; \ldots\ldots \; 3.)$$

Dabei sind η, ρ_0 und a Konstante des Schallmediums, die allerdings selbst noch Funktionen von Temperatur und Druck darstellen. Für die Schallgeschwindigkeit a ist uns diese Abhängigkeit bereits bekannt. Formel 3) zeigt, daß schon eine kleine Abnahme der Schallgeschwindigkeit eine nennenswerte Verschlechterung der Schalleitung bedingt.

Die Abhängigkeit der inneren Reibung η von Seewasser bei verschiedenen Temperaturen ([28]) und verschiedenem Salzgehalt ergibt sich aus nachstehender Tabelle Nr. IV.

Tabelle Nr. IV.

Innere Reibung des Seewassers.

1. Relativzahlen.

(Wasser von 0° C gleich 100·0 gesetzt.)

Temperatur in °C	Gesamtsalzgehalt in Promille:								
	0‰	5‰	10‰	15‰	20‰	25‰	30‰	35‰	40‰
0	100·0	100·9	101·7	102·5	103·2	103·9	104·5	105·2	105·9
1	96·0	96·8	97·6	98·3	99·0	99·7	100·4	101·1	101·8
2	92·6	93 5	94 3	95·1	95·9	96·6	97·3	98·0	98·7
3	89·7	90·6	91·4	92·2	92·9	93·6	94·3	95·0	95·7
4	84·7	85·5	86·3	87·0	87·7	88·4	89·1	89·8	90·5
5	73·0	73·8	74·5	75·2	75·8	76·5	77·2	77·8	78·5
10	63·6	64·3	64·9	65·6	66·2	66·9	67·5	68·2	68·8
20	56·2	56·8	57·4	58·0	58·6	59·3	59·9	60·5	61·1
25	49·9	50·4	51·0	51·6	52·1	52·7	53·3	53·9	54·5
30	49·9	45·4	46·0	46·5	47·0	47·5	48·1	48·6	49·1

2. Absolutwerte für 35‰ Salzgehalt.

Temp.	0°	5°	10°	15°	20°	25°	30°	—	—
η	0 0189	0·0162	0·0140	0·0123	0·0109	0·0097	0·0088	—	—

Die innere Reibung sinkt somit mit steigender Temperatur und steigt mit Zunahme des Salzgehaltes.

Hauser (29) hat die Abhängigkeit der inneren Reibung des Wassers vom Druck bei verschiedenen Temperaturen untersucht. Die nachfolgende Tabelle V enthält die prozentische Aenderung der Viskosität bei einem Ueberdruck von 400 Atmosphären. In der Nähe von 32° C wird der Reibungskoeffizient durch eine Drucksteigerung von 400 Atmosphären nicht geändert; unterhalb dieser Temperatur wird er durch eine solche verkleinert, oberhalb dieser Temperatur wird er vergrößert.

Tabelle Nr. V.

Temperatur °C	$\frac{\eta_{400} - \eta_0}{\eta_0} \cdot 100$	Temperatur °C	$\frac{\eta_{400} - \eta_0}{\eta_0} \cdot 100$
98	+ 3·6	40	+ 0·7
90	+ 3·4	36	± 0·0
80	+ 2·6	33	± 0·0
70	+ 2·5	31	± 0·0
56	+ 2·1	29	— 0·3
51	+ 1·6	18	— 1·6

Die Abhängigkeit der Dichte des Wassers von der Temperatur (30) liefert Tabelle VI.

Tabelle Nr. VI. Dichte des Wassers.

Grad	Zehntelgrad 0	1	2	3	4	5	6	7	8	9
0	0·999868	874	881	887	893	899	905	911	916	922
1	927	932	936	941	945	950	954	957	961	965
2	968	971	974	977	980	982	985	987	989	991
3	992	994	995	996	997	998	999	999	·000	·000
4	1 000000	000	000	·999	·999	·998	·997	·996	·995	·993
5	0·999992	990	988	986	984	982	979	977	974	971
6	968	965	962	958	954	951	947	943	938	934
7	929	925	920	915	910	904	899	893	888	882
8	876	870	864	857	851	844	837	830	823	816
9	808	801	793	785	778	769	761	753	744	736
10	727	718	709	700	691	681	672	662	652	642
11	632	622	612	601	591	580	569	558	547	536
12	525	513	502	490	478	466	454	442	429	417
13	404	391	379	366	353	339	326	312	299	285
14	271	257	243	229	215	200	186	171	156	141
15	126	111	096	081	065	050	034	018	002	·986
16	0·998970	953	937	920	904	887	870	853	836	819
17	801	784	766	749	731	713	695	677	659	640
18	622	603	585	566	547	528	509	490	471	451
19	432	412	392	372	352	332	312	292	271	251
20	230	210	189	168	147	126	105	083	062	040
21	019	·997	·975	·953	·931	909	·887	·864	·842	·819
22	0·997797	774	751	728	705	682	659	635	612	588
23	565	541	517	493	469	445	421	396	372	347
24	323	298	273	248	223	198	173	147	122	096
25	071	045	019	·994	·968	·941	·915	·889	·863	·836
26	0·996810	783	756	730	703	676	648	621	594	567
27	539	512	484	456	428	400	372	344	316	288
28	259	231	202	174	145	116	087	058	029	000
29	0·995971	941	912	882	853	823	793	763	733	703
30	673	643	613	582	552	521	491	460	429	398
31	367	336	305	273	242	211	179	148	116	084
32	052	020	·988	956	924	·892	·859	·827	·794	·762
33	0·994729	696	663	630	597	564	531	498	464	431
34	398	364	330	296	263	229	195	161	126	092
35	058	023	·989	954	920	·885	·850	815	·780	·745

Die Abhängigkeit der Seewasserdichte vom statischen Druck können wir aus der Tabelle Nr. VII ersehen (²⁸). Wie ersichtlich, darf sie in größeren Tiefen nicht mehr vernachlässigt werden.

Tabelle Nr. VII.

Tiefe m	Druck der Wassersäule in Atm.	Druck der Wassersäule in Kg/cm²	Dichte in der Tiefe	Korrektion 1·02810 + . .
100	9·95	10·28	1·02856	0·00046
200	19·91	20·57	2902	092
300	29·87	30·86	2949	139
400	39 84	41 16	2995	185
500	49·81	51·45	3041	231
600	59·78	61·69	3087	277
700	69·77	72·08	3133	323
800	79·75	82·39	3180	370
900	89·74	92·71	3227	417
1000	99·74	103·06	3274	464
1500	149 81	154 76	3508	698
2000	199·94	206 60	3747	937
2500	250·24	258·50	3985	1175
3000	300·63	310·65	4222	1412
3500	351·16	362·85	4461	1651
4000	401·90	415·29	4704	1894
4500	452·65	467 72	4949	2139
5000	503 48	520·25	5195	2385
6000	605·70	625·88	5694	2884
7000	708 60	732·20	6196	3386
8000	811·75	838·80	6713	3903
9000	915·45	954 95	7233	4423
10000	1019·25	1053·20	7758	4948

Den Zusammenhang zwischen Dichte und Salzgehalt haben wir schon S. 46 durch die Näherungsformel von Knudsen

$$\rho = 1 + 0.0008\,\sigma$$

kennen gelernt, wo unter σ der Salzgehalt in Promille zu verstehen ist.

Aus den Tabellen ist ersichtlich, daß (über dem Dichtemaximum des Wassers) mit steigender Temperatur sowohl die innere Reibung als auch die Dichte abnehmen, somit im Schallschwächungskoeffizienten der Quotient $\frac{\eta}{\rho_0}$ gegenüber der durch die Temperatur bedingten Aenderung der Schallgeschwindigkeit, die in der dritten Potenz auftritt, praktisch Nichts ausgibt.

Die Formel für den Schallschwächungskoeffizienten enthält außerdem die Frequenz n des verwendeten Tones, und zwar im Quadrat. Daraus folgt, daß sich nennenswerte Unterschiede in der Schalleitung für verschieden hohe Töne ergeben dürften. Setzen wir die Dichte des Wassers gleich eins, den Reibungskoeffizienten gleich $1.5\ 10^{-2}$ und die Schallgeschwindigkeit gleich $1.5\ 10^{5}$ Zentimeter pro Sekunde, so wird

$$b = 2{,}63 \cdot 10^{-6} \cdot \frac{1}{\lambda^2} \qquad 4.)$$

Lassen wir zunächst die Schallschwächung durch die Ausbreitung der Energie außer acht, und setzen $r = 1/2\, b$, so erhalten wir:

$$r = 2 \cdot 10^{5} \lambda^2 \qquad 5.)$$

Diese Gleichung besagt, daß für eine gegebene Wellenlänge λ das resultierende r die Entfernung angibt, in der die Schallintensität ausschließlich durch den Einfluß des Schallschwächungskoeffizienten auf den e-ten Teil des Anfangswertes gesunken ist. Beispielsweise erhalten wir für die vier Wellenlängen $\lambda_1 = 30$ m, $\lambda_2 = 30$ dm $\lambda_3 = 30$ cm, $\lambda_4 = 30$ mm, denen die Frequenzen $n_1 = 50$, $n_2 = 500$, $n_3 = 5000$ und $n_4 = 50000$ entsprechen, für r die Werte $r_1 = 1{\cdot}8.10^{7}$ km, $r_2 = 1{\cdot}8.10^{5}$ km, $r_3 = 1{\cdot}8.10^{3}$ km und endlich $r_4 = 18$ km. Daraus folgt, daß insolange es sich nicht um enorm große Reichweiten handelt, die Intensitätsabnahme innerhalb der physiologisch gut hörbaren Töne durch den Schallschwächungskoeffizienten bedeutungslos bleibt.

Vergleichen wir den Schallschwächungskoeffizienten des Wassers mit dem der Luft, so erhalten wir

$$b_{Luft} = 1{\cdot}16.10^{-4} \cdot \lambda^{-2} \text{ gegen } b_{Wasser} = 2{\cdot}63.10^{-6} \cdot \lambda^{-2}$$

und

$$r_{Luft} = 4{\cdot}4.10^{3} \lambda^2 \quad \text{ gegen } r_{Wasser} = 2.10^{5} \cdot \lambda^2,$$

wenn wir die Dichte der Luft gleich 0·0013, ihre innere Reibung gleich 0·00019 und ihre Schallgeschwindigkeit gleich 33200 cm/sec setzen. Es ist somit ersichtlich, daß der theoretische Wert des Schallschwächungskoeffizienten für Luft ca. 44mal größer ist als für Wasser bei der „gleichen Wellenlänge"; die Laufstrecke bei gleicher Wellenlänge in beiden Medien wird somit im Wasser ca. 44 mal länger sein als in Luft für die gleiche Intensitätsabnahme durch die Mediumsabsorption.

Für einen Ton „gleicher Höhe" in beiden Medien erhalten wir

$$b_{Luft} = 1{\cdot}1 \cdot 10^{-13} \cdot n^2 \text{ und } b_{Wasser} = 1{\cdot}2 \cdot 10^{-16} \cdot n^2,$$

somit für Luft einen ca. 1000 mal ungünstigeren Wert als für Wasser; d. h. ein Ton gleicher Höhe hat im Wasser eine ca. 1000 mal größere Laufstrecke als in Luft für die gleiche Energieschwächung durch die Mediumabsorption. Es können somit in erster Annäherung die Laufstrecken für die Intensitätsabnahme eines Tones „bestimmter Höhe" ausschließlich durch die Mediumabsorption, wenn sie im Wasser in Kilometer gemessen werden, in Luft durch die gleiche Anzahl von Meter ersetzt werden ([21]). Daraus ist die wesentlich bessere Schalleitfähigkeit des Wassers gegenüber der Luft ersichtlich, was für die praktische Verwendungsmöglichkeit der Unterwasserschalltelegraphie bedeutungsvoll ist.

Aus der praktischen Vernachlässigbarkeit der Mediumabsorption in Wasser für Töne innerhalb der Hörbarkeit folgt, daß für zusammengesetzte Schwingungen, wie solche in der menschlichen Sprache auftreten, innerhalb normaler Reichweiten durch den Schallschwächungskoeffizienten keine nennenswerte Fälschung der Amplituden der Obertöne und damit der Klangfarbe zu erwarten ist, somit die Mediumabsorption für eine akustische Unterwassertelephonie hinsichtlich Sprachverzerrungen kein Hindernis bedeutet.

§ 12. Theoretische und praktische Signalreichweite.

Wir denken uns ein 20 m tiefes allseitig ausgedehntes, homogenes Gewässer und setzen in eine Tiefe von 10 m einen Schallsender, der bei einer Tonhöhe von 1000 Perioden pro Sekunde 100 Watt Gesamtschallenergie in der Zeiteinheit ausstrahlt. Ferner setzen wir voraus, daß in einer Entfernung von 10 m vom Quellenursprung die Kugelwellen in Zylinderwellen übergehen mögen. Von da ab soll die Schallausbreitung nach dieser Wellenform weiter erfolgen. Die Schallintensität an der Oberfläche unserer Grenzkugel beträgt dann $\frac{1}{4\pi} \cdot 10^{-4}$ Watt/cm^2.

Die gleiche Schallintensität herrscht ferner auch in der die Grenzkugel umschließenden Zylindermanteloberfläche, da Kugel- und Wasserzylindermanteloberfläche in unserem Falle gleich groß sind.

Wir werden später (Seite 141) sehen, daß gute Empfänger noch in einem Schallfelde von 10^{-15} Watt/cm^2 Schallintensität hörbar ansprechen. Wir fragen nun um die theoretische Reichweite R unseres 100-Watt-Senders unter den gemachten Voraussetzungen. Zur Durchführung der Rechnung wollen wir einen Sender substituieren, der vom Quellenursprung ab bereits Zylinderwellen aussendet, und dessen strahlende Oberfläche bei 1 cm Zylinderradius 20 m hoch ist. Es beträgt dann für diesen idealisierten Sender im Abstande 1 cm vom Ursprung die Schallintensität $\frac{1}{4\pi} \cdot 10^{-1}$ Watt/cm^2, also die Gesamtleistung der Zylindermantelfläche wiederum 100 Watt. Es wandern dann bei sofortiger zylindrischer Wellenausbreitung $\frac{1}{4\pi} \cdot 10^{-4}$ Watt durch jeden cm^2 der Grenzzylindermanteloberfläche in 10 m Entfernung.

R berechnet sich nun [II, § 11, (2), 47] zu

$$L_R = \frac{L_0}{R^2} e^{-2bR},$$

wobei $L_0 = \frac{1}{4\pi} 10^{-1}$ Watt/cm^2 und $L_R = 1 \cdot 10^{-15}$ Watt/cm^2 betragen; b haben wir bereits Seite 51 zu $1{\cdot}2 \cdot 10^{-16} \cdot n^2$ gefunden, sodaß 2b in unserem Falle für $n = 1000$ den Wert $2{\cdot}4 \cdot 10^{-10}$ annimmt.

Es wird also $\log R + 1.10^{-10}.R = 12.9$, was für R einen Wert von ca. $2{\cdot}5 \cdot 10^{10}$ cm, somit eine Reichweite von rund 250 000 km ergäbe.

Auch wenn wir den denkbar ungünstigsten Fall, daß die Schallausbreitung durchaus nach dem quadratischen Entfernunsgesetz erfolgen würde, annähmen, erhielten wir immerhin noch aus der Gleichung $2 \cdot \log R + 1 \cdot 10^{-10} \cdot R = 15{,}9$ eine Reichweite von nahezu 1000 km, da in diesem Falle $L_0 = \frac{1}{4\pi} \cdot 10^2$ Watt/cm² des als Kugel vom Radius 1 cm idealisierten 100-Watt-Senders wäre.

Keiner der beiden Extremwerte stimmt auch nur im entferntesten mit der Wirklichkeit überein. Bisher sind in der Praxis mit der angenommenen Strahlungsleistung von 100 Watt bei einer Tonhöhe von 1000 Schwingungen pro Sekunde Reichweiten von 90 sm — eine Seemeile = 1,852 km — in den durchschnittlich 20 m tiefen Gewässern der Ostsee ausnahmsweise registriert worden, während die normalen Reichweiten dort zwischen 10 und 20 sm schwanken. Wir erhalten somit eine auffallende Unstimmigkeit zwischen Experiment und Berechnung, was darauf hinweist, daß wir wichtige, die Reichweite wesentlich herabdrückende Faktoren nicht berücksichtigt haben. Die experimentellen Beobachtungen ergeben überdies die Tatsache, daß die Reichweiten im Sommer ein Minimum, im Winter ein Maximum aufweisen, wobei diese Werte in ihrer Verschiedenheit bis auf 1 zu 3 gehen. Insolange man keine Sender hatte, deren Strahlungsleistung man in einwandfreier Weise messen konnte, wurden besonders die letztgenannten Schwankungen zunächst immer auf die Sender geschoben, was zu unerquicklichen Meinungsverschiedenheiten zwischen den Firmen und ihren Abnehmern führte. Dieser ganze wichtige Fragenkomplex forderte dringend einen meßtechnisch zu beherrschenden Sender, der zum ersten Male im Fessenden-Oszillator (Seite 171) gegeben war. Mit diesem Apparat führte die Torpedoinspektion in Kiel in den Kriegsjahren 1915/16 zahlreiche, gut durchdachte Experimentaluntersuchungen in offener See zur Klärung dieser schwebenden Fragen durch; die Bearbeitung der Versuchsergebnisse lieferte eine sehr einfache, allerdings schon früher vermutete Erklärung für die Reichweiteschwankungen einerseits und ebenso für die an sich erzielbaren Reichweiten andererseits in der Veränderlichkeit der Schallgeschwindigkeit mit Temperatur, Druck und Salzgehalt.

Im Seewasser herrscht nach der Tiefe zu eine Temperaturänderung, die zu einer Krümmung der Wellennormale infolge der mit der Temperatur veränderlichen Schallgeschwindigkeit Veranlassung gibt. Je nach der Richtung des Temperaturgefälles wird die Wellennormale nach oben oder nach unten gekrümmt. Erfolgt die Krümmung nach unten, so wird die direkte Schallenergie nach verhältnismäßig kurzer Laufstrecke den Meeresgrund erreichen, der normalerweise fast alles absorbiert, da gut reflektierender, kahler Fels selten ist. Natürlich wird man auch in größerer Entfernung als dieser noch etwas hören, denn es wird außerhalb des geometrischen Schallstrahles immerhin noch Schallenergie infolge Beugung vorhanden sein; der Hauptteil der Energie jedoch geht am Meeresgrund für das Wasserschallfeld verloren. Ist hingegen das Temperaturgefälle umgekehrt, wird also die Wellennormale nach aufwärts gekrümmt, so tritt an der Grenzfläche zwischen Wasser und Luft schon für sehr kleine Winkel gegen die Horizontale Totalreflexion ein; die Schallenergie wird unter dem Einfallswinkel der Wellennormale zunächst nach unten reflektiert, aber infolge der herrschenden Temperaturschichtung bei der weiteren Ausbreitung des Schwingungszustandes wiederum nach oben gekrümmt, ein Vorgang, der sich oft wiederholen kann, wenn nicht, wie etwa bei bewegter See, ein merklicher Teil der Schallenergie gleich in den Grund reflektiert und dort absorbiert wird. Nachdem die Schallgeschwindigkeit mit wachsender Temperatur steigt, so ist ersichtlich, daß im Sommer, wo die Wasseroberfläche wärmer ist als tiefere Schichten, infolge dieses „schädlichen" Temperaturgefälles eine Krümmung der Wellennormale nach unten stattfindet, während im Winter bei dem daselbst umgekehrten, „günstigen" Temperaturgefälle eine Krümmung nach oben zu eintritt, woraus sich das Reichweitemaximum im Winter und das Minimum im Sommer zwanglos erklärt.

Einen weiteren Einfluß auf die Schallgeschwindigkeit und damit auf die Reichweite haben Salzgehalt und statischer Druck. Ein memnotechnisches Mittel, sich das Verhalten bezüglich Temperatur und Salzgehalt im Gedächtnis einzuprägen, geht dahin, diese Verhältnisse mit einem durstigen Menschen zu vergleichen; „wenn er trinken will, so läuft er zum süßen und kalten Wasser". Ebenso läuft die Wellennormale nach der Richtung der süßeren und kälteren Schichten.

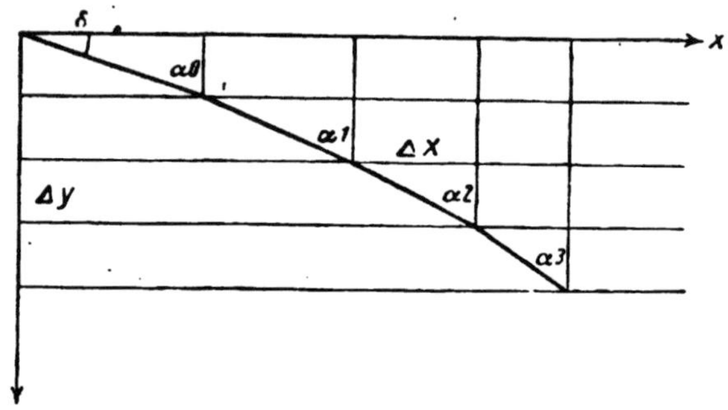

Fig 13

Wir wollen nun den Einfluß aller dieser die Schallgeschwindigkeit beeinflussenden Faktoren feststellen und den Gang von Schallstrahlen in einer heterogonen Wasserschicht untersuchen ([32]). Zu diesem Zwecke substituieren wir beispielsweise eine gleichmäßige Abnahme der Temperatur von der Oberfläche gegen den Grund hin, legen die x-Achse eines rechtwinkeligen Koordinatensystems in die Wasseroberfläche und die +Y-Achse senkrecht nach unten (Fig. 13). Es ist dann nach dem Brechungsgesetz

$$\frac{a}{\sin\alpha} = \frac{a_0}{\sin\alpha_0} = \frac{a_0}{\cos\delta}, \quad \ldots\ldots\ldots\ldots\ldots \quad 1.)$$

da wir innerhalb einer beliebig dünn zu gestaltenden Schicht Δy die Temperatur als konstant und den Schallstrahl als geradlinig annehmen dürfen. In Formel 1.) bedeutet wie immer a die Schallgeschwindigkeit, α den Einfallswinkel in einer beliebigen Schicht von der Dicke Δy. Der Index 0 bezieht sich auf die Wasseroberfläche. Mit δ bezeichnen wir den Winkel, unter dem der betrachtete Strahl gegen die Horizontale vom Koordinatenursprung ausgeht. Aus der Fig. 13 ergibt sich, daß

$$\frac{dx}{dy} = \operatorname{tg}\alpha = \frac{\sin\alpha}{\sqrt{1-\sin^2\alpha}} = \frac{\frac{a}{a_0}\cos\delta}{\sqrt{1-\left(\frac{a}{a_0}\right)^2\cos^2\delta}}.$$

Bezeichnen wir mit a_0 die Schallgeschwindigkeit an der Wasseroberfläche und mit a die in irgendeiner Tiefe, so wird

$$\frac{a}{a_0} = \sqrt{\frac{K \rho_0}{K_0 \rho}}.$$

K und ρ sollen sich mit der Wassertiefe nach den Formeln

$$K = K_0 (1 + \varepsilon y) \quad \ldots \ldots \ldots \ldots \ldots \quad 2.)$$

$$\rho = \rho_0 (1 + \gamma y) \quad \ldots \ldots \ldots \ldots \ldots \quad 3.)$$

ändern, so daß wir für $\operatorname{tg} \alpha$ erhalten:

$$\operatorname{tg} \alpha = \frac{dx}{dy} = \frac{\dfrac{\cos \delta}{\sqrt{(1 + \varepsilon y)(1 + \gamma y)}}}{\sqrt{1 - \dfrac{\cos^2 \delta}{(1 + \varepsilon y)(1 + \gamma y)}}},$$

woraus durch Integration

$$x = \int \frac{\cos \delta}{\sqrt{\sin^2 \delta + \varepsilon y + \gamma y}} \, d\delta = \frac{2 \cos \delta}{(\varepsilon + \gamma)} \sqrt{\sin^2 \delta + (\varepsilon + \gamma) y} + C \text{ folgt.}$$

Die Integrationskonstante erhalten wir aus den Anfangsbedingungen, nach denen für $x = 0$ auch $y = 0$ werden soll, zu

$$C = -\frac{2 \sin \delta \cos \delta}{\varepsilon + \gamma} = -\frac{\sin 2 \delta}{\varepsilon + \gamma}.$$

Somit folgt:

$$\left(x + \frac{\sin 2 \delta}{\varepsilon + \gamma}\right)^2 = \frac{4 \cos^2 \delta \sin^2 \delta}{(\varepsilon + \gamma)^2} + \frac{4 \cos^2 \delta \cdot y}{\varepsilon + \gamma} \quad \ldots 4.)$$

als Gleichung des Schallstrahles. Für kleine Werte von δ, also für Strahlen, die ursprünglich horizontal verlaufen, liefert 4).

$$y = \frac{\varepsilon + \gamma}{4} \cdot x^2. \quad \ldots \ldots \ldots \ldots \ldots \quad 5.)$$

Die Gleichung 4.) gilt zunächst ganz allgemein, da in ihr über die Bedeutung von γ und ε noch keine nähere Aussage gemacht wurde. Hängt nun die Aenderung der Kompressibilität und der Dichte bei der jeweiligen Wassertiefe mit der Temperatur ϑ zusammen, so wird

$$\varepsilon = \frac{1}{K_0} \cdot \frac{\partial K}{\partial \vartheta} \cdot \frac{\partial \vartheta}{\partial y} \quad \ldots \ldots \ldots \ldots \ldots \quad 6.)$$

und

$$\gamma = \frac{1}{\rho_0} \cdot \frac{\partial \rho}{\partial \vartheta} \cdot \frac{\partial \vartheta}{\partial y} \cdot \quad \ldots \ldots \ldots \ldots \ldots \quad 7.)$$

Für kleine Drucke ist

$$K_0 = 4{,}9 \cdot 10^{-5} \text{ und } \frac{\partial K}{\partial \vartheta} = -2 \cdot 10^{-7} \text{ (33)}, \text{ sodaß } \varepsilon = -4 \cdot 10^{-3} \frac{\partial \vartheta}{\partial y} \quad \ldots 8.)$$

wird. ρ_0 setzen wir gleich 1; $\frac{\partial \rho}{\partial \vartheta}$ ist dann laut Tabelle VI, Seite 49, von der Größenordnung 10^{-4}; daher wird

$$\gamma = -1 \cdot 10^{-4} \frac{\partial \vartheta}{\partial y} \quad \ldots \ldots \ldots \ldots \quad 8a)$$

Wir dürfen somit, ohne einen ins Gewicht fallenden Fehler zu machen, γ gegen ε vernachlässigen; d. h. die Schallgeschwindigkeitsänderung im Wasser infolge eines Temperaturgefälles rührt überwiegend von einer Aenderung der Kompressibilität her; die Aenderung der Dichte mit der Temperatur ist dagegen praktisch belanglos.

Setzen wir also in 4.) $\gamma = 0$ und für ε den Wert der Gleichung 8.) ein, so erhalten wir die Schallstrahlgleichung bei horizontaler Temperaturschichtung zu

$$y = -\frac{1}{\cos^2 \delta} \cdot 10^{-3} \cdot \frac{\partial \vartheta}{\partial y} \cdot x^2 + \operatorname{tg} \delta \cdot x, \quad \ldots \ldots \quad 9)$$

oder für einen ursprünglich horizontalen Strahl

$$y = -1 \cdot 10^{-3} \cdot \frac{\partial \vartheta}{\partial y} x^2 \quad \ldots \ldots \ldots \quad 9a)$$

Ist beispielsweise die Wassertiefe 30 Meter und die Temperaturdifferenz zwischen Oberfläche und Meeresgrund 1° C derart, daß oben die höhere Temperatur herrscht (anotherme Temperaturschichtung), so wird

$$\frac{\partial \vartheta}{\partial y} = -\frac{1}{30} \text{ und damit } y = 3{\cdot}33 \cdot 10^{-5} \cdot x^2.$$

Aus der letzten Gleichung berechnet sich für $y = 30$ m, die Laufstrecke x zu rund einem Kilometer. Es erreicht somit ein von einem Punkt in der Nähe der Wasseroberfläche horizontal ausgehender Schallstrahl nach einer Strecke von ca. einem Kilometer den Meeresgrund, wo die Schallenergie meist im Wesentlichen absorbiert wird. Alle anderen Schallstrahlen, die von vornherein bereits einen Winkel δ mit der Horizontalen einschließen, erreichen den Grund bereits früher. Ebenso wie eine Aenderung der Temperatur mit der Wassertiefe bewirkt auch eine Aenderung im Salzgehalt eine Strahlenkrümmung, da sich mit dem Salzgehalt sowohl die Kompressibilität als auch die Dichte ändern. Wir haben auf Seite 46 bereits gesehen, daß eine Temperaturänderung um 0.6° C die gleiche Kompressibilitätsänderung hervorruft wie eine Salzgehaltänderung um 1‰; ferner ergab sich, daß die Dichtenänderung bei der gleichen Aenderung des Salzgehaltes bloß rund $^1/_3$ der hierdurch verursachten Kompressibilitätsänderung beträgt. Endlich ist auch noch zu beachten, daß sich der Salzgehalt auch mit der Tiefe selbst ändert. Dieser Einfluß ist meist nicht groß, darf aber bei Reichweiteuntersuchungen nicht ohne weiteres außer acht gelassen werden, da er unter Umständen Bedeutung erlangen kann. In der Ost- und Nordsee ist das Wasser entweder homohalin, oder es findet während des ganzen Jahres eine geringe Zunahme des Salzgehaltes mit der Tiefe statt, der in der Ostsee rund 8‰ beträgt. Diese Art der Salzgehaltszunahme mit der Tiefe ist reichweitefördernd, da die Schallgeschwindigkeit mit zunehmendem Salzgehalt zunimmt, was in unserem Falle eine Krümmung der Wellennormale nach aufwärts bedeutet.

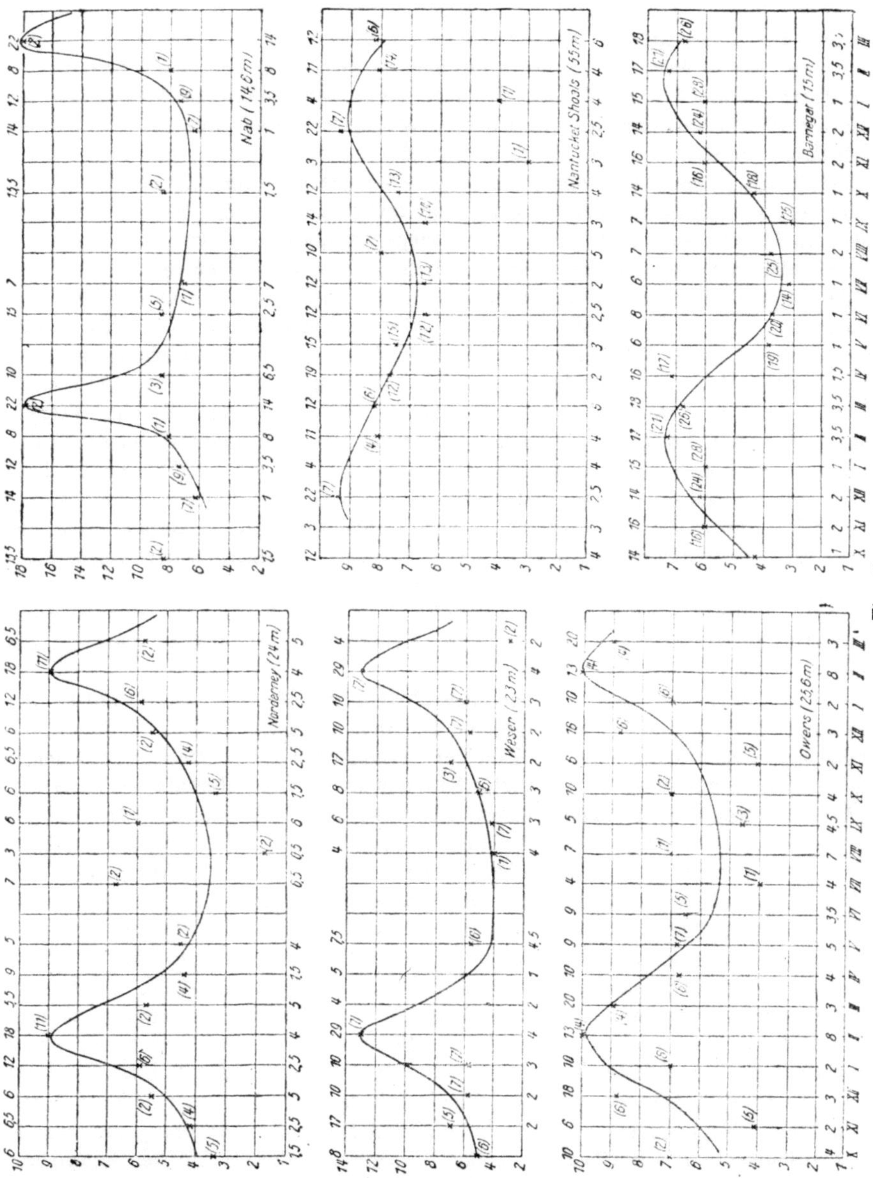

Fig. 14.

Ein interessantes Problem hinsichtlich der Reichweite von Unterwasserschallsignalen bildet ein verhältnismäßig tiefes Meer. Denn da spielt bereits die Aenderung von Dichte und Kompressibilität mit dem statischen Druck eine Rolle. Während die Dichte mit steigendem Druck wächst, nimmt die Kompressibilität ab. Nun ist aber die prozentuelle Aenderung der Dichte mit dem Druck gegen die Kompressibilitätsänderung unter Druck vernachlässigbar, so daß wir bloß den Einfluß der Kompressibilitätskoeffizientenänderung zu betrachten haben. Nach Tabelle I, Seite 45, ist letztere bei Wasser von 0° C bei einer Druckzunahme von 1 auf 200 Atmosphären ebenso groß wie bei einer Temperatursteigerung von 0° auf 20° C. Da aber diese beiden Effekte hinsichtlich der Schallgeschwindigkeitsänderungen einander entgegenarbeiten, falls die Temperaturschichtung anotherm ist, so folgt daraus, daß in diesem Falle bei einer durchschnittlichen Wassertiefe von 2 km eine Kompensation eintritt, somit auch im Sommer der schädliche Temperatureinfluß nicht zur Geltung kommt. In noch tieferen Gewässern findet bei gleicher Temperatur-Differenz und -Richtung sogar eine Ablenkung der Schallstrahlen gegen die Wasseroberfläche zu statt. Es ist daher zu erwarten, daß in Gewässern, in denen der schädliche Temperatureinfluß durch eine entsprechende Wassertiefe mindestens kompensiert wird, Reichweiten von einigen tausend Kilometern mit unverhältnismäßig kleinen Strahlungsleistungen zu erzielen sind. Es entbehrt dabei die Ueberlegung nicht eines besonderen Reizes, daß eine Depesche über eine Strecke von 1500 km ca. eine Viertelstunde benötigt, bis sich die akustische Energie von der Sendestation durch das wogende Weltmeer zur Empfangsstation durchgearbeitet hat. Leider liegen diesbezüglich bis heute keinerlei systematische Messungen im tiefen Ozean vor.

Das gegenwärtig existierende Beobachtungsmaterial beschränkt sich auf seichtere Gewässer; hier braucht man sich praktisch lediglich um den Temperatureinfluß zu kümmern. In den Kurven der Fig. 14 sind einige Beobachtungen, wie sie über Unterwasserschallsignalreichweiten vor dem Kriege bei verschiedenen mit Unterwasserglocken ausgerüsteten Feuerschiffen gemacht wurden, zusammgestellt.

Als Abszissen sind in römischen Zahlen die Monate, als Ordinaten die Reichweiten in Seemeilen aufgetragen. Die den einzelnen Punkten in Klammern beigefügten Zahlen bedeuten die Zahl der vorliegenden Beobachtungen, aus denen der entsprechende Monatsmittelwert erhalten wurde. Die unterhalb der einzelnen Kurven eingetragenen Zahlen geben die minimalen, die oberhalb der Kurven ersichtlichen die maximalen Reichweiten in den betreffenden Monaten. Die dem Feuerschiffsnamen in Klammern beigesetzten Zahlen geben die Wassertiefe an. Man sieht, daß entsprechend der theoretischen Resultate die Reichweiten im Winter bei katothermer Schichtung am größten, hingegen im Sommer bei anothermer Schichtung am kleinsten sind. Innerhalb der einzelnen Monate selbst kommen starke Unterschiede vor, die sich zum Teil auf die verschiedene Empfindlichkeit der verwendeten Empfänger, zum Teil auf zufällige Störungen zurückführen lassen dürften. Denn auch die Strömungen im Wasser haben einen ähnlichen Einfluß auf die Reichweite, wie der Wind bei der Schallausbreitung in Luft. Es ist ja bekannt, daß man Schalle mit dem Winde besser hört als gegen den Wind. Rayleigh erklärt diese Erscheinung mit einer Aenderung der Schallgeschwindigkeit in der Höhe, da ja die Windgeschwindigkeit mit der Entfernung vom Erdboden im allgemeinen zustimmt. Es wird daher ein gegen den Wind gehender Schallstrahl allmählich nach oben hin abgelenkt und geht in einiger Entfernung über den Kopf des Beobachters hinweg, während die Verhältnisse bei einem mit dem Winde wandernden Schallstrahl gerade entgegengesetzt liegen. Diese Rayleighsche Erklärung der Verhältnisse in der Luft können wir unbedenklich auf Strömungen unter Wasser übertragen und sind somit in der Lage, auch deren Einfluß wenigstens qualitiv zu übersehen.

Das bisherige, wenn auch geringe und physikalisch nicht immer einwandfreie Beobachtungsmaterial ergibt somit immerhin bereits eine wesentliche Stütze für die Richtigkeit der theoretischen Schlüsse über das Verhalten der Reichweite bei Unterwasserschallsignalen. Es wäre gewiß wünschenswert, wenn dieses Beobachtungsmaterial erweitert und hinsichtlich großer Reichweiten an hierzu geeigneten Stellen im Weltmeer durch zielbewußte Experimente vervollständigt würde.

§ 13. Das Problem der Senderfrequenz und die Frage nach der zweckmäßigsten Tonhöhe.

Ebenso wie die Tonhöhe bei Luftsignalen eine Rolle spielt, muß es klarerweise auch für die Unterwasserschallsignale eine ökonomische Senderfrequenz geben. Wir wollen dieses Problem unter Berücksichtigung der physikalischen und physiologischen Hauptfaktoren im folgenden einer genaueren Untersuchung unterziehen. ([34]) Als wesentlich für die Aufgabe kommen in Betracht: 1. die Empfindlichkeit des menschlichen Ohres, wenn wir, wie dies allgemein üblich ist, Gehörempfang vorauszusetzen; 2. die Mediumabsorption und 3. die Energieabsorption von Resonanzempfängern, und zwar alle drei Größen hinsichtlich ihrer Abhängigkeit von der Senderfrequenz der Schallquelle. Andere Umstände, wie die Oekonomie der Tonerzeugung für verschieden hohe Töne, örtliche Hindernisse, wie etwa Schallschatten werfende Gegenstände, die das Ueberschreiten gewisser Grenzfrequenzen aus Beugungsrücksichten nicht gestatten u. dgl. m. sollen als dem jeweiligen Projekt anhaftende Spezialfälle aus dem Rahmen dieser allgemeinen Betrachtung ausgeschlossen werden.

1. Die Empfindlichkeit normaler Ohren.

Nach dieser Richtung liegen zahlreiche Untersuchungen vor. Meist wurde der Reizschwellenwert bestimmt, also die Schallintensität, für die sich das Ohr an der Grenze der Ebenhörbarkeit befindet. Hier wäre auf die diesbezüglichen Versuche und Berechnungen von Rayleigh ([35]), Stefanini ([36]), Toepler und Boltzmann ([37]), ferner M. Wien ([38]) sowie Zwaardemaker und Quix ([39]) zu verweisen. Die Ergebnisse gehen teilweise außerordentlich weit auseinander. Bisher werden die Versuchsergebnisse von M. Wien als die verläßlichsten angesehen. In neuerer Zeit haben Hahnemann und Hecht ([40]) theoretische und experimentell begründete Bedenken gegen die Wienschen Werte dahingehend geltend gemacht, daß diese einmal hinsichtlich ihrer Absolutwerte wesentlich zu klein seien, ferner einer, wenn auch vielleicht kaum bedeutenden punktweisen Korrektion bedürfen. Wien hat nämlich die Aenderung des Wirkungsgrades eines Telephones beim Betrieb mit Stromstärken ganz verschiedener Größenordnungen, hervorgerufen durch die Aenderung der Permeabilität des Eisens, nicht berücksichtigt und ferner angenommen, daß aus einem Luftschallfeld $^1/_3$ der Feldintensität für das Ohr nutzbar anzusehen sei, da das menschliche Trommelfell als Empfangsmembran etwa $^1/_3$ cm^2 Oberfläche besitzt. Die experimentelle Nachprüfung der Annahme von Wien, daß eine in einem Schirm endigende „Schallsenke", als die sich das menschliche Ohr im Zusammenhang mit dem Kopfe darstellt, nur den Energiebetrag aus einem Schallfeld aufnimmt, der ihrem Membranquerschnitt entspricht, hat die Unhaltbarkeit dieser Voraussetzung erwiesen. Es zeigte sich, daß eine in einen Schirm eingebaute Senke von $^1/_3$ cm^2 Oberfläche beispielsweise bei 1000 Perioden pro Sekunde etwa 15mal mehr Energie aus einem Schallfeld aufnimmt als eine gleich große ohne Schirm. Diese Versuche berechtigen zu der Annahme, daß sich eine in einem Schirm befindliche Schallsenke ähnlich verhält wie eine Energie aufsaugende Schallantenne (siehe S. 138).

Nachdem für unsere Betrachtungen die Absolutwerte unwesentlich sind, wollen wir im folgenden die Wienschen Zahlen unter dem Vorbehalt, daß sie eventuell noch eine punktweise Korrektion dereinst erfahren dürften, wählen. In Tabelle Nr. VIII sind in der ersten Spalte die Werte der Feldintensitäten L_n für die Reizschwelle am Ohr 10^{-19} Watt/cm² eingetragen, während die zweite Spalte die gemeinen Logarithmen dieser Werte enthält. In Spalte 3 stehen in einem willkürlichen Maßstab die reziproken Werte $F = \frac{h}{L_n}$ der Feldintensitäten und in Spalte 4 ihre gemeinen Logarithmen. Es ist dabei die Umrechnungskonstante $h = 2.06 . 10^6$ gesetzt, um zu erreichen, daß das Empfindlichkeitsmaß für seinen Optimumwert bei 2300 Schwingungen gleich der Einheit wird. Ferner ist aus Spalte 5 der Wert $\log F_r = \log \frac{10^8}{n^2}$ abzulesen. Endlich liefert Spalte 6 die Werte $\log (F \cdot F_r)$ für die verschiedenen Tonfrequenzen.

Tabelle Nr. VIII.

n	L_n	$\log L_n$	F	$\log F$	$\log F_r$	$\log (F \cdot F_r)$
100	1·4 · 10^{6}	6·14613	1·47 · 10^{0}	0·16774	4·00000	4·16774
200	1·2 · 10^{4}	4·07918	1·72 · 10^{2}	2·23469	3·39794	5·63263
300	8·0 · 10^{2}	2·90309	2·58 · 10^{3}	3·41078	3·04576	6·45654
400	1·6 · 10^{2}	2·20412	1·29 · 10^{4}	4·10975	2·79588	6·90563
500	4·5 · 10^{1}	1·56321	4·58 · 10^{4}	4·66066	2·60206	7·26272
600	1·9 · 10^{1}	1·27875	1·08 · 10^{5}	5·03512	2·44370	7·47882
700	1·1 · 10^{1}	1·05038	1·83 · 10^{5}	5·26349	2·30980	7·57329
800	8·0 · 10^{0}	0 90309	2·58 · 10^{5}	5·41078	2·19382	7·60460
900	6·0 · 10^{0}	0·77815	3·43 · 10^{5}	5·53572	2·09151	7·62723
1000	4·8 · 10^{0}	0·68124	4·29 · 10^{5}	5·63263	2·00000	7·63263
2000	2·1 · 10^{0}	0·32222	9·81 · 10^{5}	5·99365	1·39794	7·39159
2300	2·06 · 10^{0}	0·31387	1·00 · 10^{6}	6·00000	1·27654	7·27654
3000	2·3 · 10^{0}	0·36173	8·96 · 10^{5}	5·95214	1·04576	6·99790
4000	3·2 · 10^{0}	0·50515	6·43 · 10^{5}	5·80872	0·79588	6·60460
5000	4·7 · 10^{0}	0·67210	4·38 · 10^{5}	5·64177	0·60206	6·24383
6000	6·6 · 10^{0}	0·81954	3·12 · 10^{5}	5·49427	0·44370	5·93797
7000	1·1 · 10^{1}	1·04139	1·87 · 10^{5}	5·27248	0·30980	5·58228
8000	1·5 · 10^{1}	1·17609	1·37 · 10^{5}	5·13778	0·19382	5·33160
9000	2·3 · 10^{1}	1·36173	8·96 · 10^{4}	4·95214	0·09151	5·04365
10 000	3·1 · 10^{1}	1·49136	6·65 · 10^{4}	4·82251	0·00000	4·82251

Entwirft man von dieser Tabelle eine Kurve, wobei man zweckmäßig logarithmische Maßstäbe verwendet, so findet sich ein mäßig scharfes Feldintensitätsminimum bei rund 2300 Perioden, entsprechend etwa dem viergestrichenen D mit 2323 v. s. (41). In Figur 15, Seite 65, stellt Kurve I den Ohrenempfindlichkeitsverlauf in seiner Abhängigkeit von der Frequenz dar. Für die Reizschwelle selbst fand Wien seinerzeit rund $1 \mu\mu$ Quecksilbersäule als Druckschwankung, ca. $0.1 \mu\mu$ als Minimalamplitude und schließlich etwa $2 \cdot 10^{-12}$ Erg/cm². sec als Intensitätsminimum.

In der Tabelle VIII ist zu beachten, daß sich die Werte auf ein Schallfeld konstanter Intensitätsverteilung beziehen. Von der durch Spalte 3 gelieferten Empfindlichkeit des menschlichen Ohres in seiner Frequenzabhängigkeit in einem Felde konstanter Intensitätsverteilung findet M. Wien in seinen zitierten Arbeiten, daß diese Empfindlichkeitskurven normaler Ohren auffallend nahe für verschiedene Beobachter zusammenfallen, ein Resultat, das neuerdings auch von J. W. Birnbaum (42) bestätigt wurde.

2. Schallschwächung im Schallfeld durch Mediumabsorption.

Dieses Thema wurde bereits in diesem Kapitel § 11 Seite 46 eingehend behandelt und dafür die Formel [II, § 11, (2), 47]

$$L_r = \frac{L_0 e^{-2br}}{r^m} \quad \ldots\ldots\ldots\ldots\ldots \quad 1.)$$

erhalten, wobei $b = \frac{8\pi^2 \eta n^2}{3 \rho_0 a^3}$ war und für Wasser den Wert $b = 1{\cdot}35 \cdot 10^{-16} n^2$ ergibt, wenn man in die Formel die Werte aus der Tabelle IX einträgt. Außer diesem Einfluß der Mediumsreibung käme noch als weitere schallschwächende Ursache die Wärmeleitung des Schallmediums hinzu, deren Wirkung zuerst von Kirchhoff (43) berechnet wurde. Er findet für den Schallschwächungskoeffizienten unter Berücksichtigung der Viskosität und Wärmeleitung

$$b' = \frac{2\pi^2}{\rho_0 a^3}\left(\frac{4}{3}\eta + \frac{\varkappa - 1}{c_p} k\right) \cdot n^2,$$

wobei durch k die innere Wärmeleitfähigkeit, durch c_p die spezifische Wärme bei konstanten Druck und endlich durch $\varkappa$ das Verhältnis der spezifischen Wärme bei konstantem Druck zu der bei konstantem Volumen bezeichnet wird. Tabelle IX enthält Mittelwerte zur Berechnung von b und b' für ein Wasserschallfeld, sowie die ausgerechneten einfachen und doppelten Werte dieser Schallschwächungskoeffizienten im CGS-System. Man sieht, daß für ein Wasserschallfeld der Einfluß der Wärmeleitung gegenüber dem der Viskosität vernachlässigbar klein wird.

3. Energieabsorption von Empfängern.

Wir werden später (Seite 138) sehen, daß resonierende Schallempfänger in einem Schallfeld eine dem Quadrat der Frequenz verkehrt proportionale Energieabsorption aufweisen, daß also

$$J_e = \frac{1}{n^2}$$

Tabelle Nr. IX.

Dimensionen	Formelzeichen	Wasserschallfeld
$C^{-1} \cdot G \cdot S^{-1}$	η	$1{\cdot}5 \cdot 10^{-2}$
$C^{-3} \cdot G \cdot S^{0}$	ρ_0	$1{\cdot}0 \cdot 10^{0}$
$C \cdot G^{0} \cdot S^{-1}$	a	$1{\cdot}43 \cdot 10^{5}$
$g-cal \cdot G^{-1}$	c_p	$1{\cdot}0 \cdot 10^{0}$
$C^{0} \cdot G^{0} \cdot S^{0}$	$\varkappa$	$1{\cdot}001$
$g-cal \cdot C^{-1} \cdot S^{-1}$	k	$1{\cdot}54 \cdot 10^{-3}$
$C^{-1} \cdot G \cdot S^{-1}$	$\frac{4}{3} \eta$	$2{\cdot}00 \cdot 10^{-2}$
$C^{-1} \cdot G \cdot S^{-1}$	$\frac{\varkappa - 1}{c_p} k$	$1{\cdot}5 \cdot 10^{-5}$
$C^{0} \cdot G^{-1} \cdot S^{-3}$	$\frac{2\pi^2}{\rho_0 a^2}$	$6{\cdot}74 \cdot 10^{-15}$
$C^{-1} \cdot G^{0} \cdot S^{0}$	b	$1{\cdot}35 \cdot 10^{-6} \cdot n^2$
$C^{-1} \cdot G^{0} \cdot S^{0}$	2b	$2{\cdot}70 \cdot 10^{-16} \cdot n^2$
$C^{-1} \cdot G^{0} \cdot S^{0}$	b'	$1{\cdot}35 \cdot 10^{-16} \cdot n^2$
$C^{-1} \cdot G^{0} \cdot S^{0}$	2b'	$2{\cdot}70 \cdot 10^{-16} \cdot n^2$

ist, wenn J_e die gesamte vom Empfänger absorbierte Energie darstellt und die Proportionalitätskonstante gleich 1 gesetzt wird. Diese Gleichung gilt ganz allgemein für periodische Kraftfelder und wurde zum ersten Male für ein Feld elektrischer Wellen von Rüdenberg (44) für die Antennen der drahtlosen Telegraphie berechnet. Der Wert von J_e bzw. ein dessen Logarithmus für verschiedene Frequenzen proportionaler ist in Tabelle VIII Seite 60 verzeichnet, wo er die Bezeichnung log F_r trägt.

Bezüglich des Gehörempfanges haben wir nunmehr zwei Fälle zu unterscheiden, je nachdem das menschliche Ohr den Schall direkt (unmittelbares Hören) oder über einen Resonanzempfänger (mittelbares Hören) abhorcht.

A. Der Optimumton für unmittelbares Hören.

Wir betrachten eine Schallquelle kontinuierlich veränderlicher Tonhöhe, die in ihrer unmittelbaren Nähe ein für alle Frequenzen gleich starkes Feld $L_{o,n}$ erzeugt. In der Entfernung r herrscht dann die der Gleichung 1 Seite 61 entsprechende Feldstärke $L_{r,n}$. Hätten wir am Orte r ein für alle Frequenzen gleich starkes Schallfeld, so wäre für unmittelbaren Ohrempfang der Optimumton durch das Maximum der Ohrempfindlichkeitskurve bestimmt. Letztere erhält man aus den Wienschen Schwellenwertsbestimmungen, indem man statt dieser ihnen proportionale Werte einsetzt, die wir in der Tabelle VIII Seite 60 unter F bzw. unter log F finden. In diesem Falle hätte somit der Optimumton eine Schwingungszahl von 2300. Tatsächlich ist nun das Schallfeld am Orte r entsprechend der Gleichung 1.) für die verschiedenen Frequenzen von ungleicher Intensitätsverteilung; um den Optimumton zu erhalten, muß man klarerweise die Ohrempfindlichkeit mit der bei der betreffenden Frequenz am Orte r des empfangenden Ohres herrschenden Feldstärke multiplizieren. Die zum Maximum der nunmehr resultierenden Kurve gehörige Frequenz liefert dann die für die Schallquelle ökonomischste Tonhöhe. Eine rein rechnerische Ermittlung dieses Maximums ist nicht möglich, da die Ohrempfindlichkeitskurve analytisch nicht gegeben ist. Es soll daher zu einem graphischen Verfahren gegriffen werden. Die Aufgabe läuft darauf hinaus, eine dem Produkt aus der Ohrempfindlichkeit $1/L_n$ und der Feldintensität $L_{r,n}$ an der Stelle r für die betreffende Tonhöhe proportionale Größe durch das ganze hörbare Tonspektrum zu bilden. Aus Gleichung 1.) Seite 61 erhalten wir durch Logarithmieren die Beziehung:

$$\log L_{r,n} = \log L_{o,n} - m \log r - 2 A \log e \cdot r \cdot n^2, \quad \ldots \quad 1a.)$$

wenn wir $\frac{b}{n^2} = A$ setzen. Wählen wir n als Abszisse und $\log L_{r,n}$ als Ordinate, so erhalten wir für r als Parameter eine Kurvenschar, die der Gleichung

$$\log L_{r,n} = -(2 A \log e \cdot r) n^2 + \log C \quad \ldots\ldots\ldots 1b.)$$

genügt, wenn wir in 1a) die beiden ersten Glieder rechts in ein einziges konstantes, log C, zusammenziehen, was deshalb möglich ist, da wir einen Vergleich der einzelnen Kurven in r nicht benötigen. Es ist auch die Kenntnis der Wellenform, also der Wert von m, für uns solange bedeutungslos, als er für die betrachtete Kurvenschar konstant bleibt. Tragen wir in das gleiche Achsenkreuz die Ohrempfindlichkeitskurve derart ein, daß wir als Abszissen wiederum die Frequenzen, als Ordinaten den Logarithmen von $1/L_n$ proportionale Größen setzen, so liefert die Ordinatenaddition eine dem Logarithmus $L_{r,n}/L_n$ und damit $L_{r,n}/L_n$ selbst proportionale Größe und die zum Maximalwert $\left(\log \frac{L_{r,n}}{L_n}\right)_r$ gehörige Frequenz den ökonomischsten Senderton für die Distanz r. In unmittelbarer Nähe der Quelle, also für $r = 0$ wird

$$L_{r,n} = C = L_{o,n},$$

was der Annahme entspricht, daß die Tonquelle mit konstanter Intensität sendet. An dieser Stelle ist die Ohrempfindlichkeit allein maßgebend und wir erhalten als Optimumton die Schwingungszahl 2300. Für verschiedene Werte von r entnehmen wir die hierfür berechneten günstigsten Senderfrequenzen ([45]) aus der Tabelle X.

Tabelle Nr. X.
Unmittelbares Hören.

$r \cdot 10^{-3}$ Km	n	$r \cdot 10^{-3}$ Km	n
0	2300	7	1438
2·3	2000	8	1380
3	1825	9	1330
4	1700	10	1300
5	1600	20	1060
6	1510		

Somit kommt im Wasserschallfeld innerhalb der bisher erzielten größten Reichweite von etwa 200 km bei unmittelbarem Ohrempfang der Einfluß des Schallschwächungskoeffizienten nicht in Betracht.

Der unmittelbare Ohrempfang aus einem Wasserschallfeld spielt allerdings heute in der modernen Unterwassertelegraphie kaum eine Rolle; wohl aber müßten die Singhalesen den Chatty (siehe Seite 1) auf 2300 Perioden abstimmen, um die größtmöglichsten Reichweiten zu erzielen, was sie auch auf Grund jahrelanger unökonomisch gesammelter Erfahrung sicherlich insofern befolgen, als sie einen „hohen" Klang wählen, wie aus den Beschreibungen dieses Sendercharakters als „hell und scharf" geschlossen werden darf.

B. Der Optimumton für mittelbares Hören.

Hier empfängt an Stelle des Ohres ein aus einem schwingungsfähigen System bestehender Empfänger. Am Orte r des Empfängers herrscht wiederum die durch die Gleichung 1.) gegebene Feldstärke $L_{r,n}$. Aus diesem Schallfeld absorbiert der Empfänger nun eine $1/n^2$ proportionale Energie, so daß also seine Energieaufnahme der Größe $L_{r,n}/n^2$ proportional ist. Bezeichnen wir diese vom Empfänger an das Ohr weitergeleitete Energie etwa mit $L'_{r,n}$, so erhalten wir

$$L'_{r,n} = \frac{L_{o,n}}{n^2 \cdot r^m} \cdot e^{-2 A r n^2} \quad \ldots\ldots\ldots\ldots \; 2.)$$

oder durch Logarithmieren

$$\log L'_{r,n} = -2 \log n + (\log C - 2 A \log e \cdot r n^2), \ldots\ldots \; 2a)$$

wenn wir wie früher $\log L_{o,n} - m \log r$ in eine Konstante $\log C$ zusammenziehen. Die Aufgabe läßt sich somit auf die für unmittelbares Hören zurückführen, wenn wir unter $L'_{r,n}$ nunmehr gedanklich die Schallfeldenergie an der Stelle r für unmittelbares Hören verstehen wollen. Nur die graphische Darstellung wird eine andere. Wir wählen hierfür zweckmäßig als Abszissen die Logarithmen der Frequenzen und als Ordinaten die Logarithmen von $L'_{r,n}$ und tragen in das gleiche Achsenkreuz die Ohrempfindlichkeitskurve in ebenfalls logarithmischen Koordinaten ein. Wir erhalten dann für die Ordinatensummen $\left(\log \frac{L'_{r,n}}{L_n}\right)_r$ wiederum Kurvenscharen, deren Maxima die günstigste Senderfrequenz für die jeweils zugehörige Distanz r bei mittelbarem Gehörlesen liefern. Gleichung 2a) stellt für $r = 0$, also für einen in unmittelbarer Nähe vom Sender aufgestellten Resonanzempfänger in den angegebenen Koordinaten die Gleichung einer Geraden dar. In der Figur 15 ist für r = 0, entspechend der Gleichung 2a) die Gerade und als Kurve I die Ohrempfindlichkeit eingetragen. Kurve II liefert in ihrem Maximum den Optimumton für ein mit einem in unmittelbarer Nähe der Tonquelle postierten Resonanzempfänger bewaffnetes Ohr.

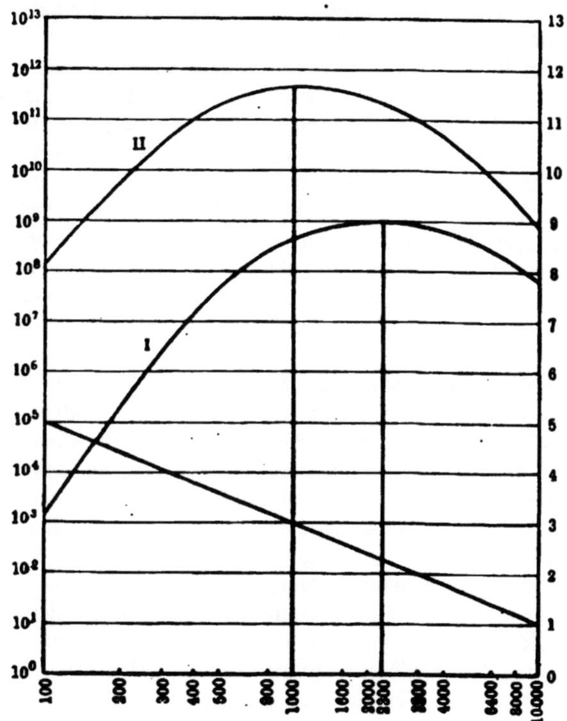

Fig. 15.

Tabelle XII gibt eine Uebersicht über die günstigste Senderfrequenz für verschiedene Reichweiten in einem Wasserschallfelde bei mittelbarem Gehörempfang.

Tabelle Nr. XII.
Mittelbares Hören über Resonanzempfänger.

$r \cdot 10^{-3}$ Km	n	$r \cdot 10^{-3}$ Km	n
0	1000	7	870
2·3	1000	8	855
3	960	9	840
4	940	10	830
5	915	20	770
6	890		

Die Unterwasserschalltelegraphie verfügt zur Prüfung dieses Resultates innerhalb mäßiger Distanzen über ein ausgedehntes Beobachtungsmaterial. Die Empirie hat ergeben, daß Töne in der Gegend von 1000 Perioden am günstigsten sind. Die in der Vorkriegszeit auf den Feuerschiffen und an den Küsten der einzelnen Staaten ausgelegten Unterwasserglocken schwankten in ihren Tonhöhen zwischen 900 und 1200 Perioden, während der Signalton der modernen elektrischen Senderanlagen der Mittelmächte während des Krieges 1050 Perioden betrug. Hier finden wir also die vorstehenden Berechnungen in vollster Uebereinstimmung mit der praktischen Erfahrung. Die Versuchsergebnisse waren derart klare, daß man sich nicht scheute, in dem zu Beginn des Krieges mehr als beschränkten Raum der U-Boote für die elektrisch betriebenen Sender ein eigenes 1000-periodisches Maschinenaggregat unterzubringen, obwohl man für die Signaltonhöhe von 500 Perioden die Dynamo für die drahtlose Bordstation hätte verwenden können. Die Kriegsmarinen der Entente arbeiteten mit Tönen von 500 Perioden, eben um das Maschinenaggregat für 1000 Perioden zu ersparen. Diese Ersparnis war jedoch nur eine scheinbare, da die Tonhöhe 500 für normale Unterwasserschallreichweiten unökonomisch ist. Nach dem heutigen Stande der Unterwasserschalltechnik ist die Verwendung des Tones 500 wohl als ein überwundener Standpunkt zu bezeichnen.

Für das Problem der günstigsten Senderfrequenz kommen außerdem noch einige praktische Fragen zur Erwägung: eine wesentliche besteht darin, sich bezüglich der Signaltonhöhe von den störenden Schiffsgeräuschen unabhängig zu machen. Da die Hauptstörungsgeräusche in den Tonlagen zwischen 500 und 800 Perioden liegen, so brauchen wir diesbezüglich an der gefundenen günstigsten Sendertonhöhe 1000 keine Korrektion vorzunehmen, zumal wenn wir bedenken, daß es sich bei den Empfängern um Resonanzgebilde handelt. Hier sind wir durch eine geeignete Wahl der Empfängerdämpfung leicht in der Lage, die Schiffsgeräusche in ihrer Hauptsache praktisch völlig zu unterdrücken. Anders liegt die Frage bei Schiffsgeräuschen, die mit der Empfängerabstimmung in Resonanz sind. Da dieser Fall immer für irgendeine gewählte Signaltonhöhe eintreten kann, so ist hier wohl der richtige Weg der, diese Tonhöhe aus den Schiffsgeräuschen selbst durch geeignete Maßnahmen, wenn schon nicht ganz zu entfernen, so doch soweit abzudämpfen, daß dadurch der Signalempfang nicht nennenswert gestört wird. Die Aufgabe an sich, die Schiffsgeräusche zu meistern, ist gegenüber der ähnlichen Aufgabe in der drahtlosen Telegraphie, die atmosphärischen Störungen von der Empfangsapparatur fernzuhalten, dadurch erleichtert, daß im Gegensatz zu letzteren die Schiffsgeräusche kontinuierlichen und konstanten Charakter haben, daher an sich wesentlich weniger verwirrend wirken als die diskontinuierlichen und in ihrer Intensität stark schwankenden atmosphärischen Störungen in der drahtlosen Telegraphie, wie beispielsweise die in den Tropen.

Eine Rolle für die Wahl der Tonhöhe spielt bis zu einem gewissen Grade auch die Wassertiefe insofern, als die Erfahrung lehrt, daß bei geringen, mit der Senderwellenlänge vergleichbaren Tiefen eine enorme Herabsetzung der Reichweite eintritt. Dies erklärt sich damit, daß der meist vorhandene sandige Grund den Schall sehr stark dämpft und nicht hindurchläßt. Man kann sich davon leicht auch experimentell auf anderem Wege überzeugen. Gräbt man in ein sandiges Gelände Empfänger ein und daneben einen Stab, der angeschlagen wird, so hört man bei kleinem Abstand zwischen Empfänger und Stab das Anschlagen des letzteren sehr laut im Empfänger, jedoch bereits bei Entfernungen von einigen Metern zwischen Stab und Empfänger Nichts mehr. Die Erfahrungen der Praxis lassen es für wahrscheinlich erscheinen, daß Wassertiefen von über drei Wellenlängen bereits als ungefährlich betrachtet werden dürfen.

Auch dieser Umstand ist für unsere erhaltene günstigste Tonhöhe 1000 nicht störend, denn ein mindestens 15—20 m tiefes Gewässer müssen wir wohl als Manövrierfeld für die moderne Schiffahrt überall voraussetzen. Es käme höchstens der Fall noch in Betracht, daß es sich um eine spezielle, ausgedehnte Untiefe handelt, die akustisch überbrückt werden soll. In einem solchen Falle hat man dann allerdings keinen anderen Weg, als die Tonhöhe diesem Spezialproblem richtig anzupassen.

Den bereits kurz gestreiften praktischen Wünschen, möglichst ohne Komplikation die Energiequelle für die drahtlosen Bordstationen auch zur Speisung der Unterwasserschallsender verwenden zu können, kann keine derartige Wichtigkeit zugestanden werden, daß man deshalb die Tonhöhe etwa auf 500 Perioden erniedrigen würde. Hier ist ein anderer Weg wesentlich zweckmäßiger. Man baut die Hochfrequenzmaschine so, daß sie unter anderm auch die Periodizität 1000 abzunehmen gestattet, oder schließt an vorhandene 500periodische Maschinen einen ruhenden Frequenztransformator mit Frequenzverdopplung an. Gar nicht in Betracht kommt die ganze Frage natürlich bei Stationen mit Senderröhrenbetrieb.

Wir sehen somit, daß der errechnete ökonomischte Senderton 1000 auch allen noch praktisch auftretenden Gesichtspunkten voll Rechnung trägt. Daraus wollen wir aber einen gerade für die Praxis sehr wichtigen Schluß ziehen. Eine Unterwasserschallanlage kostet sehr viel Geld und hat die unangenehme Eigenschaft, daß sie sowohl hinsichtlich der Sender als auch der Empfänger mit Abstimmung von „mechanischen" Gebilden arbeitet, die nicht wie in der drahtlosen Telegraphie in der einfachsten Weise variiert werden können, sondern ein für alle Male unveränderlich gegeben sind. Nachdem gegenwärtig der Zeitmoment gekommen ist, die nunmehr völlig betriebssicheren Unterwasserschallsignale der friedlichen Schiffahrt im erhöhten Maße dienstbar zu machen, so wäre unbedingt die Frage der Signaltonhöhe sofort durch einen Kongreß für die ganze Welt „einheitlich" zu regeln, da sonst zu befürchten ist, daß jeder Staat seine ihm zusagende Tonhöhe wählt und seine Küsten und Schiffe mit dieser „Verordnungsfrequenz" ausrüstet, wodurch natürlich das Unterwasserschallsignal als Sicherung für die internationale Weltschiffahrt völlig illusorisch würde.

§ 14. Reichweite — Versuchsergebnisse.

Im § 12 Seite 52 haben wir gesehen, daß keines der beiden infolge der räumlichen Schallausbreitung möglichen Energieabnahmegesetze mit der Erfahrung übereinstimmt, und daselbst auch in der horizontalen Heterogenität des Schallmediums und der dadurch bedingten Krümmung der Wellennormalen Anhaltspunkte für die Veränderlichkeit der Reichweite erhalten, die sich auch für die Sommer-Winterperiode mit dem vorliegenden Beobachtungsmaterial gut decken.

Systematische, quantitative Untersuchungen zur Erforschung des Abnahmegesetzes wurden während des Krieges von Barkhausen und Lichte mit Unterstützung der kaiserlich-deutschen Torpedoinspektion in Kiel in der Eckernförder und Danziger Bucht durchgeführt ([46]). Ebensolche

Versuche hatte der Verfasser mit Unterstützung der k. u. k. Kriegsmarine, und zwar als Erweiterung der Arbeiten der deutschen Kriegsmarine in tiefer See in Vorbereitung, die jedoch nach dem Zusammenbruch aus begreiflichen Gründen unterbleiben mußten. Wir sind daher gegenwärtig auf die Versuchsresultate der deutschen Kriegsmarine in verhältnismäßig seichten, 100 m Tiefe nicht übersteigenden Gewässern beschränkt.

Die Messungen wurden mit elektrischen Sendern, deren Strahlungsleistung exakt meßbar ist, und mit Mikrophonempfängern sowie mit als Empfänger geschalteten elektrischen Sendern durchgeführt ([47]). Die ausgestrahlte Leistung derartiger Sendeapparate ändert sich — sie waren durchweg mittels Gleichstrom polarisiert — quadratisch mit dem Produkte der Gleich- und Wechselstromstärke. Vermindern wir somit bei konstant gehaltener Gleichstromstärke die des Wechselstromes auf $1/n$, so sinkt die Strahlungsleistung auf $1/n^2$. Die bei den Versuchen angewandte Mikrophonempfängerschaltung ist aus Figur 16 ersichtlich, während Figur 17 die Schaltung eines Senders als Empfänger darstellt.

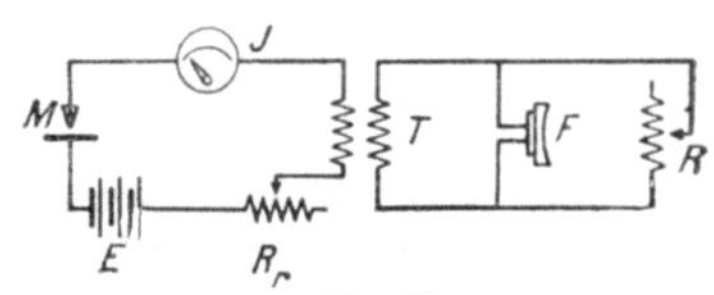

Fig. 16.

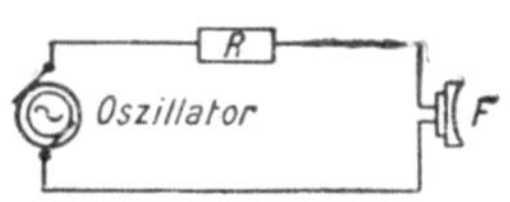

Fig. 17.

Der aus der Stromquelle E für die Heizung des Mikrophones M entnommene Gleichstrom wird mit Hilfe eines Regulierwiderstandes R_r auf 50 Milliampère eingestellt, und die durch die Schallwellen entstehenden Mikrophonstromschwankungen durch den Transformator T dem Telephon F zugeführt. Dem Telephon parallel liegt ein regulierbarer Widerstand R zur Lautstärkenmessung ([48]) nach der sogenannten Parallelohmmethode. Beim Sender in Empfängerschaltung wird die Empfangslautstärke mit einem Vorschaltwiderstand R reguliert.

Die Telephonlautstärke, die ja lediglich ein Maß für die von Mikrophonstrom erzeugte Wechselstromstärke darstellt, wurde mittels geeichter Sender, also Sender, bei denen die spezifische Strahlungsleistung ([49]) bekannt war, auf die eigentliche Wasserlautstärke ([50]) umgerechnet. Es ergab sich, daß eine Feldstärke von ca. 10^{-15} Watt/cm² am Mikrophonempfängerort erforderlich war, um einen gerade hörbaren Telephonton, und eine solche von 10^{-14} Watt/cm², um eine praktisch korrespondenzfähige Telephonlautstärke zu erhalten. Endlich wurde noch durch Versuche erhärtet, daß die Empfangslautstärke proportional mit der Senderstromstärke, somit proportional mit der Wurzel aus der Senderleistung zunimmt, also der Quotient aus der Lautstärke (Lautstärkeamplitude) durch die Senderstromstärke für eine bestimmte Entfernung einen konstanten Wert hat. Wir wollen diesen Quotienten als spezifische Lautstärke (spezifische Lautstärkeamplitude) bezeichnen. Die Verläßlichkeit dieses Resultates erhellt aus den beiden Tabellen Nr. XIII und XIV.

Tabelle XIII bezieht sich auf 2 Empfängertypen, und sind unter P_1 und P_2 die mit zwei Empfängern gleicher Type von zwei Beobachtern aus mehreren Messungen gemittelten Parallelohmwiderstände in Ohm zu verstehen, während die mit L/Amp. überschriebene Spalte die spezifische Lautstärkeamplitude vermerkt. In Tabelle XIV, die sich auf als Empfänger geschaltete Sender ([48]) bezieht, sind unter R_1 und R'_2 die für die Lautstärkemessung verwendeten Serienwiderstände zu verstehen.

Tabelle Nr. XIII.

Sender-Ampere	G-Empfänger			M-Empfänger		
	P_1	P_2	L/Amp.	P_1	P_2	L/Amp.
14	10	7	9	15	15	5
8	10	8	14	20	20	6
9	30	30	8	50	40	5·5
2	40	40	12·5	50	70	8·3
1	50	80	15	300	120	6·5
0·5	200	300	10	10000(?)	—	2(?)
			Mittel = 11			Mittel = 6·5

Tabelle Nr. XIV.

Sender-Ampere	R_1	R_2	$\frac{R_1 + R_2}{2 \text{ Ampere}}$
14	8540	7040	556 } Sender gesättigt
8	3540	4040	474 } Sender gesättigt
4	2040	3040	635
2	1540	2040	895
1	840	940	890
0·5	290	240	1060
0·2	140	—	700
			Mittel = 759

Die aus einem überaus zahlreichen Versuchsmaterial herausgegriffenen beiden Tabellen zeigen zur Genüge die Verifikation der Konstanz der spezifischen Empfangslautstärke für eine bestimmte Entfernung. Das Gesamtbeobachtungsmaterial weist zwar ganz erhebliche Mittelwertsabweichungen auf, die aber keinen Gang mit der Senderstromstärke zeigen, daher wohl ausschließlich der Unsicherheit der physiologischen Methode bei der Hörmessung zuzuschreiben sind.

Tabelle XV gibt über eine am 18. Mai 1915 zwischen 9 und 12 Uhr a. m. ausgeführte Meßreihe zur Ermittlung der Abhängigkeit der spezifischen Lautstärke von der Sender-Empfänger-Entfernung in der Eckernförder Bucht bei Kiel Aufschluß. Dabei ist R der Vorschaltwiderstand plus 40 Ohm, P der Parallelohmwiderstand, $L = (L_1 + L_2)/2$, endlich $L_1 = 1 + 1000/P_1$ und $L_2 = 1 + 1000/P_2$.

Die auf diese Weise für die einzelnen Distanzen gefundenen Werte sind in der Tabelle XVI als spezifische Lautstärken übersichtlich zusammengestellt. Die für den Oszillator gefundenen Werte sind durch 40 dividiert, um Lautstärken zu erhalten, das heißt für den Oszillator als Empfänger ist $L/Amp. = \frac{1}{40} \frac{R_1 + R_2}{2 Amp.}$ gesetzt. In der fünften Spalte endlich sind die für die G-Empfänger und für die M-Empfänger gefundene Werte nochmals gemittelt.

Tabelle XV.

a) Entfernung 0,93 km.

Sender-Ampere	Oszillator			G-Empfänger			M-Empfänger		
	R_1	R_2	$\frac{R_1+R_2}{2 Amp.}$	P_1	P_2	L/Amp.	P_1	P_2	L/Amp.
14	10040	—	717	3	—	24	3	—	24
8	5040	—	630	4	—	31	8	—	16
4	4040	—	1010	5	—	50	4	—	62
2	2040	—	1030	10	—	50	40	—	12
1	1040	—	1040	16	—	66	70	—	14
0·5	640	—	1280	500	—	6	kein Empfang	—	(2)
0·2	440	—	2200	200	—	30	kein Empfang	—	(5)
	Mittel = 1142			Mittel = 37			Mittel = 26		

b) Entfernung 2,16 km.

Sender-Ampere	R_1	R_2	$\frac{R_1+R_2}{2 Amp.}$	P_1	P_2	L/Amp.	P_1	P_2	L/Amp.
14	8540	7040	556	10	7	9	15	15	5
8	3540	4040	474	10	8	14	20	20	6
4	2040	3040	635	30	30	8	50	40	5·5
2	1540	2040	895	40	40	12·5	50	70	8·3
1	840	940	890	50	80	15	300	120	6·5
0 5	290	240	1060	200	300	10	10000(?)	—	2 (?)
0·2	140	—	700	—	—	—	—	—	—
	Mittel = 759			Mittel = 11			Mittel = 6·5		

c) Entfernung 3,24 km.

Sender-Ampere	R_1	R_2	$\frac{R_1+R_2}{2 Amp.}$	P_1	P_2	L/Amp.	P_1	P_2	L/Amp.
14	3540	5040	307	20	20	4	40	30	2·1
8	2040	2040	255	40	30	3·7	40	30	3·7
4	940	1040	247	60(?)	—(?)	4	50	50	5·2
2	540	790	333	40	60	10	300	80	4·2
1	290	440	365	1000	100	6·5	—	1000	2
0·5	—	240	480	—	1000	4	—	—	—
0·2	—	(?)	—	—	10000	5 5	—	—	—
	Mittel = 331			Mittel = 5·4			Mittel = 3·4		

d) Entfernung 4,07 km.

Sender-Ampere	Oszillator			G-Empfänger			M-Empfänger		
	R_1	R_2	$\frac{R_1 + R_2}{2\ \mathrm{Amp}}$	P_1	P_2	L/Amp.	P_1	P_2	L/Amp
14	2040	2540	163	20	15	4·1	20	20	4
8	1040	1040	130	30	30	4	40	30	3 7
4	440	—	110	30	80	5·5	40	90	5
2	540	—	270	100	90	5·7	200	150	3·4
1	240	—	240	1000	—	2	—	—	—
0·5	40	—	88	—	—	—	—	—	—
0·2	—	—	—	—	—	—	—	—	—
			Mittel = 165			Mittel = 4·2			Mittel = 4·02

e) Entfernung 4,99 km.

14	1040	1040	74	20	20	3·6	30	40	2
8	640	440	67·5	50	60	2·3	100	80	1·5
4	190	240	17·5	200	200	1·5	200	300	1·2
2	40	40	20	300	500	1·8	250	600	1·9
1	140	—	140	1000	—	2	—	—	—
0·5	—	—	—	10000	—	2	—	7(?)	—
			Mittel = 63·8			Mittel = 2·2			Mittel = 1·6

f) Entfernung 6,18 km.

14	240	240	17	100	100	0·8	200	200	0·5
8	40	40	5	—	200	0·75	10000	300	0·3
4	—	—	—	1000	300	0·8	1000	300	0·8
2	—	—	—	—	1000	1	10000	300	1·3
			Mittel = 11			Mittel = 0·8			Mittel = 0·7

g) Entfernung 7,12 km.

14	40	80	4	150	150	0·5	300	200	0·3
8	40	—	5	300	400	0·49	300	500	0·46
4	—	—	—	500(?)	600	0·7	500	500	0·75
			Mittel = 4·5			Mittel = 0·5			Mittel = 0·5

h) Entfernung 7,96 km.

14	—	—	—	500	—	0·2	500	—	0·2
8	—	—	—	500	10000	0·25	500	10000	0·25
4	—	—	—	10000	—	0·27	—	—	—
						Mittel = 0·25			Mittel = 0·23

Tabelle Nr. XVI.
Zusammenstellung der Lautstärken pro 1 Ampère.

Km	Oszillator	G-Empfänger	M-Empfänper	$\frac{\text{G-Empf.} + \text{M-Empf.}}{2}$
0·93	28·5	37	26	31·
2·16	19	11	6·5	9
3·24	8·2	5·4	2·4	4 4
4·07	4·1	4·2	4·0	4·1
4·99	1·6	2·2	1 6	1·9
6·18	0·28	0·8	0·7	0·8
7·12	0·11	0·5	0·5	0·5
7·96	—	0·25	0·23	0·24

Von diesem Resultat unter Heranziehung einer zweiten Versuchsreihe am Vortage gibt Figur 18 ein graphisches Bild.

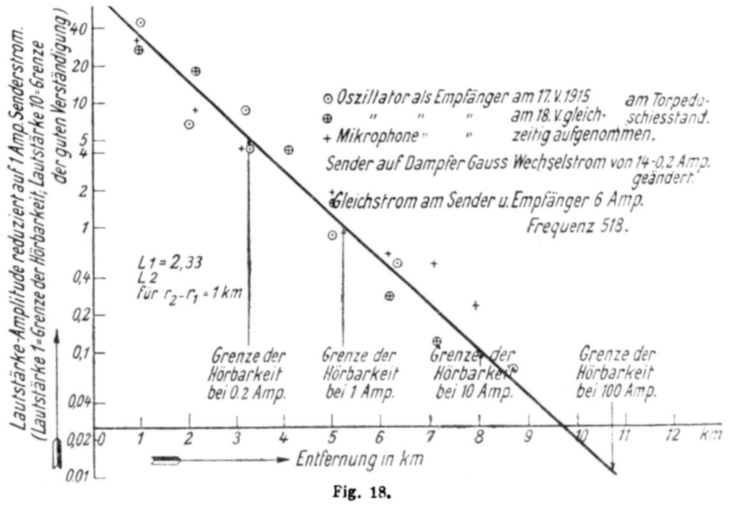

Fig. 18.

Als Abszissen sind die Entfernungen im gewöhnlichen linearen Maßstab, als Ordinaten die spezifischen Lautstärken im logarithmischen Maßstabe eingetragen. Ueberdies ist für 4 Distanzen die Senderwechselstromstärke bei konstant gehaltener Gleichstrompolarisation des Fessendenoszillators angegeben. Reichweite und Senderenergiestrahlungserfordernis sind für einige Werte in der Tabelle XVII zusammengestellt.

Tabelle Nr. XVII.

erforderliche Senderleistung in Watt	10^{-1}	10^{+1}	10^{+3}	10^{+5}	10^{+7}	10^{+9}
erzielte Reichweite in km	2	5	8	11	14	17

Der geradlinige Verlauf der Kurve in Figur 18 bedeutet, daß die Lautstärke pro km auf einen gewissen, stets gleich großen, von der Absolutdistanz an sich unabhängigen Bruchteil absinkt, also eine in arithmetischer Progression fortschreitende Reichweitezunahme eine in geometrischer Progression ansteigende Senderstrahlungsleistung erfordert. Die Reichweite berechnet sich somit weder aus einer zylindrischen noch aus einer kugeligen Wellenausbreitung, sondern hat ein Absorptionsgesetz als Grundlage.

In folgendem soll auch eine Versuchsreihe des Verfassers, durchgeführt bereits im Jahre 1913 mit Schiffen der Germaniawerft in Kiel ebenfalls in der Bucht von Eckernförde, erwähnt werden. Die Untersuchungen zielten dahin, Material für ein Entfernungsgesetz zu erhalten. Als Sender diente eine Oszillatorsirene (Seite 157), deren Strahlungsleistung sich zu 100 Watt berechnete. Mittels der Parallelohmmethode wurde bei konstanter Senderleistung die Grenze der Ebenhörbarkeit von Kilometer zu Kilometer gemessen. Es ergab sich eine maximale Senderreichweite von 6—7 km. Schon damals war es dem Verfasser klar, daß es sich hier um ein Absorptionsgesetz handeln müsse; es wurde daher folgender Ansatz gemacht:

$$\Lambda_R \cdot 10^{-\xi R} = \Lambda_R \cdot e^{-\xi R} = \text{konst},$$

wobei Λ_R die gesamte erforderliche Senderstrahlungsleistung in Watt für die Reichweitedistanz R km darstellt. Die Konstante wurde aus den in verschiedenen Entfernungen gemessenen Parallelohm unter der Voraussetzung, daß für eine gegebene Distanz das Lautstärkequadrat proportional der Senderleistung sein müsse, zu $4{,}64 \cdot 10^{-3}$ Watt ermittelt. Dieser Konstanten kommt eine rein ideelle Bedeutung zu; sie substituiert an der Empfangsstelle einen Sender von einer ihrem Wert entsprechenden Gesamtstrahlungsleistung. In der Tabelle XVIII sind die Mittelwerte aus diesen Versuchen ersichtlich.

Tabelle Nr. XVIII.

R in km	1	2	3	4	5	6	7
Lautstärke L_R	68'2	31'5	14 7	6'8	3 2	+1	—1

Die Vorzeichen in den beiden letzten Spalten bei der Lautstärke 1 bedeuten, daß für 6 km Reichweite die Lautstärke etwas über eins lag, während bei 7 km die Signalreihen bereits zum Teil verstümmelt waren, so daß man rund 6,5 km der Lautstärke 1 zuordnen wird. Bildet man an Hand dieser Tabelle deren Lautstärkequadrate, so ergibt sich der Reihe nach 4651, 226, 46, 10, 1. Durch kombinierte Anwendung der Beziehung

$$\frac{\Lambda_0}{L^2_R} \cdot 10^{-\xi R} = \Lambda_R \cdot 10^{-\xi R} = \text{konst}, \text{ wobei } \Lambda_0 = 100 \text{ Watt beträgt,}$$

erhält man für $10^{\xi} = 4.6$ und daraus für $\xi = 0.66 \infty 2{:}3$.

Stellt man die gleiche Rechnung bezüglich der Versuche der Torpedoinspektion an, so erhält man unter Benützung der Werte aus Tabelle XVII bei Anwendung der Formel $\Lambda_R \cdot 10^{-\xi R} - \text{konst.}$ für ξ ebenfalls den Wert ⅔, somit eine verblüffende Übereinstimmung zweier in verschiedenen Jahren an derselben Stelle ausgeführter Versuche. —

Wir erhalten somit für die Lautstärkeabnahme mit der Entfernung das aus den Versuchsresultaten wohl genügend feststehende Absorptionsgesetz

$$L_R = L_0 e^{-cR}$$

wenn unter L_0 die Lautstärke am Orte der Quelle und unter L_R ihr Wert in der Entfernung R vom Sender verstanden wird. Der Lautstärkeabsorptionskoeffizient c ist dabei eine Zustandsfunktion des Schallmediums und enthält alle von uns bisher für die Reichweite als belangreich erkannte Größen, wie Temperaturgefälle, Druck, Salzgehalt usw. als Variable. Der funktionelle Zusammenhang ist bisher noch nicht erkannt, und das gegenwärtige Beobachtungsmaterial reicht auch nicht

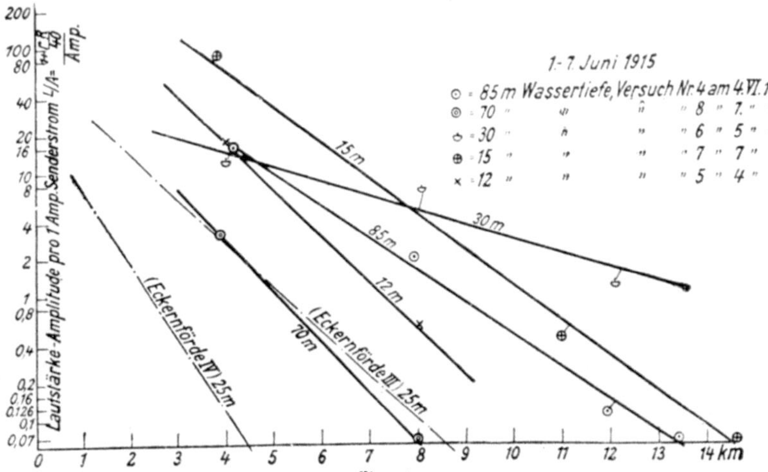

Fig. 19.

im entferntesten aus, um nur einen bescheidenen Versuch zur Gewinnung eines formelmäßigen Ansatzes zu wagen. Nur zwei im vorigen Paragraphen stillschweigend gemachte Voraussetzungen werden von c erfüllt; der Lautstärkeabsorptionskoeffizient ist unabhängig von der Wassertiefe, falls diese nicht unter eine bereits im vorgehenden Paragraphen berührte untere Grenze sinkt, und er ist ferner unabhängig von der Frequenz des Sendertones innerhalb der hörbaren Töne. Die Unabhängigkeit von der Wassertiefe resultiert aus den Versuchen der Torpedoinspektion vom 1. bis 7. Juni 1915 in der Danziger Bucht, deren graphische Darstellung in Figur 19 klar erkennen läßt, daß die verschiedenen, den Geraden beigeschriebenen Wassertiefen sicherlich nicht die Ursache für die Dämpfung sein können.

Figur 20.) bestätigt die Aussage im vorigen Paragraphen, daß Wasser über drei Senderwellen Tiefe als bereits ungefährlich angesehen werden kann.

Bei dem Versuch stand der Sender — ein Fessendenoszillator von 517 Perioden — in 3 km Abstand von der Landungsbrücke. Das Schallfeld wurde mittels Empfänger in verschiedenen Distanzen vom Sender ausgemessen. Die untere Kurve der Figur 20 zeigt die von See her anfangs langsam, später rasch abnehmende Lautstärkeamplitude. Für die angegebene Periodenzahl der Quelle beträgt die Grenztiefe rund 9 m; unterhalb dieser Tiefe tritt eine sehr starke Schwächung ein. Eine Verfolgung der Lautstärkekurve zeigt, daß die Schallautstärke bei einer Tiefe von 3 m, also einer Senderwellenlänge, beim Durchlaufen

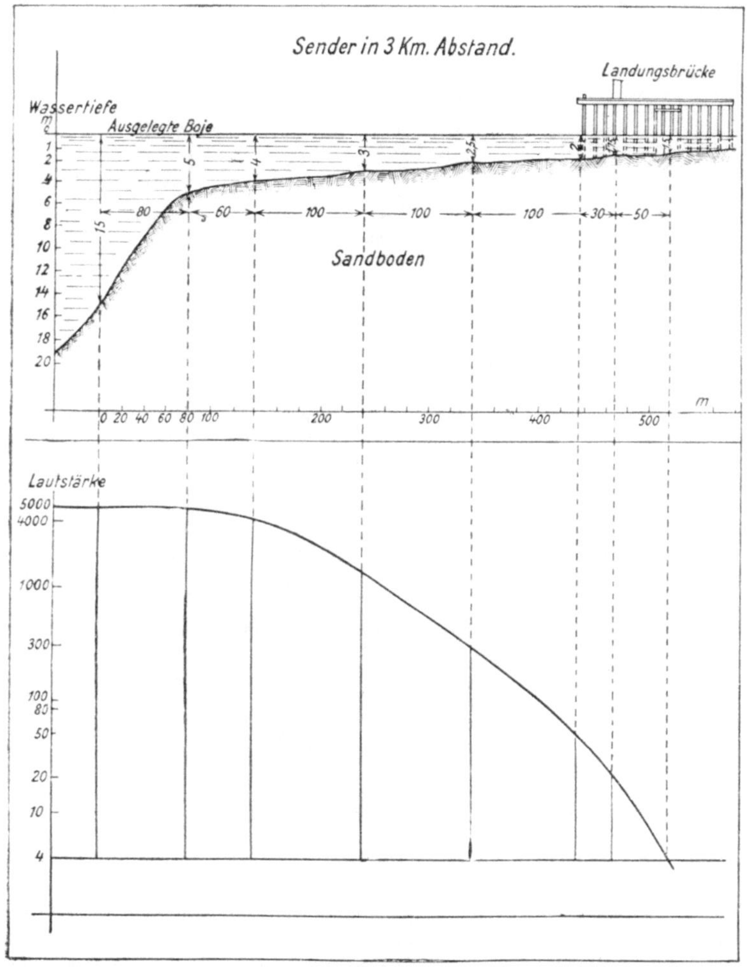

Fig. 20.

von 100 m auf ein Viertel, bei 2 m Wassertiefe auf ein Sechzehntel zurückgeht. Bei 4—5 m Tiefe ist die Schwächung schon wesentlich geringer, etwa ein Halb für 100 m. Auf einen Kilometer würde die Schwächung von 100 m Länge 10 mal nacheinander eintreten. Bei 2 m Wassertiefe ergäbe dies somit eine Lautstärkeschwächung

$$\text{auf} \left(\frac{1}{16}\right)^{10}, \text{ bei } 3\,\text{m auf} \left(\frac{1}{4}\right)^{10}, \text{ bei } 4\,\text{m auf} \left(\frac{1}{2}\right)^{10} \infty \frac{1}{1000}.$$

Ein Gang der Reichweite mit der Frequenz konnte nicht beobachtet werden, wie dies aus Figur 21 ersichtlich ist. Die Neigung der Linien, denen die Frequenzen beigeschrieben sind, ist bei allen im wesentlichen die gleiche. Nur die Tonhöhe 1500 zeigt in der Figur eine geringere Dämpfung, doch ist dies unter Beachtung der Neigung für die Frequenz 2500 als Zufall zu werten.

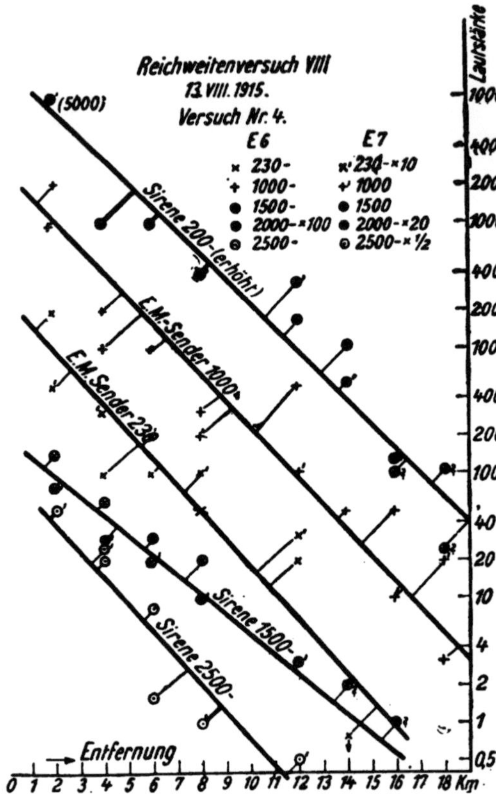

Fig. 21.

Diese Resultate sind alle für die Unterwasserschalltechnik von wesentlicher Bedeutung. Sie zeigen zunächst, daß die Reichweite an sich eine Zustandsfunktion des Wassers ist, die die Ausbreitung des Schalles nach einem Dämpfungsgesetz bedingt, und daß somit eine Reichweitesteigerung in Wassertiefen bis zu einigen 100 Metern durch keine uns gegenwärtig ersichtlichen Mittel, gewiß nicht durch noch so nennenswerte Verbesserungen (s. S. 171) an der Schallapparatur, möglich ist. Erst in Wassertiefen von einigen Kilometern ist zu erwarten, daß das die Reichweite beschränkende Absorptionsgesetz dauernd durch ein anderes, große Reichweiten zulassendes Ausbreitungsgesetz ersetzt werden wird. Dies schraubt zwar die Erwartungen, die sich an die Unterwassertelegraphie als Konkurrenz gegenüber anderen telegraphischen Verständigungsmethoden knüpften, stark zurück, doch verliert die Unterwasserschalltechnik dadurch keineswegs ihre ursprüngliche Bedeutung, der Schiffahrt als Navigationsmittel zu dienen. Im Gegenteil, die Erkenntnisse über eine sichere Minimalreichweite geben nun erst dem Seefahrer bei einsichtsreicher Behandlung und richtiger Aufstellung der Apparate ein unbedingt sicheres Schutzmittel an die Hand.

§ 15. Einbettungen von Fremdkörpern in das Schallfeld.

Ist in ein Schallfeld ein Fremdkörper eingebettet, so wird er im allgemeinen zu Feldstörungen Veranlassung geben. Eine solche Feldstörung findet nur dann sicher nicht statt, wenn der Körper die gleichen akustischen Eigenschaften hat wie das Schallmedium, also gewissermaßen als ein Teil des Mediums selbst schwingt.

Betrachten wir zunächst zwei Extremfälle, wo einerseits ein in das Schallfeld gebrachter schwingungsfähiger Körper nur auf die Druckamplituden, andererseits nur auf die Bewegungsamplituden reagiert. Natürlich kann in keinem dieser beiden Fälle Energie aus dem Felde aufgenommen werden, sondern es tritt völlige Reflexion ein. Spricht der Störungskörper ausschließlich auf die Bewegungsamplituden an, ist er somit völlig nachgiebig, so resultiert ein reiner Bewegungsvorgang, da an einem völlig weichen Körper keine Druckschwankungen auftreten können. Beschränkt sich hingegen die Reaktion ausschließlich auf die Druckamplituden, so wird allmählich die Mediumsbewegung aufhören, während der Druck keine nennenswerte Aenderung erleidet.

Bei wirklich existierenden Körpern ist selbstredend keiner der beiden Extremfälle möglich; es wird stets teilweise Reflexion auftreten. Für diese Vorgänge spielt in der Akustik der Wert $a\rho$, also das Produkt aus Schallgeschwindigkeit und Dichte des Mediums die gleiche Rolle, wie etwa in der Optik die Geschwindigkeit allein. In Analogie dazu bezeichnet man auch das Verhältnis $\frac{a_1 \rho_1}{a_2 \rho_2}$ zweier Medien als deren akustischen Brechungsexponenten.

Einen Zusammenhang zwischen dieser Größe $a\rho$, dem Druckmaximum P, der Amplitude A sowie der Kreisfrequenz ω erhalten wir aus den beiden Formeln über die Energie einer ebenen Welle (Kap. II, § 7, Gleichung 1, 7 und 8, Seite 31 und 32) in dem Ausdrucke

$$\frac{P}{A} = a\rho\omega \quad \text{1.)}$$

Ueberlegen wir, daß das Geschwindigkeitsmaximum $I = \omega A$ ist, so können wir die Formel 1) auch in der Form schreiben:

$$\frac{P}{I} = a\rho \quad \text{2.)}$$

Für den Wert $a\rho\omega$ schlagen Hahnemann und Hecht ([18]) die Einführung der Bezeichnung „Schallhärte" des Mediums für die Frequenz n bzw. ω vor. Behalten wir diesen gut gewählten Ausdruck bei, so ergibt Gleichung 2) wiederum eine elektrische Analogie, indem sie besagt, daß, wie in der Elektrizität das Verhältnis von Spannung und Strom den Widerstand darstellt, das Verhältnis von Druck- und Geschwindigkeitsmaximum durch die Schallhärte für die Kreisfrequenz eins oder die sekundliche Frequenz $1/2\pi$ dargestellt wird.

Schallharte Körper, also solche, die im wesentlichen nur Druckzustände und bloß zu geringem Teile Bewegungszustände zulassen, verhalten sich analog den elektrischen Isolatoren; schallweiche Körper zeigen das entgegengesetzte Verhalten und lassen sich mit guten Leitern der Elektrizität vergleichen, insbesondere insofern, als sie in ein Schallfeld gebracht, ebenso wie die guten Elektrizitätsleiter das Feld in ihrer Umgebung vernichten.

Die Schallhärte erlaubt uns einen Einblick in die durch den eingebrachten Körper hervorgerufene Feldstörung zu gewinnen. Das Schallfeld wird dann keine nennenswerte Störung erleiden, wenn der eingebrachte Körper nicht schallweicher ist als das ursprünglich seinen Platz innehabende, durch ihn verdrängte Schallmedium. Die Aussage, daß der eingebrachte Körper nicht schallweicher als das von ihm verdrängte Mediumvolumen sein soll, besagt, daß der Körper unter dem Einfluß des akustischen Druckes keine größeren Bewegungsamplituden ausführt als das ursprüngliche Schallmedium daselbst.

Als Beispiel möge ein zylindrischer Körper aus Metall von der Wandstärke d, dem Durchmesser D, der Höhe H und dem Zugelastizitätsmodul E betrachtet werden, der in ein Wasserschallfeld eingelegt wird. Es soll dabei d klein gegenüber D sein. Aus Gründen der einfachen Berechnung wollen wir noch voraussetzen, daß die Grundflächen keinen nennenswerten Betrag an elastischer Kraft im Vergleich zur Mantelfläche liefern mögen. Wir vernachlässigen somit die Radial- und Achsialkomponenten der Spannungen und ziehen lediglich die Tangentialkomponenten in Rechnung, was für unsere beispielsweise Darlegung vollkommen hinreichend ist.

Für einen inneren oder äußeren Ueberdruck P wird die Umfangsänderung

$$\Delta U = \frac{U}{2\,d\,H} \cdot \frac{D \cdot H \cdot P}{E},$$

nachdem DHP die Kraft darstellt, die den Umfang zu verändern bestrebt ist. Bezeichnen wir mit A die Radiusamplitude des Zylinders unter dem Einfluß des Schallfeldes, so wird wegen $\Delta U = 2\pi A$

$$\left(\frac{P}{A}\right)_{\text{Metallzylinder}} = \frac{4\,E\,d}{D^2} \quad \ldots\ldots\ldots\ldots \quad 3.)$$

Soll dieser Zylinder das akustische Schallfeld nicht nennenswert stören, so muß er akustisch mindestens ebenso schallhart sein als ein gleich großer Mediumzylinder; wenn wir als Schallmedium Wasser voraussetzen, muß sich somit die mindestens gleiche Schallhärte auf einen Wasserzylinder vom Volumen $\frac{\pi D^2 H}{4}$ beziehen. Seine Volumsänderung, ausgedrückt durch die Radiusamplitude, wird $\Delta V = \pi\, D.\, H.\, A$. Nun gilt allgemein für K als Kompressibilitätsmodul:

$$P.\,K. = \frac{\Delta V}{V}, \text{ somit wird } P = \frac{1}{K} \cdot \frac{\pi\, D.\, H.\, A.}{\frac{\pi\, D^2 H.}{4}} = \frac{4\,A}{K.\,D.} \text{ oder}$$

$$\left(\frac{P}{A}\right)_{\text{Wasserzylinder}} = \frac{4}{K.\,D.} \quad \ldots\ldots\ldots\ldots\ldots\ldots \quad 4.)$$

Der Forderung nach mindestens gleicher Schallhärte des Metallzylinders mit dem Wasserzylinder entspricht der Ansatz $\frac{4\,E\,d}{D^2} \geqq \frac{4}{K\,D}$ oder

$$\frac{d}{D} \geqq \frac{1}{K.E} \quad \ldots\ldots\ldots\ldots\ldots\ldots \quad 5.)$$

Betrachten wir einen Stahlzylinder vom Elastizitätsmodul $E = 2{,}10^{12}$ Dyn/cm² des Stahlmaterials und setzen die Kompressibilität des Wassers abgerundet $K = 5{,}10^{-11}$ cm²/Dyn, so wird

$$\frac{d}{D} \geqq 100, \quad \ldots\ldots\ldots\ldots\ldots \quad 5a.)$$

das heißt, ein Stahlzylinder, dessen Wandstärke mindestens 1% des Zylinderdurchmessers ist, stört — natürlich bei Abmessungen, die klein gegenüber der Wellenlänge der betreffenden Schallfeldfrequenz sind — in ein Schallfeld gebracht, dieses nicht nennenswert. Für einen Bronzezylinder mit einem bloß rund halb so großem Elastizitätsmodul wären diese Eigenschaften erst von einer mindestens 2% des Durchmessers betragenden Wandstärke ab erfüllt.

Dem Problem der Schallhärte kommt eine sehr wichtige praktische Bedeutung zu. Denn große Vorsicht hinsichtlich Störungen ist besonders dort erforderlich, wo als Störungskörper die Sende- und Empfangsapparate selbst in Betracht kommen. Würden deren Wände schallweich gehalten sein, so würde beispielsweise bei einem sonst noch so gut konstruierten Sender die ausgestrahlte Leistung sofort am Quellenursprung durch ihn selbst vernichtet werden. Auch bezüglich des Einbaues in Schiffe spielt die Schallhärte der Schiffshaut eine wesentliche Rolle.

Ist hingegen das Schallmedium Luft, dann kommen alle diese Dinge kaum in Betracht, denn hier ist die Bedingung der Störungsfreiheit durch eingebrachte feste Körper infolge der außerordentlich kleinen Schallhärte dieses Mediums meist von selbst erfüllt.

Aus der für jedes Medium geltenden Formel 1) berechnet sich die Schallhärte der Luft für einen Ton von 1000 Schwingungen pro Sekunde zu

$$\left(\frac{P}{A}\right)_{Luft} = 0{,}27,$$

während für die gleiche Tonhöhe die Wasserschallhärte den Wert

$$\left(\frac{P}{A}\right)_{Wasser} = 942$$

annimmt, wenn wir P in kg/cm² und A in cm messen. Daraus folgt, daß Wasser ca. 3500 mal schallhärter ist als Luft.

An dieses Resultat wollen wir noch eine wichtige Bemerkung für die Praxis anschließen. Es fehlte in der Unterwasserschalltechnik nicht an Versuchen, ähnlich wie für Luft Wasserresonatoren zu bauen. Letztere müssen wegen der großen Schallhärte des Wassers ganz ungewöhnlich dicke Wände erhalten; die Erzielung einer gleichen Starrheit der Wände dem Medium gegenüber wie bei Luft ist im Wasser kaum zu erreichen, so daß auch die Resonanzeffekte, wenn darauf nicht besonders geachtet wird, ganz wesentlich schlechtere sind als in Luft. Wird jedoch der großen Schallhärte des Wassers Rechnung getragen, so kommt man zu ganz unverhältnismäßig schweren Gebilden, die man mindestens nicht in ein Schiff einbauen wird. Schon aus diesen Gründen allein haben »Wasserpfeifenkonstruktionen, deren Wände geschützrohrähnliche Wandstärken und Gewichte erhalten müßten, keine Aussicht auf Erfolg.

§ 16. Die Verstärkung der Unterwasserschallsignale an der Empfangsstelle.

Die Tabelle XVII (Seite 72) zeigt klar, daß an eine ökonomische Reichweitevergrößerung durch Steigerung der Senderleistung nicht zu denken ist. Wohl aber wäre es möglich, durch Verstärkung der Empfangslautstärke die Reichweite eines gegebenen Senders unter vorgegebenen Wasserverhältnissen zu steigern, denn es ist heute sehr leicht, mittels der bekannten trägheitslosen Elektronenverstärker die Hörbarkeit viele tausend Male in der einfachsten Weise hinauf zu treiben. Steigern wir etwa die Hörbarkeit auf das 1000-fache, so steigt ihr Quadrat auf das millionenfache, was scheinbar einer millionenfachen Erhöhung der Senderleistung entspricht. Theoretisch ist dies ja auch der Fall, nicht aber praktisch. Denn bei solchen Verstärkungszahlen werden auch die Geräusche gleich stark mitverstärkt, so daß man dann im Telephon keine Signale, sondern nur einen mehr oder weniger starken Lärm hört. Es darf eben nicht übersehen werden, daß ohne Verstärkung bis zu einer ca. 10^{-15} Watt/cm² betragenden Feldstärke in den gegenwärtigen Empfangsapparaten gerade noch gehört wird; d. h. hier sind die Geräusche, die teils aus dem Schiffsinnern, teils von dem Rauschen der Mikrophonkontakte herrühren, dem Empfang noch nicht hinderlich, aber trotzdem mit einer gewissen Stärke da. Wird dann weiter zur Erhöhung der Reichweite mit Verstärkern gearbeitet, so treten mit steigender Verstärkungszahl die an sich in ihrer Intensität gleich bleibenden Geräusche immer mehr gegenüber der Signaltonstärke in den Vordergrund. Die Praxis hat gezeigt, daß eine etwa 500-fache Verstärkung die Grenze des Zulässigen darstellt. Daraus sieht man aber, daß beispielsweise in der Ostsee die normale Reichweite eines Kilowattsenders nicht einmal verdoppelt werden kann. Etwas günstigere Verstärkungszahlen dürften sich bei Empfängern anwenden lassen, die keine Mikrophongeräusche erzeugen, also bei den elektromagnetischen und elektrodynamischen Empfängern. Allerdings ist deren Empfindlichkeit an sich etwa um eine Zehnerpotenz kleiner als die von Mikrophonempfängern gleicher Bauart.

Einen Wert hat die Verstärkung aber doch. Wie überall, wird man auch bei Unterwassersendern mit einem gewissen Sicherheitskoeffizienten rechnen, was bedeutet, daß man die zur Ueberbrückung einer bestimmten Entfernung unter allen Umständen minimale Senderenergie bei Projektierung der Anlage um einen bestimmten Faktor höher halten muß. Dadurch wird der Sender größer und schwerer und sein Betrieb teurer. Diesen Betriebssicherheitsfaktor kann man in die Empfangsstelle in Form von einer bestimmten Verstärkung legen. Dies ist aber auch der einzige wirklich praktische Vorteil, den die Verstärkung auf diesem Gebiete zu erringen gestattet.

§ 17. Telegraphie mit physiologisch unhörbaren Schwingungen.

Zunächst rein militärische Erwägungen zeitigten das Problem, mit physiologisch unhörbaren Schwingungen zu telegraphieren. Die Aufgabe zerfällt in zwei Teile, erstens in die Verwendung von Schwingungen, die über der oberen Hörgrenze liegen, und zweitens in die Benutzung von Frequenzen unter der unteren Hörgrenze. Wir wollen den ganzen Fragenkomplex ([31]) orientierend an zwei Tönen von 100 und 10 000 Perioden pro Sekunde hinsichtlich der praktischen Verwendungsmöglichkeit untersuchen.

Zur Prüfung der Aufgabe haben wir, falls der Fall der Wassertiefe unter 3 Senderwellenlängen von Anfang an als uninteressant ausgeschaltet wird, zunächst darauf zu achten, ob es sich um eine Ausbreitung der Schallenergie nach Zylinder- resp. Kugelwellen handelt oder ein Absorptionsgesetz die Verhältnisse beherrscht. Im ersteren Falle haben wir gefunden, daß eine Abhängigkeit der Schallschwächung durch die Ausbreitung allein von der Frequenz nicht existiert. Wohl aber steht der Schallabsorptionskoeffizient in einem Frequenzabhängigkeitsverhältnis, das aber, von Riesenreichweiten abgesehen, vernachlässigbar klein bleibt. In sehr tiefen Gewässern, für die allein diese Ausbreitungsart in Frage kommen kann, haben wir somit innerhalb selbst großer Reichweiten völlige Frequenzunabhängigkeit. Das Absorptionsgesetz für kleine Reichweiten in verhältnismäßig seichtem Wasser liefert auf Grund der in dem vorhergehenden Paragraphen besprochenen Versuchsergebnisse praktisch ebenfalls keine Frequenzabhängigkeit des Hörbarkeitsabsorptionskoeffizienten. Wir können daher alle von uns als möglich erkannten Gesetze hinsichtlich der Abnahme der Feldintensität mit steigender Entfernung von der Schallquelle innerhalb der dafür normalen Reichweiten als unabhängig von der Frequenz ansehen.

Was endlich die Empfangsart unhörbarer Töne betrifft, so ist hierfür naturgemäß beim Gehörlesen nur mittelbares über einen Resonanzempfänger — unter entsprechender Frequenztransformation ins Hörbare — möglich. Es bleibt somit die Frequenzabhängigkeit der Energieabsorption in den Empfängern in allen Fällen bestehen. Als Standardton wählen wir die als am günstigsten erkannte Frequenz 1000 ([51]).

Wegen der notwendigen Verwendung eines Resonanzempfängers erfordert somit der Ton 10 000 eine 100fache Primärenergie des Tones 1000 zur Ueberbrückung einer gleich großen Strecke bei gleicher Hörbarkeit. Wird dieser Ton 10 000 an der Empfangsstelle für das Ohr in einen solchen für diese Zwecke bestgeeigneten von 2300 Perioden verlustlos transformiert, so reduziert sich der Primärenergieaufwand auf das etwa 50fache. Dabei bleibt aber noch zu bedenken, daß der Ton 10 000 keineswegs über der Hörgrenze liegt, man also noch wesentlich höher gehen müßte, um ein für das unbewaffnete Ohr unhörbares Schallfeld zu erhalten. In der Ostsee würde also eine solche unhörbare Telegraphie zur Ueberbrückung einer Strecke von 8—10 km 50—100 kW Strahlungsenergie erfordern, woraus man am besten die Energievergeudung ersieht, die eine derartige Ultratelegraphie im Gefolge hätte. Man könnte allerdings mittels Verstärkereinrichtungen an der Empfangsstelle arbeiten und würde hier noch innerhalb der als zulässig gefundenen Verstärkungszahlen bleiben. Es erschiene dann allerdings nicht mehr ratsam, auch den Sicherheitskoeffizienten für die Senderleistung in die Empfängerverstärkereinrichtung zu verlegen, so daß man für unser Beispiel, gering veranschlagt, einen Sender für über 10 000 Perioden von mindestens einem Kilowatt Strahlungsleistung projektieren müßte. Dem steht ja theoretisch nichts im Wege; anders liegt jedoch der Fall in der Praxis. Wir werden später sehen, daß der Senderbau mit steigender Frequenz immer größere Schwierigkeiten macht; je höher die Periode, um so größer werden die erforderlichen Zugkräfte, die schließlich vom apparatebautechnischen Standpunkt aus betrachtet für Ultrasender der angeführten Strahlungsleistung ins Gigantische steigen; der Sendernutzeffekt sinkt dabei auf einen kläglichen Prozentsatz herab. Diese Nachteile sowie noch andere technische Schwierigkeiten beim Senderbau lassen die Inangriffnahme einer Ultratelegraphie unter Benutzung von Empfangsverstärkereinrichtungen dem Praktiker nur durch besondere, mit der Lösung einer Spezialaufgabe verknüpfte Vorteile berechtigt erscheinen.

Für den eigentlichen Problemsteller, die Kriegsmarinen, ist ein Vorteil heute nicht mehr zu erwarten. Denn es lassen sich gegenwärtig leicht ohne erhebliche Schwierigkeiten und Kosten seitens des Gegners Empfänger aufstellen, die bei starker Eigendämpfung einen weiten Bereich über der Hörbarkeitzgrenze beherrschen und so die mit enormen Kostenaufwand geschaffenen Ultrasender bei ihrem Arbeiten abhören bzw., was hier viel wesentlicher ist, lokalisieren.

Ein das Studium der Frage vielleicht rechtfertigender praktischer Vorteil wäre allerdings mit der Schaffung eines Ultrasenders gegeben: die Möglichkeit einer Unterwasserschalltelephonie nach dem Ueberlagerungsprinzip ([52]). Jedenfalls erscheint aber nach dem heutigen Stande in der Senderbaufrage kein gangbarer Weg vorgezeichnet, den Wirkungsgrad für Schallapparate von Ultrafrequenzen für den praktischen Gebrauch derart wesentlich zu verbessern, daß man diesem Problem Zeitgemäßheit zubilligen könnte. Es ist somit gegenwärtig eine Ultratelegraphie und die sich mit ihr ergebende Unterwasserschalltelephonie nach dem Ueberlagerungsprinzip aus Oekonomiegründen undurchführbar.

Ganz anders liegen die Verhältnisse für ein Schallfeld unter der Hörbarkeitsgrenze, die wir an dem allerdings noch hörbaren Ton 100 untersuchen wollen. Bei dieser Periodenzahl absorbiert der Empfänger 100mal mehr Energie als der für 1000 Perioden. Wird dieser 100periodische Ton an der Empfangsstelle wiederum auf Ton 2300 verlustlos transformiert, so würde also eine Unterwasserschalltelegraphie mit Ton 100 mit etwa einem Zweihundertstel an strahlender Energie gegenüber der mit Ton 1000 ihr Auslangen finden; dabei müßte man, um wirklich unhörbar zu werden, mit der Tonhöhe noch weit unter 100 herabgehen, so daß man orientierend sagen kann, daß eine Infratelegraphie mit weit weniger als einem Prozent der für die Signaltonhöhe 1000 erforderlichen Leistung arbeitet ([53]).

So verlockend diese Angelegenheit sich hinsichtlich der Leistungsfrage darstellt, so wenig ist sie doch tatsächlich durchführbar. Der Infratelegraphie stellt sich in der „Telegraphiergeschwindigkeit" ein mit keinem wie immer gearteten Mitteln praktisch bekämpfbares Hindernis entgegen. Soll nämlich der Resonanzempfang nicht den Wert der Störungsfreiheit gegenüber anderen in der Nähe der Resonanzfrequenz liegenden Schwingungen vollkommen verlieren, so darf ein gewisses logarithmisches Dekrement der Empfänger nicht unterschritten werden. Das Dekrement besagt aber unter anderm, nach wieviel Schwingungen die Energie auf einen bestimmten Bruchteil abfällt. Daraus ist leicht zu ersehen, zu welch' praktisch unbrauchbarem Schneckentempo die Telegraphiergeschwindigkeit im Infrafeld abfallen würde. ([54])

Wir kommen somit zu dem Resultat, daß die Infratelegraphie prinzipiell aus praktischen Gründen undurchführbar ist, während die Ultratelegraphie und mit ihr die Unterwasserschalltelephonie nach der Ueberlagerungsmethode gegenwärtig ebenfalls keinerlei Aussicht auf einen wirklichen Erfolg hat.

§ 18. Steigerung der Schallenergiestrahlung an Sendern.

Bei der Erzeugung von Schallwellen im Wasser schwanken die Druckamplituden im positiven und negativen Sinne um einen konstanten, durch den statischen Druck am Senderorte herrschenden Wert. Daraus folgt, daß im positiven Sinne eine obere Grenze für die zu erzeugenden Druckwellen nicht existiert; die negative Druckamplitude hingegen ist hinsichtlich ihres Absolutwertes durch den statischen Druck am Senderorte begrenzt, denn die Differenz zwischen ihr und dem statischen Druck kann höchstens gleich Null werden. Negativer Absolutwert, also Zug, kann bei Schallerscheinungen im Wasser nicht auftreten. In der Praxis darf man im negativen Sinne nicht einmal bis zur theoretisch möglichen Grenze gehen, da bereits früher Entlüftung und Dampfbildung im Wasser eintritt. Nun vernichten aber Gasblasen im Wasserschallfelde als darin vollkommen schallweiche Fremdkörper den akustischen Druck und machen so die Schallerzeugung denkbar unökonomisch. Man muß also sorgfältig zu große Amplituden am Senderorte, somit eine Senderüberlastung, vermeiden. Dies gilt auch für Sendereinrichtungen, die scheinbar selbst nur Druckamplituden erzeugen, wie beispielsweise Wassersirenen. Denn jede einfache Quelle, bei der die Anfangsstörung lediglich in einer Druckzunahme, also in einer Mediumzufuhr besteht, zieht auch das Entstehen von negativen Druckamplituden nach sich.

Nun kann aber manchmal das Problem auftauchen, für eine bestimmte Schallquelle eine Energiestrahlungssteigerung zu benötigen. Dies ist, wie wir soeben gesehen haben, nicht so möglich, daß man einfach die Schwingungsamplitude der strahlenden Senderfläche erhöht; denn dann treten eben die störenden Gasblasen auf. Ein Weg wäre ein entsprechend tieferes Eintauchen des Senders, der aber nicht immer gangbar ist. Man hilft sich hier in der Weise ([86]), daß man den Sender in ein Gehäuse, das mit Flüssigkeit gefüllt ist, einschließt. Die Gehäuseoberfläche ist dann ein Vielfaches von der Senderstrahlungsoberfläche, und es darf nunmehr an der größeren Gehäuseoberfläche die ursprünglich am Sender erlaubte Druckamplitude herrschen, was nichts anderes besagt, als daß die Gehäuseoberfläche als nunmehrige Senderstrahlungsfläche einen im Verhältnis der beiden Oberflächengrößen leistungsfähigeren Sender darstellt. Um diese Mehrleistung aus dem Sender zu gewinnen, setzt man die Gehäuseflüssigkeit unter einen solchen statischen Ueberdruck, daß bei der nunmehr am Sender erforderlichen größeren Schwingungsamplitude Luftblasen und Gasbildung nicht auftreten können ([86]).

III. Kapitel.

Die Schallantennen.

§ 1. Harmonische Schwingungen eines Systems mit einem Freiheitsgrad.

(Einwellige Schallantennen.)

In Analogie mit der elektrischen drahtlosen Telegraphie sollen unter Schallantennen im folgenden kurz Apparate verstanden werden, die sich als Schallsender oder Schallempfänger, beziehungsweise für beide Funktionen eignen. Die Aufstellung der erforderlichen Gleichungen kann auf die harmonischen Bewegungsvorgänge eines Massenpunktes reduziert werden. In einem mechanischen System tritt an Stelle des Massenpunktes der Schwerpunkt.

Die in Betracht kommenden Kräfte sind teils solche, die von der relativen Lage gegen feste Punkte — Gleichgewichtslagen — abhängen, wozu vor allem die rücktreibenden „Direktionskräfte" gehören, die zur Ermöglichung von Systemschwingungen unerläßlich sind. Im Gegensatz zu diesen konservativen Kräften treten auch dissipative Kräfte, die von der Geschwindigkeit — Geschwindigkeits- oder Bewegungskräfte — abhängen, auf. Endlich haben wir noch äußere oder eingeprägte Kräfte, die die erzwungenen Schwingungen eines Systems bestimmen und lediglich Funktionen von der Zeit sind, zu berücksichtigen.

A. Ungedämpfte Eigenschwingungen.

Von den ungedämpften Eigenschwingungen betrachten wir ausschließlich den Fall, daß die rücktreibenden Kräfte linear von der Verschiebung abhängig sind. Ist ξ die Verschiebung aus der Gleichgewichtslage, D die Direktionskraft des Systems, M die Systemmasse, dann lautet ganz allgemein die Bewegungsgleichung:

$$M \ddot{\xi} = f(\xi) \cdot {}^{(57)} \quad \ldots \ldots \ldots \ldots \ldots \quad 1.)$$

$f(\xi)$ ist aber laut der einschränkenden Voraussetzung $-D\xi$, so daß die Bewegungsgleichung die Form

$$M\ddot{\xi} + D\xi = O \quad \ldots \ldots \ldots \ldots \ldots \quad 1a.)$$

$$\text{oder } \ddot{\xi} + \omega^2 \xi = O \quad \ldots \ldots \ldots \ldots \quad 1b.)$$

annimmt, wenn $\omega^2 = D/M$ gesetzt wird. Aus der Lösung dieser Gleichung ist bekannt, daß $\omega = 2\pi n$ (Seite 16) die Kreisfrequenz darstellt. Das Integral der Gleichung lautet:

$$\xi = A \sin(\omega t + \alpha) \quad \ldots \ldots \ldots \ldots \ldots \quad 1c.)$$

wobei das Argument $\omega t + \alpha$ die Phase der Schwingung und α die Phasenkonstante oder den Phasenwinkel darstellt, während A die Schwingungsamplitude bedeutet.

Die rücktreibende Kraft ist $f(\xi) = -D\xi = -M\omega^2\xi$; sie wird für die Entfernung $\xi = 1$ aus der Ruhelage als „Direktionskraft" der Schwingung bezeichnet. Bei Schwingungen von drehendem Charakter (z. B. Torsionsschwingungen), wo ξ einen Winkel darstellt, ist sie ein rücktreibendes Drehmoment ([58]).

Die Bewegungsgleichung

$$M\ddot{\xi} + \omega^2 M \xi = 0 \ldots\ldots\ldots\ldots \quad 2.)$$

liefert somit ungedämpfte sinusförmige oder auch harmonische Schwingungen von der sekundlichen Schwingungszahl n und der Schwingungsdauer $\tau = 2\pi\sqrt{\frac{M}{D}}$.

Da hier nur konservative Kräfte auftreten, repräsentiert ein derartiges, einmal in Bewegung gesetztes System ein leergehendes mechanisches Perpetuum mobile. Aus diesen Gründen bezeichnet man auch, wenn man $\dot{\xi} = i$ und $I = i_{Max.}$ setzt:

$$L = \frac{M I^2}{2} = \frac{M\omega^2 A^2}{2} \ldots\ldots\ldots\ldots \quad 3.)$$

als die leerschwingende Gesamtenergie des Systems.

Bei derartigen symmetrischen Sinusschwingungen ist die kinetische und die potentielle Energie in gleicher Entfernung ξ zu beiden Seiten der Ruhelage gleich groß.

Die kinetische Energie U in einem Zeitpunkte t ist:

$$U = \frac{M i^2}{2} = \frac{\omega^2 A^2 M}{2} \cos^2(\omega t + \alpha), \ldots\ldots\ldots \quad 4.)$$

und gemäß dem Prinzipe der Erhaltung der Energie die potentielle V:

$$V = L - U = \frac{\omega^2 A^2 M}{2}[1 - \cos^2(\omega t + \alpha)] = \frac{\omega^2 A^2 M}{2} \sin^2(\omega t + \alpha) \quad 5.)$$

oder als Funktion der Ablenkung ξ ausgedrückt:

$$U = \frac{M\omega^2 (A^2 - \xi^2)}{2} \ldots\ldots\ldots\ldots \quad 4a.)$$

$$V = \frac{M\omega^2\xi^2}{2} \ldots\ldots\ldots\ldots\ldots \quad 5a.)$$

Bei der sinusförmigen Schwingung eines Punktes ist somit V in jedem Zeitpunkt proportional ξ^2 und U proportional i^2, was aus der speziellen Form $f(\xi) = -D \cdot \xi$ ohne weiteres verständlich ist.

Die bisherigen Resultate können wir auch aus dem Energieprinzip gewinnen. Es sei ξ die Koordinate des betrachteten Systems mit einem Freiheitsgrad. Um die potentielle Energie darzustellen, nehmen wir an, daß die bewegende oder Lagenkraft, die das aus der Gleichgewichtslage gebrachte System von der

Trägheit M in die Ruhelage zurückzieht, proportional der jeweiligen Verschiebung ξ des Schwerpunktes sei. Dies ist bekanntlich die Grundannahme der Elastizitätstheorie. Da wir es hier mit konservativen Kräften zu tun haben, muß ein Kraftpotential existieren, dessen negative partielle Ableitungen nach der Koordinate des Freiheitsgrades die Kraft in der Richtung der Elongation ergibt. Da aber diese Kraft voraussetzungsgemäß $f(\xi) = -D\xi$ ist, also im linearen Verhältnis mit der Elongation ξ steht, muß die potentielle Energie ξ^2 proportional sein. Wir setzen daher $V = \frac{1}{2}\mu\xi^2$, wählen also $^1/_2\,\mu$ als bisher willkürlichen Proportionalitätsfaktor. Es wird dann

$$f(\xi) = -\frac{\partial V}{\partial \xi} = -\mu\xi$$

somit nach dem früheren $\mu = D$ die Direktionskraft, oder wie sie auch noch öfters bezeichnet wird, die „äquivalente elastische Kraft“.

Die kinetische Energie hat den Wert $U = \frac{1}{2}M\dot{\xi}^2$ da M als Systemträgheit definiert wurde.

Das Prinzip der Erhaltung der Energie für dieses konservative System liefert:

$$U + V = \text{konst. oder } \frac{1}{2}M\dot{\xi}^2 + \frac{1}{2}\mu\xi^2 = \text{konst.};$$

beziehungsweise nach der Zeit differenziert:

$$M\ddot{\xi} + \mu\xi = 0 \quad \ldots\ldots\ldots\ldots\ldots \quad 1\,\text{d.})$$

$$\tau = 2\pi\sqrt{\frac{M}{\mu}}.$$

B. Gedämpfte Eigenschwingungen.

Bringt man das bisher betrachtete reibungslose System in ein schalleitendes Medium, so bildet es mit diesem Medium ein neues einheitliches System. Man kann den Einfluß des schalleitenden Mediums als eine Bewegungsstörung des schwingenden Systems gegenüber dem Vakuum auffassen; die Störungskraft ist dabei eine Zeitfunktion von der Periode des tönenden Körpers und läßt sich in zwei Teile zerlegen:

1. in einen der Beschleunigung und 2. in einen der Geschwindigkeit proportionalen Teil. Der erste Teil der Störungskraft ergibt die gleiche Wirkung, als ob die Systemträgheit des tönenden Körpers einen Zuwachs erhalten hätte. Man hat diesen Teil der Störungskraft des Schallmediums den aero- oder hydrodynamischen Widerstand genannt. Er ist proportional der Lagenkraft und wirkt wie eine Vermehrung der Masse des schwingenden Systems. Wie sich später zeigen wird, läßt er sich auch rechnerisch als ein bestimmter Teil der vom tönenden Körper verdrängten Mediumsmasse darstellen. Er wirkt somit so, als ob zur Masse des tönenden Körpers eine bestimmte Mediummasse als Zusatzmasse in starre Verbindung treten würde. Dieser Teil der Kraft liefert somit kein neugeartetes Glied in der Bewegungsgleichung, so daß die Schwingungen des

Systems mit Ausnahme einer durch den Trägheitszuwachs bedingten Frequenzerniedrigung konservativ bleiben. Es verteilt sich lediglich die Energie auch noch auf die Zusatzmasse, wodurch die spezifische Tonintensität kleiner wird, jedoch ohne zeitliche Begrenzung konstant bleibt.

Aus alledem folgt, daß der Name „Widerstand" für diese Kraftäußerung unglücklich gewählt wurde. Es wird daher vorgeschlagen, diese verwirrende Begriffsbezeichnung fallen zu lassen und in Zukunft diese Kraftwirkung als aero- beziehungsweise als hydrodynamische Trägheitskraft zu bezeichnen, wodurch ihr konservativer Charakter unterstrichen zum Ausdruck kommt.

Der zweite Teil der Störungskraft durch das Medium wurde proportional der Geschwindigkeit gesetzt; er wird unter anderem durch die Reibung bedingt, wirkt stets der augenblicklichen Geschwindigkeit entgegen und verwandelt das konservative System in ein ausgesprochen dissipatives, also Energie zerstreuendes.

Die gesamte in Betracht kommende Reibung ist zunächst eine vierfache: 1. die innere Reibung des tönenden Körpers, also die Materialzähigkeit, 2. die Reibung der schwingenden Teile, wo sie mit ruhender Materie umgeben sind — z. B. Aufhängestellen des tönenden Körpers —, 3. die äußere Reibung des umgebenden Mediums und 4. die innere Reibung oder Viskosität des letzteren. Alle diese verschiedenartigen Reibungserscheinungen können in guter Uebereinstimmung mit der Erfahrung proportional der Geschwindigkeit gesetzt werden. Unter Berücksichtigung, daß die Reibung die Bewegung stets zu hemmen sucht, setzen wir die gesamte Reibungskraft zu

$$F(\dot{\xi}) = -2\delta M \dot{\xi} \text{ [59]} \qquad \text{6.)}$$

an und erhalten als neue Bewegungsgleichung

$$M\ddot{\xi} + 2\delta M\dot{\xi} + \omega^2 M\xi = 0 \qquad \text{7.)}$$

Die Lösung dieser Gleichung erhält man durch den Ansatz

$$\xi = A \cdot e^{\lambda t},$$

wobei λ die charakteristische Gleichung $\lambda^2 + 2\delta\lambda + \omega^2 = 0$ erfüllt. Das allgemeine Integral von 7.) lautet, wenn wir $\nu^2 = \omega^2 - \delta^2$ setzen:

$$\xi = A e^{-\delta t} \cdot \sin(\nu t + \alpha) \qquad \text{7a)}$$

Als fünfte Reibungsursache haben wir noch den Umstand zu beachten, daß das Schallmedium dem tönenden Körper Schallenergie entzieht und weiterleitet. Dieser Vorgang wird ebenfalls wie ein Verlust durch Reibung in Ansatz gebracht; wir können uns ihn in obiger Reibungsformel 6) bereits enthalten denken. Speziell dieser Teil, der uns ein Maß für die an das Schallmedium ausgestrahlte Schallenergie gibt, soll sinngemäß die Bezeichnung aero- oder hydrodynamischer Widerstand führen. Um jedoch hier Verwirrungen zu vermeiden, bezeichnen wir den Geschwindigkeitsproportionalitätsfaktor, nicht zuletzt aus später ersichtlichen Gründen einer elektrischen Analogie, als akustischen Widerstand im allgemeinen und akustischen Strahlungswiderstand im besonderen.

Nach [II, § 2, (9), 17] stellt die Gleichung 7a.) eine gedämpfte Schwingung mit dem Dämpfungsfaktor δ dar [60]. Kehren wir zur charakteristischen Gleichung einer gedämpften Eigenschwingung eines Systems zurück, so liefert sie zwei Werte in λ und zwar

$$\lambda_1 = -\delta + \sqrt{\delta^2 - \omega^2}$$

$$\lambda_2 = -\delta - \sqrt{\delta^2 - \omega^2},$$

woraus sich das allgemeine Integral zu

$$\xi = A_1 e^{[-\delta + \sqrt{\delta^2 - \omega^2}] \cdot t} + A_2 e^{[-\delta + \sqrt{\delta^2 - \omega^2}] \cdot t} \quad . \; 7b.)$$

ergibt, was sich leicht auf die Form 7a.) bringen läßt.

Hier sind nun drei Fälle zu unterscheiden:

1.) $\delta > \omega$ }
2.) $\delta = \omega$ } starke Dämpfung: aperiodischer Zustand, als dessen Beginn $\delta = \omega$

oder $\vartheta = 1 \frac{\delta}{n} = 2\pi$ gilt.

3. $\delta < \omega$, geringe Dämpfung; gedämpfte Eigenschwingungen. Dieser letzte Fall ist für uns der wichtigste. Er wird hier

$$\sqrt{\delta^2 - \omega^2} = j\nu$$

und wir bezeichnen ν als die Kreisfrequenz der gedämpften Schwingung, beziehungsweise $\tau = \frac{2\pi}{\nu}$ als die Schwingungsdauer der gedämpften Eigenschwingung. Es ist dann, wenn wir mit τ_g die Schwingungsdauer der gedämpften und mit τ_u die der ungedämpften Schwingung bezeichnen:

$$\frac{\tau_g}{\tau_u} = \frac{\omega}{\nu} = \frac{\omega}{\sqrt{\omega^2 - \delta^2}} = \frac{1}{\sqrt{1 - \left(\frac{\delta}{\omega}\right)^2}}$$

oder

$$\frac{\tau_g}{\tau_u} = \frac{\omega}{\nu} = \frac{\sqrt{\nu^2 + \delta^2}}{\nu} = \sqrt{1 + \left(\frac{\delta}{\nu}\right)^2} \quad \ldots\ldots 8.)$$

Ferner wird:

$$\tau = \frac{2\pi}{\nu} = \frac{2\pi}{\sqrt{\omega^2 - \delta^2}} = \frac{2\pi}{\sqrt{\frac{D}{M} - \delta}} = 2\pi \sqrt{\frac{M}{D}} \cdot \frac{1}{\sqrt{1 - \frac{\delta^2 M}{D}}} \quad 9.)$$

Im folgenden wollen wir an einem Beispiel die Verhältnisse näher ansehen. Wir denken uns eine starke Feder, an der eine Kugel von der Masse 100 kg angebracht sei. Diese Kugel übt somit auf die Feder durch den Einfluß der Schwere einen Zug von 100-kg-Gewichten aus. Die elastische Kraft der Feder denken wir uns so gewählt, daß sie durch ein angehängtes Gewicht von

400 000 kg um 1 m/m verlängert würde. Es ist somit die Direktionskraft mit 4 000 000-kg-Gewichten oder ähnlich 4.10^{12} Dynen gegeben, was wir ohne merklichen Fehler in der Form $D = 4\pi^2 \cdot 10^{11}$ Dyn schreiben können.

Die Masse des Systems beträgt, wenn wir annehmen, daß wir die der Feder vernachlässigen können,

$$M = 100 \text{ kg oder in einer runden Zahl}$$

$$M = 1.10^5 \text{ Gramm.}$$

Denken wir uns zunächst dieses System vollkommen reibungslos und im Vakuum aus der Ruhelage gebracht, so führt es ungedämpfte Eigenschwingungen nach der Bewegungsgleichung $M\ddot{\xi} + D\xi = 0$ aus. Die Schwingungsdauer finden wir nach der Formel

$$\tau = 2\pi \sqrt{\frac{M}{D}} = 2\pi \sqrt{\frac{1 \cdot 10^5}{4\pi^2 \cdot 10^{11}}} = 1 \cdot 10^{-3} \text{ sek.},$$

woraus sich die Schwingungszahl für die ungedämpfte Eigenschwingung zu $n = 1000$ Schwing./Sek. ergibt.

Nun soll dieses System in eine zähe Flüssigkeit eingetaucht werden, deren Viskosität so groß sein möge, daß sich eine Dämpfungzahl von $\delta = 1200\ \pi$ ergibt. Nunmehr lautet die Bewegunggleichung des sich selbst überlassenen gedämpft schwingenden Systems:

$$M_1 \ddot{\xi} + 2\delta M_1 \dot{\xi} + D\xi = 0$$

Dabei bedeutet $M_1 = M + m$, wobei unter m der hydrodynamische Massenzuwachs zu verstehen ist. Die neue Schwingungsdauer wird nunmehr:

$$\tau = \frac{2\pi}{\sqrt{\omega^2 - \delta^2}} = \frac{2\pi}{\sqrt{4\pi^2 \cdot 10^6 - 4\pi^2 \cdot 36 \cdot 10^4}} = \frac{2\pi}{2\pi \sqrt{10^6 - 0{\cdot}36 \cdot 10^6}} =$$

$$= \frac{1}{10^3 \sqrt{0{\cdot}64}} = \frac{1}{800}.$$

Der Systemeigenton hat sich somit unter dem Einfluß der Zusatzmasse von 1000 Schwingungen auf 800, also um eine Terz erniedrigt.

Das logarithmische Dekrement wird $\vartheta = \dfrac{1200\,\pi}{800} = \dfrac{3\pi}{2}$.

Wir wissen ferner, daß $D = \omega^2 M_1$ ist, können somit den hydrodynamischen Massenzuwachs m berechnen. Wir finden:

$$m = \frac{D}{\omega^2} - M = \frac{4\pi^2 \cdot 10^{11}}{4\pi^2 \cdot 64 \cdot 10^4} - 1 \cdot 10^5 = \frac{10^7 - 0{\cdot}64 \cdot 10^7}{64} = \frac{36}{64} \cdot 10^5 \text{ Gramm} \sim 56 \text{ kg} -$$

— Masse. Infolge der hydrodynamischen Trägheitskraft beträgt somit die Masse der Kugel samt der damit starr verbunden zu denkenden Flüssigkeitsmasse m 156 kg.

Würde schließlich die Zähigkeit des Schallmediums so groß gewählt, daß $\delta = \omega$ wird, hätten wir den aperiodischen Grenzzustand erreicht. Es wäre dann:

$$M_1 \ddot{\xi} + 2\omega M_1 \dot{\xi} + D\xi = \ddot{\xi} + 2\omega \dot{\xi} + \omega^2 \xi = 0,$$

und die Lösung würde lauten:

$$\xi = A e^{-\omega t},$$

was aber bedeutet, daß das System überhaupt keiner Eigenschwingung mehr fähig ist, da der Lösung der periodische Charakter vollkommen fehlt.

Statt des logarithmischen Dekrementes wird häufig auch die Abklingungszeit oder die Zahl s der Schwingungen angegeben, nach deren Verlauf die Amplitude auf einen bestimmten Bruchteil $\frac{1}{\rho}$ ihres Anfangswertes abgeklungen ist. Bei gegebenem logarithmischen Dekrement erhält man, da $t = s\tau$ und $n\tau = 1$ ist, die Anzahl s der Schwingungen aus der Beziehung

$$A e^{-\delta t} = A^{-\vartheta n t} = A e^{-\vartheta n s \tau} = A e^{-s\vartheta} = A \cdot \frac{1}{\rho}$$

$$\text{und somit } s = \frac{\ln \rho}{\vartheta} \quad \ldots\ldots\ldots\ldots\ldots \quad 10.)$$

Beliebt ist auch die Angabe der „Dezimierzeit", also der Zeit, innerhalb der die Amplitude auf 10% ihres Anfangswertes, die Energie somit auf 1% des Ausgangswertes absinkt. In Schwingungszahlen ist die Dezimierzeit durch die Formel:

$$s = \frac{\ln 10}{\vartheta} = \frac{2{\cdot}3025851}{\vartheta} \text{ bestimmt.}$$

Diese Dezimierzeit ist in unserem Beispiele

$$s = \frac{\ln 10}{\frac{3\pi}{2}} = \frac{2 \cdot 2{\cdot}3026}{3\pi} = \sim \frac{1}{2}.$$ [61]

Wir haben somit in unserem Beispiele ein sehr stark gedämpftes System gewählt, das bereits nach einer halben Schwingung auf 1% der Anfangsintensität abgeklungen ist. — Derartig starke Dämpfungen sind in der Praxis selten anzutreffen. Doch sind gute Telephonmembranen in ähnlicher, auch noch stärkerer Weise gedämpft. Saitengalvanometer sind sogar auf überaperiodische Dämpfungen durch geeignete Einregulierung der Fadenspannung zu bringen. —

C. Resonanzerscheinungen.

Jedes schwingungsfähige System wird in einem Schallfeld geeigneter Stärke zum Mitschwingen angeregt, auch dann, wenn die Frequenzen zwischen Schallfeld und Empfangsantenne noch so verschieden sind. Im allgemeinen kann man die Sache so auffassen, als ob eine selbständige periodische Kraft auf das System einwirken würde. Das in Schwingungen versetzte System wirkt seinerseits auf das Einwirkende zurück. Die beiden Systeme treten somit in eine Wechselwirkung und man kommt dadurch auf das Problem der gekoppelten Schwingungen. Zunächst wollen wir aber die Rückwirkung vernachlässigen, was insbesondere immer dann erlaubt ist, wenn beide Systeme örtlich weit auseinanderliegen und die Schwingungen sich frei ausbreiten können.

Bezeichnen wir die selbständige, unabhängige periodische Kraft — auch eingeprägte Kraft — mit F(t), so lautet die Bewegungsgleichung:

$$M\ddot{\xi} + 2\delta M\dot{\xi} + D\xi = F(t),$$

oder

$$\ddot{\xi} + 2\delta\dot{\xi} + \omega^2\xi = \frac{1}{M}F(t). \qquad \text{11.)}$$

Für eine beliebige eingeprägte Kraft F(t), auch Störungsfunktion genannt, läßt sich das Integral nicht in geschlossener Form darstellen, wohl aber für den Fall, daß F(t) eine periodische Funktion der Zeit etwa von der Form

$$\frac{1}{M}\cdot F(t) = B\sin\varkappa t \qquad \text{12.)}$$

ist. Es wird dann 11.)

$$\ddot{\xi} + 2\delta\dot{\xi} + \omega^2\xi = B\sin\varkappa t. \qquad \text{13.)}$$

Das Eigenschwingungssystem $\ddot{\xi} + 2\delta\dot{\xi} + \omega^2\xi = 0$ wird nunmehr unter dem Einfluß der Störungsfunktion erzwungene Schwingungen ausführen. Wählen wir ein partikuläres Integral für 13)

$$\xi_1 = a\sin(\varkappa t - \alpha), \qquad \text{13a.)}$$

wobei durch die negative Phasenkonstante dargelegt werden soll, daß im allgemeinen die erzwungene Schwingung hinter der erregenden Kraft F(t) zurückbleibt, so erhalten wir das allgemeine Integral zur Gleichung 13) zu:

$$\xi = \frac{B}{\sqrt{(\omega^2 - \varkappa^2)^2 + 4\delta^2\varkappa^2}}\sin(\varkappa t - \alpha) + C\cdot e^{-\delta t}\sin(\nu t + \beta) \qquad \text{13b.)}$$

wobei $\nu = \sqrt{\omega^2 - \delta^2}$ ist. Das zweite Glied der rechten Seite stellt die gedämpfte Eigenschwingung des Empfangssystems dar, die jedoch wegen der Dämpfung schließlich verschwindet, so daß nach einer gewissen Zeit nurmehr die erzwungene Schwingung

$$\xi = \frac{B}{\sqrt{(\omega^2 - \varkappa^2)^2 + 4\delta^2\varkappa^2}}\cdot\sin(\varkappa t - \alpha) \qquad \text{13c.)}$$

übrigbleibt. Solange jedoch die Eigenschwingung noch eine gegen B merkliche Amplitude besitzt, können, falls $\varkappa$ und ν einander naheliegen, Schwebungen auftreten.

Wir wollen nun den Fall näher untersuchen, wo die Erregeramplitude der eingeprägten Kraft konstant gehalten wird und die Erregerkreisfrequenz alle Werte von 0 bis ∞ durchläuft; dabei interessiert uns besonders diejenige Kreisfrequenz $\varkappa_r$, bei der in der Gleichung

$$a = \frac{B}{\sqrt{(\omega^2 - \varkappa^2)^2 + 4\delta^2\varkappa^2}} \qquad \text{13d.)}$$

die Amplitude a ein Maximum wird. Setzen wir zu diesem Behufe $u = (\omega^2 - \varkappa^2)^2 + 4\delta^2\varkappa^2$ und $o = \frac{du}{d\varkappa} = -4\varkappa\,\omega(^2 - \varkappa^2) + 8\delta^2\varkappa$, so folgt daraus $\varkappa_r^2 = \omega^2 - 2\delta^2 = \nu^2 - \delta^2$ und

$$(a_r)_{Ampl.} = \frac{B}{2\delta\sqrt{\omega^2 - \delta^2}} = \frac{B}{2\cdot\delta\nu} \quad \ldots\ldots\ldots \quad 13e.)$$

Die Gesamtenergie J dieser erzwungenen Schwingung wird:

$$J = \frac{M}{2}\varkappa^2 a^2 = \frac{M B^2 \varkappa^2}{2[(\omega^2 - \varkappa^2)^2 + 4\delta^2\varkappa^2]} \quad \ldots\ldots\ldots \quad 14.)$$

Die Intensität des Mitschwingens bei konstanter Erregeramplitude B erhalten wir aus der Gleichung

$$J = \frac{M B^2 \varkappa^2}{2[(\omega^2 - \varkappa^2)^2 + 4\delta\varkappa^2]} = \frac{M B^2 \varkappa^2}{2\left[\omega^2\left(\frac{\omega^2 - \varkappa^2}{\omega\varkappa}\right)^2 + 4\delta^2\right]} = \frac{M B^2}{2\left[\omega^2\left(\frac{\omega}{\varkappa} - \frac{\varkappa}{\omega}\right)^2 + 4\delta^2\right]} \cdot \quad 14a.)$$

Ein Maximum erhalten wir, wenn $\frac{\omega}{\varkappa} = \frac{\varkappa}{\omega}$ oder

$$(\varkappa_r^2)_{Ampl.} = \omega^2 = \nu^2 + \delta^2 \text{ wird.}$$

Wir erhalten somit als maximale Intensität des Mitschwingens

$$(J_r)_{Ampl} = \frac{M B^2}{2\cdot 4\delta^2} = \frac{M B^2}{8\delta^2} \quad \ldots\ldots\ldots \quad 14b.)$$

Während somit die größte Mitschwingungsamplitude bei

$$(\varkappa_{r,a}^2)_{Ampl.} = \omega^2 - \delta^2 = \nu^2 - \delta^2 \quad \ldots\ldots\ldots \quad 15)$$

erreicht ist, erhält man die maximale Mitschwingungsintensität bei

$$(\varkappa_{r,J}^2)_{Ampl.} = \omega^2 = \nu^2 + \delta^2 \quad \ldots\ldots\ldots \quad 16.)$$

für den Fall, daß die Erregeramplitude konstant gehalten wird. Im letzteren Falle der maximalen Mitschwingungsintensität ist die Erregerfrequenz gleich der Frequenz des ungedämpften erregten Systems, während sie im ersten Falle gleich der des gedämpften Systems, jedoch mit einer Dämpfungskonstante $\delta\sqrt{2}$ ist.

Mißt man somit die Resonanzfrequenzen bei konstant gehaltener Erregeramplitude einmal für die Resonanzamplitude, das anderemal für die Resonanzintensität, wobei Relativmessungen genügen, so erhält man im ersten Falle

$$\varkappa_r^2 = \omega^2 - 2\delta^2 \text{ und im zweiten } \bar{\varkappa}_r^2 = \omega^2.$$

Daraus kann man $\delta = \sqrt{\frac{\bar{\varkappa}_r^2 - \varkappa_r^2}{2}}$ den Dämpfungsfaktor und $n = \frac{1}{2\pi}\bar{\varkappa}$ die Schwingungszahl des ungedämpften Systems finden. In unserem Beispiel auf

Seite 88 u. 89 würde man das Intensitätsmaximum für das Mitschwingen bei n gleich 1000 Perioden, jedoch die maximale Amplitude des Mitschwingens bei

$$\varkappa_r^2 = 4\pi^2 \cdot 10^6 - 2 \cdot \pi^2\, 1{,}2^2\, 10^6 = 4\pi^2 \cdot 10^6 (1 - 0.72) = 4\pi^2 \cdot 10^6 \cdot 0.28,$$

also bei $n = 10^3 \sqrt{0{,}28} = 530$ Schwingungen erhalten. Wie ersichtlich, können bei so stark gedämpften Systemen ganz wesentliche Unterschiede in den betreffenden Resonanzfrequenzen auftreten.

Lassen wir hingegen die Erregerintensität, also das Produkt $E = B^2 \varkappa^2$ konstant, so wird

$$J' = \frac{M E}{2\left[(\omega^2 - \varkappa^2) + 4\delta^2 \varkappa^2\right]}, \qquad \text{17.)}$$

wobei E bis auf einen Proportionalitätsfaktor die Intensität der Erregerschwingung darstellt.

Aus 17.) erhalten wir

$$(\varkappa_r^2)_E = \omega^2 - 2\delta^2 = \nu^2 - \delta^2$$

wiederum gleich der gedämpften Systemschwingung, wenn diese statt des Dämpfungsfaktors δ die Dämpfungszahl $\delta\sqrt{2}$ aufweisen würde. Wir erhalten also:

$$(J_r)_E = \frac{M E}{4\delta^2(\omega^2 - \delta^2)} = \frac{M E}{8\delta^2 \nu^2}. \qquad \text{17a.)}$$

Eine anschauliche Darstellung des Einflusses von Dämpfung und Verstimmung gewinnt man, wenn die Intensität des Mitschwingens bei konstanter erregender Amplitude betrachtet wird. In diesem Falle lautet die Formel für die Intensität der erzwungenen Schwingung (Gleichung 14a.), Seite 92.)

$$J = \frac{M A^2}{2\left[\omega^2\left(\frac{\omega}{\varkappa} - \frac{\varkappa}{\omega}\right)^2 + 4\delta^2\right]}, \qquad \text{18.)}$$

hängt somit lediglich von dem Verhältnis $\frac{\varkappa}{\omega}$ der Erregerfrequenz $\varkappa$ zur Resonanzfrequenz (in diesem Falle der Frequenz des ungedämpften Systems) ab, und zwar in einer Form, bei der es gleichgültig ist, ob $\varkappa$ im gleichen Verhältnis größer oder kleiner als ω ist. Es handelt sich also akustisch gesprochen lediglich um das musikalische Intervall zwischen erregender und ungedämpfter Eigenschwingung des Systems. Man erhält leicht:

$$\frac{J}{J_r} = \frac{1}{1 + \frac{\omega^2}{4\delta^2}\left(\frac{\omega}{\varkappa} - \frac{\varkappa}{\omega}\right)^2}. \qquad \text{19.)}$$

Solange δ klein ist, kann man ohne merklichen Fehler $\frac{2\delta}{\nu}$ statt $\frac{2\delta}{\omega}$, dann statt $\frac{\omega}{4\delta^2}$ den Wert $\frac{\pi^2}{\vartheta^2}$ setzen und erhält

$$\frac{J}{J_r} = \frac{1}{1 + \frac{\pi^2}{\vartheta^2}\left(\frac{\omega}{\varkappa} - \frac{\varkappa}{\omega}\right)^2} \qquad \text{19a).}$$

Stellt man diesen Verlauf graphisch dar, so wählt man die Werte $\frac{J}{J_r}$ als Ordinaten und als Abszissen gewöhnlich die Werte $\log \frac{x}{\omega}$; dann erhält man infolge der Beziehung $\log \frac{\omega}{x} = -\log \frac{x}{\omega}$ und der zahlenmäßigen Gleichheit der Ordinaten dieser Werte eine vollkommen symmetrische Kurve mit der Abszisse Null für die Maximalordinate und asymptotischer Anschmiegung der Kurve an die Abszissenachse im Unendlichen. In folgender Tabelle Nr. XIX ist der Reihe nach für die drei Dekremente $\vartheta_1 = 0{,}04605$, $\vartheta_2 = 0{,}1151$ und $\vartheta_3 = 0{,}2303$ das Intensitätsverhältnis der Verstimmung je um ein Komma (Intervall 81/80) zunehmend bis zu einem großen ganzen Ton nach beiden Seiten des Einklanges gegeben und in der Fig. 22 als Kurve dargestellt.

Tabelle Nr. XIX.

$\frac{x}{\omega} = \frac{x}{x_r}$	$\frac{100\,J}{J_r}$	J	$\frac{100\,J}{J_r}$	J	$\frac{100\,J}{J_r}$	J
Einklang $\frac{80}{80}$	100	4·00	100	16·00	100	100
Synt. Komma $\frac{81}{80}$ u. $\frac{80}{81}$	89·68	3·59	68·50	10·96	25·82	25·82
$\frac{82}{80}$ u. $\frac{80}{82}$	68·75	2·75	35·50	5·68	8·09	8·09
$\frac{83}{80}$ u. $\frac{80}{83}$	49·74	1·99	19·84	3·17	3·81	3·81
$\frac{84}{80}$ u. $\frac{80}{84}$	36·03	1·44	12·35	1·98	2·20	2·20
$\frac{85}{80}$ u. $\frac{80}{85}$	26·72	1·07	8·35	1·34	1·44	1·44
$\frac{86}{80}$ u. $\frac{80}{86}$	20·39	0·82	6·02	0·96	1·01	1·01
$\frac{87}{80}$ u. $\frac{80}{87}$	15·98	0·64	4·54	0·71	0·76	0·76
$\frac{88}{80}$ u. $\frac{80}{88}$	12·83	0·51	3·55	0·57	0·59	0·59
$\frac{89}{80}$ u. $\frac{80}{89}$	10·52	0·42	2·86	0·46	0·47	0·47
Großer Ganzton $\frac{90}{80}$ u. $\frac{80}{90}$	8·78	0·35	2·35	0·38	0·38	0·38

Die Dekremente sind so gewählt, daß nach s = 10, 20 beziehungsweise 50 Schwingungen die Amplitude der freien Eigenschwingung auf $^1/_{10}$ sinkt, also

$$s = \frac{\ln 10}{\vartheta} = \frac{2{\cdot}30259}{\vartheta} \text{ ist.}$$

Der wichtigste Fall der Resonanzkurve ist der, daß die Intensität der erzwungenen Schwingung durch Aenderung der Erregerfrequenz bei konstant gehaltener Erregerintensität ermittelt wird. Dabei wird die Erregung als ungedämpft vorausgesetzt. Bestimmt man durch eine besondere Messung noch die gedämpfte Eigenfrequenz $\nu = \sqrt{\omega^2 - \delta^2}$, so kann man folgendermaßen den Dämpfungsfaktor und das Dekrement berechnen:

$$\delta = \sqrt{\nu^2 - \varkappa_r^2} \text{ und } \vartheta = \frac{2\pi\delta}{\nu} = 2\pi \sqrt{1 - \frac{\varkappa_r^2}{\nu^2}} \quad . \; . \; 20.)$$

Die Kenntnis von ν ist nicht immer unbedingt erforderlich. Es genügt, zwei Paare zusammengehöriger Werte von Erregerfrequenzen $\varkappa$ (bei konstant gehaltener

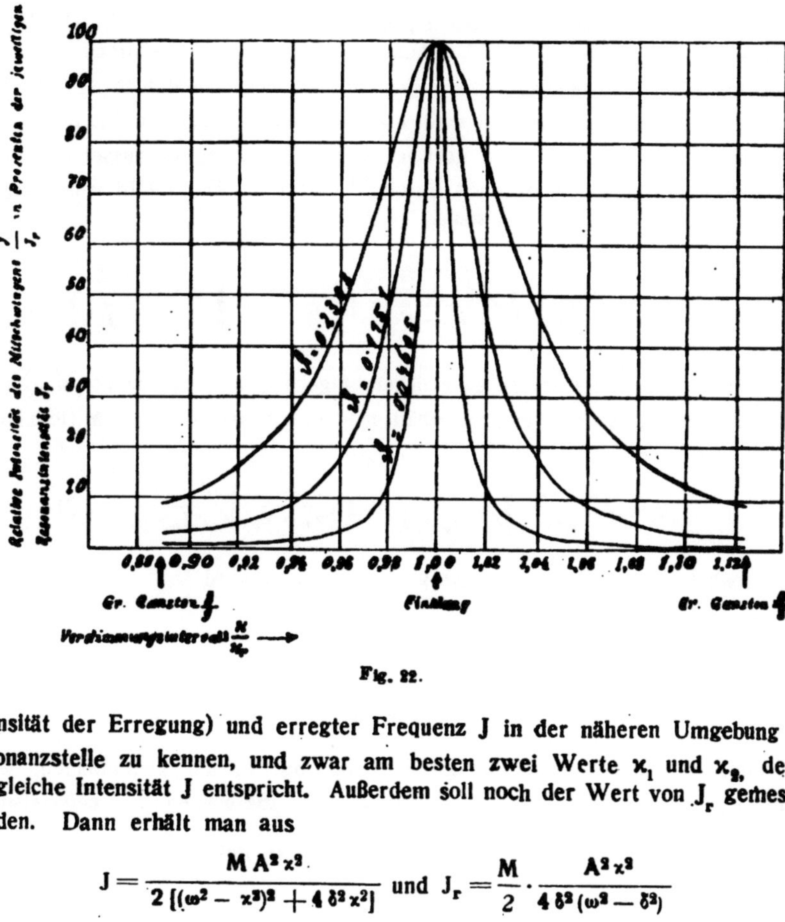

Fig. 22.

Intensität der Erregung) und erregter Frequenz J in der näheren Umgebung der Resonanzstelle zu kennen, und zwar am besten zwei Werte $\varkappa_1$ und $\varkappa_2$, denen die gleiche Intensität J entspricht. Außerdem soll noch der Wert von J_r gemessen werden. Dann erhält man aus

$$J = \frac{M A^2 \varkappa^2}{2\left[(\omega^2 - \varkappa^2)^2 + 4\delta^2\varkappa^2\right]} \text{ und } J_r = \frac{M}{2} \cdot \frac{A^2 \varkappa^2}{4\delta^2(\omega^2 - \delta^2)}$$

das Verhältnis

$$\frac{J_r}{J} = \frac{\left[1 - \frac{\varkappa^2}{\nu^2} - \frac{\vartheta^2}{4\pi^2}\right]^2 + \frac{\vartheta^2}{\pi^2}}{\frac{\vartheta^2}{\pi^2}} = \frac{\pi^2}{\vartheta^2}\left[\frac{\varkappa_r^2}{\nu^2} - \frac{\varkappa^2}{\nu^2}\right]^2 + 1 \quad . \; . \; . \; 21.)$$

wobei $\varkappa$ für $\varkappa_1$ oder $\varkappa_2$ steht.

Somit wird

$$\frac{\pi}{\vartheta}\cdot\left(\frac{\varkappa_r^2}{\nu^2}-\frac{\varkappa^2}{\nu^2}\right)=\pm\sqrt{\frac{J_r}{J}-1}\;\ldots\ldots\ldots\; 21\,a.)$$

und schließlich

$$\vartheta=\pm\pi\frac{\varkappa_r^2-\varkappa^2}{\nu^2}\cdot\sqrt{\frac{J}{J_r-J}}=\pm\pi\frac{(\varkappa_r+\varkappa)(\varkappa_r-\varkappa)}{\nu^2}\sqrt{\frac{J}{J_r-J}},\; 21\,b.)$$

wobei das Vorzeichen so zu wählen ist, daß jeweils ϑ positiv wird. Die Formel enthält noch immer die als nicht bekannt vorausgesetzte Kreisfrequenz ν der gedämpften Eigenschwingung. Laut Voraussetzung liegt nun $\varkappa$, also $\varkappa_1 + \varkappa_2$ nahe an $\varkappa_r$, so daß man mit entsprechend kleinem Fehler $2\varkappa_r$ oder $2\varkappa$ für $\varkappa_r + \varkappa$ setzen darf. Nachdem wir noch überdies kleine Dämpfung voraussetzen wollen, kann man ν^2 durch $\varkappa_r^2$ oder auch durch $\varkappa^2$ ersetzen. Dann fällt ν heraus, und man erhält mit einem gewissen Fehler

$$\vartheta=\pm 2\pi\frac{\varkappa_r-\varkappa}{\varkappa_r}\sqrt{\frac{J}{J_r-J}}=\pm 2\pi\frac{\varkappa_r-\varkappa}{\varkappa}\sqrt{\frac{J}{J_r-J}},\; 21\,c.)$$

Setzt man nun für $\varkappa$ die beiden zu gleichem J gehörigen Frequenzen $\varkappa_1$ u. $\varkappa_2$ unter der Voraussetzung $\varkappa_2 > \varkappa_1$ ein, so erhält man durch Addition und Mittelbildung:

$$\vartheta=\pi\frac{\varkappa_2-\varkappa_1}{\varkappa_r}\sqrt{\frac{J}{J_r-J}}=2\pi\frac{\varkappa_2-\varkappa_1}{\varkappa_2+\varkappa_1}\sqrt{\frac{J}{J_r-J}},\;.\; 21\,d.)$$

wenn noch für $2\varkappa_r$ näherungsweise $\varkappa_2 + \varkappa_1$ gesetzt wird.

Die Formel

$$\vartheta=2\pi\frac{\varkappa_2-\varkappa_1}{\varkappa_2+\varkappa_1}\sqrt{\frac{J}{J_r-J}}\;\ldots\ldots\ldots\; 21\,e.)$$

gilt somit in erster Annäherung für Systeme mit kleinen Dämpfungen, wobei $\varkappa_1$ und $\varkappa_2$ nicht zu weit von $\varkappa_r$ abliegen dürfen. Berechnen wir beispielsweise die mittlere Kurve der Fig. 22 mit $\vartheta = 0{\cdot}1151$, so liefert sie für $J = \frac{J_r}{2}$ die Werte $\varkappa_2 = 1{\cdot}0184\,\varkappa_r$ und $\varkappa_1 = 0{\cdot}9816\,\varkappa_r$.

Daraus folgt

$$\vartheta=2\pi\frac{1{\cdot}0184-0{\cdot}9816}{1{\cdot}0184+0{\cdot}9816}\sqrt{\frac{J}{2J-J}}=0{\cdot}1156$$

an Stelle des richtigen Wertes 0,1151.

Die gleiche Formel gilt nach Bjerknes [62] auch dann, wenn die eingeprägte Kraft eine gedämpfte Schwingung vom Dekrement ϑ_1 ist und die erregte das Dekrement ϑ_2 hat. Es tritt dann lediglich an Stelle von ϑ in der Formel $\vartheta_1 + \vartheta_2$ also

$$\vartheta_1 + \vartheta_2 = 2\pi \frac{\varkappa_2 - \varkappa_1}{\varkappa_2 + \varkappa_1} \sqrt{\frac{J}{J_r - J}}\,.$$

Tabelle XX enthält einige der immer wieder vorkommenden Werte $2\pi \sqrt{\frac{J}{J_r - J}}$ ausgerechnet zusammengestellt.

Tabelle Nr. XX.

$J =$	$2\pi \sqrt{\frac{J}{J_r - J}}$
$0{\cdot}95\ J_r$	27·39
$0{\cdot}90\ J_r$	18·85
$0{\cdot}85\ J_r$	14·96
$0{\cdot}80\ J_r$	12·57
$0{\cdot}75\ J_r$	10·88
$0{\cdot}70\ J_r$	9·60
$0{\cdot}65\ J_r$	8·37
$0{\cdot}60\ J_r$	7·70
$0{\cdot}55\ J_r$	6·95
$0{\cdot}50\ J_r$	6·28

§ 2. Harmonische Schwingungen eines Systems mit 2 Freiheitsgraden (2-wellige-gekoppelte Schallantennen.)

Ein akustisches Beispiel für die bisher behandelten Systeme mit einem Freiheitsgrad bildet eine am Rande eingespannte Membran. Wird eine derartige Membran etwa im Zentrum mit einem zweiten einwelligen Gebilde verbunden, so haben wir ein Gebilde mit zwei Freiheitsgraden vor uns. Drei Freiheitsgrade hat beispielsweise ein rechteckiger Stab; er ist fähig, in longitudinaler und in zwei zueinander senkrechten transversalen Richtungen zu schwingen.

Auf Grund der Lagrangeschen Bewegungsgleichungen mit verallgemeinerten Koordinaten p können die Bewegungsgleichungen solcher Systeme dann hingeschrieben werden, wenn die kinetische Energie U und die potentielle V des Systems als Funktionen der Koordinaten p und deren Geschwindigkeiten $\dot{p}$ bekannt sind. Sind die Systeme gedämpft, treten also noch Kräfte auf, die von den Geschwindigkeiten abhängen, so hat man außerdem die Rayleighsche Zerstreuungsfunktion [63] F als Funktion von p und $\dot{p}$ zu kennen, wobei 2 F die während der Bewegung in der Zeiteinheit zerstreute, also in Wärme umgewandelte, beziehungsweise als mechanisch-akustische Leistung ausgestrahlte Energie darstellt. Dabei ist ganz allgemein die kinetische Energie U eine homogene quadratische Funktion von $\dot{p}$. Glieder erster Ordnung in $\dot{p}$ treten somit nicht auf, wohl aber können gemischte Glieder $\dot{p}_1 \dot{p}_2$ usw. vorkommen, was immer bei schiefwinkligen Koordinaten der Fall ist.

Die potentielle Energie V kann eine beliebige Funktion der Koordinaten p sein. Sind jedoch im einfachsten Falle, und den können wir immer annehmen, nachdem wir nur kleine Verschiebungen zulassen, die Kräfte lineare Funktionen der Koordinaten, so ist V eine homogene quadratische Funktion der Koordinaten, in der im allgemeinen außer den Quadraten auch gemischte Glieder $p_i\, p_k$ zweier Koordinaten auftreten werden.

Für konservative Systeme genügt die Kenntnis von U und V für die Aufstellung der Differentialgleichungen der Bewegung.

Für dissipative Systeme kommt noch die Zerstreuungsfunktion F hinzu, die, falls die dissipativen Kräfte lineare Funktionen der Geschwindigkeit darstellen, sich ebenfalls als homogene quadratische Funktion der $\dot{p}$ darstellt. Die negative partielle Ableitung der Zerstreuungsfunktion nach einer generalisierten Geschwindigkeit $-\frac{\partial F}{\partial \dot{p}}$ gibt die in der Richtung dieser Geschwindigkeit entgegenwirkende Kraft, z. B. die in der Richtung $\dot{p}_1$ entgegenarbeitende Reibungskraft an. Wir können somit setzen:

$$\left.\begin{aligned} U &= \frac{a_{11}}{2}\dot{p}_1^2 + \frac{a_{22}}{2}\dot{p}_2^2 + \ldots + a_{12}\,\dot{p}_1\,\dot{p}_2 + a_{13}\,\dot{p}_1\,\dot{p}_3 + \ldots + a_{23}\,\dot{p}_2\,\dot{p}_3 + \ldots \\ F &= \frac{b_{11}}{2}\dot{p}_1^2 + \frac{b_{22}}{2}\dot{p}_2^2 + \ldots + b_{12}\,\dot{p}_1\,\dot{p}_2 + b_{13}\,\dot{p}_1\,\dot{p}_3 + \ldots + b_{23}\,\dot{p}_2\,\dot{p}_3 + \ldots \\ V &= \frac{c_{11}}{2}p_1^2 + \frac{c_{22}}{2}p_2^2 + \ldots + c_{12}\,p_1\,p_2 + c_{13}\,p_1\,p_3 + \ldots + c_{23}\,p_2\,p_3 + \ldots \end{aligned}\right\} \quad 1.)$$

Die Koeffizienten a und b sind im allgemeinen Funktionen von p, reduzieren sich aber in speziellen Fällen auf Konstante; die Koeffizienten c sind immer Konstante.

Die Lagrangeschen Bewegungsgleichungen lauten für irgendeine Koordinate mit dem Zeiger i:

$$\frac{d}{dt}\left(\frac{\partial U}{\partial \dot{p}_i}\right) - \frac{\partial U}{\partial p_i} + \frac{\partial F}{\partial \dot{p}_i} + \frac{\partial V}{\partial p_i} = P_i \quad \ldots\ldots\ldots \quad 2.)$$

wenn die P_i äußere Kräfte darstellen. Unter Einsetzung der für U, V und F gewählten Ausdrücke erhalten wir:

$$\frac{d}{dt}(a_{i,i}\dot{p}_i + a_{i,i+1}\dot{p}_{i+1} + \ldots) - \frac{\dot{p}_i^2}{2}\frac{\partial a_{ii}}{\partial p_i} - \frac{\dot{p}^2_{i+1}}{2}\frac{\partial a_{i+1,i+1}}{\partial p_i} -$$

$$- \dot{p}_i\,\dot{p}_{i+1}\frac{\partial a_{i,i+1}}{\partial p_i} - \dot{p}_i\,\dot{p}_{i+2}\frac{\partial a_{i,i+2}}{\partial p_i} - \ldots\ldots + b_{ii}\dot{p}_i + b_{i,i+1}\dot{p}_{i+1} +$$

$$+ c_{ii}\,p_i + c_{i,i+1}\,p_{i+1} + \ldots\ldots = P_i \quad \ldots\ldots\ldots \quad 3.)$$

Wir setzen nun die Amplituden als genügend klein voraus, so daß die Koeffizienten a, b, c in erster Annäherung als Konstante angesehen werden dürfen. Dann vereinfachen sich die Gleichungen und lauten:

$$a_{i,i}\frac{d^2p_i}{dt^2}+a_{i,i+1}\frac{d^2p_{i+1}}{dt^2}+\ldots+b_{i,i}\frac{dp_i}{dt}+b_{i,i+1}\frac{dp_{i+1}}{dt}+$$

$$+c_{i,i}\,p_i+c_{i,i+1}\,p_{i+1}+\ldots=P_i \quad\ldots\ldots\ldots 3a.)$$

Dabei ist die Wahl so getroffen, daß

$$a_{i,k}=a_{k,i}$$
$$b_{i,k}=b_{k,i}$$
$$c_{i,k}=b_{k,i}$$

gilt, wobei i und k beliebige positive ganze Zahlen sind. Die Gleichung für die folgende Koordinate läßt sich infolge dieser Wahl der Indizes einfach durch zyklische Vertauschung aus der jeweils vorhergehenden gewinnen. Die letzten Gleichungen 3a.) bilden die Grundlage für die von M. Wien ([64]) entwickelte Theorie der gekoppelten Schwingungen. Diese Gleichungen unterscheiden sich lediglich in der Gliederzahl, nicht jedoch in der Art der auftretenden Glieder von unserer allgemeinen Gleichung für gedämpfte Systeme mit einem Freiheitsgrad unter dem Einfluß einer eingeprägten Kraft. Wien bezeichnet die in obigen Gleichungen neu hinzutretenden Glieder als Kopplungsglieder (also alle Glieder mit verschiedenzahligem Doppelindex). Die Kopplung bewirkt, daß die Systembewegung nicht mehr nach den einzelnen Koordinatenrichtungen voneinander unabhängig ist, daß also im allgemeinsten Falle die Bewegung in einer beliebigen Koordinatenrichtung auch eine Bewegung in den andern Koordinatenrichtungen nach sich zieht.

Es gibt jedoch ausgezeichnete, durch die Natur des Systems jeweils bestimmte Koordinaten, die sogenannten „Normalkoordinaten", in denen die Kopplungsglieder ganz wegfallen, beziehungsweise sich auf ein Minimum reduzieren. Normalkoordinaten ϕ mit vollständigem Fehlen von Kopplungsgliedern treten immer bei konservativen Systemen auf, also immer dann, wenn F = Null ist. Eine Einschränkung erfährt diese Behauptung nur insofern, als sämtliche Koeffizienten a, b und c Konstante sein müssen. Dann wird:

$$\left.\begin{aligned} U &= \ldots\ldots\ldots \frac{a_i}{2}\left(\frac{d\phi_i}{dt}\right)^2+\frac{a_{i+1}}{2}\left(\frac{d\phi_{i+1}}{dt}\right)^2+\ldots\ldots, \\ V &= \ldots\ldots\ldots\ldots \frac{c_i}{2}\phi_i^2+\frac{c_{i+1}}{2}\phi_{i+1}^2+\ldots\ldots\ldots\ldots, \\ F &= 0. \end{aligned}\right\}\ \ldots 1a.)$$

Die resultierenden Bewegungsgleichungen besitzen dann keine gemischten Glieder, also keine Kopplungsglieder mehr; sie stellen daher so viel unabhängige Bewegungsgleichungen von konservativen Systemen mit einem Freiheitsgrad dar, als es Koordinaten gibt. Fehlen eingeprägte Kräfte Ψ, so sind die Lösungen einfach ungedämpfte harmonische Schwingungen der einzelnen Normalkoordinaten vom Typus

$$\Psi_i = A_i \sin(\omega_i t + \alpha_i) \quad \ldots\ldots\ldots\ldots \quad 1\,b.)$$

wobei $\omega_i^2 = \frac{c_i}{a_i}$ ist.

Wirken eingeprägte Kräfte Ψ, dann erhält man die entsprechenden erzwungenen Schwingungen. Es besitzt somit in solchen Fällen ein System von i Freiheitsgraden i verschiedene Eigenschwingungen.

Aber auch bei dissipativen Systemen ($F \neq O$) kann der Fall eintreten, daß sich Normalkoordinaten finden lassen, bei denen die Zerstreuungsfunktion auf ausschließlich quadratische Glieder reduziert erscheint. Die freien Partialschwingungen sind dann gedämpfte Schwingungen mit den Dämpfungskonstanten

$$\delta_i = \frac{b_i}{2\,a_i} \quad \ldots\ldots\ldots\ldots \quad 1\,c.)$$

Der Fall, daß sich F auf ausschließlich quadratische Glieder reduzieren läßt, ist jedoch selten; im allgemeinen bleiben in F Produktglieder stehen, und es besteht dann auch für die Normalkoordinaten eine Reibungskopplung. Man kann natürlich je nach Geschmack als übrigbleibend jede Kopplungsart wählen; dies folgt aus der Theorie der quadratischen Formen mit konstanten Koeffizienten. Ob aber nun durch die getroffene Wahl der Normalkoordinaten U, V oder F unreduziert bleibt, ist hinsichtlich des Resultates belanglos. Man erhält durch Aenderung der resultierenden Kopplungsart nichts prinzipiell Neues. Es ist somit unter den gemachten Voraussetzungen immer möglich, durch die Einführung von Normalkoordinaten die Bewegungsgleichungen auf mindestens eine Kopplungsart zu reduzieren. Wien unterscheidet drei Kopplungsarten, die Beschleunigungs-, die Reibungs- und die Kraft-Kopplung, je nachdem es sich um Glieder des zweiten, ersten oder nullten Differenzialquotienten der Koordinaten handelt.

Da für uns beim Bau von Schallantennen der Fall zweier Freiheitsgrade von wesentlichem Interesse ist, wollen wir im folgenden eine kleine Uebersichtsrechnung über den von Wien ausführlich behandelten Spezialfall der freien Eigenschwingung eines solchen Systemes geben.

Die Differentialgleichungen lauten:

$$\left.\begin{aligned} a_{11}\frac{d^2x_1}{dt^2} + b_{11}\frac{dx_1}{dt} + c_{11}x_1 + a_{12}\frac{d^2x_2}{dt^2} + b_{12}\frac{dx_2}{dt} + c_{12}x_2 = O \\ a_{22}\frac{d^2x_2}{dt^2} + b_{22}\frac{dx_2}{dt} + c_{22}x_2 + a_{21}\frac{d^2x_1}{dt^2} + b_{21}\frac{dx_1}{dt} + c_{21}x_1 = O \end{aligned}\right\} \ldots 4.)$$

oder

$$\left.\begin{aligned} \frac{d^2x_1}{dt} + 2\delta_1\frac{dx_1}{dt} + \omega_1^2 x_1 + \beta_1\frac{d^2x_2}{dt^2} + 2\delta_1 \rho_1\frac{dx_2}{dt} + \omega_1^2 \varkappa_1 x_2 = O \\ \frac{d^2x_2}{dt^2} + 2\delta_2\frac{dx_2}{dt} + \omega_2^2 x_2 + \beta_2\frac{d^2x_1}{dt^2} + 2\delta_2\rho_2\frac{dx_1}{dt} + \omega_2^2 \varkappa_2 x_1 = O \end{aligned}\right\} \ldots 4a.)$$

wobei gesetzt wurde:

$$\frac{a_{12}}{a_{11}} = \beta_1\,; \quad \frac{a_{21}}{a_{22}} = \beta_2$$

$$\frac{b_{11}}{a_{11}} = 2\,\delta_1\,; \quad \frac{b_{22}}{a_{22}} = 2\,\delta_2\,; \quad \frac{b_{12}}{a_{11}} = 2\,\delta_1\,\rho_1\,; \quad \frac{b_{21}}{a_{22}} = 2\,\delta_2\,\rho_2\,.$$

$$\frac{c_{11}}{a_{11}} = \omega_1^2\,; \quad \frac{c_{22}}{a_{22}} = \omega_2^2\,; \quad \frac{c_{12}}{a_{11}} = \omega_1^2\,\varkappa_1\,; \quad \frac{c_{21}}{a_{22}} = \omega_2^2\,\varkappa_2\,.$$

Aus dem gemachten Ansatz folgt, daß die drei Koeffizienten β_1 ρ und $\varkappa$ — die Koeffizienten der Beschleunigungs-, Reibungs- und Kraft-Kopplung — dimensionslose Zahlen sind. Neuerdings wird (besonders bei zwei gekoppelten elektrischen Kreisen) die Quadratwurzel aus dem Produkt zweier zusammengehöriger Kopplungskoeffizienten, also $\sqrt{\beta_1\,\beta_2}$, $\sqrt{\rho_1\,\rho_2}$ und $\sqrt{\varkappa_1\,\varkappa_2}$ als Kopplungskoeffizient schlechtweg oder auch als Kopplungsparameter bezeichnet.

Eliminieren wir eine der Variablen, etwa x_2, so erhält man die lineare Abhängikeit der beiden simultanen Differentialgleichungen in Form einer linearen Differentialgleichung vierter Ordnung zu

$$a\,\frac{d^4 x}{dt^4} + b\,\frac{d^3 x}{dt^3} + c\,\frac{d^2 x}{dt^2} + d\,\frac{dx}{dt} + e\,x = 0, \quad \ldots\ldots \; 5.)$$

die nach der Theorie der linearen Differentialgleichungen partikuläre Intregale von der Form $x = A\,e^{\mu t}$ besitzt. Durch Einsetzen dieser Integrale in die Differentialgleichung erhält man eine charakteristische Gleichung 4. Ordnung für μ mit den Wurzeln

$$\left.\begin{matrix}\mu_1\\ \mu_2\end{matrix}\right\} = -\,\delta_1' \pm j\nu_1' \text{ und } \left.\begin{matrix}\mu_3\\ \mu_4\end{matrix}\right\} = -\,\delta_2' \pm j\nu_2' \cdot \quad \ldots\ldots \; 5a.)$$

Das allgemeine Integral hat dann die Form:

$$x = A\,e^{\mu_1 t} + B\,e^{\mu_2 t} + C\,e^{\mu_3 t} + D\,e^{\mu_4 t}. \quad \ldots\ldots \; 5b.)$$

Wir nehmen an, daß ν_1 und ν_2 reell sind — denn wären sie imaginär, so würden die μ Werte reell, und die Bewegung wäre aperiodisch —, und erhalten unter Benützung der Moivreschen Formel Seite 17 einen reellen und einen imaginären Teil, von denen jeder für sich — der rein imaginäre unter Weglassung von j — ein Integral in anderer Form darstellt, den Ausdruck:

$$x = A\,e^{-\delta_1' t}\cos\nu_1' t + B\,e^{-\delta_1' t}\cos\nu_1' t + C\,e^{-\delta_2' t}\cos\nu_2' t + D\,e^{-\delta_2' t}\cos\nu_2' t +$$

$$+ j\,[A\,e^{-\delta_1' t}\sin\nu_1' t - B\,e^{-\delta_1' t}\sin\nu_1' t + C\,e^{-\delta_2' t}\sin\nu_2' t - D\,e^{-\delta_2' t}\sin\nu_2' t] =$$

$$= (A + B)\,e^{-\delta_1' t}\cos\nu_1' t + (C + D)\,e^{-\delta_2' t}\cos\nu_2' t +$$

$$+ j\,[(A - B)\,e^{-\delta_1' t}\sin\nu_1' t + (C - D)\,e^{-\delta_2' t}\sin\nu_2' t]. \quad \ldots\ldots \; 5c.)$$

Der letzte Ausdruck, ohne den Faktor j entsprechend umgeformt, liefert das allgemeine Integral in der Form

$$x = A' e^{-\delta_1' t}\sin(\nu_1' t + \varphi) + B' e^{-\delta_2' t}\sin(\nu_2' t + \psi). \quad \ldots \; 5d.)$$

A' und B' sind die Amplituden, φ und ψ die Phasenkonstanten, somit vier willkürliche Integrationskonstanten, die sich aus den Anfangsbedingungen bestimmen.

Man kann die Lösung auch symmetrisch in der Form schreiben:

$$\left.\begin{aligned} x_1 &= A_1 e^{-\delta_1' t} \sin(\nu_1' t + \varphi_1) + B_1 e^{-\delta_2' t} \sin(\nu_2' t + \psi_1) \\ x_2 &= A_2 e^{-\delta_1' t} \sin(\nu_1' t + \varphi_2) + B_2 e^{-\delta_2' t} \sin(\nu_2' t + \psi_2) \end{aligned}\right\} \quad . \; 5e.)$$

und erhält scheinbar acht Integrationskonstanten, von denen aber bloß vier, etwa A_1, B_1, φ_1 u. ψ_1 willkürlich sind, während die Verhältnisse $\frac{A_1}{A_2}, \frac{B_1}{B_2}, \frac{\varphi_1}{\varphi_2}$ u. $\frac{\psi_1}{\psi_2}$ durch die Koeffizienten der Differentialgleichungen festgelegt erscheinen.

Wir erhalten somit folgendes Resultat: In einem aus zwei Teilsystemen mit je einem Freiheitsgrad bestehenden gekoppelten System führt jedes für sich Schwingungen aus, die durch Uebereinanderlagerung zweier im allgemeinen verschiedener Sinusschwingungen mit für beide Systeme gemeinschaftlichen Dämpfungen und Frequenzen gebildet werden.

Im folgenden soll das Verhalten eines derartigen Systems an einigen Spezialfällen näher untersucht werden.

1. Die Systeme seien ungedämpft, also $F = O$, und es herrsche Kraftkopplung (bei elektrischen Systemen elektrische oder Kapazitätskopplung). Dann lauten die Bewegungsgleichungen:

$$\left.\begin{aligned} \frac{d^2 x_1}{dt^2} + \omega_1^2 x_1 + \omega_2^2 \varkappa_1 x_2 = 0 \\ \frac{d^2 x_2}{dt^2} + \omega_2^2 x_2 + \omega_2^2 \varkappa_2 x_1 = 0 \end{aligned}\right\} \quad \ldots\ldots\ldots \; 6.)$$

Daraus ergibt sich die lineare Differentialgleichung vierter Ordnung:

$$\frac{d^4 x}{dt^4} + (\omega_1^2 + \omega_2^2) \frac{d^2 x}{dt^2} + \omega_1^2 \omega_2^2 (1 - \varkappa_1 \varkappa_2) x = 0 \quad . \; 6a.)$$

und die charakteristische Gleichung durch den Ansatz $x = e^{\mu} = e^{j\omega}$

$$\mu^4 + (\omega_1^2 + \omega_2^2) \mu^2 + \omega_1^2 \omega_2^2 (1 - \varkappa_1 \varkappa_2) = 0 \quad \ldots\ldots \; 6b.)$$

Daraus finden wir

$$\mu^2 = -\frac{1}{2} \left\{ \omega_1^2 + \omega_2^2 \pm \sqrt{(\omega_1^2 + \omega_2^2)^2 - 4 \omega_1^2 \omega_2^2 (1 - \varkappa_1 \varkappa_2)} \right\} \quad . \; 6c.)$$

Da, wie sich zeigen wird, $\varkappa_1$ und $\varkappa_2$ immer noch kleiner als 1 sind, wird μ^2 stets negativ, also ist μ rein imaginär; daher erhält man Sinusschwingungen mit den Kreisfrequenzen

$$\left.\begin{aligned} \omega_1' \\ \omega_2' \end{aligned}\right\} = + \sqrt{\frac{\omega_1^2 + \omega_2^2 \pm \sqrt{(\omega_1^2 + \omega_2^2)^2 + 4 \omega_1^2 \omega_2^2 \varkappa_1 \varkappa_2}}{2}} \quad . \; 6d.)$$

Setzt man die Werte in die ursprünglichen beiden Bewegungsgleichungen ein, so ergibt sich:

$$\left.\begin{aligned} x_1 &= A \sin(\omega_1' t + \varphi) + B \sin(\omega_2' t + \psi) \\ x_2 &= A' \sin(\omega_1' t + \varphi) + B' \sin(\omega_2' t + \psi) \end{aligned}\right\} \quad \ldots\ldots \; 6e.)$$

wobei A, B, φ und ψ die vier willkürlichen Integrationskonstanten sind und A′ und B′ mittelst der Gleichungen

$$A' = \frac{A(\omega_1'^2 - \omega_1^2)}{\omega_1^2 \varkappa_1} \text{ und } B' = \frac{B(\omega_2'^2 - \omega_2^2)}{\omega_1^2 \varkappa_1} \quad \ldots\ldots 7.)$$

zusammenhängen. Für den Fall, daß die Kopplung verschwindet, also wenn $\varkappa_1 = \varkappa_2 = 0$ ist, geht bei geeigneter Wahl des Vorzeichens in der Gleichung für ω_1' und ω_2' .... ω_1' in ω_1 und ω_2' in ω_2 über. Dann kann man schreiben:

$$\left.\begin{aligned} A' &= A \cdot \frac{-(\omega_1^2 - \omega_2^2) + \sqrt{(\omega_1^2 + \omega_2^2)^2 + 4\,\omega_1^2 \omega_2^2 \varkappa_1 \varkappa_2}}{2\,\omega_1^2 \varkappa_1} \\ B' &= B \cdot \frac{-(\omega_1^2 - \omega_2^2) - \sqrt{(\omega_1^2 + \omega_2^2)^2 + 4\,\omega_1^2 \omega_2^2 \varkappa_1 \varkappa_2}}{2\,\omega_1^2 \varkappa_1} \end{aligned}\right\} \quad \ldots 7a.)$$

Nun soll die Differenz der Schwingungszahlen so beschaffen sein, daß $\omega_1^2 - \omega_2^2$ groß gegen $4\,\omega_1^2\,\omega_2^2\,\varkappa_1\,\varkappa_2$ ist. Entwickelt man dann in den vorstehenden Ausdrücken die Quadratwurzel, so erhält man nach einfacher Umformung:

$$\omega_1' = \omega_1 \left\{1 + \frac{\omega_2^2 \varkappa_1 \varkappa_2}{2(\omega_1^2 - \omega_2^2)}\right\} \text{ und } \omega_2' = \omega_2 \left\{1 - \frac{\omega_1^2 \varkappa_1 \varkappa_2}{2(\omega_1^2 - \omega_2^2)}\right\} \quad . \; 8.)$$

Aus dem Rechnungsgange folgt durch geeignete Zuordnung der Zeichen in ω_1' und ω_2' unter der Wurzel $\omega_1' > \omega_2'$ und somit auch $\omega_1^2 > \omega_2^2$. Es wird somit hier die natürliche Schwingungszahl ω_1 des höheren Tones auf ω_1' erhöht, während der tiefere Eigenton ω_2 durch die Kopplung auf ω_2' vertieft wird.

Sind die beiden freien Systeme in Resonanz, also $\omega_1 - \omega_2 = 0$, dann erhalten wir:

$$\left.\begin{aligned} \omega_1' &= \omega \sqrt{1 + \sqrt{\varkappa_1 \varkappa_2}} = \omega \sqrt{1 + \varkappa} \\ \omega_2' &= \omega \sqrt{1 - \sqrt{\varkappa_1 \varkappa_2}} = \omega \sqrt{1 - \varkappa} \end{aligned}\right\} \quad \ldots\ldots 9.)$$

Hier sehen wir $\sqrt{\varkappa_1 \varkappa_2}$ auftreten und verstehen nunmehr den Wert der neuen Bezeichnungsweise $\varkappa = \sqrt{\varkappa_1 \varkappa_2}$ für den Kopplungskoeffizienten. Die symmetrische Lösung lautet:

$$\left.\begin{aligned} \varkappa_1 &= A \sin\left\{\omega t \sqrt{1+\varkappa} + \varphi\right\} + B \sin\left\{\omega t \sqrt{1-\varkappa} + \psi\right\} \\ \varkappa_2 &= A \sqrt{\frac{\varkappa_2}{\varkappa_1}} \cdot \sin\left\{\omega t \sqrt{1+\varkappa} + \varphi\right\} - B \sqrt{\frac{\varkappa_2}{\varkappa_1}} \sin\left\{\omega t \sqrt{1-\varkappa} + \psi\right\}. \end{aligned}\right\} \quad 10.)$$

Koppeln wir somit zwei ursprünglich gleichgestimmte freie Systeme, so ergeben die Gleichungen die physikalische Unmöglichkeit, das gekoppelte System einwellig zu machen, daß heißt auf einen einzigen Ton abzustimmen. Die Amplituden der gleichen Frequenz in beiden Systemen verhalten sich zueinander wie die Wurzeln aus den Kopplungskoeffizienten $\sqrt{\varkappa_1} : \sqrt{\varkappa_2}$. Wie sich nun aus der Definition dieser Koeffizienten ergibt, verhalten sich $\varkappa_1 : \varkappa_2 = M_2 : M_1$, also umgekehrt zueinander wie die Massen der ungekoppelten Systeme. Es verhalten sich somit die Amplituden des gekoppelten Systems gleicher Frequenz in den Einzelsystemen umgekehrt zueinander wie die Quadratwurzeln aus den Einzelsystemmassen. Daher ist die mittlere Energie der Schwingung der gleichen Frequenzen in beiden Systemen die gleiche, so daß die Energie sich im Mittel gleichmäßig über das ganze System verteilt. Doch kann die Energie zeitweilig ganz in dem einen Teilsystem enthalten sein. Es bilden sich Schwebungen aus als eine Folge des Hin- und Herpendelns der Energie in beiden Teilsystemen. Diese Schwebungen sind natürlich um so langsamer, je weniger verschieden die beiden Frequenzen sind, je kleiner, oder wie man auch zu sagen pflegt, je loser die Kopplung $\varkappa$ ist. Näheres darüber muß in der Originalarbeit von Wien nachgelesen werden.

Wir wollen noch einige Spezialfälle hinsichtlich der Eigenschwingungen zweier gedämpfter gekoppelter Systeme betrachten, wobei wir wiederum Kraftkopplung voraussetzen. Wir erhalten dann die Bewegungsgleichungen:

$$\left.\begin{aligned} \frac{d^2x_1}{dt^2} + 2\delta_1\frac{dx_1}{dt} + \omega_1^2 x_1 + \omega_1^2 \varkappa_1 x_2 = 0 \\ \frac{d^2x_2}{dt^2} + 2\delta_2\frac{dx_2}{dt} + \omega_2^2 x_2 + \omega_2^2 \varkappa_2 x_1 = 0 \end{aligned}\right\} \quad \ldots\ldots 11.)$$

und ihre lineare Abhängigkeit zu

$$\frac{d^4x}{dt^4} + 2(\delta_1 + \delta_2)\frac{d^3x}{dt^3} + (\omega_1^2 + \omega_2^2 + 4\delta_1\delta_2)\frac{d^2x}{dt^2} + 2(\delta_2\omega_1^2 + \delta_1\omega_2^2)\frac{dx}{dt}$$
$$+ \omega_1^2\omega_2^2(1 - \varkappa_1\varkappa_2)x = 0 \ldots\ldots\ldots\ldots 11\,a.)$$

Der Ansatz $x = e^{\mu t}$ liefert die charakteristische Gleichung

$$\mu^4 + 2(\delta_1 + \delta_2)\mu^3 + (\omega_1^2 + \omega_2^2 + 4\delta_1\delta_2)\mu^2 + 2(\delta_2\omega_1^2 + \delta_1\omega_2^2)\mu +$$
$$+ \omega_1^2\omega_2^2(1 - \varkappa_1\varkappa_2) = 0 \ldots\ldots\ldots\ldots 11\,b.)$$

Die Lösung dieser Gleichung ist ziemlich umständlich und möge bei Wien nachgesehen werden. Hier sollen lediglich noch für einige Spezialfälle die Resultate kurz gegeben werden.

1.) $\delta_1 = \delta_2 = \delta$; also Dämpfungsgleichheit.

Dann wird, wenn

$\nu_1^2 - \nu_2^2 >> 2\nu_1\nu_2\sqrt{\varkappa_1\varkappa_2}$ ist: $\nu_1' = \nu_1 + \frac{\varkappa\,\nu_1\nu_2^2}{2(\nu_1^2 - \nu_2^2)}$ und $\nu_2' = \nu_2 - \frac{\varkappa\,\nu_1^2\nu_2}{2(\nu_1^2 - \nu_2^2)}$.

Das Resultat ist also analog wie bei den ungedämpften Schwingungen. Die Dämpfung beider Schwingungen ergibt sich als gleich, und zwar als diejenige der ungekoppelten Schwingungen.

2.) $\delta_1 \neq \delta_2$; $\nu_1 = \nu_2 = \nu$.

Also ungleiche Dämpfungen, jedoch gleiche Frequenz der gedämpften Eigenschwingungen der freien Systeme. Unter der allgemeinen Voraussetzung, daß $\delta_1 - \delta_2 \ll \nu$ ist, erhalten wir aus der charakteristischen Gleichung zwei Hilfsausdrücke

$$Q = \nu \sqrt{1 - \frac{\varkappa_1 \varkappa_2}{4}}$$

und

$$R = \sqrt{\frac{\varkappa_1 \varkappa_2 \nu^2 - (\delta_1 - \delta_2)^2}{4}}.$$

Nun soll a) die Kopplung vorherrschend, also $\varkappa_1 \varkappa_2 \nu^2 > (\delta_1 - \delta_2)^2$ sein, dann erhält man $\nu_1' = Q + R$ und $\nu_2' = Q - R$, somit zwei verschiedene Frequenzen, aber eine beiden Schwingungen gemeinsame Dämpfung $\delta' = \frac{\delta_1 + \delta_2}{2}$. Ist hingegen b) die Dämpfung gleich der Kopplung, also $\varkappa_1 \varkappa_2 \nu_2 = (\delta_1 - \delta_2)^2$, so erhält man in diesem Uebergangsfall (bei Resonanz) nur eine Frequenz

$$\nu' = \nu \sqrt{1 - \frac{\varkappa_1 \varkappa_2}{4}}$$

und eine Dämpfung $\delta' = \frac{\delta_1 + \delta_2}{2}$.

Ist endlich c) $\varkappa_1 \varkappa_2 \nu^2 < (\delta_1 - \delta_2)^2$, also die Dämpfung vorherrschend, so ergeben sich zwei Schwingungen von gleicher Frequenz $\nu' = \nu \sqrt{1 - \frac{\varkappa_1 \varkappa_2}{4}}$, jedoch mit verschiedenen Dämpfungen

$$\delta_1' = \delta_1 - \frac{\varkappa_1 \varkappa_2 \nu^2}{4(\delta_1 - \delta_2)} \text{ und } \delta_2' = \delta_2 + \frac{\varkappa_1 \varkappa_2 \nu^2}{4(\delta_1 - \delta_2)}.$$

Im allgemeinen kann man sagen: Die Kopplung zweier freier Systeme bewirkt ein Auseinanderrücken der Schwingungszahlen und ein Zusammenrücken der Dämpfungskonstanten.

Als letzter Fall wären zwei gekoppelte Systeme bei beliebigem Unterschied der freien gedämpften Eigenschwingungen zu untersuchen. Da eine einfache auszugsweise Darstellung nicht zweckmäßig erscheint, muß hier wieder auf die Arbeit von M. Wien verwiesen werden. Es mag nur kurz erwähnt werden, daß hier ein eigenartiger Fall beim Ueberwiegen der Kopplung auftritt. An der Resonanzstelle findet nämlich ein plötzliches Umschlagen des schwächer gedämpften Tones in die Frequenz des stärker gedämpften Tones statt; es vertauschen sich somit die Tonhöhen der natürlichen Töne der beiden freien Systeme untereinander.

§ 3. Der Strahler nullter Ordnung.

Einen Strahler nullter Ordnung ([65]) stellen wir uns idealisiert als eine massenlose Kugel vor, deren Schwerpunkt in Ruhe ist, während ihre Oberfläche sich in radialer Richtung periodisch vergrößert und verkleinert. Für die von einer solchen pulsierenden Kugel als Quellenpol nach außen divergent kontinuierlich forteilenden harmonischen Wellen haben wir als Geschwindigkeitspotential im Abstande r bereits [II, § 7, (8), 35] gefunden:

$$\Phi = -\frac{Q_0}{4\pi r}\cos\omega\left(t-\frac{r}{a}\right) \ldots\ldots\ldots\ldots 1.)$$

Der gesamte durch die Kugel vom Radius r gehende Mediumstrom (66) wird:

$$Q = 4\pi r^2\frac{\partial\Phi}{\partial r} = Q_0\left[\cos\omega\left(t-\frac{r}{a}\right)-\frac{\omega r}{a}\sin\omega\left(t-\frac{r}{a}\right)\right] =$$

$$= Q_0\cos\omega t^{(67)}, \ldots\ldots\ldots\ldots 2.)$$

wobei Q_0 den Maximalwert des eingeführten Mediumstromes oder die Mediumstromamplitude darstellt. Diese Mediumstromamplitude steht in einem einfachen Zusammenhang mit dem Deformationsvolumen ΔV unseres Nullstrahlers. Nennen wir die Radiusamplitude A, so wird $\Delta V = 4\pi r^2 \cdot A$. Bezeichnen wir mit ξ die Verschiebung für den Radius, so ist

$$\frac{\partial\xi}{\partial t} = \frac{\partial\Phi}{\partial r} \text{ und } \xi = \int\frac{\partial\Phi}{\partial r}\,dt = -\frac{\sin\omega\left(t-\frac{r}{a}\right)}{\omega}\cdot\frac{Q_0}{4\pi r^2}$$

und daraus

$$\xi_{Max.} = A = \frac{Q_0}{4\pi r^2}\cdot\frac{1}{\omega}.$$

Somit ergibt sich

$$\Delta V = 4\pi r^2 A = \frac{Q_0}{\omega}, \text{ also}$$

$$Q_0 = \omega\cdot\Delta V. \ldots\ldots\ldots\ldots 3.)$$

Die Amplitude des Mediumstromes ergibt sich somit als die ω fache Amplitude des Deformationsvolumens.

Wir untersuchen nun die Energieverhältnisse, die sich bei einer einfachen Quelle von vorgeschriebener Größe hinsichtlich der Ausstrahlung ergeben, wenn sich die Quelle im Scheitel eines Kegels mit vollkommen starren Wänden vom Oeffnungswinkel χ befindet. Beträgt etwa die Menge des an der Quelle eingeführten Mediums $Q_0 \cos\omega t$, so wird der Mediumstrom durch den Oeffnungswinkel χ den Wert $\chi r^2 \frac{\partial\Phi}{\partial t} = Q_0\cos\omega t$ annehmen, woraus sich das Geschwindigkeitspotential zu

$$\Phi = -\frac{Q_0}{\chi r}\cos\omega\left(t-\frac{r}{a}\right) \ldots\ldots\ldots\ldots 4.)$$

und seine zeitliche Ableitung zu

$$\dot\Phi = \frac{\omega Q_0}{\chi r}\sin\omega\left(t-\frac{r}{a}\right) \ldots\ldots\ldots\ldots 5.)$$

ergeben. Berechnen wir nun aus dem erhaltenen Geschwindigkeitspotential den Mediumstrom für den Öffnungswinkel χ ohne jede Vernachlässigung, so finden wir

$$Q = \chi r^2\frac{\partial\Phi}{\partial t} = Q_0\left[\cos\omega\left(t-\frac{r}{a}\right)-\frac{\omega r}{a}\sin\omega\left(t-\frac{r}{a}\right)\right]. 6)$$

Der Druck des Mediums ergibt sich nach der Formel $p = -\varrho\dot{\Phi}$ zu

$$p = -\frac{\varrho\,\omega\,Q_0}{\chi\,r}\sin\omega\left(t-\frac{r}{a}\right) \quad \ldots\ldots\ldots\ldots 7.)$$

Ist dW die in der Zeit dt abgegebene Arbeit, so wird

$$\frac{dW}{dt} = pi = -Q_0\left[\cos\omega\left(t-\frac{r}{a}\right)-\frac{\omega r}{a}\sin\omega\left(t-\frac{r}{a}\right)\right]\cdot\frac{\varrho\,\omega\,Q_0}{\chi\,r}\sin\omega\left(t-\frac{r}{a}\right) =$$

$$= -\frac{\varrho\,\omega\,Q_0^2}{\chi\,r}\cos\omega\left(t-\frac{r}{a}\right)\sin\omega\left(t-\frac{r}{a}\right)+\frac{\rho\,\omega^2 Q_0^2}{a\,r}\sin\omega\left(t-\frac{r}{a}\right) \quad 8.)$$

und man erhält schließlich unter der Berücksichtigung des Umstandes, daß das erste Glied der rechten Seite von 8.) ganz periodisch ist und der Mittelwert von $\sin^2\omega\left(t-\frac{r}{a}\right)$ gleich $1/2$ wird, für die von der Quelle geleistete Arbeit

$$W = \frac{\varrho\,\omega^2 Q_0^2}{2a\cdot\chi}\cdot t \quad \ldots\ldots\ldots\ldots 9)$$

Befindet sich die Quelle im allseitig freien Raum, so wird $\chi = 4\pi$; liegt sie hingegen nahe an einer starren Ebene, so wird $\chi = 2\pi$, das heißt aber, eine Schallquelle, an der eine bestimmte Zufuhr und Abfuhr von Medium stattfindet, strahlt doppelt so viel Energie aus, wenn sie sich nahe einer — gegen ihre Wellenlänge großen — starren Ebene befindet, als wenn sie im freien Raum arbeitet. Dieses Resultat verdient beim Einbau von Sendern und Empfängern in Schiffen besondere Beachtung.

Die Einwirkung der starren Ebene besteht darin, daß die wirksamen Drucke, die sich bei der Schallquelle der Kompression und Expansion entgegensetzen, verdoppelt werden; daher verdoppelt sich auch die totale ausgestrahlte Energie. Da diese Energie — eine unendlich ausgedehnte Ebene vorausgesetzt — im Halbraum sich ausbreitet, wird die Schallintensität vervierfacht, was einer doppelten Amplitude, beziehungsweise einem doppelten Potential entspricht.

Frei von Reibung könnte man daher durch Verringerung des Raumwinkels von einer gegebenen Quelle jeden gewünschten Betrag an Energie erhalten und gleichzeitig durch Verlängerung des Kegels die ungehinderte Uebertragung dieser Energie von der starren Röhre an das Wasser sichern, beziehungsweise nach dem Reziprozitätsgesetz (66) mittels eines Empfängers einem Schallfelde entziehen. Dies ist ja in Luft für den Fall, daß der Durchmesser des Kegels am offenen Ende eine große Anzahl von Wellenlängen beträgt, das Prinzip des Hör- beziehungsweise Sprachrohres. Nachdem im Wasser die Amplituden in ihrer Größe beschränkt sind, kann man daselbst von diesem Prinzip keine praktisch nennenswerte Anwendung machen.

Bei den Kugelwellen haben wir gefunden [II, § 8, (10), 40], daß der wattlose Druck seine Entstehung einer mitschwingenden Mediummasse

$$M = \frac{a\,\rho\cos\varphi\sin\varphi}{\omega} = r\,\rho\sin^2\varphi \quad \ldots\ldots\ldots 10.)$$

verdankt, und ein akustischer Widerstand von der Form $\frac{a\rho}{2}\cos^2\varphi$ auftritt, so daß die Intensität der Welle sich darstellt als

$$L = \frac{a\rho}{2}\cos^2\varphi I \quad \ldots\ldots\ldots\ldots 11.)$$

Geben wir nun unserer Kugel den Radius R, so erhalten wir die gesamte von der Kugel ausgestrahlte Leistung zu

$$4\pi R^2 L = L_R = 4\pi R^2 a \rho \cos^2\varphi \frac{1}{2} \quad \ldots\ldots\ldots \quad 12.)$$

und die gesamte mitschwingende Mediummasse zu:

$$M_R = 4\pi R^3 \sin^2\varphi \quad \ldots\ldots\ldots\ldots \quad 13.)$$

Ferner ist

$$\sin^2\varphi = \frac{1}{1+\operatorname{ctg}^2\varphi} = \frac{1}{1+\left(\frac{2\pi R}{\lambda}\right)^2} \quad \ldots\ldots \quad S.\ 35;$$

daher wird

$$M_R = 4\pi R^3 \rho \cdot \frac{1}{1+\left(\frac{2\pi R}{\lambda}\right)^2} \quad \ldots\ldots \quad 14.)$$

Ist $2\pi R$ klein gegen λ, was besonders bei Empfängern fast immer der Fall ist, so wird $\frac{1}{1+\left(\frac{2\pi R}{\lambda}\right)^2} \sim 1$, also in erster Annäherung die mitschwingende Mediummasse gleich dem dreifachen Eigenvolumen des Strahlers an Schallfortpflanzungsmedium und unabhängig von der Frequenz, ein Resultat, das für Ueberschlagsrechnungen in der Praxis oft nützlich verwendet werden kann.

Ein weiteres wertvolles Resultat liefert die Untersuchung der Abhängigkeit des Phasenwinkels φ von der Größe der Schallquelle im Verhältnis zu ihrer Wellenlänge λ.

Aus $\operatorname{tg}\varphi = \frac{\lambda}{2\pi R}$ erhalten wir: $\cos^2\varphi = \frac{1}{1+\left(\frac{\lambda}{2\pi R}\right)^2}$, woraus sich die Tabelle Nr. XXI berechnet.

Tabelle Nr. XXI.

$\frac{R}{\lambda}$	$\cos\varphi$
$\frac{1}{16}$	0·36
$\frac{1}{8}$	0·62
$\frac{1}{4}$	0·85
$\frac{1}{2}$	0·95
1	0·99

Die Tabelle XXI zeigt, daß für Schallquellen von der Größe einer halben Wellenlänge ab $\cos\varphi \sim 1$ wird, daher die leerschwingende Energie bereits minimale Beträge aufweist. Druck und Geschwindigkeit sind praktisch bereits gleichphasig, das heißt, Schallquellen, die von der Größe einer halben Wellenlänge bis einer Wellenlänge sind, können als schon in ihrer nächsten Umgebung ebene Wellen aussendende Antennen betrachtet werden.

Eine wichtige Größe endlich bildet das logarithmische Dekrement. Wir können dieses aus der Formel $\vartheta = \frac{\pi}{\operatorname{tg} \varphi}$ berechnen. Das Dekrement läßt bekanntlich auch eine sehr anschauliche physikalische Darstellung hinsichtlich der leerschwingenden und durch Strahlung verbrauchten Energie zu. Es ist gleich der Hälfte der pro Schwingung verbrauchten Energie zur leerschwingenden Energie, also:

$$\vartheta = \frac{1}{2} \frac{\frac{L_R}{n}}{\frac{1}{2} M_R l^2} \quad \ldots\ldots\ldots\ldots\ldots \quad 15.)$$

Nun ist die leerschwingende Energie gleich:

$$\frac{1}{2} M_R l^2 = 2 \pi R^3 \rho \sin^2 \varphi \, l^2 \quad \ldots\ldots\ldots\ldots \quad 16.)$$

und die in der Zeiteinheit ausgestrahlte Energie gleich:

$$L_R = 2 \pi R^2 a \rho \cos^2 \varphi \, l^2, \quad \ldots\ldots\ldots\ldots \quad 17.)$$

so daß das Dekrement den Ausdruck liefert:

$$\vartheta = \frac{a}{2 n R \operatorname{tg}^2 \varphi} = \frac{\pi \operatorname{tg} \varphi}{\operatorname{tg}^2 \varphi} = \frac{\pi}{\operatorname{tg} \varphi} = 2 \pi \cdot \frac{R}{\lambda} \quad \ldots\ldots \quad 18.)$$

Wir finden hier das für alle Strahler nullter Ordnung geltende Gesetz, daß das logarithmische Dekrement proportional der Frequenz ist. Außerdem besagt Formel 18, daß das Dekrement ϑ proportional mit $\frac{R}{\lambda}$ ist, somit mit zunehmender Antennengröße wächst, worüber uns die Tabelle Nr. XXII einen zahlenmäßigen Aufschluß gibt.

Tabelle Nr. XXII.

$\frac{R}{\lambda}$	ϑ
$\frac{1}{10}$	2
$\frac{1}{20}$	1
$\frac{1}{100}$	0·2
$\frac{1}{200}$	0·1
$\frac{1}{1000}$	0·02
$\frac{1}{2000}$	0·01

§ 4. **Der Strahler erster Ordnung.**

Dieser Strahler ist schematisiert durch eine massenlose, starre, um ihre Gleichgewichtslage als Ganzes schwingende Kugel. Wir haben daher außer der beim Strahler nullter Ordnung ausschließlich radialen Bewegung auch noch eine tangentiale, die allerdings zur Strahlung nichts beiträgt. Es wurde vorgeschlagen ([18]), die tangentiale Mediumsbewegung die „Schlüpfung" des Mediums zu nennen. Diese Schlüpfungsbewegung bleibt deshalb akustisch unwirksam, da sie ohne Druckänderung vor sich geht. Während also beim Nullstrahler der Druck auf der ganzen Kugeloberfläche konstant ist, hat er beim Strahler erster Ordnung an den Polen ein Maximum, das bis zum Aequator auf Null absinkt, wenn die Schwingung in der Richtung der Polachse erfolgt.

Nach Rayleigh ([60]) hat die Kraftgleichung nachstehende Form:

$$k = \frac{4\pi}{3} R^3 \rho \cdot \alpha \cdot \frac{\partial i}{\partial t} + \frac{8\pi^2}{3} R^3 \rho\, n\, \beta\, i \quad \ldots\ldots\ldots \quad 1.)$$

wobei

$$\alpha = \frac{2 + \left(\frac{2\pi R}{\lambda}\right)^2}{4 + \left(\frac{2\pi R}{\lambda}\right)^2} \quad \ldots\ldots\ldots \quad 1a.)$$

und

$$\beta = \frac{\left(\frac{2\pi R}{\lambda}\right)^3}{4 + \left(\frac{2\pi R}{\lambda}\right)^4} \quad \ldots\ldots\ldots \quad 1b.)$$ ist.

Aus der Kraftgleichung ergibt sich der Dämpfungsfaktor zu

$$\delta = \frac{1}{2} \frac{\frac{8\pi^2}{3} R^3 \rho\, n\, \beta}{\frac{4\pi}{3} R^3 \rho\, \alpha} = \pi n \frac{\beta}{\alpha} \quad \ldots\ldots\ldots \quad 2.)$$

und das logarithmische Dekrement zu

$$\vartheta = \pi \frac{\beta}{\alpha} = \pi \frac{\left(\frac{2\pi R}{\lambda}\right)^3}{2 + \left(\frac{2\pi R}{\lambda}\right)^2} \quad \ldots\ldots\ldots \quad 3.)$$

Ist $\left(\frac{2\pi R}{\lambda}\right)^2$ groß gegen 2, so wird

$$\vartheta_{R >> \lambda} = 2\pi^2 \left(\frac{R}{\lambda}\right) \quad \ldots\ldots\ldots \quad 3a.)$$

Ist der Ausdruck $\left(\frac{2\pi R}{\lambda}\right)^2$ hingegen klein gegen 2, so erhalten wir:

$$\vartheta_{R << \lambda} = 4\pi^4 \left(\frac{R}{\lambda}\right)^3 \quad \ldots\ldots\ldots \quad 3b.)$$

Bei einem zur Wellenlänge kleinen Strahler erster Ordnung ist daher, wie dies bereits bezüglich der offenen Antennengebilde der drahtlosen elektrischen Telegraphie bekannt ist, das Dekrement proportional der dritten Potenz der Frequenz.

Ist der Strahler erster Ordnung groß gegen die Wellenlänge, so hat er die gleiche früher für den Nullstrahler gefundene Dämpfung; es tritt eben bei so großen Strahlern keine nennenswerte Schlüpfung mehr auf, so daß sie sich mit wachsender Größe immer mehr und mehr dem Nullstrahler nähern.

Aus der Tabelle Nr. XXIII, die in der zweiten Spalte die genauen Werte der Dekremente, in der dritten die für einen gegen die Wellenlänge kleinen, und endlich in der vierten die für einen gegen die Wellenlänge großen Strahler entsprechend den Formeln der Gleichungen 3.), 3a.) und 3b.) enthält, ist ersichtlich, daß man Strahler erster Ordnung von der Größe $^1/_{10}$ Wellenlänge ab als klein, hingegen über ½ Wellenlänge als groß gegenüber dieser betrachten darf.

Tabelle Nr. XXIII.

$\frac{R}{\lambda}$	$\frac{\pi\left(\frac{2\pi R}{\lambda}\right)^3}{2+\left(\frac{2\pi R}{\lambda}\right)^2}$	$2\pi^2\left(\frac{R}{\lambda}\right)$	$4\pi^4\left(\frac{R}{\lambda}\right)^3$
1	19	20	390
$\frac{1}{2}$	8	10	49
$\frac{1}{5}$	1·7	4	3·1
$\frac{1}{10}$	0·32	2	0·39
$\frac{1}{20}$	0·048	1	0·049
$\frac{1}{50}$	0·0031	0·4	0·0031
$\frac{1}{100}$	0·00039	0·2	0·00039

Aus der Kraftgleichung 1.) folgt für den massenlosen Strahler erster Ordnung von Radius R die hydrodynamische Masse zu:

$$M=\frac{4\pi R^3\rho}{3}\cdot\frac{2+\left(\frac{2\pi R}{\lambda}\right)^2}{4+\left(\frac{2\pi R}{\lambda}\right)^4}, \quad \ldots\ldots\ldots\ldots 3c.)$$

die in den beiden Extremfällen die Werte:

$$M_{R<<\lambda}=\frac{2\pi}{3}R^3\rho \quad \ldots\ldots\ldots\ldots 3d.)$$

und

$$M_{R>>\lambda}=\frac{R\lambda^2\rho}{3\pi} \quad \ldots\ldots 3e.)$$ annimmt.

Sie ist somit bei den gegen die Wellenlänge kleinen Strahlern erster Ordnung gleich dem halben Eigenvolumen des Strahlers an Außenmedium, also 6 mal kleiner als die des gleich großen Nullstrahlers; das Außenmedium verhält sich dabei so, als ob es inkompressibel wäre.

Das Schallfeld eines Strahlers erster Ordnung ist polarisiert; betrachten wir daher einen gegen die Wellenlänge kleinen Strahler erster Ordnung in einem Feld ebener Schallwellen, so lautet zunächst das Feldpotential in komplexer Form geschrieben

$$\Phi=e^{j\omega\left(t-\frac{r}{a}\right)} \quad \ldots\ldots\ldots\ldots 4.)$$

Das Potential der durch den Strahler erster Ordnung als Hindernis zerstreuten Wellen ergibt sich zu: (70)

$$\Psi' = -\frac{\pi T}{\lambda^2 r}\left\{\frac{m' - m}{m'} + 3\,\frac{\rho' - \rho}{\rho + 2\rho'}\cdot\mu\right\}\cos\omega\left(t - \frac{r}{a}\right), \quad \ldots 5.)$$

wobei $\cos\vartheta = \mu$ gesetzt wurde (siehe Kap. II, § 4, Seite 19). $^1/_m$ und ρ stellen Kompressibilität und Dichte des Schallmediums, die beiden gestrichenen Werte diese Größen für das Kugelmaterial vor. Wie nicht anders erwartet werden kann, stellt das Glied nullter Ordnung $\frac{m' - m}{m'}$ in der Gleichung 5 eine Kompressibilitätsänderung, also einen richtungslosen Effekt dar, während das erster Ordnung $3\cdot\frac{\rho' - \rho}{\rho + 2\rho'}\mu$ einen Richteffekt in Form einer Dichtenänderung anzeigt.

Wir wollen nun untersuchen, wie wir die Kompressibilität und Dichte der Kugel wählen müssen, um unseren Strahler als Richtungsempfänger benützen zu können. Hier sind im allgemeinen drei Extremfälle möglich.

1. Die Kugel selbst sei vollkommen starr und die Dichten seien gleich, also die Volumselastizität $m' = \infty$ und $\rho' = \rho$. Dann wird

$$\lim_{m' = \infty} \frac{m' - m}{m'} = 1 \text{ und } \frac{3(\rho' - \rho)}{\rho + 2\rho'}\mu = 0,$$

somit das Glied nullter Ordnung gleich eins und das erster Ordnung gleich Null. Man erhält also in diesem Falle keine Richtung; die Kugel spricht auf Druck nicht an, sondern ausschließlich auf Bewegung. Der Fall der unendlich großen Volumselastizität der Kugel und gleicher Dichte mit dem Schallmedium ergibt daher einen reinen Bewegungsempfänger.

2. Die Kugel sei weich gegenüber dem Schallmedium, also $m' \ll m$ und $\rho' \ll \rho$. Dann wird

$$\frac{m' - m}{m'} = -\frac{m}{m'} \text{ und } \frac{3(\rho' - \rho)}{\rho + 2\rho'}\mu = -3\mu.$$

Hier ist der Fall nicht so reinlich wie unter 1, doch überwiegt die Ordnung Null; man erhält also keine Richtwirkung, aber auch keinen ausgesprochenen Bewegungsempfänger.

3. Die Kugel sei vollkommen starr, also $m' = \infty$. Ferner sei auch ρ' unendlich groß. (Jedoch bleibe das Verhältnis beider Größen endlich.)

Dann wird

$$\lim_{m' = \infty} \frac{m' - m}{m} = 1 \text{ und } \lim_{\rho' = \infty} \frac{3(\rho' - \rho)}{\rho + 2\rho'}\mu = \frac{3}{2}\mu.$$

Bedeuten die Pfeile in Fig. 23 die Fortpflanzungsrichtung der ebenen Schallwellen, dann hat μ am Aequator den Wert Null und an den Polen die Werte $\pm$ Wir erhalten somit für die Intensitäten J:

$$J_{\mu = 0} = 1,$$

$$J_{\mu = +1} = (1 + {}^3/_2)^2 = 6{\cdot}25$$

und

$$J_{\mu = -1} = (1 - {}^3/_2)^2 = 0{\cdot}25.$$

Es wird somit in dem von der Schallquelle am weitesten abliegenden Pol die Intensität gegenüber allen übrigen Punkten ein ausgesprochenes Maximum. Eine vollkommen starre Kugel kann daher als Richtungsempfänger benützt werden. Man hat auch versucht, dieses Resultat in der Praxis zu verwenden, doch haben sich derartige Störungskugeln als Richtungsempfänger sehr unempfindlich erwiesen, so daß sie bald aufgegeben wurden. Wir werden später wesentlich empfindlichere Apparate zur Richtungsbestimmung kennen lernen.

Die bisherigen Betrachtungen an Strahlern nullter und erster Ordnung wurden an idealen Modellen in Form von masselosen Kugeln angestellt. In der Praxis hat man als wichtigstes strahlendes Gebilde die Membran verwendet.

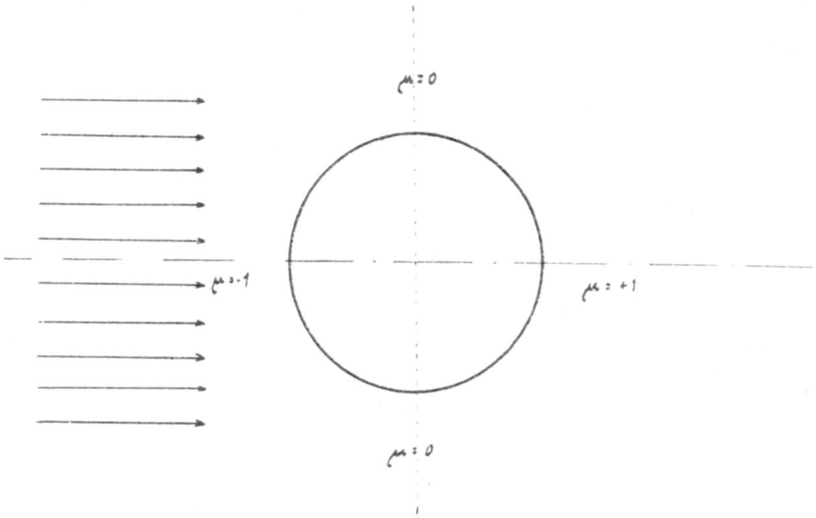

Fig. 28.

Die Membranen lassen sich in zwei große Gruppen teilen: 1. in solche, bei denen Masse und elastische Kraft gleichmäßig über die Membranfläche verteilt sind. Sie werden gewöhnlich so verwendet, daß sie als kreisförmiges Element am Rande fest eingespannt sind. Diesen Typ von Membranen wollen wir als „elastische Membranen" bezeichnen. Die zweite Gruppe umfaßt Membranen, die starre, nicht durchbiegsame Flächen darstellen. Bei ihnen kann somit der Sitz der elastischen Kraft nicht in der Membranfläche selbst liegen, sondern ist von dieser vollkommen getrennt in ein zweites Element verlegt. Diesen Typus wollen wir „Kolbenmembranen" nennen. Bei letzteren sind somit die die Eigenschwingung bestimmenden Stücke, mechanische Masse und elastische Kraft, wie bei einem geschlossenen elektrischen Schwingungskreis Selbstinduktion und Kapazität, vollkommen getrennt, während elastische Membranen wie offene Antennen diese Elemente gleichmäßig verteilt enthalten. Natürlich kann man auch hier, wie in der Technik der elektrischen Schwingungskreise stets in Form von äquivalenter Masse und ebensolcher elastischer Kraft eine reinliche Trennung für eine übersichtliche Berechnung durchführen.

Praktisch haben die Kolbenmembranen gegenüber den elastischen den wesentlichen Vorteil, daß eine Tonänderung durch die Aenderung eines der beiden die Frequenz bestimmenden Faktoren allein möglich ist. Dies ist aber nicht ihr ausschließlicher Vorteil. Sie besitzen überdies bei gleichem Durchmesser eine wesentlich größere Strahlungsdämpfung, was hinsichtlich der Oekonomie der Schallantennen eine große Rolle spielt. Endlich kann man bei Kolbenmembranen mit beliebig großen treibenden oder dämpfenden Kräften angreifen, ohne daß eine Aenderung der mechanischen Abstimmung eintritt, während bei elastischen Membranen, besonders infolge der nicht exakt zu definierenden und nicht konstant zu haltenden elastischen Kraft eingeprägte Kräfte zu oft ganz unkontrollierbaren Verstimmungen Anlaß geben. Daher sind zum Beispiel elastische Membranen als strahlende Flächen scharf abzustimmender Sender in der Regel überhaupt nicht verwendbar. Aus allen den genannten Gründen treten im modernen Apparatebau, wo nicht ganz besondere Verhältnisse die Anwendung von elastischen Membranen wünschenswert machen, diese gegenüber den Kolbenmembranen immer mehr in den Hintergrund.

§ 5. Die Kolbenmembran als strahlende Fläche.

Um diesen Membrantypus näher zu untersuchen, knüpfen wir an den von Rayleigh ([71]) behandelnden Fall an, daß eine starre, kreisförmige Platte — also eine Kolbenmembran — in einer gleich großen aus einer unendlich ausgedehnten, starren Ebene ausgeschnittenen Oeffnung schwingt, wobei wir noch zur Vereinfachung der Rechnungen voraussetzen, daß die Platte klein gegenüber der Wellenlänge sei. Denn unter dieser, und nur unter dieser Annahme sind Druck und Bewegung des Mediums an der Membranfläche als quasistationär zu behandeln.

Das Geschwindigkeitspotential in jedem Punkte P, der sich in der Entfernung r vom Element dS befindet, hat die Form:

$$\Phi = -\frac{1}{2\pi}\iint \frac{\partial \Phi}{\partial n} \frac{e^{-j\frac{\omega}{a} r}}{r} \, dS \quad \ldots\ldots\ldots \; 1.)$$

wobei $\frac{\partial \Phi}{\partial n}$ die gegebene Normalgeschwindigkeit im Element dS darstellt. Aus dem Geschwindigkeitspotential erhalten wir die Druckänderung $\delta p = -\rho \dot{\Phi}$, so daß die ganze auf die Platte — ein Element der Platte werde mit dS' bezeichnet — wirkende äußere Druckänderung sich darstellen läßt als

$$\iint \delta p \, dS' = -\rho \iint \dot{\Phi} \, dS' = -j \omega \rho \iint \Phi \, dS' \quad \ldots\ldots \; 2.)$$

Setzt man hier Φ ein, so erhält man

$$\iint \delta p \, dS' = \frac{j \omega \rho}{\pi} \frac{\partial \Phi}{\partial n} \Sigma \Sigma \frac{e^{-j\frac{\omega}{a} r}}{r} \, dS \cdot dS' \quad \ldots\ldots \; 3.)$$

Die Auswertung der Doppelsumme, die im Original ([71]) nachgelesen werden mag, liefert den Wert:

$$\Sigma \Sigma \frac{e^{-j\frac{\omega}{a} r}}{r} \, dS \cdot dS' = \frac{\pi^2}{2 \varkappa^3} K_1 (2 \varkappa R) - \frac{j \pi^2 R^2}{\varkappa} \left[1 - \frac{J_1 (2 \varkappa R)}{\varkappa R} \right], \ldots \; 3a.)$$

wobei $J_1 (2 \varkappa R)$ die Besselfunktion ([72]) erster Ordnung und $\varkappa = \frac{2 \pi n}{a} = \frac{\omega}{a}$ ist.

Es bedeutet ferner $K_1(z) = \int_0^z z\,dz \cdot K(z)$ wobei

$$K(z) = \frac{2}{\pi} \int_0^{\frac{\pi}{2}} \sin(z \sin\vartheta)\,d\vartheta = \frac{2}{\pi}\left[z - \frac{z^3}{1^2 \cdot 3^2} + \frac{z^5}{1^2 \cdot 3^2 \cdot 5^2} - \right.$$

$$\left. - \frac{z^7}{1^2 \cdot 3^2 \cdot 5^2 \cdot 7^2} + \ldots\right] \text{ bedeutet} \ldots\ldots \quad 4.)$$

Somit wird der Gesamtausdruck

$$\iint \delta p\,dS = a\rho\pi R^2 \frac{\partial\Phi}{\partial n}\left[1 - \frac{J_1(2\varkappa R)}{\varkappa R}\right] + i\frac{a\rho\pi}{2\varkappa^3}\frac{\partial\Phi}{\partial n} K_1(2\varkappa R) \ldots \quad 2a.)$$

Die Reaktion des Schallmediums auf die Scheibe setzt sich somit aus zwei Teilen zusammen, aus dem ersten Teil, der der Geschwindigkeit proportional ist, also einen akustischen Widerstand darstellt, und dem zweiten Teil, der proportional der Beschleunigung ist, herrührend von der hydrodynamischen Trägheit.

Ist ξ die Verschiebung der Scheibe, also $\dot{\xi} = \frac{\partial\Phi}{\partial n}$, so wird $\ddot{\xi} = j\omega\dot{\xi} = j\omega\frac{\partial\Phi}{\partial n}$. Es wird somit die Reaktion des Schallmediums in der Bewegungsgleichung der Scheibe durch eine Reibungskraft

$$a\rho\pi R^2 \dot{\xi}\left[1 - \frac{J_1(2\varkappa R)}{\varkappa R}\right] \ldots\ldots\ldots\ldots \quad 5.)$$

dargestellt, die die Bewegung verzögert. Der Energiezuwachs beträgt

$$\frac{\pi\rho}{2\varkappa^3} K_1(2\varkappa R) \ldots\ldots\ldots\ldots\ldots \quad 6.)$$

Ist $\varkappa R$ klein, so wird

$$1 - \frac{J_1(2\varkappa R)}{\varkappa R} = \frac{\varkappa^2 R^2}{1 \cdot 2} - \frac{\varkappa^4 R^4}{1 \cdot 2^2 \cdot 3} + \frac{\varkappa^6 R^6}{1 \cdot 2^2 \cdot 3^2 \cdot 4} - \frac{\varkappa^8 R^8}{1 \cdot 2^2 \cdot 3^2 \cdot 4^2 \cdot 5} + \ldots \quad 7.)$$

so daß das Reibungsglied, also der akustische Widerstand, annähernd den Wert annimmt:

$$w = \frac{1}{2} a\rho\pi R^2 \varkappa^2 R^2 = \frac{\rho\pi R^4 \omega^2}{2a} \ldots\ldots\ldots\ldots \quad 8.)$$

Ist hingegen $\varkappa R$ groß, dann verschwindet $J_1(2\varkappa R)$, so daß in diesem Falle der akustische Widerstand sich darstellt als

$$w = a\rho\pi R^2. \ldots\ldots\ldots\ldots\ldots \quad 8a.)$$

Aus Gleichung 4.) folgt für den Fall, daß $\varkappa R$ klein ist, die hydrodynamische Masse zu

$$\frac{8\rho R^3}{3} = \rho \cdot (\pi R^2) \cdot \frac{8R}{3\pi}. \ldots\ldots\ldots\ldots \quad 9.)$$

Diese Masse läßt sich durch einen Mediumzylinder darstellen, dessen Grundfläche die der Platte $f = R^2\pi$ und dessen Höhe $\frac{8R}{3\pi}$ ist, wobei das Medium natürlich als vollkommen inkompressibel anzusehen ist. Es läßt sich zeigen, daß für große

Werte von z $K_1(z)$ sich dem Wert $\frac{2}{\pi} z$ nähert. Es nimmt somit schließlich der Gesamtdruck auf die Kolbenmembran, wenn wir die gesamte Druckkraft mit $k = R^2 \pi . p$ bezeichnen, die Form an:

$$k = \frac{\pi \rho}{2 \varkappa^3} K_1 (2 \varkappa R) \ddot{\xi} + a \rho \pi R^2 \left[1 - \frac{J_1 (2 \varkappa R)}{\varkappa R}\right] \dot{\xi} \quad \ldots \ldots 10.)$$

Bisher haben wir die Kolbenmembran masselos gerechnet. Realisieren wir sie, geben wir ihr also eine Masse m und nehmen außerdem an, daß sie einer Direktionskraft μ unterliegt und daß endlich auf sie eine $e^{j \omega t}$ proportionale äußere Kraft E wirkt, so erhalten wir unter der Annahme $\varkappa R$ klein, die Bewegungsgleichung

$$\left[m + \frac{8 \rho R^3}{3}\right] \ddot{\xi} + \frac{a \rho \pi \varkappa^2 R^4}{2} \dot{\xi} + \mu \xi = E \quad \ldots \ldots 11.)$$

Setzen wir wie bisher $\dot{\xi} = i$, so lautet unsere Gleichung

$$\left[m + \frac{8 \rho R^3}{3}\right] \frac{\partial i}{\partial t} + \frac{a \rho \pi \varkappa^2 R^4}{2} i + \mu \int i \, dt = E \quad \ldots \ldots 12.)$$

Dieser Ausdruck liefert die vollständige Kraftgleichung einer Kolbenmembran von der mechanischen Masse m und der Direktionskraft μ, falls die Platte durch die Einwirkung einer äußeren Kraft E in einem Schallmedium von der Dichte ρ und der Schallgeschwindigkeit a in einer vollkommen starren, unendlich ausgedehnten Ebene schwingt.

Betrachten wir umgekehrt die schwingende Platte als Schallquelle, so strahlt sie in einem Raumwinkel 2π Energie aus. Entfernen wir daher die unendlich ausgedehnte, starre Ebene, in der die Platte schwingt, dann breitet sich die Strahlung in den ganzen Raumwinkel 4π aus; dabei setzen wir stillschweigend voraus, daß die Platte als Nullstrahler arbeitet, also nur mit einer Plattenseite an das allseitig ausgedehnte Schallmedium Energie abgibt, während die andere Seite mit einem schallharten, gut schließenden Zylinder von gegen die Wellenlänge kleinen Abmessungen überdeckt ist, und der Innenraum mit einem gegen das Außenmedium weitaus schallweicheren Medium angefüllt ist, so daß keine „Kapazitätswirkung" zustande kommt. Es wird daher die Quellenarbeit [III, § 3, (9), 107]

$$W_{\chi = 4\pi} = \frac{1}{2} W_{\chi = 2\pi} \quad \ldots \ldots \ldots \ldots 13.)$$

Die in Form von mechanisch akustischer Arbeit in der Zeiteinheit vom System abgegebene Energie ist gegeben durch

$$w \, I^2_{\text{eff}} = w \frac{I^2}{2} \quad \ldots \ldots \ldots \ldots 14.)$$

wobei nach 8.) $w = \frac{a \rho \pi \varkappa^2 R^4}{2}$ den akustischen Widerstand darstellt. Dieser wird in unserem Falle des vollen Raumwinkels

$$w_{4\pi} = \frac{1}{2} w_{2\pi} = \frac{a \rho \pi \varkappa^2 R^4}{4} = a \rho \pi^3 R^2 \left(\frac{R}{\lambda}\right)^2 \quad \ldots \ldots 15.)$$

Auch die hydrodynamische Trägheitskraft wird durch die Vergrößerung des Raumwinkels eine Aenderung erfahren. Da der Strahler im Raumwinkel 4π den halben akustischen Widerstand bei einer strahlenden Fläche f besitzt, sich also dort so verhält, als wenn seine Fläche gegenüber dem Raumwinkel 2π die Größe f/2 hätte, gilt diese Ueberlegung auch für die hydrodynamische Masse. Diese war im ursprünglichen Falle für die Einheit der Kraft $\frac{8\rho R}{3\pi}$. Im allseitig unbegrenzten Raum haben wir f durch f/2 oder R durch $\sqrt{\frac{f}{2\pi}}$, somit durch $\frac{R}{\sqrt{2}}$ zu ersetzen, und erhalten durch Multiplikation mit der tatsächlich strahlenden Fläche $f = R^2\pi$ den hydrodynamischen Massenzuwachs zu:

$$M = \frac{8\rho R^3}{3\sqrt{2}} \quad \ldots\ldots\ldots\ldots\ldots\ldots \quad 16)$$

Somit lautet die Kraftgleichung der durch eine Kolbenmembran von der mechanischen Masse m und der Direktionskraft μ realisierten, nach allen Richtungen des Raumes (mit einer Plattenseite) strahlenden Nullantenne:

$$\left[m + \frac{8 R^3 \rho}{3\sqrt{2}}\right] \frac{\partial i}{\partial t} + \frac{a \rho \pi \varkappa^2 R^4}{4} i + \mu \int i\, dt = e \quad \ldots \quad 12a.)$$

und die von der Reaktion des Mediums herrührende Druckgleichung, wenn wir wie bisher den Druck pro Flächeneinheit mit p bezeichnen:

$$p = \frac{8 R \rho}{3\sqrt{2}\,.\,\pi} \frac{\partial i}{\partial t} + \frac{a \rho \varkappa^2 R^2}{4} = 0{\cdot}34\, \rho \sqrt{f} \cdot \ddot{\xi} + \pi a \rho \frac{f}{\lambda^2} \cdot \dot{\xi} \quad \ldots \quad 17.)$$

Interessant ist ein Vergleich dieser Gleichung mit der Druckgleichung einer pulsierenden Kugel. Wir haben [II, § 8, (5a), 40] die Druckgleichung gefunden:

$$p = \rho R \frac{1}{1 + \left(\frac{2\pi R}{\lambda}\right)^2} \frac{\partial i}{\partial t} + \frac{a \rho}{1 + \left(\frac{\lambda}{2\pi R}\right)^2} i.$$

Ist der Kugelstrahler, wie wir dies auch für die Kolbenmembran vorausgesetzt haben, klein gegen die Wellenlänge, also $\left(\frac{2\pi R}{\lambda}\right)^2$ klein gegen 1 und andererseits 1 klein gegen $\left(\frac{\lambda}{2\pi R}\right)^2$, so geht diese Gleichung bei Einführung der Beziehung $f = 4 R^2 \pi$ über in:

$$p = \frac{1}{2\sqrt{\pi}} \sqrt{f} \cdot \rho \frac{\partial i}{\partial t} + \pi a \rho \frac{f}{\lambda^2} i \quad \ldots\ldots\ldots \quad 18.)$$

und wir erhalten schließlich die beiden Druckgleichungen:

$$p_{\text{Membran}} = \frac{8}{3\sqrt{2} \cdot \pi \sqrt{\pi}} \cdot \sqrt{f} \cdot \rho \ddot{\xi} + \pi a \rho \frac{f}{\lambda^2} \dot{\xi} = 0{\cdot}34 \rho \sqrt{f} \cdot \ddot{\xi} + \pi a \rho \frac{f}{\lambda^2} \cdot \dot{\xi} \quad \ldots \ldots \ldots \quad 19.)$$

$$p_{\text{Kugel}} = \frac{1}{2\sqrt{\pi}} \cdot \sqrt{f} \cdot \rho \ddot{\xi} + \pi a \rho \frac{f}{\lambda^2} \dot{\xi} = 0{\cdot}28 \rho \sqrt{f} \cdot \ddot{\xi} + \pi a \rho \frac{f}{\lambda^2} \cdot \dot{\xi} \quad . \quad 20.)$$

Die beiden Druckgleichungen für einen kugeligen Nullstrahler und eine Kolbenmembran als Nullstrahler stimmen somit trotz der geometrisch vollkommen verschiedenen Gestalt unter der Voraussetzung, daß beide Strahler klein gegenüber der Wellenlänge sind, bis auf einen rund 20% Unterschied in der hydrodynamischen Masse überein. Dies kann oft in der Praxis nützlich verwendet werden; es kommen dort zahlreiche Fälle vor, wo sich das Geschwindigkeitspotential nicht mehr in einfacher Weise aufstellen läßt und die Rechnungen mit wesentlichen mathematischen Schwierigkeiten verknüpft sind. Man kann dann in erster Annäherung sich der Aehnlichkeit der beiden Strahler hinsichtlich ihrer Druckgleichung oft mit Vorteil bedienen.

§ 6. **Die elastische Membran als strahlende Fläche nullter Ordnung.**

Die elastische, am Rande fest eingespannte Membran mit gleichmäßig verteilter elastischer Kraft und Masse unterscheidet sich bezüglich der Amplitude von der Kolbenmembran dadurch, daß bei der elastischen Membran die Amplitude von der Mitte gegen den Rand zu abnimmt. Da das Geschwindigkeitspotential einer einfachen Quelle gegeben ist durch

$$\Phi = -\frac{Q}{4\pi r} \cos \omega \left(t - \frac{r}{a}\right),$$

so handelt es sich zur Herstellung eines Vergleiches zwischen den beiden Membrantypen ausschließlich um den Maximalwert des erzeugten Mediumstromes Q bei gleichen Amplituden. Haben dann Kolben- und elastische Membran gleiche Amplitude, so kommt ihnen bei Gleichheit des Mediumstromes Q auch das gleiche Geschwindigkeitspotential zu.

Das Verschiebungsvolumen einer Kolbenmembran vom Radius R und der Amplitude A beträgt $R^2\pi \cdot A$. Dieses ist nun dem einer elastischen Membran vom Radius R_1 und gleicher Amplitude A gleichzusetzen. Welche Kurvenform unter den möglichen Schwingungsarten der elastischen Membran am besten hierzu entspricht, entscheidet in letzter Linie die experimentielle Prüfung derartiger Annahmen. Wir wählen nach Hahnemann und Hecht ([18]) mehrere wahrscheinliche Kurvenformen, und zwar die elastische Linie eines an beiden Enden eingespannten Trägers mit zentral angreifender Kraft, ferner die elastische Linie des an beiden Enden eingespannten, jedoch gleichmäßig belasteten Trägers, die Sinuslinie und endlich den einfachen Konus; die Tabelle XXV gibt uns über die erforderlichen Größen Aufschluß.

Tabelle Nr. XXV.

Kurvenform	Kurvengleichung	Deformations-Volumen $= 2\pi \int y x \, d x$.	Formfaktor	Schwingungsmasse $= 2\pi d \rho' \int \left(\frac{y}{h}\right)^2 x \, d x$	Massenfaktor
Elastische Linie des an beiden Enden eingespannten Trägers. Die Kraft greift im Mittelpunkt an.	$y = h\left[1-3\left(\frac{x}{R}\right)^2 + 2\left(\frac{x}{R}\right)^3\right]$.	$0{\cdot}3\ h \pi R^2$	$\sqrt{0{\cdot}3} = 0{\cdot}55$	$\frac{6}{35} \rho' d \pi R^2$	$\sqrt{\frac{6}{35}} = 0{\cdot}41$
Elastische Linie des an beiden Enden eingespannten, gleichmäßig belasteten Trägers.	$y = h\left[1-2\left(\frac{x}{R}\right)^2 + \left(\frac{x}{R}\right)^4\right]$.	$\frac{1}{3}\ h \pi R^2$	$\sqrt{\frac{1}{3}} = 0{\cdot}58$	$\frac{1}{5} \rho' d \pi R^2$	$\sqrt{\frac{1}{5}} = 0{\cdot}45$
Sinuslinie.	$y = h \cos \frac{\pi x}{2 R}$	$\left(\frac{\pi}{2} - 1\right)\frac{8}{\pi^2}\ h \pi R^2 = 0{\cdot}46\ h \pi R^2$	$\sqrt{0{\cdot}46} = 0{\cdot}68$	$\left(\frac{1}{2} - \frac{2}{\pi^2}\right) \rho' d \pi R^2 = 0{\cdot}30\ \rho' d \pi R^2$	$\sqrt{0{\cdot}30} = 0{\cdot}55$
Kegel.	$y = h\left(1 - \frac{x}{R}\right)$	$\frac{1}{3}\ h \pi R^2$	$\sqrt{\frac{1}{3}} = 0{\cdot}58$	$\frac{1}{6} \rho' d \pi R^2$	$\sqrt{\frac{1}{6}} = 0{\cdot}41$

Die Unterschiede der Zahlenfaktoren sind trotz der verschiedenen Kurvenformen verhältnismäßig gering. Wählen wir als Formfaktor, mit dem der Radius beziehungsweise mit dessen Quadrat die strahlende Fläche zu multiplizieren ist, um bei gleicher Amplitude für eine Kolbenmembran das gleiche der betreffenden Kurve entsprechende Deformationsvolumen für die elastische Membran zu erhalten, nach der Tabelle unter Ausschaltung der Sinuslinie den auf die erste Dezimale korrigierten Wert 0,6, so geht unsere Druckgleichung 17.) Seite 117 für die Kolbenmembran in die Kraftgleichung über, indem wir über die ganze Fläche integrieren, und wir erhalten den Ausdruck

$$k = \frac{8\rho}{3\sqrt{2}} \cdot (0{\cdot}6\,R)^3 \frac{\partial i}{\partial t} + 0{\cdot}6^4\,\pi^3 a \rho R^2 \left(\frac{R}{\lambda}\right)^2 \cdot i, \quad \ldots\ldots \quad 1.)$$

wenn wir wie früher unter k die durch die Mediumsbewegung hervorgerufene, auf die Kolbenfläche wirkende Gesamtkraft verstehen. Führen wir die Gleichung 1) aus, so erhalten wir:

$$k = 0{\cdot}4\,R^3 \rho\,\ddot{\xi} + 4\,a\rho R^2 \left(\frac{R}{\lambda}\right)^2 \dot{\xi}. \quad \ldots\ldots\ldots\ldots \quad 2.)$$

Hier bedeutet $\dot{\xi} = i$ die Geschwindigkeit des Membranzentrums der elastischen Membran, deren Maximalwert wir wie immer mit I bezeichnen. Der erste Teil der Gleichung 2) bedeutet eine wattlose Kraft, die von der hydrodynamischen

Masse $M = 0{,}4\,R^3 \rho$ . . . . 2a.)

herrührt und aus der sich die leerschwingende Energie zu

$$\frac{0{\cdot}4\,R^3 \rho\, I^2}{2} \quad \ldots\ldots\ldots\ldots\ldots\ldots \quad 2b.)$$

berechnet. Der zweite Teil der Gleichung 2) rechts stellt eine Wattkraft dar, hervorgerufen durch den hydrodynamischen Widerstand des Mediums

$$w = 4\,a\rho R^2 \left(\frac{R}{\lambda}\right)^2 \quad \ldots\ldots\ldots\ldots\ldots \quad 2c.)$$

der mit $I^2_{eff} = \frac{I^2}{2}$ multipliziert, die vom System verausgabte akustische Energie

$$2\,a\rho R^2 \left(\frac{R}{\lambda}\right)^2 I^2 \quad \ldots\ldots\ldots\ldots\ldots\ldots \quad 2d.)$$

in der Zeiteinheit darstellt.

Betrachten wir nunmehr eine reelle am Rande eingespannte Membran von der mechanischen Masse m und der Elastizität[73] $\frac{0{\cdot}22\,R^2}{d^3 E}$, beziehungsweise der durch letzterer reziproken Wert gegebenen Direktionskraft $\mu = \frac{d^3 E}{0{\cdot}22\,R^2}$. Hat die Membran die Dichte ρ', so findet sich ihre Masse m zu $R^2 \pi \cdot d \cdot \rho'$.

Diese Masse muß aber noch mit dem Massenfaktor multipliziert werden, um mit der in allen Punkten mit gleicher Amplitude schwingenden Kolbenmembranmasse verglichen werden zu können. Denn die im Mittelpunkt vereinigt zu denkende wirksame Masse der elastischen Membran ist gegeben durch den Integralwert über die mit ihrem jeweiligen Amplitudenquadrat multiplizierten Massenelemente. Wählen wir aus später zu rechtfertigenden Gründen — Seite 125 — als Massenfaktor den Wert 0,45, so erhalten wir

$$m = 0{\cdot}2\,\pi\,R^2 \cdot d \cdot \rho' \dots\dots\dots\dots\dots \quad 3.)$$

Ist e die eingeprägte, also die Membranschwingungen unterhaltende Kraft, so lautet die vollständige Kraftgleichung für eine einflächig im Raumwinkel 4π strahlende, also als Strahler nullter Ordnung arbeitende elastische Membran mit eingespanntem Rand:

$$e = [0{\cdot}2\,\pi\,R^2 \cdot d \cdot \rho' + 0{\cdot}4\,R^3 \rho]\frac{\partial i}{\partial t} + 4\,a\,\rho\,R^2\left(\frac{R}{\lambda}\right)^2 i + \frac{d^3 E}{0{\cdot}22\,R^2}\int i\,dt \quad 4.)$$

Die aktive Systemmasse hat nunmehr den Wert:

$$M + m = 0{\cdot}4\,R^3 \rho + 0{\cdot}2\,\pi\,R^2 d \cdot \rho' \dots\dots\dots \quad 5.)$$

während

$$\mu = (M + m)\,\omega^2 = \frac{d^3 E}{0{\cdot}22\,R^2} \dots\dots\dots\dots \quad 6.)$$

wird. Daraus rechnet sich die Kreisfrequenz der freien ungedämpften Schwingung zu

$$\omega = \sqrt{\frac{d^3 E}{0{\cdot}22\,R^2 (0{\cdot}4\,R^3 \rho + 0{\cdot}2\,\pi\,R^2 d \cdot \rho')}} \dots\dots \quad 7.)$$

In Luft kann man bei Metallmembranen die mitschwingende Luftmasse M gegenüber der Membranmasse m stets praktisch vernachlässigen, so daß dort die freie ungedämpfte Schwingungszahl

$$n_{Luft} = \frac{1}{2\pi}\sqrt{\frac{d^3 E}{0{\cdot}22\,R^2 \cdot 0{\cdot}2\,\pi\,R^2 d \cdot \rho'}} = 0{\cdot}43\,\frac{d}{R^2}\sqrt{\frac{E}{\rho'}} \quad 8.)$$

wird.

Das logarithmische Dekrement der Strahlungsdämpfung ergibt sich aus der Kraftgleichung 4) zu:

$$\vartheta = \frac{1}{2n}\,\frac{4\,a\,\rho\,R^2\left(\frac{R}{\lambda}\right)^2}{M + m} = \frac{5\,R\,M}{\lambda\,[M + m]} \dots\dots\dots \quad 9.)$$

Hier handelt es sich lediglich um die Strahlungsdämpfung, während schädliche Dämpfungen durch innere Reibung etwa des Membranmaterials oder eine Nutzdämpfung durch — wie beim Empfang — an die Antenne angebrachte Energie entziehende Elemente nicht berücksichtigt wurden. Beide erhöhen den akustischen Widerstand und sollen entsprechend ihren Wirkungen als akustische Verlust- und akustische Nutzwiderstände bezeichnet werden.

Einen Einblick in die Größe der Strahlungsdämpfung von Metallmembranen unter der Einwirkung von Luft als Schallmedium liefert nachstehende Berechnung:

$$\vartheta_{Luft} = 5\,\frac{R}{\lambda} \cdot \frac{M}{m} = 1{\cdot}4\left(\frac{\rho}{a}\right)_{Luft} \cdot \sqrt{\frac{E}{\rho'^3}}\,.$$

Dieses Resultat ist zunächst deshalb interessant, da die Strahlungsdämpfung von Membranen in Luft unabhängig von der Frequenz wird, wenn man, wie das bei Metallmembranen immer erlaubt ist, die hydrodynamische Masse M gegen m vernachlässigt. Um somit in Luft leistungsfähige Membranstrahler zu erhalten, muß man $\sqrt{\frac{E}{\rho'^3}}$ zu einem Maximum machen. Wir erhalten, wenn wir $a = 3{\cdot}33 \cdot 10^4$ cm/sec. und $\rho = 1{\cdot}2 \cdot 10^{-3}$ g/cm³ setzen, $\vartheta = 5 \cdot 10^{-8} \sqrt{\frac{E}{\rho'^3}}$, und können aus der Tabelle XXV für einige Metalle das Strahlungsdekrement in Luft entnehmen. Auch einige andere nichtmetallische Materialien sind daselbst angeführt.

Tabelle Nr. XXVI.

Material	E Dyn cm²	ρ'	$\sqrt{\frac{E}{\rho'^3}}$	ϑ
Stahl	$2 \cdot 10^{12}$	7·8	$6{\cdot}5 \cdot 10^4$	$3{\cdot}3 \cdot 10^{-3}$
Bronze	$1 \cdot 10^{12}$	8·5	$4 \cdot 10^4$	$2 \cdot 10^{-3}$
Nickel	$2 \cdot 10^{12}$	8·8	$5{\cdot}4 \cdot 10^4$	$2{\cdot}7 \cdot 10^{-3}$
Aluminium	$2 \cdot 10^{11}$	2·7	$1{\cdot}9 \cdot 10^4$	$1 \cdot 10^{-2}$
Blei	$1{\cdot}7 \cdot 10^{11}$	11·3	$1{\cdot}1 \cdot 10^4$	$5{\cdot}5 \cdot 10^{-4}$
Kupfer	$1 \cdot 10^{12}$	8·7	$3{\cdot}9 \cdot 10^4$	$2 \cdot 10^{-3}$
Platin	$1{\cdot}7 \cdot 10^{12}$	21·4	$1{\cdot}3 \cdot 10^4$	$7 \cdot 10^{-4}$
Neusilber	$1{\cdot}2 \cdot 10^{12}$	8·5	$4{\cdot}4 \cdot 10^4$	$2{\cdot}2 \cdot 10^{-3}$
Silber	$7 \cdot 10^{11}$	10·5	$2{\cdot}5 \cdot 10^4$	$1{\cdot}3 \cdot 10^{-3}$
Gold	$8 \cdot 10^{11}$	19·2	$1{\cdot}1 \cdot 10^4$	$5{\cdot}5 \cdot 10^{-4}$
Spiegelglas	$7 \cdot 10^{11}$	2·5	$2{\cdot}1 \cdot 10^5$	$1{\cdot}1 \cdot 10^{-2}$
Ebonit	$2{\cdot}6 \cdot 10^9$	2·0	$3{\cdot}6 \cdot 10^4$	$1{\cdot}8 \cdot 10^{-3}$
Elfenbein	$9 \cdot 10^9$	1·9	$1{\cdot}2 \cdot 10^4$	$6 \cdot 10^{-3}$
Holz	$5 \cdot 10^{10}$	0·5	$6{\cdot}3 \cdot 10^5$	$3{\cdot}2 \cdot 10^{-2}$

Die Strahlungsdämpfung von Membranen für unsere im Seewasser verwendungsfähigen Metalle ist somit in Luft sehr klein ([74]). Es erscheint daher nicht zweckmäßig, die experimentelle Prüfung des Strahlungsdekrementes in Luft als Schallmedium vorzunehmen, zumal die schädliche Dämpfung durch innere Reibung meist größer ist als die Luftstrahlungsdämpfung selbst.

Zur Prüfung der Formel 9) seien zunächst als Orientierung über die zu erwartenden Größen der Dekremente von elastischen Membranen aus Bronzematerial einige errechnete Werte in Tabelle XXVII zusammengestellt. Die

Membranradien mit den zugehörigen Dicken d beziehen sich auf den Wasserton 1000.

Tabelle Nr. XXVII.

R in cm	d in cm	Membranschwingungsmasse in Gramm (75)	Hydrodynamische Wassermasse in Gramm	äquivalente mechanische Masse dividiert durch die hydrodyn. Wassermasse	ϑ
1	0·0161	0·086	0·40	0·21	0·029
2	0·053	1 13	3·2	0·35	0·052
3	0·108	5·2	10·8	0·48	0·071
4	0·178	15·2	25·6	0·59	0·088
6	0·36	70·0	86	0·81	0 116
8	0·61	208	204	1·02	0·138
10	0·92	490	400	1·23	0·157
15	1·93	2320	1350	1·72	0·193
20	3·1	6650	3200	2·10	0·226

Die Tabelle zeigt, daß die Strahlungsdämpfung im Wasser ganz wesentlich größer ausfällt als in Luft (76). Aus der Tabelle ist aber auch ersichtlich, daß mit zunehmendem Radius die Dämpfung sehr langsam anwächst und sich schließlich einem Grenzwert nähert, der dann erreicht wird, wenn die äquivalente mechanische Masse groß wird gegen die hydrodynamische Masse. Man kann dann letztere vernachlässigen und kommt zu dem gleichen Falle wie in Luft; es wird dann auch im Wasser die Strahlungsdämpfung von der Frequenz unabhängig.

Das in der Formel 9.) dargestellte logarithmische Dekrement läßt sich noch in einer anderen, für manche Fälle zweckmäßigeren Form darstellen. Bezeichnen wir nämlich die Schwingungszahl in Luft mit n_l und die im Wasser mit n_w, so wird

$$\left(\frac{n_w}{n_l}\right)^2 = \frac{m}{m+M} \quad \ldots\ldots \quad 10)$$

Dies folgt aus der Formel für die in beiden Fällen gleich bleibende Direktionskraft, die im ersten Falle den Wert $\mu = \omega_l^2 \cdot m$ und im zweiten den Wert

$\mu = \omega_w^2 [m + M]$ hat, so daß $\left(\frac{\omega_w}{\omega_l}\right)^2 = \left(\frac{n_w}{n_l}\right)^2 = \frac{m}{m+M}$ wird. Führen wir dies

in 9) ein, so erhalten wir für das Dekrement einen neuen Ausdruck

$$\vartheta = 5\frac{R}{\lambda}\left[1 - \left(\frac{n_w}{n_l}\right)^2\right]. \quad \ldots\ldots \quad 11.)$$

Diese Formel ist besonders für Dämpfungsmessungen empfehlenswert; denn beobachtet man die Eigentonhöhe in Luft und im Wasser, Werte, die sich sehr genau bestimmen lassen, jedenfalls wesentlich genauer als sich die Massenbestimmung durchführen läßt, so erhält man nach Formel 11.), in der die Wellenlänge λ für den Wasserton gilt, in einfacher Weise die Strahlungsdämpfung im Wasser (76).

Bestimmt man den Wasserton einer Membran und befestigt hierauf im Membranzentrum eine der hydrodynamischen Masse gleiche mechanische Masse, so muß nunmehr für die belastete Membran der Luftton gleich dem Wasserton werden. Ueber derartige technische Versuche berichtet Tabelle XXVIII, aus deren letzten Spalte ersichtlich ist, daß die Fehler befriedigend klein bleiben.

Tabelle Nr. XXVIII.

R	n_w	n_l	$M_{beob.}$	$M_{berech.}$	$\frac{M_{berech.} - M_{beob.}}{M_{ber.}}$
2·1	2140	3120	4·5	3·9	— 0·15
2·1	1465	2240	3·8	3·9	+ 0·03
2·1	1160	1820	5·0	3·9	— 0·28
2·1	940	1410	3·2	3·9	+ 0·18
2·5	490	670	5·5	6·3	+ 0·13
4·0	1240	1880	23	22	— 0·05
5·6	1200	1800	60	56	— 0·07

Setzen wir die Schwingungszahl der nicht belasteten Membran n_o, die der belasteten n_b, und nennen wir die Zusatzmasse z, so ergibt sich

$$\left(\frac{n_o}{n_b}\right)^2 = \frac{m + z}{m} \quad \ldots\ldots\ldots\ldots \quad 12.)$$

und daraus

$$m = \frac{z}{\left(\frac{n_o}{n_b}\right)^2 - 1} \quad \ldots\ldots\ldots\ldots \quad 12a.)$$

Auf diese Weise können wir es vermeiden, die infolge der Unsicherheit der Bestimmung und Berechnung der Elastizität bei eingespannten elastischen Membranen unverläßliche Berechnung der Membranschwingungsmasse aus der unbelasteten Strahlungsfläche durchführen zu müssen. Nachfolgende Tabelle XXIX gibt über eine derartige Berechnung der Schwingungsmasse nach Formel 12a.) aus der gemessenen Zusatzmasse und Schwingungszahl für drei Bronzemembranen Aufschluß.

Tabelle Nr. XXIX.

R	d	ρ'	z	n_b	n_o	m
2·1	0·06	8·5	0	1840	1840	—
			2	1200	1840	1·48
			4	960	1840	1·50
						Mittel: 1·49
5·1	0·3	8·5	0	1760	1760	—
			11	1560	1760	41
			30	1350	1760	43
			56	1145	1760	41·5
			74	1045	1760	40·5
			109	920	1760	41
			145	840	1760	42·5
						Mittel: 41·6
5·6	0·3	8·5	0	1810	1810	—
			2·5	1765	1810	50
			5·0	1710	1810	41·5
			7·5	1670	1810	44
			10	1640	1810	45·5
			15	1565	1810	50
			20	1530	1810	50
						Mittel: 48·5

Der Massenfaktor f für diese drei Membranen ergibt sich aus

$$m = \pi R^2 \cdot d \cdot \rho' \cdot f^2$$

zu

$$f_1 = 0{\cdot}46$$

$$f_2 = 0.45$$

$$f_3 = 0.44, \text{ also}$$

mit dem Mittelwert 0.45, was somit laut Tabelle XXV, Seite 119, der Kurvenform des beiderseits eingespannten Trägers mit gleichmäßig verteilter Last entspricht.

Die Schwingungszahlen der drei Membranen weichen teilweise von den durch Rechnung ermittelten Werten ab. Als Ursache ist wohl die nicht konstante und nicht genau meßbare innere Spannung, die Befestigungsart, der bloß angenommene und nicht gemessene Elastizitätsmodul E u. a. m. anzusehen. Wenn wir in der Formel für die Schwingungszahl die Werte für Bronze: $E = 10^{12}$ Dyn/cm² und $\rho' = 8.5$ einsetzen, so wird $n_{Bronze} = 1.5\ 10^5 \cdot d/R^2$. In Tabelle XXX sind die beobachteten und berechneten Werte und ihre Abweichungen zusammengestellt.

Tabelle Nr. XXX.

$n_{beob.}$	$n_{berech.}$	$\frac{n_{berech.}}{n_{beob.}}$
1840	2050	1·11
1760	1730	0·98
1810	1430	0·79

Im folgenden sollen noch praktische Strahlungsdämpfungsmessungen im Wasser kurz besprochen werden. Die Membranen werden durch Ansetzen kleiner Eisenanker als Telephonmembranen eines normalen Telephones verwendbar gemacht und in Luft sowie im Wasser ([77]) in ein Senderschallfeld gebracht, das unter kontinuierlicher Veränderung der Frequenz mit konstanter Kraft erregt wurde. Der hierzu erforderliche Sender hatte seine tiefste Eigenschwingung mindestens eine Oktave höher als der höchste Eigenton der untersuchten Membranen, so daß seine Eigenresonanz bei den Messungen nicht stören konnte. Er wurde mittels einer Elektronensenderröhre erregt, eine Erregungsart, die infolge der sicheren Konstanz sowohl der Wellenlänge als auch der Energie und der Bequemlichkeit der Handhabung allen anderen Wechselstromgeneratoren für Meßzwecke unbedingt vorzuziehen ist. Die Telephonwechselströme wurden mittels Spiegelelektrodynamometer gemessen. Aus den auf diese Weise erhaltenen Resonanzkurven, die sowohl für Luft als auch für Wasser aufgenommen wurden, ergibt sich die Dämpfung in Luft und im Wasser. Tabelle XXXI enthält diese Werte für drei Membranen. Bei der dritten Membran wurde die Luftdämpfung bei der Wasserabstimmung gemessen. Hierzu war an der Membran die hydrodynamische Masse in Form einer mechanischen Masse befestigt. Diese Methode ist deshalb empfehlenswert, da die Dämpfung durch mitschwingende innere Teile — störende Resonanzen in der Empfängeranordnung — stark beeinflußt werden kann. Mißt man die natürliche Luftabstimmung ohne Zusatzgewicht, so muß man jedwede störende Resonanz im Empfänger selbst auf das peinlichste vermeiden, was nicht immer gerade leicht ist.

Tabelle Nr. XXXI.

R	d	n_l	n_w	ϑ_L	ϑ_w
2·1	0·06	1312	1000	0·009	0·050
2·1	0·065	1542	1170	0·011	0·053
3·3	0·13	1750	1137	0·032	0·113

Aus den so beobachteten Werten der Luft- und Wasserdämpfung kommt man auf folgende Weise zur eigentlichen Strahlungsdämpfung im Wasser: Die für Luft gefundene Dämpfung ϑ_L setzt sich zusammen aus der Strahlungsdämpfung $(\vartheta_{St})_L$, aus der Verlustdämpfung ϑ_V, endlich aus der Nutzdämpfung ϑ_N. Wir können daher ansetzen:

$$\vartheta_L = (\vartheta_{St})_L + (\vartheta_V + \vartheta_N)_L \quad \ldots\ldots\ldots\ldots \quad 12.)$$

oder

$$\vartheta_L - (\vartheta_{St})_L = \vartheta_L - 2.10^{-3} = (\vartheta_V + \vartheta_N)_L \quad \ldots \quad 12b.)$$

wenn wir die Luftstrahlungsdämpfung für Bronze mit $2 \cdot 10^{-3}$ laut Tabelle XXVI, Seite 122, bewerten.

Bilden wir ferner

$$(\vartheta_L - 2 \cdot 10^{-3}) \left(\frac{n_l}{n_w} \right)^2, \; \ldots \ldots \ldots \ldots \; 12b.)$$

so ergibt dies die Summe aus der Verlust- und Strahlungsdämpfung im Wasser, da sich die Dämpfungen infolge der verschiedenen Massen in Wasser und Luft umgekehrt zueinander verhalten wie die Quadrate der betreffenden Schwingungszahlen. Es wird somit

$$(\vartheta_L - 2 \cdot 10^{-3}) \left(\frac{n_l}{n_w} \right)^2 = (\vartheta_V + \vartheta_N)_L \left(\frac{n_l}{n_w} \right)^2 = (\vartheta_V + \vartheta_N) \cdot \left(\frac{n_l}{n_w} \right)^2 \quad 12c.)$$

Außerdem ist:

$$\vartheta_w = (\vartheta_{St})_w + (\vartheta_V + \vartheta_N)_w \; \ldots \ldots \ldots \; 12d.)$$

oder

$$(\vartheta_{St})_w = \vartheta_w - (\vartheta_V + \vartheta_N)_w = \vartheta_w - (\vartheta_L - 2.10^{-3}) \left(\frac{n_l}{n_w} \right)^2. \quad 12e.)$$

Bestimmen wir daher ϑ_L und ϑ_w aus den aufgenommenen Resonanzkurven, ferner den Eigenton in Wasser und in Luft n_w und n_l, so liefert die Formel 12e.) mit Hilfe dieser Werte die reine Wasserstrahlungsdämpfung. Dabei haben wir als Strahlungsdämpfung in Luft den theoretischen Wert 0.002 aus der Tabelle XXV eingesetzt, was wegen der relativen Kleinheit dieses Wertes unbedenklich geschehen darf.

Die erhaltenen praktischen Resultate für das logarithmische Wasserstrahlungsdekrement können wir nunmehr bei Kenntnis des Membranradius aus der Formel 11.) Seite 123 errechnen und die beiden Werte, wie dies für drei Bronzemembranen die Tabelle XXXII zeigt, einander gegenüberstellen. Wir sehen, daß die Uebereinstimmung eine sehr befriedigende ist ([78]).

Tabelle Nr. XXXII.

R	$(\vartheta_{St})_w$ beobachtet	$(\vartheta_{St})_w$ berechnet	$\vartheta_{beob.} - \vartheta_{berech.}$
2·1	0·031	0·031	0 %
2·1	0·041	0·036	+ 14 %
3·3	0·083	0·076	+ 9 %

Vergleichen wir das Strahlungsdekrement einer elastischen Membran mit dem einer Kolbenmembran, so ergibt sich zwischen diesen beiden Membrantypen ein großer Unterschied. Kehren wir hierzu zur vollständigen Kraftgleichung 4.) einer elastischen Membran S. 121 zurück, so lautet diese für eine sonst gleich beschaffene Kolbenmembran von gleichem Radius, wenn wir noch voraussetzen, daß $M + m$ für beide Membranen gleich groß gewählt wird und außerdem die für sich allein wählbare Direktionskraft μ der Kolbenmembran so angesetzt wird, daß beide Membrantypen auch gleiche Schwingungszahlen im Wasser haben:

$$e_k = \left[m_k + \frac{8 R^3 \rho}{3\sqrt{2}}\right] \ddot{\xi} + a \rho \pi^3 R^2 \left(\frac{R}{\lambda}\right)^2 \dot{\xi} + \mu \xi = 0, \quad \ldots \quad 13.)$$

während die vollständige Kraftgleichung für die elastische Membran 4.) nochmals hingeschrieben lautet:

$$e_e = [m_e + 0{\cdot}4 R^3 \rho] \ddot{\xi} + 4 a \rho R^2 \left(\frac{R}{\lambda}\right)^2 \dot{\xi} + \frac{d^3 E}{0{\cdot}22 R^2} \xi = 0 \ldots 4a.)$$

Der Vergleich ergibt, daß sich das logarithmische Strahlungsdekrement der Kolbenmembran zu dem der elastischen Membran wie π^3 zu 4 verhält. Das heißt aber, daß für den betrachteten Fall gleicher Größe und gleicher Schwingungszahl unter Gleichheit der wirksamen Gesamtmasse das Dekrement der Kolbenmembran rund 7,72 mal größer ist als das der elastischen Membran. Dies ist in der Praxis von wesentlicher Bedeutung, da man mit einer Kolbenmembran als Nullstrahler bei gleicher Amplitude mehr als das Siebenfache an Energie ausstrahlen kann, als mit einer gleich großen elastischen Membran.

Erregen wir eine elastische Membran im Zentrum und untersuchen ihre räumliche Strahlung als Nullantenne, so haben wir den akustischen Widerstand der Kolbenmembran (für den Raumwinkel 4π) mit dem Formfaktor 0,55 zu versehen, also $w = a \rho \pi^3 \cdot 0{\cdot}55^4 R^2 \left(\frac{R}{\lambda}\right)^2 = 2{\cdot}8 a \rho R^2 \left(\frac{R}{\lambda}\right)^2$ zu bilden und erhalten für die Schallintensität durch Multiplikation des Widerstandes mit $\left(\frac{I}{\sqrt{2}}\right)^2$ den Wert

$$L = 1{\cdot}4 a \rho R^2 \left(\frac{R}{\lambda}\right)^2 \cdot I^2 \quad \ldots\ldots\ldots\ldots \quad 14.)$$

Die Kohlenmembran ergäbe nach dieser Rechnung den 8,68 fachen Wert. Dies ist bei den ziemlich willkürlichen Annahmen über die Schwingungsform der elastischen Membran eine gute Uebereinstimmung. Tatsächlich sollte sowohl auf dem Wege des Vergleiches der Strahlungsdämpfungen als auch auf dem der Strahlungsleistung der gleiche Faktor sich ergeben. Es müßte dann die Schwingungsform der elastischen Membram so gewählt werden, daß sowohl Form- als auch Massenfaktor gleich groß werden. Nehmen wir aus den für beide Faktoren gewählten Werten das Mittel zu 0,575, so ergibt sich an Stelle des Wertes 1,4 in der Gleichung 14.) der Wert

$$L = 1{\cdot}67 a \rho R^2 \left(\frac{R}{\lambda}\right)^2 \cdot I^2 \quad \ldots\ldots\ldots\ldots \quad 14a.)$$

M. Wien (79) berechnet auf einem ganz andern Wege die Energie, die eine in einer starren Ebene befestigte, im Mittelpunkt erregte elastische Membran in gegebener Entfernung in der Zeiteinheit durch die Flächeneinheit sendet und findet auf unseren im Raumwinkel 4π arbeitenden, umgerechneten Strahler nullter Ordnung bezogen den Wert

$$L = 1{\cdot}35 a \rho R^2 \left(\frac{R}{\lambda}\right)^2 \cdot I^2 \quad \ldots\ldots\ldots\ldots \quad 15.)$$

Die beiden Gleichungen 14.) und 15.) zeigen eine sehr befriedigende Uebereinstimmung, wenn man die Schwierigkeiten derartiger akustischer Messungen genügend zu würdigen weiß.

§ 7. Die elastische Kraft für eine Kolbenmembran.

Während eine elastische, eingespannte Membran infolge ihrer Durchbiegungsfähigkeit selbst Trägerin der Direktionskraft ist, die sich als abhängig vom Elastizitätsmodul und den Membrandimensionen erwiesen hat, muß für die Kolbenmembran auf getrenntem Wege für eine ihre Schwingungszahl mitbestimmende elastische Kraft gesorgt werden. Hierzu kann im allgemeinen jede Feder in starrer Verbindung mit der Platte dienen, wobei offenbar die Federkraft bei gleicher Plattengröße mit steigender Frequenz zunehmen muß. Dies ist aber nicht die einzige Bedingung für die Feder. Sie muß auch noch die Eigenschaft haben, in der einen Schwingungsphase, in der die ganze Energie in potentieller Form in der Federspannung aufgespeichert ist, diese Aufspeicherung mechanisch zu vertragen, und dabei eine für die Praxis genügende Lebensdauer aufzuweisen. Diese Bedingungen gäben in der Wahl der Federform noch einen weiten Spielraum. Dieser erfährt aber für Unterwasserschallsender noch dadurch eine wesentliche Einschränkung, daß, wie wir [II, § 7, (3), 31] gesehen haben, im Wasser eine bestimmte, von dessen statischem Druck abhängige Amplitude nicht überschritten werden darf. Versuche haben ergeben, daß unter Berücksichtigung der eingeschränkten Amplitudengröße im Wasser, falls sich der Sender rund 1 m unter Wasser befindet, pro cm^2 ca. ⅓ Watt Strahlungsleistung zulässig ist. Größere spezifische Strahlungsleistungen in der angeführten Tiefe führen zu einer schallfeldzerstörenden Dampf- und Luftblasenbildung. Aus diesen Daten kann man auf Grund der Formel 3.) Seite 31 die zulässige Amplitude A berechnen. Setzen wir einen Sender günstigster Tonhöhe 1000 voraus, so erhalten wir

$$A = \sqrt{\frac{2L}{a\rho\omega^2}} \sim \sqrt{\frac{2 \cdot \frac{1}{3} \cdot 10^7}{1{\cdot}5 \cdot 10^5 \cdot 4 \cdot 10^7}} = 10^{-3} \sqrt{\frac{10}{9}} \sim 1 \cdot 10^{-3} \text{ cm} \quad (^{80}).$$

Die zulässige Amplitude ist somit sehr klein. Ist etwa die Senderleistung 1 kW, so ergibt sich die erforderliche Zugkraft zu π Tonnen ([81]). Das heißt aber, die Feder muß so beschaffen sein, daß eine Verschiebung in ihr um einen tausendstel Zentimeter eine elastische Gegenkraft von π Tonnen weckt. (Daraus ist sofort ersichtlich, daß eine elastische Membran überhaupt nicht in der Lage ist, die erforderliche Direktionskraft aufzubringen). Es sind daher unter den Federkonstruktionen nur die allerkräftigsten brauchbar. Unter Beachtung des Umstandes, daß der mechanische Schwingungskreis Masse und elastische Kraft möglichst vollständig getrennt enthalten soll, wird die Wahl für die Feder auf die pro Masseneinheit stärkste uns überhaupt zur Verfügung stehende, nämlich auf den longitudinal beanspruchten Stab, beziehungsweise ein ebenso wirkendes Rohr eingeschränkt.

Wir wählen daher als Beispiel einer schwingungsfähigen Kolbenmembran eine Kolbenmembran, an der zentral ein Stab von der Länge l, der Dichte ρ dem kreisförmigen Querschnitt q und dem Zugelastizitätsmodul E starr befestigt ist, während wir uns das andere Stabende vollkommen fest eingespannt denken. Die Kolbenmembran habe selbst die mechanische Masse m. Betrachten wir zunächst die ungedämpften Eigenschwingungen dieses Systems, so lautet seine Schwingungsgleichung, wenn wir unter ξ die Verschiebung der Stabachse verstehen wollen und μ die Direktionskraft darstellt:

$$m\ddot{\xi}+\mu\xi=0 \quad \ldots\ldots\ldots\ldots\ldots \quad 1.)$$

Dabei setzen wir voraus, daß die Kolbenmembranmasse m groß sei gegenüber der Stabmasse $m_l=\rho' q l$. In diesem Falle ist die Annahme zulässig, daß längs des Stabes während der Schwingung eine gleichmäßige Ausdehnung herrscht, also längs des Stabes der Zustand gleichphasig ist.

Irgendein Querschnitt des Stabes habe im ungedehnten Zustande die Entfernung x von dem in das fixe Ende verlegten Koordinatenursprung. Die durch die Dehnung bewirkte Verschiebung des Querschnittes sei ξ, also die Lage des Querschnittes bei erteilter Verschiebung $x+\xi$. Ein zweiter Querschnitt habe in der Ruhelage vom ersten die Entfernung $x+dx$ vom Ursprung. Dann wird seine Entfernung nach der Verschiebung ξ den Wert $x+dx+\xi'$ haben.

ξ kann als Funktion von x nach der Taylorschen Entwicklung [92] auch geschrieben werden: $\xi'=\xi+\frac{\partial\xi}{\partial x}\cdot dx$

Daher wird die Verlängerung λ der Stablänge dx

$$\lambda=\xi'-\xi=\frac{\partial\xi}{\partial x}dx.$$

Die durch die Verschiebung ξ geweckte Spannung P wird:

$$P=\frac{Eq}{l}\xi \quad \ldots\ldots\ldots\ldots\ldots \quad 2.)$$

woraus sich die Direktionskraft μ berechnet zu:

$$\mu=\frac{P}{\xi}=\frac{Eq}{l} \quad \ldots\ldots\ldots\ldots\ldots \quad 3.)$$

Es ist daher die potentielle Energie durch die Verschiebung ξ

$$V=\int_0^{\xi}\frac{Eq}{l}\xi\, d\xi=\frac{Eq\xi^2}{2l}, \quad \ldots\ldots\ldots\ldots \quad 4.)$$

während sich die kinetische Energie aus zwei Teilen zusammensetzt. Der erste Teil rührt von der Membranmasse m her und hat den Wert $T=\frac{m\dot{\xi}^2}{2}$. Der zweite verdankt seine Existenz der infolge der Querkontraktion des Stabes eintretenden Massenbewegung. Dieser Teil läßt sich, wenn r den Radius des Stabes darstellt, auf folgende Weise berechnen: Die Masse eines Stabelementes von der Länge dx hat den Wert $dm=\rho' q dx$. Die Verlängerung λ an der betrachteten Stelle x des Stabes ist $\lambda=\frac{x}{l}\xi$, da ξ die Gesamtverlängerung darstellt. Es wird somit dieser Teil der kinetischen Energie δT für die gesamte Stablänge

$$\delta T = \frac{1}{2} \int_0^l m_1 \left(\frac{d\lambda}{dt}\right)^2 = \frac{1}{2} \int_0^l \rho' q \, dx \cdot \left[\frac{x}{l} \frac{d\xi}{dt}\right]^2 = \frac{1}{2} \dot{\xi}^2 \rho' q \cdot \frac{1}{l^2} \int_0^l x^2 dx =$$

$$= \frac{\dot{\xi}^2}{2} \cdot \frac{\rho' q l}{3} \quad \ldots\ldots\ldots\ldots\ldots 5.)$$

Somit ist die gesamte kinetische Energie gegeben durch

$$T + \delta T = \frac{1}{2} \dot{\xi}^2 \left[m + \frac{\rho' q l}{3}\right] = \frac{1}{2} \dot{\xi}^2 \left[m + \frac{m_1}{3}\right] \quad \ldots\ldots 6.)$$

Daraus sieht man, daß die infolge der Stabträgheit auftretende Korrektion äquivalent einem Zuwachs von einem Drittel an Stabmasse wird, so daß die gesamte mechanische Masse den Wert $m + \frac{m_1}{3}$ besitzt. Somit lautet die Gleichung 1.) für die freie ungedämpfte Eigenschwingung des Kolbenmembrangebildes:

$$\left[m + \frac{\rho' q l}{3}\right] \ddot{\xi} + \frac{E q}{l} \cdot \xi = 0. \quad \ldots\ldots\ldots 1a.)$$

Wir wissen nun aus Gleichung 16, S. 117, daß die hydrodynamische Masse einer Kolbenmembran vom Radius R als Nullstrahler im Raumwinkel 4π

$$M = \frac{8 R^3 \rho}{3\sqrt{2}}$$

beträgt und nach Gleichung 15.) S. 116 ihr akustischer Strahlungswiderstand den Wert $w_{St} = \pi^3 a \rho R^2 \left(\frac{R}{\lambda}\right)^2$ hat. Somit lautet die vollständige Bewegungsgleichung, wenn wir mit F die zur Ueberwindung des gesamten Schalldruckes erforderliche äußere Kraft bezeichnen:

$$F = \left[M + m + \frac{m_1}{3}\right] \ddot{\xi} + w_{St} \dot{\xi} + \mu \xi =$$

$$= \left(\frac{8 R^3}{3\sqrt{2}} + m + \frac{\rho' q l}{3}\right) \ddot{\xi} + \pi^3 a \rho R^2 \left(\frac{R}{\lambda}\right)^2 \dot{\xi} + \frac{E q}{l} \xi \quad \ldots 7.)$$

Diese Gleichung gilt lediglich für die Strahlung. Eine Verlustdämpfung wurde hier noch nicht berücksichtigt.

Bei unserer Berechnung der kinetischen Energie des Stabes haben wir bisher außer acht gelassen, daß durch die seitliche Bewegung der nicht in der Stabachse liegenden Teilchen ebenfalls eine kinetische Energie auftritt. Wir werden in folgendem sehen, daß wir bei nicht zu hohen Schwingungszahlen und bei Stäben von gebräuchlichen Längen- und Breitenverhältnissen diese Vernachlässigung unbedenklich machen dürfen. Ist η die seitliche Verschiebung des um r von der Achse des Stabes mit kreisförmigem Querschnitt abstehenden Teilchens, dann berechnet sich die kinetische Energie des Stabes, die von dieser seitlichen Bewegung herrührt, zu

$$T' = \frac{1}{2} \int_0^l \int_0^r 2 r \pi \rho \dot{\eta}^2 dx \, dr = \pi \rho \int_0^l \int_0^r \dot{\eta}^2 dx \, dr,$$

wenn wir berücksichtigen, daß $\int\limits_0^l \int\limits_0^r 2\, r\, \pi \rho\, d\, x\, d\, r$ die Stabmasse darstellt. Nun ist $\dot{\eta}$ durch $\dot{\xi}$ darzustellen, wobei nicht außer acht gelassen werden darf, daß ξ eine Funktion von x und t ist. An der Stelle x sei die Querkontraktion ε, sodaß, da die Verlängerung der Längeneinheit $\frac{\partial \xi}{\partial x}$ ist, die Gleichung besteht $\varepsilon = c \frac{\partial \xi}{\partial x} = c \frac{d \xi}{d x}$, wenn wir mit c die Poisson'sche Konstante bezeichnen. [84] In der Entfernung r ist die Querschnittverschiebung $\eta = r\, \varepsilon = r\, c \frac{d \xi}{d x}$ und $\dot{\eta} = \frac{d \eta}{d t} = r\, c \frac{d \dot{\xi}}{d x}$, sodaß T' den Wert annimmt:

$$T' = \pi \rho \int\limits_0^l \int\limits_0^r \dot{\eta}^2\, d\, x\, r\, d\, r = \pi \rho\, c^2 \int\limits_0^l \int\limits_0^r r^3\, d\, r \left[\frac{d \dot{\xi}}{d x}\right]^2 d\, x = \frac{\pi \rho\, r^4 c^2}{4} \int\limits_0^l \left[\frac{d \dot{\xi}}{d x}\right]^2 d\, x =$$

$$= \rho\, q \frac{r^2 c^2}{4} \int\limits_0^l \left(\frac{d \dot{\xi}}{d x}\right)^2 d\, x.$$

Die kinetische Energie des schwingenden Stabes ist somit:

$$T + T' = \frac{1}{2} \rho\, q \int\limits_0^l \dot{\xi}^2\, d\, x + \frac{1}{4} \rho\, q\, r^2 c^2 \int\limits_0^l \left(\frac{d \dot{\xi}}{d x}\right)^2 d\, x.$$

Für einen an beiden Enden freien Stab haben wir, nachdem

$$\xi = A \cos \frac{k \pi x}{l} \sin \frac{k \pi a t}{l}$$

ist, wobei k eine ganze Zahl bedeutet, $\dot{\xi}$ proportional $\cos \frac{k \pi x}{l}$, $\frac{d \dot{\xi}}{d x}$ proportional $-\frac{k \pi}{l} \sin \frac{k \pi x}{l}$, sodaß $(T + T') : T = 1 + \frac{k^2 c^2 \pi^2 r^2}{2\, l^2}$ wird.

Die Wirkung der Trägheit der seitlichen Bewegung ist daher die, daß durch sie die Periode in dem Verhältnis von:

$$1 : \left[1 + \frac{k^2 c^2 \pi^2 r^2}{2\, l^2}\right]$$

vergrößert wird. Wie ersichtlich, kann im allgemeinen diese Korrektion als fast unmerkbar vernachlässigt werden.

Wir haben in der Kolbenmembran in Verbindung mit einem longitudinal beanspruchten Stab ein wichtiges mechanisches System kennengelernt, bei dem schwingende Masse und elastische Kraft exakt getrennt sind. Das fix eingeklemmte Stabende können wir uns dort auch mit einer unendlich großen Masse verbunden denken, wodurch die Wirkung dieses Endes nicht geändert wird. Auf diese Weise kommen wir zur Grundform des mechanisch-akustischen Schwingungskörpers, für den Hahnemann und Hecht [85] die Bezeichnung „Tonpilz“ vorgeschlagen haben. Wir finden dafür unter den bisher gebräuchlichen mechanisch-akustischen Systemen keine Analogie, wenn wir von der einzigen Ausnahme, vom Helmholtzschen Luftresonator absehen, bei dem die Schwingungsenergie in potentieller Form im Resonatorraum, und in kinetischer Form in der Resonatoröffnung lokalisiert erscheint. Alle übrigen Schwingungskörper, soweit sie gegenwärtig bekannt sind, zeigen mehr oder weniger gleichmäßig verteilte Masse und Elastizität und haben, wie schon erwähnt, die störende Eigenschaft, daß sie ihre Schwingungsform ändern, also ihre Knotenfiguren verschieben, wenn an

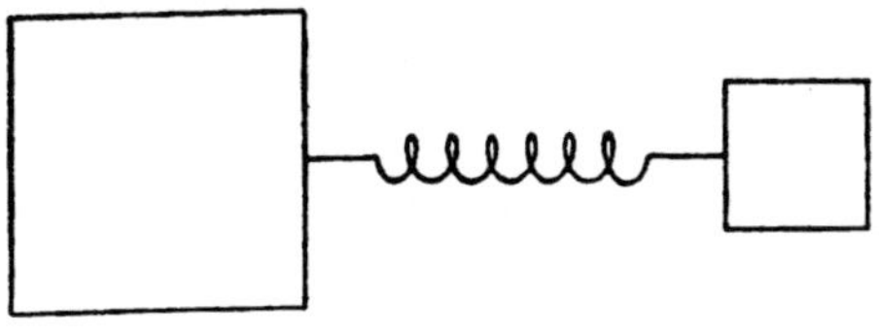

Fig. 24.

Stellen größerer Elongationen mit stärkeren erregenden oder abbremsenden Kräften angegriffen wird. Sie haben im allgemeinen das Bestreben, ein Minimum an Energie aufzunehmen.

Der Tonpilz besteht somit laut Fig. 24.) aus zwei elastizitätsfreien Massen, die durch eine massenlose Feder miteinander verbunden sind, wobei sich die Massen in der Richtung und Verbindungslinie der Massenschwerpunkte bewegen.

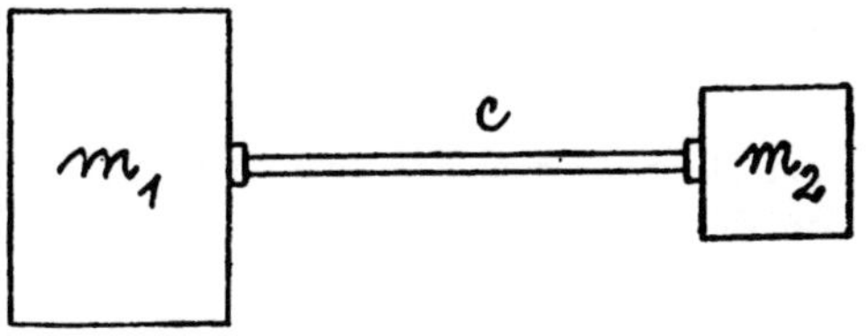

Fig. 25.

Ist die eine Masse unendlich groß, so liegt in ihr der Systemschwerpunkt und bleibt mit ihr in Ruhe. Der Tonpilz muß natürlich die Bedingung erfüllen, daß seine Länge kleiner bleibt als $\frac{\lambda}{4}$, denn nur dann darf man den zeitlichen Vorgang in allen Federquerschnitten als gleich annehmen und den Zustand als quasistationär auffassen. Die besondere von uns früher betrachtete Form des Tonpilzes mit einem longitudinal beanspruchten Stab als Feder ist in Fig. 25.) schematisch dargestellt.

Alle bekannten mechanischen und akustischen Schwingungsgebilde lassen sich auf die einfache Tonpilzform zurückführen. Betrachten wir beispielsweise eine in einem schwerem Ring eingespannte elastische Membran, so wird die eine Masse m_2 durch die Schwingungsmasse der Membran selbst, die andere Masse m_1 durch die Ringmasse dargestellt, während die Elastizität c durch die Membranelastizität gegeben ist. Auf den ersten Blick ist es ungewohnt, zwei Massen zu betrachten;

nehmen wir etwa eine an einer Feder aufgehängte Pendelmasse, so vertritt die Pendelmasse die Masse m_2 in der Fig. 25.), während die Masse, an der die Feder hängt, durch m_1 repräsentiert wird. In der bekannten Schwingungsgleichung tritt diese zweite Masse überhaupt nicht auf, und zwar deshalb nicht, da sie gegenüber der Pendelmasse als unendlich groß angenommen werden kann. Nur in solchen Fällen, wo die eine Masse gegenüber der anderen sehr klein ist, kann die zweite Masse unberücksichtigt bleiben.

Wenn wir mit ξ_1 und ξ_2 die Momentanwerte des Ausschlages der beiden Massen m_1 und m_2 bezeichnen, so lauten die Kraftgleichungen für die ungedämpfte Eigenschwingung der beiden Massen des Tonpilzes

$$m_1 \ddot{\xi}_1 + \frac{\xi_1 - \xi_2}{c} = 0 \text{ und } m_2 \ddot{\xi}_2 - \frac{\xi_1 - \xi_2}{c} = 0, \quad \ldots 8.)$$

die durch Addition die Gleichung $m_1 \ddot{\xi}_1 + m_2 \ddot{\xi}_2 = 0$ liefern.

Aus dieser Gleichung ist einfach zu erkennen, daß sich die Maximalausschläge (Amplituden) umgekehrt zueinander verhalten wie die Massen und entgegengesetzte Richtung haben.

Bezeichnen wir ferner mit E_1 und E_2 die in den beiden Massen schwingenden Energien und mit A_1 und A_2 die Amplituden der Massen, so verhält sich

$$E_1 : E_2 = m_1 A_1^2 : m_2 A_2^2 \quad \ldots\ldots\ldots\ldots 9.)$$

oder, da

$$A_1^2 : A_2^2 = m_2 : m_1 \text{ ist,}$$

$$E_1 : E_2 = m_2 : m_1 \quad \ldots 9a.)$$

Es verhalten sich somit die Schwingungsenergien verkehrt wie die Massen, so daß in praxi die ganze Schwingungsenergie in der kleineren Masse steckt, falls die andere Masse gegenüber dieser sehr groß ist. In diesem und nur in diesem Falle kann man die Betrachtungen auf eine Schwingungsmasse reduzieren. Diese Erkenntnis ist wichtig für den Bau von Tonpilzen. Will man möglichst ungedämpfte Tonpilze bauen, so wird man das Massenverhältnis möglichst groß wählen und die größere Masse zur Befestigung oder Aufstellung des Pilzes verwenden. Ist hingegen die Aufgabe gestellt, die Schwingungen des Tonpilzes möglichst wirksam zu dämpfen, dann wird man die abbremsenden Kräfte an der kleineren Masse angreifen lassen. So steckt bei dünnen Membranen in dicken Einspannringen oder bei Blattfedern in kräftigen Einspannklötzen die gesamte Schwingungsenergie praktisch in der dünnen Membran- beziehungsweise in der Blattfedermasse, und die Befestigungsmassen werden um so weniger dämpfend wirken, je massiver sie ausgebaut sind.

Subtrahiert man die beiden Gleichungen 8.) voneinander, nachdem man sie vorher einzeln durch die Massen dividiert hat, so erhält man die Kreisfrequenz des Tonpilzes zu

$$\omega = \sqrt{\frac{1}{c} \frac{m_1 + m_2}{m_1 m_2}} \quad \ldots\ldots\ldots\ldots 10.)$$

oder, falls der Stab die Länge l, den Querschnitt q und den Elastizitätsmodul E besitzt,

$$\omega = \sqrt{\frac{Eq}{l} \frac{m_1 + m_2}{m_1 m_2}}, \quad \ldots \ldots \ldots \ldots \quad 10a.)$$

da $c = \mu = \frac{Eq}{l}$ ist. Auch der Seite 131 gefundenen Korrektion für die Stabmasse m_s kann man Rechnung tragen. Die Korrektion wird sich entsprechend symmetrisch auf die beiden Einzelmassen verteilen und wir erhalten statt $m_1 = m_2$:

$$m_1\left(1 + \frac{1}{3}\frac{m_s}{m_1}\frac{m_2}{m_1 + m_2}\right) \text{ und } m_2\left(1 + \frac{1}{3}\frac{m_s}{m_2}\frac{m_1}{m_1 + m_2}\right) \quad \ldots \quad 11.)$$

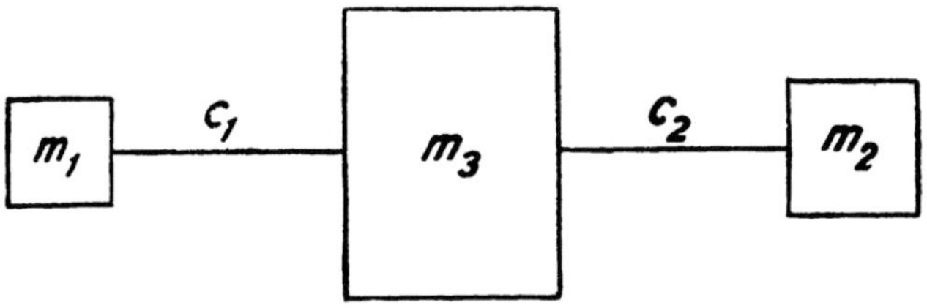

Fig. 26.

Auf eines hat man noch besonders zu achten. Der Tonpilz hat auch die Möglichkeit, wie eine Saite zu schwingen, die zwischen den beiden Massen ausgespannt ist. Diese Querschwingungszahl muß jedenfalls immer berücksichtigt werden. Man kann sie einerseits nützlich verwenden, wenn man ein zweiwelliges Gebilde direkt beabsichtigt, muß sie aber, falls vollständige Einwelligkeit für den Resonanzbereich gefordert wird, entsprechend hoch über die Längsschwingungszahl legen. Ein Mittel zur Beherrschung dieser Querschwingungszahl besteht darin, daß man den Stab durch ein Rohr von gleichem Querschnitt ersetzt, das gegenüber dem Stab eine mit der vierten Potenz des Durchmessers abnehmende Querelastizität aufweist, während die Longitudinalelastizität konstant bleibt.

Dem Tonpilz kommt noch die weitere, für die Praxis nicht hoch genug einzuschätzende Eigenschaft eines akustischen Hebels zu. Wir haben S. 129 gefunden, daß beispielsweise für einen Sender im Wasser vom Strahlungsvermögen eines kW eine eingeprägte Kraft von mehreren Tonnen erforderlich ist. Wollte man diese etwa mit Hilfe eines Elektromagneten schaffen, so würde man zu geradezu kläglichen Nutzeffekten kommen, und keinem ernstzunehmenden Elektrotechniker wird es einfallen, an die Realisierung einer solchen Zugkraft mit Hilfe eines auch polarisierten Wechselstromelektromagneten zu denken. Die Eigenschaft des Tonpilzes, daß sich die Amplituden umgekehrt zueinander verhalten wie die Massen, erlaubt in einfacher Weise eine Amplitudenübersetzung zu erreichen, die allen Anforderungen, die man an einen akustischen Hebel stellen kann, genügt. Auf diese Art kann man die direkte Erregung der strahlenden Fläche, die sich auf elektromagnetischem Wege für Sender größerer Leistungen als unmöglich erweist, umgehen und die Energie mit größerer Amplitude und kleinerer Kraft an der kleineren Masse des Tonpilzes angreifen lassen, so daß man schließlich bei geeigneter Wahl des Massenverhältnisses (der Hebelübersetzung) die im elektrischen Erreger mit kleinen Kräften und großen Amplituden schwingenden Energien mit gutem Wirkungsgrad auf die strahlende Fläche übertragen kann, von der sie dann mit kleiner Amplitude und großer Kraft als Schallwelle abwandern ([86]).

Figur 26.) zeigt den schematisierten Fall eines gekoppelten Tonpilzes, entstanden aus der Koppelung zweier einfacher Gebilde. Wie in der drahtlosen Telegraphie mittels elektrischer Wellen häufig mit gekoppelten Gebilden gearbeitet werden muß, ergibt sich diese Notwendigkeit auch in der Unterwasserschalltelegraphie. Handelt es sich beispielsweise um schallaufnehmende Membranen, so wird man sowohl diese als auch das Energieumformungselement für die akustische in elektrische Energie (Telephon, Mikrophon u. dgl. m.) abstimmen, um ein Lautstärkemaximum zu erhalten. In Figur 26.) sind die Massen m_1 und ein Teil von m_3 die Massen des einen Tonpilzes mit der Elastiztät c_1, während der andere Teil von m_3 und m_2 die Massen des zweiten Tonpilzes von der Elastizität c_2 darstellen. Die Kopplung ist eine Massenkopplung durch die gemeinsame Masse m_3. Die Kräftegleichungen für die drei Massen des ungedämpft schwingenden Systems lauten:

$$\left.\begin{aligned} m_1 \ddot{\xi}_1 + \frac{\xi_1 - \xi_3}{c_1} &= 0 \\ m_2 \ddot{\xi}_2 - \frac{\xi_3 - \xi_2}{c_2} &= 0 \\ m_3 \ddot{\xi}_3 - \frac{\xi_1 - \xi_3}{c_1} + \frac{\xi_3 - \xi_2}{c_2} &= 0 \end{aligned}\right\} \quad \ldots\ldots 12.)$$

In einfacher Weise findet man daraus die Bestimmungsgleichung für die Eigenfrequenzen zu:

$$\omega^4 - \omega^2\left(\frac{1}{c_1 m_1} + \frac{1}{c_1 m_3} + \frac{1}{c_2 m_2} + \frac{1}{c_2 m_3}\right) + \frac{m_1 + m_2 + m_3}{m_1 \cdot m_2 \cdot m_3} = 0 \quad . \ 13.)$$

Diese Gleichung besitzt zwei Wurzeln für die Kreisfrequenzquadrate, die unter Benutzung der Formeln für die freien Eigenschwingungszahlen der beiden ungekoppelten Systeme

$$\left.\begin{aligned} \omega_1^2 &= \frac{1}{c_1}\,\frac{m_1 + m_3}{m_1 m_3} \\ \omega_2^2 &= \frac{1}{c_2}\,\frac{m_2 + m_3}{m_2 m_3} \end{aligned}\right\} \quad \ldots\ldots\ldots\ldots 13a.)$$

sich berechnen zu

$$\omega^2 = \frac{1}{2}\left(\omega_1^2 + \omega_2^2\right) \pm \sqrt{\frac{1}{4}\left(\omega_1^2 + \omega_2^2\right)^2 + \omega_1^2\,\omega_2^2\,\frac{m_1 m_2}{(m_1 + m_3)(m_2 + m_3)}} \quad 13b.)$$

In Analogie zur drahtlosen Telegraphie mit elektrischen Wellen und in Uebereinstimmung mit der Theorie der gekoppelten Systeme bezeichnen wir den Ausdruck

$$\frac{m_1 m_2}{(m_1 + m_3)(m_2 + m_3)} = k^2, \quad \ldots\ \ldots\ldots 14.)$$

der uns das Produkt der Verhältnisse von der im Kopplungsgliede schwingenden Energie zur Gesamtenergie jedes Einzelsystems darstellt, mit k^2 und nennen k den Kopplungskoeffizienten beider mechanischer Schwingungskreise. Ist die gemeinsame Masse m_3 klein gegenüber den beiden freien Massen m_1 und m_2, so steckt praktisch die gesamte Schwingungsenergie im Kopplungsgliede; es ist dies der Fall einer sehr festen Kopplung, und k^2 wird gleich eins. Wird hingegen die gemeinsame Masse m_3 größer als m_1 und m_2, so wird die Kopplung loser und hat den angenäherten Wert

$$k^2 = \frac{m_1 m_2}{m_3^2} \quad \ldots\ldots\ldots\ldots\ldots \quad 14a.)$$

Sie bildet auf diese Weise ein Analogon zu den Kopplungskoeffizienten zweier elektrischer Kreise mit gemeinsamer Selbstinduktion $k^2 = \frac{M^2}{L_1 L_2}$, wenn L_1 und L_2 die freien Selbstinduktionen und M den gegenseitigen Selbstinduktionskoeffizienten bezeichnen. Werden schließlich m_1 und m_2 klein gegenüber m_3, so haben wir eine extrem lose Kopplung vor uns und k^2 sinkt gegen Null.

Führen wir k^2 in Gleichung 13b.) ein, so wird

$$\omega^2 = \frac{1}{2}(\omega_1^2 + \omega_2^2) \pm \sqrt{\frac{1}{4}(\omega_1^2 + \omega_2^2)^2 + k^2 \omega_1^2 \omega_2^2}. \quad 13c.)$$

Diese Formel ist an der Hand zahlreicher Experimente und tatsächlich ausgeführter Apparate über den ganzen Bereich des Kopplungskoeffizienten von 0—1 als zutreffend gefunden worden. Ist der Kopplungkoeffizient nahezu Null, so gehen die beiden gekoppelten Schwingungen in die freien Eigenschwingungen über; ist der Kopplungskoeffizient hingegen nahezu eins, so schwingt einmal die kleine gemeinsame Masse m_3 mit parallel geschalteten Elastizitäten c_1 und c_2, wobei die beiden freien Massen m_1 und m_2 nahezu stillstehen, während in der anderen Schwingungsform die beiden freien Massen m_1 und m_2 mit in Serie geschalteten Elastizitäten in der Form eines einfachen Tonpilzes schwingen.

In der Praxis kommt häufig der Fall vor, daß die ungekoppelten Systeme gleiche Eigenfrequenzen besitzen, also $\omega_1 = \omega_2 = \omega_0$ ist; dann wird

$$\omega = \omega_0 \sqrt{1 \pm k} = \omega_0 \cdot \left(1 \pm \frac{k}{2}\right), \quad \ldots\ldots\ldots \quad 15.)$$

ein von den gekoppelten elektrischen Kreisen her gut bekannter Ausdruck.

Seite 105 haben wir gefunden, daß Schwingungsgebilde im Kopplungszustand stets das Bestreben haben, ihre Resonanzen in der Weise auseinander zu drängen, daß das tiefere System durch die Kopplung erniedrigt, das höhere erhöht wird. Diese Eigenschaft können wir in einfacher Weise aus der Fig. 26 ersehen, in der wir hierzu die drei Massen als gleich groß annehmen wollen, was nichts anderes bedeutet, als daß der Stab 1 im Gegensatz zum Stab 2 länger beziehungsweise dünner wird. Für das System 1 bedeutet dann die Kopplung mit dem System 2 das Anlegen der Masse 2 an die Masse 3 mit relativ kurzem und dickem Stab, also starre Befestigung der Masse 2 an der Masse 3; dies muß eine Erniedrigung der Schwingungszahl des Systems 1 nach sich ziehen. Für das höhere System 2 bedeutet die Kopplung mit System 1 das Hinzufügen einer im Vergleich zu der mit Stab 2 geringeren Direktionskraft (in Form des Stabes 1 an die Masse 3 bei fast stillstehender Masse 1); dadurch ist notwendig eine Erhöhung der Systemschwingungszahl 2 bedingt.

Der Fall, daß eine der Massen des gekoppelten Systems unendlich groß wird, soll später bei der praktischen Ausführung von Schallantennen besprochen werden.

§ 8. Energieabsorption in Schallantennen nullter und erster Ordnung.

Wir haben gefunden [III, § 7 (7), -131], daß sich die Schwingung eines Resonators durch die Gleichung

$$M \ddot{\xi} + w_{St} \dot{\xi} + \mu \xi = K \quad \ldots \ldots \ldots 1.)$$

beschreiben läßt. Hier bedeutet ξ die Verschiebung der strahlenden Fläche, M die gesamte schwingende Masse, also die mechanische Masse des Strahlers und die hydrodynamische, w_{St} den akustischen Strahlungswiderstand, μ die Direktionskraft und endlich K die äußere auf den Strahler wirkende Kraft. (Letztere läßt sich für einen im gesamten Raumwinkel 4π strahlenden Membranresonator als Nullstrahler vom Membranradius R auch in der Form schreiben $K = 2 R^2 \pi P$ ([87]), wenn P den Maximalwert des Schalldruckes darstellt.) Handelt es sich um eine Empfangsantenne irgendeiner Ordnung, so wird in ihr eine weitere Energie, nämlich die den Anzeigeinstrumenten zugute kommende, in der Antenne abgebremst; wir tragen dem in der Form Rechnung, daß wir die dissipative Kraft $w_{St} \dot{\xi}$ um den Betrag $w_n \dot{\xi}$ vermehren, wobei w_n den akustischen Brems- oder Nutzwiderstand bedeutet. Die Gleichung 1 schreibt sich dann

$$M \frac{\partial i}{\partial t} + (w_{St} + w_n)\, i + \mu \int i \, dt = K \quad 1a.)$$

und stellt in dieser Schreibweise die Kraftgleichung eines Empfangsresonators unter Berücksichtigung des akustischen Bremswiderstandes dar, wenn wir, wie bisher, $\frac{\partial \xi}{\partial t}$ mit i bezeichnen; dabei ist die gedämpfte Eigenschwingung gegeben durch $\omega^2 = \frac{\mu}{M}$. Ferner ist $\frac{w_{St} + w_n}{2M} = \delta$. Für den Resonator wurde noch die stillschweigende Voraussetzung gemacht, daß seine Verlustdämpfung klein genug gegenüber der Strahlungs- und Nutzdämpfung sei, um unbedenklich in der Gleichung vernachlässigt werden zu können. Bezeichnen wir die in der Schallantenne akustisch abgebremste Leistung mit $\mathfrak{L}_n$, ferner die aus dem Schallfeld aufgenommene Leistung mit $\mathfrak{L}_e$ und endlich die durch Rückstrahlung vom Resonator an das Feld abgegebene Leistung mit $\mathfrak{L}_a$, so haben diese Größen der Reihe nach die Werte

$$\left.\begin{aligned} \mathfrak{L}_n &= \frac{1}{2} w_n \dot{\xi}^2_{Max.} \\ \mathfrak{L}_e &= \frac{1}{2} K \dot{\xi}_{Max.} \\ \mathfrak{L}_a &= \frac{1}{2} w_{St} \dot{\xi}^2_{Max.} \end{aligned}\right\} \quad \ldots \ldots \ldots 2.)$$

die, falls U die gesamte innere Energie darstellt, der Gleichung

$$\frac{\partial U}{\partial t} = \mathfrak{L}_e - (\mathfrak{L}_n + \mathfrak{L}_a) \text{ genügen.}$$

Die Intensität der ungestörten über die Empfangsantenne hinziehenden ebenen, harmonischen Wellen haben wir früher [II, § 7, (6), 32] berechnet zu $L = \frac{P^2}{2 a \rho}$, wobei P den akustischen Maximaldruck im ungestörten Schallfeld bezeichnet Dabei bezieht sich L auf die Flächeneinheit, stellt also die Energiedichte im Schallfeld dar. — Durch die Schallfeldfläche F wandert somit senkrecht im zeitlichen Mittel zur Schallfortpflanzungsrichtung die Energie $\mathfrak{L}$:

$$\mathfrak{L} = L F = \frac{P^2 F}{2 a \rho} \quad \ldots\ldots\ldots\ldots\ldots \quad 3.)$$

Setzen wir $LF = \mathfrak{L}_n$, so liefert uns F die Größe der Schallfeldfläche, deren Energie als Nutzenergie in der Empfangsantenne als „Senke" verschwindet. Bezeichnen wir den Radius dieser Fläche mit r, so können wir auch schreiben:

$$F = r^2 \pi = \frac{\mathfrak{L}_n}{L} = w_n \cdot \frac{a \rho}{P^2} \dot{\xi}^2_{Max.} = \frac{a \rho\, w_n\, I^2}{P^2} = \frac{w_n}{a \rho}, \quad \ldots\ldots \quad 4.)$$

da $P^2 = (a \rho)^2 \cdot I^2$ ist [II, § 7, (8), 32].

Ist das Schallfeld ungedämpft, also der Schalldruck gegeben durch

$$p = P \sin \omega t, \quad \ldots\ldots\ldots\ldots\ldots \quad 5.)$$

so lautet die Lösung der Empfangsantennengleichung

$$\left.\begin{aligned} \xi &= A \sin (\omega t - \varphi) \\ \text{wobei} \quad \varphi &= \operatorname{arctg} \frac{2 \delta \omega}{\omega_0^2 - \omega^2} \quad \text{ist.} \end{aligned}\right\} \quad \ldots\ldots \quad 6.)$$

Außerdem wissen wir von früher [III, § 1, (13c), 91], daß

$$\xi = \frac{K}{M \sqrt{(\omega_0^2 - \omega^2)^2 + 4 \delta^2 \omega^2}} \cdot \sin(\omega t - \varphi) \quad \ldots\ldots \quad 7.)$$

und

$$\dot{\xi} = \frac{- \omega K}{M \sqrt{(\omega_0^2 - \omega^2)^2 + 4 \delta^2 \omega^2}} \cdot \cos (\omega t - \varphi) \quad \ldots\ldots \quad 8.)$$

und schließlich

$$I^2 = \dot{\xi}^2_{Max.} = \frac{\omega^2 K^2}{M^2 [(\omega_0^2 - \omega^2)^2 + 4 \delta^2 \omega^2]} \quad \text{ist.} \quad \ldots\ldots \quad 9.)$$

Wir erhalten daher für F den Wert:

$$F = \frac{w_n \cdot a \rho I^2}{P^2} = \frac{a \rho\, w_n\, \omega^2 K^2}{P^2 M^2 [(\omega_0^2 - \omega^2)^2 + 4 \delta^2 \omega^2]} \cdot \ldots\ldots \quad 10.)$$

Für den Fall der Resonanz $\omega_0 = \omega$ nimmt $F_{Res.}$ die Größe an:

$$F_{Res.} = \frac{a \rho K^2 w_n}{4 P^2 M^2 \delta^2} \cdot \ldots\ldots\ldots\ldots\ldots \quad 11.)$$

die sich unter Berücksichtigung der Formel $4\delta^2 M^2 = (w_n + w_{St})^2$ in

$$F_{Res.} = \frac{a\rho K^2 \cdot w_n}{P^2 (w_n + w_{St})^2} \quad \ldots\ldots\ldots \quad 12.)$$ verwandelt.

Die aus dem Schallfeld absorbierte Energie wird mit dieser Fläche ein Maximum, das dann erreicht wird, wenn $\frac{\partial F}{\partial w_n} = 0$ wird also für $w_n = w_{St}$, oder $\delta_n = \delta_{St}$. **Wir erhalten somit schließlich die größte Wirksamkeit der Schallsenke, also das Absorptionsmaximum (im Resonanzfalle), wenn die Nutzdämpfung gleich der Strahlungsdämpfung wird, genau wie dies von Rüdenberg ([88]) für die Antennen in der drahtlosen Telegraphie bereits früher gefunden wurde.** Als maximale Absorptionsfläche finden wir daher:

$$(F_{Res.})_{Max.} = \frac{a\rho K^2}{4 P^2 w_{St}} = \frac{a\rho K^2}{8 P^2 M \delta_{St}} \quad \ldots\ldots\ldots \quad 13.)$$

und für die größtmögliche in der Senke verschwindende Schallfeldenergie die Größe

$$(\mathfrak{L}_n)_{Max} = F\,L = \frac{K^2}{16 M \delta_{St}} = \frac{K^2}{8 w_{St}} \; ({}^{89}) \quad \ldots\ldots \quad 14.)$$

Formel 13.) und 14.) haben unabhängig von der Ordnungszahl des Strahlers allgemeine Gültigkeit.

Wenden wir diese Formel zunächst auf einen Membrannullstrahler, der in den Raumwinkel 4π strahlt, und dessen Membran den Radius R hat, an, so wird für diesen Fall $K = 2R^2 \pi P$ ([87]), während $w_{St} = \frac{\pi^3 a \rho R^4}{\lambda^2}$ wird, falls wir eine Kolbenmembran betrachten. Wir erhalten daher für einen Kolbenmembran-Resonator von Radius R bei allseitiger Raumstrahlung die Werte:

$$(\mathfrak{L}_n)_k = \frac{4 R^4 \pi^2 P^2 \lambda^2}{8 \pi^3 a \rho R^4} = L \cdot \frac{\lambda^2}{\pi} \quad \ldots\ldots\ldots \quad 15.)$$

$$(F)_k = \frac{(\mathfrak{L}_n)_k}{L} = \frac{\lambda^2}{\pi} \quad \ldots\ldots\ldots\ldots \quad 16.)$$

$$r_k = \sqrt{\frac{(F)_k}{\pi}} = \frac{\lambda}{\pi} = 0{\cdot}318\,\lambda \quad \ldots\ldots\ldots \quad 17.)$$

während für einen gleich großen elastischen Membranstrahler sich die Resultate

$$(\mathfrak{L}_n)_e = \frac{4 R^4 \pi^2 \cdot 0{\cdot}6^4 P^2 \cdot \lambda^2}{8 \pi^3 a \rho R^4\, 0{\cdot}6^4} = L \frac{\lambda^2}{\pi} \quad \ldots\ldots\ldots \quad 15a.)$$

$$(F)_e = \frac{\lambda^2}{\pi} \quad \ldots\ldots\ldots\ldots \quad 16a.)$$

$$r_e = \frac{\lambda}{\pi} = 0{\cdot}318\,\lambda \quad \ldots\ldots\ldots \quad 17a.)$$

somit die gleichen Werte ergeben.

Dieses Resultat ist nicht auffällig, da Gleichung 14.) zeigt, daß die maximal absorbierte Energie von der Größe des Resonators unabhängig ist ([90]). An sich ist das Ergebnis jedoch sehr bemerkenswert, denn es zeigt, daß der Vorteil der Kolbenmembran als stark strahlender Sender gegenüber der elastischen Membran als Sendeantenne für den Empfang im Optimumfalle nicht vorhanden ist; hier ist Kolbenmembran- und elastischer Membran-Empfänger gleichwertig. Wir haben bereits Seite 52 erwähnt, daß die minimale Schallfeldstärke, auf die gute Mikrophonempfänger gerade ansprechen, $L = 10^{-15}$ Watt cm^2 beträgt. Die gesamte, zum Ansprechen eines Empfängers erforderliche sekundliche Energie beträgt somit nach Gleichung 15 für den Ton 1000 im Resonanzfalle rund $^2/_3 \cdot 10^{-11}$ Watt ([91]).

Wenden wir nun unsere Formeln 13.) und 14.) auf einen Strahler erster Ordnung an. Hierzu haben wir K und w_{St} für einen solchen Resonator zu bestimmen. Den akustischen Strahlungswiderstand haben wir [III, § 4, (1) u. (1 b), 110] gefunden zu

$$w_{St} = \frac{\left(\frac{2\pi R}{\lambda}\right)^3}{4 + \left(\frac{2\pi R}{\lambda}\right)^4} \left(\frac{2\pi}{\lambda}\right) \cdot a \cdot \frac{4\pi R^3 \rho}{3}, \quad \ldots\ldots\ 18.)$$

was für einen gegen die Wellenlänge kleinen Resonator übergeht in

$$w_{St} = \frac{1}{4}\left(\frac{2\pi R}{\lambda}\right)^3 \cdot \left(\frac{2\pi}{\lambda}\right) \cdot a \cdot \frac{4\pi R^3 \rho}{3} \quad \ldots\ldots\ 18a.)$$

Zu der den Strahler erster Ordnung bewegenden äußeren Kraft K kommen wir auf folgendem Wege: Wir nehmen wieder an, daß auf den als Kugel mit pulsierendem Schwerpunkt idealisierten Strahler erster Ordnung ein Zug ebener Schallwellen von einfach harmonischem Typ auftrifft. Das Potential der ungestörten ebenen Wellen lautet in komplexer Form geschrieben:

$$\Phi = \Phi_0\, e^{i \frac{2\pi}{\lambda}(at + x)}, \quad \ldots\ldots\ 19.)$$

dem eine Druckwelle

$$p = -\rho \frac{\partial \Phi}{\partial t} = -i \frac{2\pi}{\lambda} a \rho \Phi_0 \cdot e^{i \frac{2\pi}{\lambda}(at + x)} = P \cdot e^{i \frac{2\pi}{\lambda}(at + x)} \quad \ldots\ 20.)$$

entspricht.

Die die Kugel bewegende Kraft ist die Differenz der Schalldrucke auf die beiden Kugelhälften, die durch einen Aequatorialschnitt, der senkrecht zur Schallwellenfortpflanzungsrichtung zu führen ist, entstehen. Es handelt sich also um die der Schallwellenrichtung zugewandte und ihr abgewandte Kugelhälfte. Verlegen wir etwa den Anfangspunkt eines Polarkoordinatensystems in den Kugelmittelpunkt, dann können wir für irgendeinen beliebigen Punkt der Kugeloberfläche das Potential schreiben zu:

$$\Phi = \Phi_0\, e^{i \frac{2\pi}{\lambda} at} \cdot e^{i \frac{2\pi R}{\lambda} \cos \vartheta}, \quad \ldots\ldots\ 19a.)$$

wenn ϑ den Winkel, den der dem betrachteten Punkt zugehörige Kugelradius mit der Richtung, aus der die Schallwellen kommen, einschließt, bedeutet. Der entsprechende Druck ist gegeben durch:

$$p = P \cdot e^{j\frac{2\pi}{\lambda}at} \cdot e^{j\frac{2\pi R}{\lambda}\cos\vartheta}, \quad \ldots\ldots\ldots 20a.)$$

und endlich die die Kugel bewegende Kraft, wenn man der Einfachheit halber $\cos\vartheta = \gamma$ setzt durch

$$K = 2\pi R^2 \cdot P \cdot e^{j\frac{2\pi}{\lambda}at} \int_{-1}^{+1} e^{j\frac{2\pi R}{\lambda}\gamma} \cdot \gamma \cdot d\gamma =$$

$$= -4\pi R^2 P \left[\frac{j\lambda}{2\pi R}\cos\frac{2\pi R}{\lambda} - j\left(\frac{\lambda}{2\pi R}\right)^2 \sin\frac{2\pi R}{\lambda}\right] e^{j\frac{2\pi}{\lambda}at}, \quad \ldots 21.)$$

oder in reeller Form geschrieben durch

$$K = 4\pi R^2 P \cdot \left[\frac{\lambda}{2\pi R}\cos\frac{2\pi R}{\lambda} - \left(\frac{\lambda}{2\pi R}\right)^2 \sin\frac{2\pi R}{\lambda}\right] \cdot \sin\omega t \quad \ldots 22)$$

Ist nun der Resonator klein gegenüber der Wellenlänge, oder genauer gesagt, der Kugelradius klein gegenüber der Wellenlänge, so geht der Ausdruck für die Kraft über in

$$K = -\frac{1}{3} \cdot 4\pi R^2 P \cdot \left(\frac{2\pi R}{\lambda}\right) \sin\omega t. \quad \ldots\ldots 22a.)$$

Somit können wir die vollständige Kraftgleichung für eine Schallantenne erster Ordnung, die sich in einem Feld ungedämpfter ebener Wellen befindet und klein ist gegenüber der Wellenlänge, wenn wir noch [III, § 4, (3 d), 111] den entsprechenden Wert für die hydrodynamische Masse eintragen, schreiben:

$$\left[m + \frac{1}{2} \cdot \frac{4\pi R^3 \rho}{3}\right]\ddot{\xi} + \left[w_n + \frac{1}{4}\left(\frac{2\pi R}{\lambda}\right)^3 \cdot \frac{2\pi}{\lambda} \cdot a \cdot \frac{4\pi R^3 \rho}{3}\right]\dot{\xi} + \mu\,\xi =$$

$$= -\frac{1}{3} 4\pi R^2 P \left(\frac{2\pi R}{\lambda}\right) \quad \ldots\ldots\ldots\ldots 23.)$$

Im stationären Zustand ist somit:

$$\xi = \frac{-\frac{1}{3} \cdot 4\pi R^2 \cdot P \cdot \left(\frac{2\pi R}{\lambda}\right)}{\left(m + \frac{1}{2} \cdot \frac{4\pi R^3 \rho}{3}\right) \cdot \sqrt{(\omega_0^2 - \omega^2)^2 + 4\delta^2\omega^2}} \sin(\omega t - \varphi), \quad 24.)$$

wobei

$$\omega_0^2 = \frac{\mu}{m + \frac{1}{2}\frac{4\pi R^3 \rho}{3}},$$

$$2\delta = \frac{w_n + \frac{1}{4}\left(\frac{2\pi R}{\lambda}\right)^3 \cdot \frac{2\pi}{\lambda} a \cdot \frac{4\pi R^3 \rho}{3}}{m + \frac{1}{2}\frac{4\pi R^3 \rho}{3}}$$

und

$$\varphi = \operatorname{arctg}\frac{2\delta\omega}{\omega_0^2 - \omega^2} \text{ ist.}$$

Daraus ergibt sich nach Formel 14.), Seite 140, für das Maximum der absorbierten Energie

$$(\mathfrak{L}_n)_{Max.} = \frac{K^2}{8\,w_{St}} = \frac{\frac{2}{9}\pi^2 R^4 P^2 \left(\frac{2\pi R}{\lambda}\right)^2}{\left(\frac{2\pi R}{\lambda}\right)^8 \cdot \left(\frac{2\pi}{\lambda}\right) \cdot \frac{a\rho\pi R^8}{3}} = \frac{P^2}{2\,a\,\rho} \cdot \frac{\lambda^2}{3\pi} \quad . \; 25.)$$

Ferner wird

$$F_{Max.} = \frac{(\mathfrak{L}_n)_{Max.}}{L} = \frac{\lambda^2}{3\pi} \quad \ldots\ldots\ldots\ldots \; 26.)$$

und

$$r_{Max.} = \sqrt{\frac{F_{Max.}}{\pi}} = \frac{\lambda}{\pi\sqrt{3}} = 0{\cdot}183\,\lambda \quad \ldots\ldots\ldots \; 27.)$$

Vergleichen wir 16.) und 26.), so sehen wir, daß der allseitig räumliche Nullstrahler eine dreimal ergiebigere Senke darstellt als der Strahler erster Ordnung ([92]).

§ 9. Rückwirkung von Schallantennen auf das primäre Schallfeld und gegenseitige Beeinflussung von Resonatoren.

Die Rückwirkung der Empfänger auf das Schallfeld ruft einerseits daselbst eine Störung hervor, andererseits werden sich auch benachbarte Empfänger gegenseitig stören.

Um den Einfluß des Resonators auf das akustische Strahlungsfeld berechnen zu können, ist zunächst das Eigenfeld des Resonators zu bestimmen.

Das Geschwindigkeitspotential eines divergent von einer Quelle nullter Ordnung abeilenden Wellenzuges von harmonischem Charakter lautet:

$$\Phi_0 = -\frac{Q}{4\pi r} \cos\frac{2\pi}{\lambda}(at - r) = -\frac{Q}{4\pi r} \cos\omega\left(t - \frac{r}{a}\right), \quad \ldots \; 1.)$$

wobei Q den Maximalwert des durch die schwingende Schallquelle erzeugten Mediumstromes darstellt. Der Mediumstrom [III, § 3, (3), 106] ist gegeben durch das Deformationsvolumen ΔV der atmenden Kugel multipliziert mit deren Kreisfrequenz; im Falle einer im ganzen Raum strahlenden Kolbenmembran vom Radius R wird das maximale Deformationsvolumen $\Delta V = 2R^2\pi \cdot \xi_{Max.} = 2R^2\pi\,A$, somit

$$\Phi_0 = -\frac{\omega R^2 \pi \xi_{Max.}}{2\pi r} \cos\omega\left(t - \frac{r}{a}\right) = \frac{\omega (R^2\pi)^2 \cdot P}{\pi r M \sqrt{(\omega_0^2 - \omega^2)^2 + 4\delta^2\omega^2}} \cdot \cos\omega\left(t - \frac{r}{a}\right), \; . \; 2.)$$

was für den Resonanzfall, nachdem [III, § 1, (13a), 91] und ([87]) $K = 2R^2\pi \cdot P$ ist,

$$\Phi_0 = -\frac{R^4\pi P}{2rM\delta} \cos\omega\left(t - \frac{r}{a}\right) \quad \ldots\ldots\ldots\ldots \; 3.)$$

liefert. Ist dann außerdem noch die Nutzdämpfung und die Strahlungsdämpfung gleich groß, so wird für die betrachtete Kolbenmembran:

$$2M\delta = w_{St} + w_n = 2\,w_{St} = \frac{2\pi^3 a\rho R^4}{\lambda^2}, \quad \ldots\ldots\ldots \; 4.)$$

daher

$$\Phi_0 = -\frac{P \cdot \lambda^2}{2\,a\rho r \pi^2} \cdot \cos\omega\left(t - \frac{r}{a}\right). \quad \ldots\ldots\ldots\ldots \; 5.)$$

Für die von einem Strahler erster Ordnung ausgehenden Wellen wird das Geschwindigkeitspotential im großen Abstand r vom Strahler ([93]):

$$\Phi_1 = -\frac{R^2}{r} e^{j\frac{2\pi}{\lambda}(at-r)} \cdot \frac{U}{j\frac{2\pi R}{\lambda} + 2 - 2j\frac{\lambda}{2\pi R}}, \quad \ldots\ldots 6.)$$

wobei $U = \dot{\xi}\cos\vartheta = \frac{2P}{a\rho}\left(\frac{\lambda}{2\pi R}\right)^3 \cos\vartheta$ die Normalgeschwindigkeit der Kugeloberfläche darstellt.

Ist weiter der Kugelradius R klein gegenüber der Wellenlänge, so nimmt der Wert für das Geschwindigkeitspotential die Form an:

$$\Phi_1 = -\frac{P}{a\rho}\left(\frac{\lambda}{2\pi}\right)^2 \cdot \frac{1}{r} \cdot \cos\vartheta \cdot \sin\frac{2\pi}{\lambda}(at-r), \quad \ldots\ldots 7.)$$

dessen Maximalwert für $\vartheta = 0$

$$(\Phi_1)_{Max.} = -\frac{P}{a\rho}\left(\frac{\lambda}{2\pi}\right)^2 \cdot \frac{1}{r} \cdot \cos\omega\left(t - \frac{r}{a}\right) \quad \ldots\ldots\ldots 8.)$$

wird.

Nehmen wir ferner an, daß sich die Empfänger in einem Schallfeld ebener Wellen befinden, so lautet das Geschwindigkeitspotential für diese Wellen

$$\Psi = -\frac{P}{\omega\rho}\cos\omega t. \quad \ldots\ldots\ldots\ldots\ldots 9.)$$

Das Verhältnis der Amplitude der sekundären zur primären Welle wird somit

$$\alpha_0 = \frac{\Phi_0}{\Psi} \text{ resp. } \alpha_1 = \frac{\Phi_1}{\Psi}$$

und wir erhalten:

Für die räumlich strahlende Kolbenmembran als Strahler nullter Ordnung

$$\alpha_0 = \frac{1}{\pi} \cdot \frac{\lambda}{r} \quad \ldots\ldots\ldots\ldots\ldots 10.)$$

und für den Strahler erster Ordnung bei stärkster Energieabsorption in der Richtung $\vartheta = 0$

$$\alpha_1 = \frac{1}{2\pi} \cdot \frac{\lambda}{r} \quad \ldots\ldots\ldots\ldots\ldots 11.)$$

Das Verhältnis β der Intensitäten ergibt sich hieraus

$$\beta_0 = \left(\frac{\lambda}{\pi r}\right)^2 \text{ bzw. } \beta_1 = \left(\frac{\lambda}{2\pi r}\right)^2.$$

Rechnet man den Störungsbereich soweit, daß an seiner Grenze die Störung x % beträgt, so erhalten wir als Störungsradien:

$$r_0 = \frac{100\lambda}{x \cdot \pi} \text{ und } r_1 = \frac{100\lambda}{x \cdot 2\pi},$$

was für ein Prozent die Werte liefert:

$$r_0' = 32\lambda \text{ und } r_1' = 16\lambda.$$

Wir finden als beiden Strahlern gemeinsam, daß die Störung des primären durch das sekundäre Feld sich als proportional zu $\frac{\lambda}{r}$ bestimmt. Zwei Empfänger können somit bei gleicher prozentueller Störung um so näher beieinander sein, je höher die Frequenz ist.

Ferner zeigt sich, daß der Störungsradius gleichen Störungsbetrages für den Strahler erster Ordnung die Hälfte von dem nullter Ordnung beträgt. Dies hat in der Praxis eine gewisse Bedeutung für die gekreuzten Strahler erster Ordnung als Peilinstrumente [VI, § 4, 250].

IV. Kapitel.

Sendeantennen.

§ 1. Unterwasserglocken.

Wenn auch den Unterwasserglocken beim heutigen Stande der submarinen Sendertechnik kaum mehr eine praktische Bedeutung zukommt, so soll doch aus Gründen der Vollständigkeit und in gebührender Würdigung der darauf verwendeten Pionierarbeit das Glockenproblem kurz erörtert werden.

Was die Ordnungszahl dieses Senders betrifft, so haben wir es bei der Glocke mit einem Strahler zweiter Ordnung bei seiner Grundschwingung zu tun, auf dessen Theorie jedoch nicht näher eingegangen werden soll ([94]). Die große Strahlungsdämpfung im Wasser erforderte einen völligen Umbau der vom Luftschall her bekannten Glockenkörperkonstruktion, wie dies aus der Figur 27.) gut

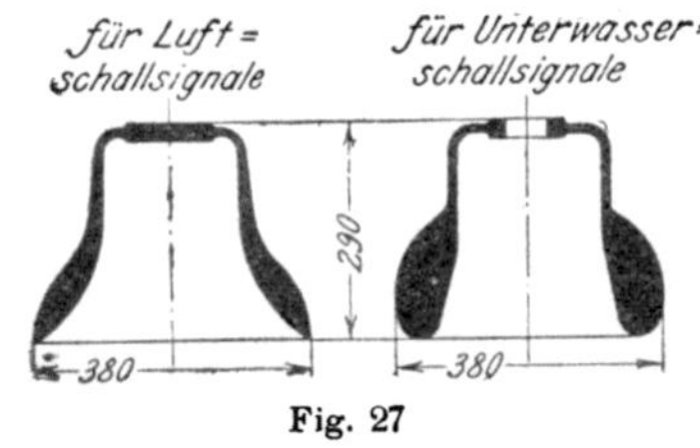

Fig. 27

ersichtlich ist. Während die für Luftschall bestimmte Glocke ziemlich schlanke Wandstärken aufweist, besitzt die Unterwasserschallglocke am Klöppelschlagring ganz außerordentliche Massenanhäufung; so beträgt die Wandstärke der abgebildeten Wasserglocke daselbst 8.5 cm. Diese Glocke gibt in Wasser einen Ton von 1215 Schwingungen, während sie in Luft 1280 Perioden hat. Sie ist mit 95 kg Gewicht rund 2,5 mal schwerer als eine im Durchmesser und Höhe gleiche Luftglocke mit 350 Perioden.

Eine weitere Schwierigkeit bestand in der Durchführung eines stets gleich starken Schlages, der zur klaglosen Verständlichkeit einer Depesche oder der „Kennung“ einer Warnungsglocke auch in großen Entfernungen unbedingt erforderlich ist. Dieses rein mechanische Problem, mit dem wir uns nicht eingehender beschäftigen wollen, wurde auf verschiedenen Wegen gelöst. Ein Glockentyp verwendet (Figur 8, Seite 7) Preßluft zur Klöppelbetätigung, während ein anderer Typ

(Figur 28 a) die Aufgabe mit Hilfe der Elektrizität löst. Figur 28 b.) endlich zeigt eine Glockenkonstruktion, bei der der Klöppel durch den Wellenschlag in Gang gesetzt wird. Die an einer Boje ausgelegte Glocke selbst wird dabei möglichst tief unter dem Wasserspiegel angeordnet. In einem Schacht unter dem Schwimmkörper befindet sich der in der Figur ersichtliche große bewegliche Flügel, auf dem beim Heben und Senken der Boje im Seegang ein Druck vom Wasser aus-

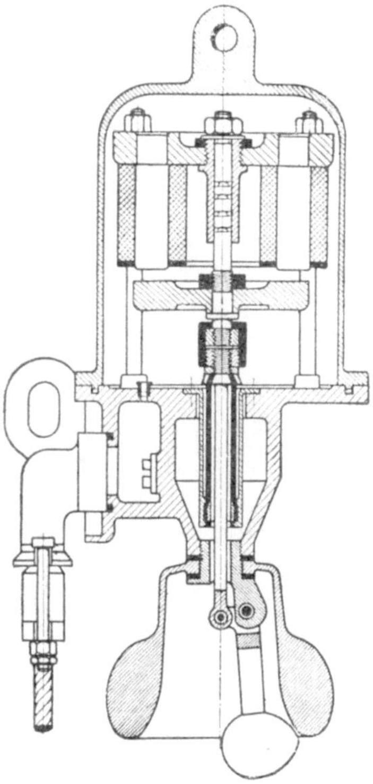

Fig. 28 a.

Fig 28 b.

geübt wird, der nach beiden Bewegungsrichtungen hin eine Feder spannt, die, bei einer bestimmten Spannung automatisch ausgelöst, den Klöppel zum Anschlag bringt. Auch hier wird bei jedem Schlag die gleiche Schallenergie erzeugt. Die Zahl der Schläge ist dabei natürlich ganz unregelmäßig, doch kann man im allgemeinen mit mindestens zwei Schlägen pro Minute mit Sicherheit rechnen. Auch Glocken mit Handbetrieb, bei denen die Gleichmäßigkeit des Schlages ebenfalls durch eine gespannte Feder gewährleistet wird, wurden konstruiert. Schließlich zeigt Figur 29.) eine für Rettungsboote konstruierte kleine Glocke, die sogenannte Diskusglocke, die in ihrer Bauart einem Gong ähnlich sieht ([95]). Damit hier der Ton nicht zu stark durch die Befestigung des Klangkörpers gedämpft wird, sind alle erforderlichen Befestigungen an Punkten des Schwingungsknotenkreises der Diskusscheibe durchgeführt.

Die kräftigen Schläge auf die Glocken erzeugten in Bälde starke Eindrücke im Schlagringteil. Um die dadurch gefährdete Lebensdauer zu erhöhen, ließ man nach jedem Schlag den Klöppel längs des Glockenumfanges ein kleines Stück weiterwandern, so daß fortwährend neue Stellen der Schlagwirkung ausgesetzt wurden.

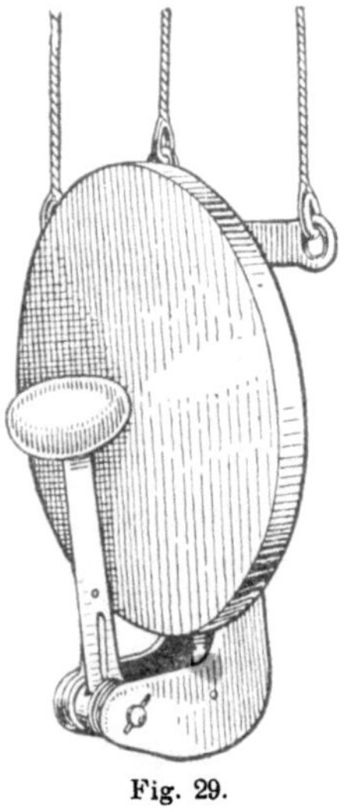

Fig. 29.

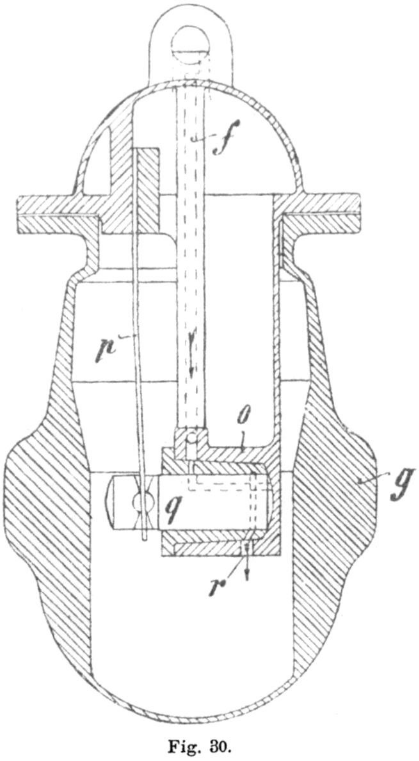

Fig. 30.

Der Wunsch, die auf rund eine Silbe pro Minute beschränkte Telegraphiergeschwindigkeit zu steigern, führte zum Bau der sogenannten Schnellschlagglocken (Seite 8), die elektromagnetisch gesteuert wurden. Auch nach dem Prinzip der Preßlufthämmer gebaute Rasselglocken wurden versucht. Figur 30 zeigt eine derartige Konstruktion. Unter Zwischenschaltung eines als Morsetaster ausgebildeten Absperrventiles gelangt bei niedergedrückter Signaltaste Druckluft durch das Rohr f in den Zylinder o, die den an der Feder p hängenden Kolben q gegen den Glockenkörper g preßt und durch einen Kanal r auspufft. Durch eine nicht ersichtliche Rohrleitung wird diese im völlig geschlossenen Glockenkörper angesammelte Auspuffluft vom Luftkompressor wiederum angesaugt. Die Feder p hebt den Kolben q nach dem Schlag sofort vom Glockenkörper ab, um eine schädliche Dämpfung zu vermeiden und führt ihn in seine Ausgangsstellung zurück. Infolge der äußerst raschen Abnützung der Schlagstelle und der gegenüber Einschlagglocken stark verminderten Energiestrahlung haben sich diese Rasselwerke ebensowenig wie die Schnellschlagglocken in der Praxis bewährt. Die ganze Konstruktion war eine aus strahlungstheoretischen Gründen an sich verfehlte.

Die Unterwasserglocken, die bei jedem Schlag einen stark gedämpften Wellenzug von kurzer Dauer auszusenden gestatten, genügten den Anforderungen insolange, als die Unterwasserschallsignale hauptsächlich als Navigationshilfsmittel und bloß manchmal zur Verständigung in Frage kamen. Einer Unterwasserschalltelegraphie waren sie jedoch nicht gewachsen. Hier trat die Forderung nach einem Schallsender auf, der ungedämpfte Schwingungen von beliebiger Dauer aussenden konnte.

§ 2. Die Sirene als Nullstrahler.

Wir haben Seite 43 gefunden, daß man sich eine einfache Quelle so vorstellen kann, daß an ihrem Orte unter Verletzung der Kontinuitätsgleichung Medium (periodisch) eingeführt oder weggenommen wird. Eine solche einfache Schallquelle stellt jede Sirene dar. Bei ihr besteht die ursprüngliche Störung aus einer Mediumzufuhr, also aus einer Verdichtung innerhalb eines endlichen Bereiches. Man könnte meinen, daß das Fehlen der Verdünnung als spezielle Eigentümlichkeit der Wirkungsweise von Sirenen der resultierenden Wellenbewegung während ihres ganzen Verlaufes anhaften würde. Dies ist jedoch nicht so. Denn für solche Zeitwerte, die kleiner als etwa r_1/a sind, ist das Potential im Ursprung gleich Null; dann wird es — wobei aber die Verdichtung s, positiv bleibt — negativ und behält dieses Zeichen, bis das Potential wieder verschwindet, was für $t = r_2/a$ etwa eintritt. Hierauf bleibt es wieder fortwährend gleich Null. Während Φ abnimmt, befindet sich das Medium im Quellenursprung im Verdichtungszustand; wenn aber das Geschwindigkeitspotential wieder bis Null anwächst, dann ist das Medium im Quellenursprung in einem Zustand der Verdünnung. Die nach außen fortgepflanzte Welle besteht demnach aus zwei Teilen, von denen der erste verdichtet, der zweite verdünnt ist. Wie auch die ursprüngliche Störung innerhalb des Störungsraumes beschaffen sein mag, der schließliche Wert von Φ in jedem äußeren Punkt ist derselbe wie der Anfangswert; daher ist, da $a^2 s = -\dot{\Phi}$ ist [II, § 6, (4), 27], die mittlere Verdichtung während des Durchganges der Welle, die vom Integral $\int s\,dt$ abhängt, gleich Null.

Das Geschwindigkeitspotential ist bei Sirenen, die offenbar Strahler nach der Art der atmenden Kugel (mit ruhendem Schwerpunkt), also Nullstrahler darstellen, eine Funktion von r allein, so daß die Gleichung der freien Bewegung — das heißt der Bewegung in einem allseitig unbegrenzten Medium — lautet:

$$\frac{\partial^2 (r\,\Phi)}{\partial t^2} = a^2 \frac{\partial^2 (r\,\Phi)}{\partial r^2}, \quad \ldots\ldots\ldots\ldots \quad 1).$$

deren allgemeines Integral [II, § 7, (4), 34]

$$r\,\Phi = f(at - r) + F(at + r) \quad \ldots\ldots\ldots\ldots \quad 1a).$$

ist, wobei die Werte von Geschwindigkeit und Verdichtung durch die Beziehungen

$$i = \frac{\partial \Phi}{\partial r} \text{ und } s = -\frac{1}{a^2}\frac{\partial \Phi}{\partial t}$$

gegeben sind [II, § 7, (5) u. (7), 34].

Betrachten wir lediglich die von der Quelle abeilenden divergenten Kugelwellen, so lautet [II, § 7, (8) 35] deren Geschwindigkeitspotential im Quellenabstande r

$$\Phi = -\frac{Q}{4\pi r}\cos\omega\left(t-\frac{r}{a}\right). \quad \ldots\ldots\ldots\ldots 2.)$$

Der akustische Druck des Mediums an der Stelle r ist gegeben durch [II. § 6, (7), 27]

$$p = -\rho\frac{\partial\Phi}{\partial t} = -\frac{\rho n Q}{2r}\sin\omega\left(t-\frac{a}{r}\right), \quad \ldots\ldots\ldots 3.)$$

während die Geschwindigkeit des Mediums im Aufpunkt r den Wert

$$i = \frac{\partial\Phi}{\partial r} = \frac{Q}{4\pi r}\left[-\frac{\omega}{a}\sin\omega\left(t-\frac{r}{a}\right)+\frac{1}{r}\cos\omega\left(t-\frac{r}{a}\right)\right] \ldots 4.)$$

besitzt, was wir auch schreiben können:

$$4\pi r i = Q\left[\cos\omega\left(t-\frac{r}{a}\right)-\frac{\omega r}{a}\sin\omega\left(t-\frac{r}{a}\right)\right] \ldots 4a.)$$

Ist r klein genug, so wird $4\pi r i = Q\cos\omega t$. Q ist bekanntlich (Seite 106) der Maximalwert des Mediumstromes. Setzen wir in 4.):

$$\frac{\omega}{a} = K\cos\varphi \text{ und } \frac{1}{r} = K\sin\varphi,$$

so wird

$$i = -\frac{QK}{4\pi r}\sin\left[\omega\left(t-\frac{r}{a}\right)-\varphi\right]. \quad \ldots\ldots\ldots 4b).$$

Der gesamte Mediumstrom quer durch die Oberfläche der Kugel vom Radius r ist $4\pi r^2 i$ oder

$$4\pi r^2 i = -QKr\sin\left[\omega\left(t-\frac{r}{a}\right)-\varphi\right] = -QKr\left[\sin\omega\left(t-\frac{r}{a}\right)\cos\varphi -\right.$$

$$\left.-\cos\omega\left(t-\frac{r}{a}\right)\sin\varphi\right], \quad \ldots\ldots\ldots\ldots 5.$$

während

$$p = -\frac{\rho n Q}{2r}\sin\omega\left(t-\frac{r}{a}\right) \text{ ist.} \quad \ldots\ldots\ldots\ldots 3a.$$

Berechnung der Strahlungsleistung einer Sirene.

Die gesamte Arbeitsleistung $\mathfrak{L}$ in der Zeiteinheit ist gegeben durch [II, § 7, (13), 36]

$$\mathfrak{L} = 4\pi r^2 n\int_0^{1/n} p\, i\, dt = \frac{\rho n^2 Q^2}{2}\cdot K\left\{\int_0^{1/n}\cos\varphi\sin^2\omega\left(t-\frac{r}{a}\right)dt -\right.$$

$$\left.-\int_0^{1/n}\sin\varphi\cdot\cos\omega\left(t-\frac{r}{a}\right)\sin\omega\left(t-\frac{r}{a}\right)dt\right\}, \quad \ldots\ldots 5.)$$

was unter Berücksichtigung der trigonometrischen Formeln $\sin^2\alpha = \frac{1-\cos 2\alpha}{2}$ und $\sin\alpha\cos\alpha = \frac{\sin 2\alpha}{2}$ sich umformt in

$$\mathfrak{L} = \frac{\rho\, n^2 Q^2 K}{2} \left\{ \cos\varphi \int_0^{1/n} \left[\frac{1}{2} - \frac{1}{2}\cos 2\omega\left(t - \frac{r}{a}\right)\right] dt - \right.$$

$$\left. - \frac{\sin\varphi}{2} \int_0^{1/n} \sin 2\omega\left(t - \frac{r}{a}\right) dt \right\} = \frac{\rho\, n^2 Q^2 K}{2}\,\frac{\cos\varphi}{2\, n} = \frac{\rho\, n\, Q^2 K \cos\varphi}{4} =$$

$$= \frac{\rho\, \omega\, Q^2\, n}{4\, a} = \frac{\rho\, \omega\, Q^2 \cdot 2\pi\, n}{8\, a\, \pi} = \frac{\rho\, \omega^2 Q^2}{8\pi\, a}. \quad \ldots\ldots\ldots \quad 6.)$$

Die gesamte Strahlungsleistung einer Sirene ist daher

$$\mathfrak{L} = \frac{\rho\, \omega^2 Q^2}{8\pi\, a}. \quad \ldots\ldots\ldots\ldots\ldots \quad 6\,a.)$$

Dieses Resultat kann auch aus der Druckgleichung des Nullstrahlers [II, § 8, (5), 39] erhalten werden, die lautet:

$$p = a\,\rho \cos^2\varphi \cdot i + \frac{a\,\rho \cos\varphi \sin\varphi}{2\pi\, n}\,\frac{\partial i}{\partial t} \quad \ldots\ldots\ldots \quad 7.)$$

Daraus finden wir die Feldintensität L zu [II, § 7, (13), 36]

$$L = n\int_0^{1/n} p\, i\, dt = n\int_0^{1/n} a\,\rho \cos^2\varphi\, i^2 dt + n\int_0^{1/n} \frac{a\,\rho \cos\varphi \sin\varphi}{2\pi\, n}\, i\, \frac{\partial i}{\partial t}\, dt = \frac{a\,\rho}{2} \cos^2\varphi\, I^2 =$$

$$= \frac{a\,\rho}{2} \cos^2\varphi\, \frac{Q^2 K^2}{4\pi\, r^2 \cdot 4\pi} = \frac{1}{4\pi\, r^2}\,\frac{\rho\, Q^2 \omega^2}{8\pi\, a} \quad \ldots\ldots\ldots \quad 8.)$$

oder

$$L \cdot 4\pi\, r^2 = \mathfrak{L} = \frac{\rho\, \omega^2 Q^2}{8\pi\, a} \quad \ldots\ldots\ldots\ldots \quad 8\,a.)$$

$\mathfrak{L}$ ist die Strahlungsleistung der Sirene — beziehungsweise jedes Nullstrahlers — im freien Raum, also für den Raumwinkel 4π; für den Raumwinkel χ erhalten wir

$$\mathfrak{L}_\chi = \frac{\rho\, \omega^2 Q^2}{2\, a\, \chi}. \quad \ldots\ldots\ldots\ldots\ldots \quad 8\,b.)$$

Setzen wir $\chi = 2\pi$, so heißt das, daß sich die Sirene in der Nähe einer ausgedehnten starren Ebene befindet, also ihre Strahlung nur in einem Halbraum erfolgt.

Wir haben soeben gesehen, daß bei hinreichend kleinem r der Maximalwert des eingeführten Mediums Q ist, und früher [III, § 3, (3), 106] ermittelt, daß das Deformationsvolumen der Kugel multipliziert mit der Kreisfrequenz dieser Quelle gleich Q ist (**). Führen wir daher einer Sirene pro Sekunde I Liter Medium bei einer Frequenz n zu, so wird

$$Q = 10^3\, I\, cm^3$$

und die Strahlungsleistung nach Formel 6 a.)

$$\mathfrak{L} = \frac{\rho\, \omega^2\, 10^6\, I^2}{8\pi\, a}\ \text{Erg/sec} = \frac{\rho\, \omega^2\, I^2}{8\pi\, 10\, a}\ \text{Watt} = \frac{\pi\,\rho}{20\, a}\, n^2 I^2\ \text{Watt}. \quad 9.)$$

Für Wasser erhalten wir in runden Zahlen für die Strahlungsleistung einer Sirene in Watt bei einer Periodenzahl n und einer Wasserzufuhr von I Sekundenliter

$$\mathfrak{L}_w = n^2 I^2 \cdot 10^{-6}\ \text{Watt}. \quad \ldots\ldots\ldots\ldots \quad 10.)$$

Führen wir also beispielsweise einer Unterwassersirene 10 Liter Wasser pro Sekunde zu und geben dem Rotor eine derartige Tourenzahl, daß die Sirene den Ton 1000 gibt, so beträgt ihre Strahlungsleistung $10^6 \cdot 10^2 \cdot 10^{-6} = 100$ Watt. Bei 100 Sekundenlitern erhielten wir bereits 10 kW. Strahlungsleistung. Daraus ist zunächst ersichtlich, daß Sirenen an sich außerordentlich leistungsfähige Sender darstellen. Fragen wir aber andererseits um den Wirkungsgrad von Unterwassersirenen, so kommen wir zu recht betrüblichen Resultaten. Für die 10-Sekundenliter-Sirene vom Ton 1000 ist ein Betriebsüberdruck von rund 6 Atm. erforderlich, um das angeführte sekundliche Flüssigkeitsquantum aus der Sirene während der Oeffnungszeit der Schlitze in das Außenmedium zu transportieren; daraus berechnet sich der Wirkungsgrad zu höchstens 2% ([97]).

Wie aus dem Modell einer einfachen Sirenenquelle ohne weiteres ersichtlich ist, spielt der Ueberdruck des Betriebsmediums für die Berechnung der Strahlungsleistung keine Rolle. Er muß lediglich ausreichend sein, um die Fördermenge in der vorgegebenen Zeit aus der Sirene in das Außenmedium transportieren.

Es ist nicht ohne Interesse, die Schallerzeugung im Wasser mit der in Luft bei einer Sirene zu vergleichen. Bezeichnen wir die Werte für Wasser mit dem Index w, die für Luft mit l, so erhalten wir aus der Leistungsformel 6a.)

$$\mathfrak{L}_w : \mathfrak{L}_l = \frac{\rho_w}{a_w} : \frac{\rho_l}{a_l}$$

oder nach Einsetzung der Werte für die Materialkonstanten

$$\mathfrak{L}_w = \frac{\rho_w \cdot a_l}{a_w \, \rho_l} = 200\, \mathfrak{L}_l .$$

Wird somit einer Sirene im Wasser das gleiche Wasserquantum zugeführt wie in Luft an Luftquantum, so erhält man — gleiche Tonhöhe der Sirenen in beiden Medien vorausgesetzt— im Wasser eine rund 200 mal größere Strahlungsleistung als in Luft.

§ 3. Praktische Ausführungstypen von Unterwassersirenen.

Bei den Sirenen unterscheiden wir zwei Haupttypen: I. die Rotorsirenen und II. die Oszillatorsirenen. Im allgemeinen ist an sich kein wesentlicher Unterschied hinsichtlich der Luftsirenen; geschichtlich ist übrigens die Wassersirene älter als die Luftsirene. Sie wurde um das Jahr 1820 von Cagniard de la Tour zur Tonerzeugung in Flüssigkeiten erfunden ([2]) und verdankt dem Umstande, daß mit ihr Wasser voll zum Tönen gebracht werden konnte, ihren Namen.

I. Die Rotorsirenen: Die Rotorsirenen teilen sich in zwei Ausführungsformen, und zwar in Trommel- und in Scheibensirenen. Im Wesen bestehen die Unterwasserrotorsirenen aus einem Stator in Verbindung mit einem Rotor, beide mit entsprechenden, für den Mediumaustritt bestimmten Oeffnungen. Bei Rotation des Läufers im Ständer werden die Ständeröffnungen abwechselnd geschlossen und geöffnet, wodurch ein periodischer Mediumtransport aus der Sirene in die Umgebung ermöglicht wird. Selbstredend sind die Rotoren durchwegs mit Fremdantrieb versehen, da nur auf diese Weise eine Konstanz der Tonhöhe erzielbar ist. Denn würde das Druckwasser selbst zum Rotorantrieb Verwendung finden, so würde die Tonhöhe beim Anstellen der Sirene langsam steigen und beim Abstellen ebenso sinken. Um daher Signale von konstanter Tonhöhe geben zu können, muß dafür gesorgt werden, daß bei ununterbrochen laufendem Rotor die Mediumzufuhr in die Sirenenumgebung entsprechend freigegeben und gesperrt werden kann. Die Freigabe und Sperrung des Mediums darf außerdem den Rotorwiderstand nicht sprungweise ändern, sondern muß dessen Tourenzahl möglichst unbeeinflußt lassen. Man ordnet für Signalisierungs-

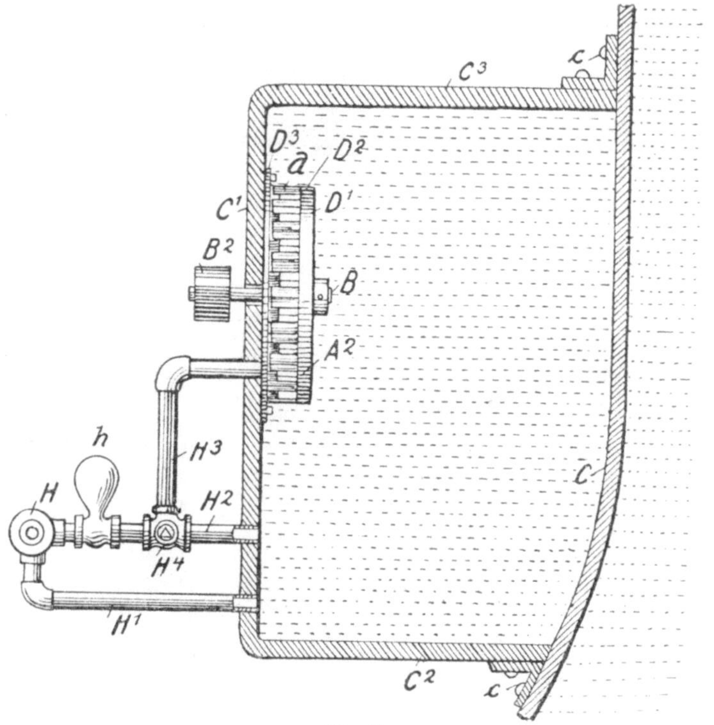

Fig 31 a.

zwecke einen sogenannten Signalschieber an, der, durch die Signaltaste gesteuert, die Statorlöcher freigibt, bzw. absperrt. Es darf dabei nicht außer acht gelassen werden, daß bei geschlossenem Signalschieber der Sirenenrotor geringer belastet wird, da die Arbeit, die er beim periodischen Durchgang des Mediums infolge des Abschneidens der Wasserstrahlen zu leisten hat, wegfällt. Man muß daher dafür sorgen, daß die bei gesperrtem Signalschieber geänderte Wasserführung der konstant arbeitenden Druckpumpe durch geeignete Bremswiderstände den Rotor ebenso stark belastet, wie bei der tönenden Sirene. Dies ist natürlich auf verschiedenem Wege möglich. Eine zweckmäßige Lösung ging dahin, den geänderten Wasserabfluß bei schweigender Sirene über ein den Rotor abbremsendes, mit ihm verbundenes Turbinenrad zu leiten und die Turbinenarbeit mit der Arbeit zum Abschneiden der Wasserstrahlen gleich zu machen. Figur 31 a und b zeigt eine in einem an der Schiffshaut befestigten Wassertank C^2 untergebrachte Scheibensirene (98).

H ist eine Wasserpumpe, h der übliche Windkessel. Die Pumpe wird durch ein Rohr H[1] aus dem Wasserbehälter versorgt, in dem der Schallgeber angeordnet ist. Hinter dem Windkessel teilt sich die Leitung in zwei Teile (Fig. 31 a); der eine Zweig H[2] geht in den Wasserbehälter zurück, während der andere H[3] mit dem

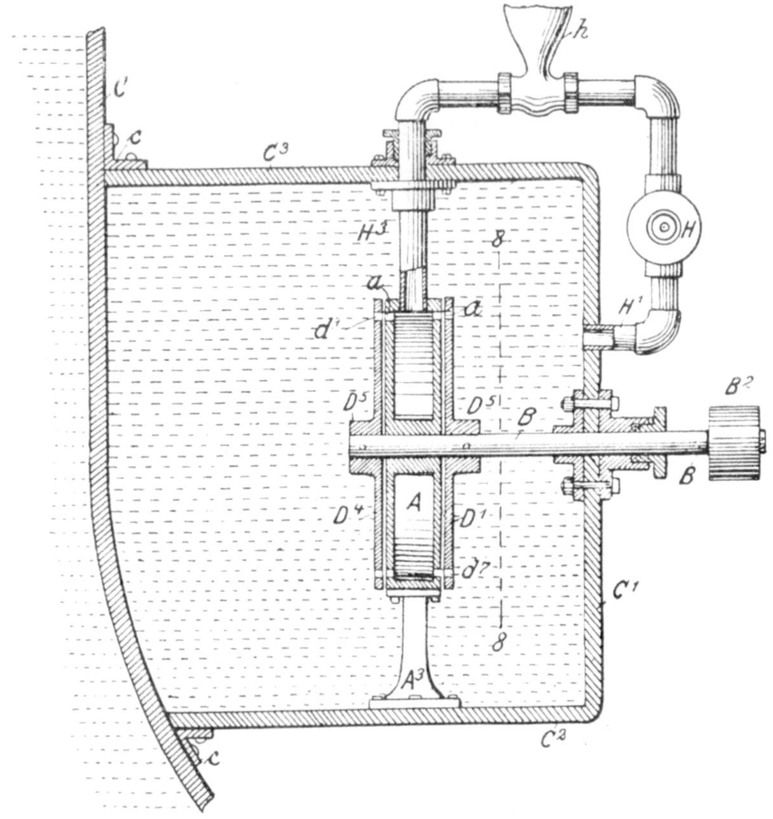

Fig. 31 b.

Sireneninneren verbunden ist. H ist ist ein Dreiweghahn von gewöhnlicher Bauart, wodurch das Wasser aus der Pumpe entweder in die Leitung H[3] und in den Schallgeber oder aber durch H[2] in den Wassertank zurückgeleitet werden kann Der Rotor ist für Fremdantrieb mit einer Riemenscheibe B[2] versehen. Die hier wiedergegebene Sirene ist keine Scheibensirene einfachster Konstruktion, da sich diese überhaupt für Unterwassersirenen infolge des einseitigen Druckes der Scheibe und der dadurch bedingten großen Reibung nicht eignen. Es ist daher durch eine Doppelanordnung ein Druckausgleich geschaffen, der den reinen Scheibensirenencharakter in 31 a.) verwischt, während er aus 31 b.) gut ersichtlich ist. Die Konstruktion stammt aus einer der ersten Zeiten der Versuche mit Sirenen und entbehrt auch noch der Korrektion für die Wasserstrahlenabschneidearbeit. Eine der letzten Konstruktionen in Form einer Rotorsirene zeigt Abbildung 32 ([99]).

Die Sirene ist mit Hilfe des Flansches 9 mit ihrer großen Schallöffnung 10 in die Bordwand eines Schiffes eingebaut. Der Sirenenrotor 12 ist von einer dicht passenden und um einen bestimmten Winkel drehbaren Hülse 14 — dem Signalschieber — umgeben, in dem gegenüber der Schallöffnung 10 Austrittslöcher 15 von solcher Abmessung und Orientierung angebracht sind, daß sie sich in der Arbeitsstellung der Sirene mit den Austrittslöchern 13 in der feststehenden Hülse 12 decken. Die vollen Stege zwischen benachbarten Austrittslöchern in

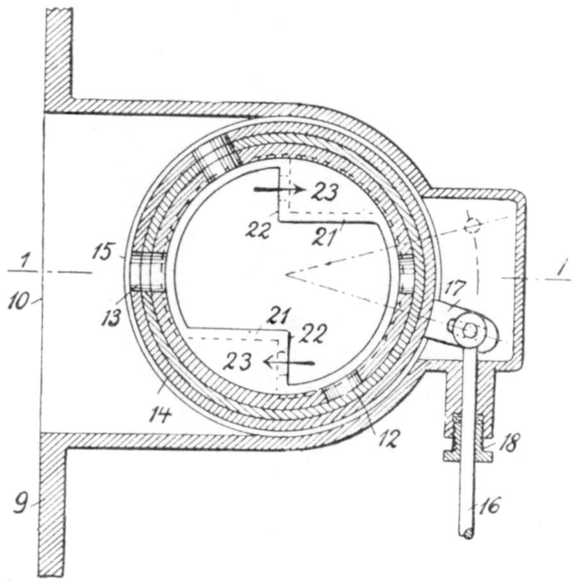

Fig 32

der innersten feststehenden Hülse und der als Absperrschieber dienenden beweglichen Hülse 14 sind in tangentialer Richtung wenigstens ebenso breit bemessen wie die Austrittslöcher 13 und 15. Wird daher der Schieber 14 um eine Lochbreite gedreht, so sperrt er die Austrittslöcher 13 ab und bringt die Sirene zum Schweigen. Um den Schieber zu verstellen, ist an seiner, der Schallöffnung 10 gegenüberliegenden Seite eine Schubstange 16 an einem Zapfen 17 des Schiebers befestigt, die in einer Stopfbüchse 18 geführt ist. Die Schubstange ist durch zwei nicht gezeichnete Anschläge begrenzt zu denken und kann von Hand aus oder durch geeignete Vorrichtungen aus der Entfernung um einen Winkel gleich dem halben Abstande benachbarter Oeffnungen 15 gedreht werden. Außer den Austrittslöchern 13 in der feststehenden Hülse ist darin in der Höhe verschoben eine zweite, in der Zeichnung nicht ersichtliche Lochreihe angebracht, der eine entsprechende Lochreihe im Schieber gegenübersteht. Die besprochenen Löcher in der feststehenden Hüse sind so gestellt, daß ihre Mittellinien in die Verlängerungen der der Löcher 13 fallen. Die entsprechenden

Schieberlöcher hingegen sind um denjenigen Betrag seitlich versetzt, um den der Schieber gedreht wird, wenn der Sirenenton abgestellt werden soll. Wird daher mittels des Signalschiebers die Sirene auf Schweigen gestellt, so komunizieren die beiden zuletzt besprochenen Lochreihen in Stator und Schieber, so daß durch diese Oeffnungen nunmehr das Druckwasser ins Freie abfließen kann. Nun ist noch die Reibungsarbeit auszugleichen, die die Trommel verbraucht, wenn man das Druckwasser intermittierend durch die Löcher 13, 15 austreten läßt. Zu

Fig. 33.

diesem Zwecke ist in das eine Ende im Innern des Trommelrotors eine beispielsweise zweiflügelige Kammer 21 eingebaut, die zwei ungefähr radiale Wände 22 aufweist; in diesen radialen Wänden sind Austrittsöffnungen 23 vorgesehen. Das Druckwasser kann am äußeren offenen Ende — in der Figur vorne zu denken — in die Kammer 21 gelangen; wenn die Schallöcher 13, 15 geschlossen sind, tritt es durch die Oeffnungen 23 in tangentialer Richtung aus und strömt durch entsprechende, nicht ersichtliche Schlitze ins Freie. Dabei übt es einen tangentialen Rückstoß auf die Trommel aus und dieser wird durch die Wahl der Neigung der Wände 22 so bemessen, daß er die Antriebsarbeit bei abgestellter Sirene gleich der Nutzarbeit zur Erzeugung des Tones macht. Figur 33 zeigt die äußere Ansicht einer aufgeschnittenen Rotorsirene der Signalgesellschaft.

Sowohl Scheiben- als auch Rotorsirenen zeigen insbesondere an den Teilen, wo die eigentliche Schallbildung erfolgt, also an den Oeffnungen, starke Ausfressungen durch das strömende Wasser, durch die die Wirksamkeit und auch die Lebensdauer der Senderanlage stark beeinträchtigt wird. Man hat hier die verschiedensten Wege betreten, um diese Abnützung zu unterbinden; so glaubte man ein wirksames Mittel in einer geeigneten Querschnittserweiterung zu finden.

Die Hoffnungen erwiesen sich jedoch als trügerisch. Ebensowenig konnte der etwas kühne Schritt, die Oeffnungen aus Halbedelsteinen wie Achat und dergleichen mehr herzustellen, die erschreckend verheerende Wirkung der Wasserstrahlen entsprechend eindämmen. Die hochwertigsten Spezialstähle erwiesen sich gegenüber der fressenden Wirkung des Wassers als vollständig machtlos, bis man sich endlich nach zahlreichen und kostspieligen Versuchen mit der Tatsache abfinden mußte, daß es fast aussichtslos erscheint, ein Material zu finden, das eine entsprechende Lebensdauer der Sirene mit umlaufendem Rotor sichern könnte. Damit war aber über diese Sirenentypen endgültig der Stab gebrochen.

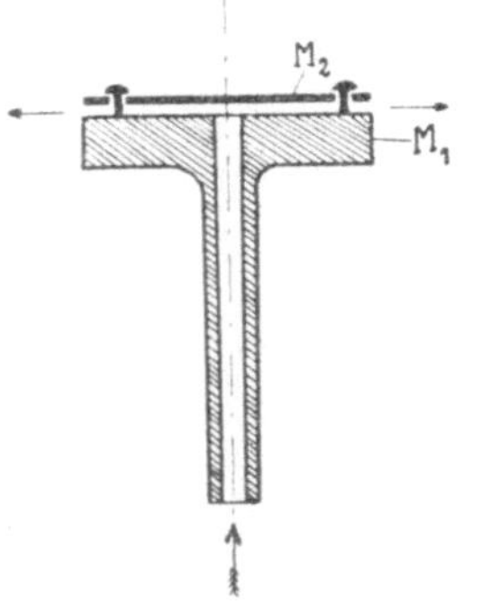

Fig. 34.

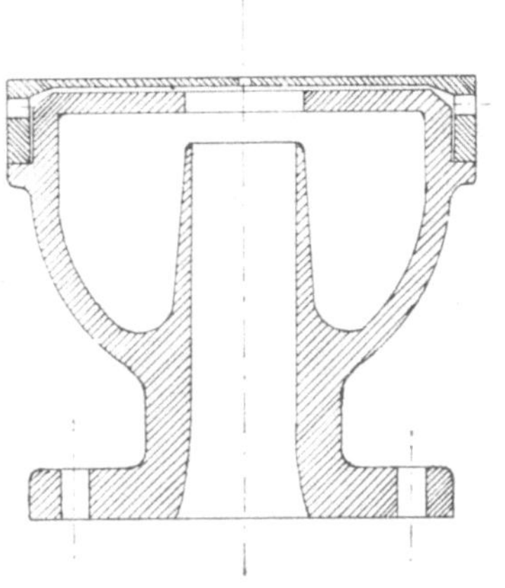

Fig. 35.

II. Die Oszillatorsirenen. Bei diesem Sirenentyp wird im allgemeinen die Elastizität einer Membran zum Oeffnen und Schließen der Flüssigkeitszufuhr benützt. Der Sirenenrotor ist hier durch eine oszillierende Membran · ersetzt, die die Tonhöhe des Senders bestimmt. Dadurch fällt eine seinerzeit schwer zu meisternde Aufgabe für Rotorsirenen, nämlich die Konstanzhaltung der Tourenzahl des Sirenenrotormotors fort. Diese auf dem rein hydraulischen Selbstunterbrecherprinzip beruhenden Oszillatorsirenen sind aber im Gegensatz zu den Rotorsirenen in ihrer Leistung ziemlich beschränkt, da die elastischen Kräfte, die eine deformierte Membran in ihre Ruhelage zurückzutreiben suchen, verhältnismäßig klein sind.

Einen wesentlichen Fortschritt in dieser Richtung bedeutete die Oszillatorsirene des Verfassers, deren Prinzip aus Figur 34 ersichtlich ist. Das durch eine Rohrleitung zugeführte Druckwasser gelangt in den Zwischenraum zwischen die beiden Platten M_1 und M_2. M_1 ist dabei eine starre Platte, in deren Zentrum die Rohrleitung befestigt ist, während M_2 eine elastische Membran darstellt, die entweder in der Richtung der Rohrachse völlig frei beweglich sein kann, wie Figur 34.) gezeigt, oder wie in Figur 35.) am Rande eingespannt wird. Die in diesem Falle kappenförmig ausgebildete Membran M_2 besitzt in ihrem Zylinderansatz am Rande Schlitze, durch die das Druckwasser aus dem Apparat in die Umgebung gelangt. Zwischen den beiden Platten M_1 und M_2 bildet sich das sogenannte hydrodynamische Paradoxon aus, dessen Wirkung die Direktionskraft der Membran auf das kräftigste unterstützt. Der negative Druck kommt dadurch zustande [100], daß der Ausflußquerschnitt des Apparates gegen die Mitte zu linear mit dem Radius der Platten abnimmt und schließlich, wenn wir den mittleren Plattenabstand mit h bezeichnen, den Wert $2r\pi h$ erhält, falls der Radius der Rohrleitung mit r benannt wird. Der Druck des Mediums in der Rohrleitung wird so bemessen, daß dieses den Apparat möglichst unter dem Druck der Umgebung verläßt. Dieser vom Verfasser zusammen mit R. Klinger

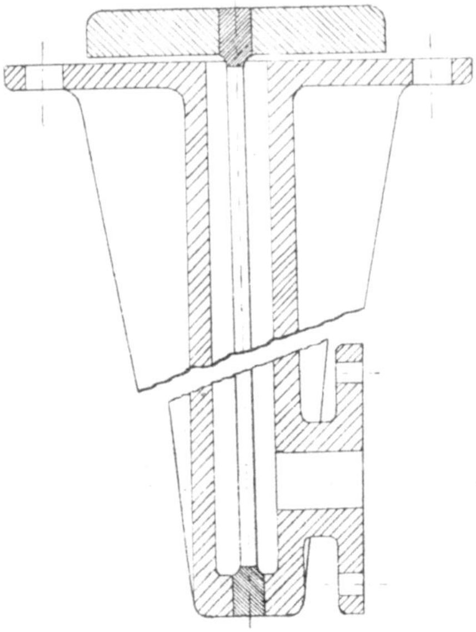

Fig. 36.

ausgebildete Apparat war von dem Uebelstande der Rotorsirenen, an der Düse des Druckmittels zerstört zu werden, vollständig frei. Allerdings durfte die Membranamplitude über eine bestimmte Größe nicht gesteigert werden, da sonst in unglaublich kurzer Zeit infolge der Materialüberbeanspruchung die schwingende Membran im Zentrum durchlöchert wurde. Sollte aber diese Sirene entsprechende Strahlungsleistungen abgeben können, so mußte ihre Membranamplitude bereits wesentlich größer gewählt werden, als nach der Wasser-Membrantheorie zulässig ist. Es trat daher heftige Entlüftung der umgebenden Flüssigkeit in der Form auf, daß sich oberhalb des elastischen Membranzentrums eine sich rasch vergrößernde Luftblase bildete, in der die rücktreibende Kraftwirkung vollständig abgepolstert wurde, so daß der kräftiger betriebene Apparat nach einem kurzen Aufbrüllen sofort wieder schwieg. Dieser Effekt wurde von den Konstrukteuren auf eine einfache Weise völlig behoben. Die elastische Membran bekam vom Anfang an ein bestimmt dimensioniertes zentrales Loch, durch das ein Bruchteil der den Apparat durchfließenden Mediumsmenge ausströmte und so die sich bildenden Gasblasen sofort bei ihrem Entstehen fortführte. Auf diese Weise gelang es, die Amplituden der Membran weit über das theoretisch zulässige Maß zu steigern, ohne unter der schädlichen Wirkung der Gasbildung leiden zu müssen. Es entstand ein sehr einfacher Sirenenapparat, dem allerdings noch zwei unangenehme Eigenschaften anhafteten. Einmal war seine Tonhöhe keine absolut konstante, da die gleichmäßige Verteilung von elastischer Kraft und mechanischer Masse in der schwingenden Membran die bekannten verstimmenden Eigenschaften beim Angreifen größerer Kräfte zeigte, dann hatte die übermäßig beanspruchte Membran bei größeren Schalleistungen eine unverhältnismäßig kleine Lebensdauer. Eine einwandfreie Lösung lieferte erst die endgültige Konstruktion nach dem Schema der Figur 36. Hier erscheint die Direktionskraft unter Benutzung des negativen Druckes an ein mechanisches System mit getrennter elastischer Kraft und Masse in Form eines Stabes und einer angesetzten starren Masse gebunden, das seine Abstimmung unter dem Einfluß von treibenden Kräften nicht ändert. Der Stab läßt sich leicht so dimensionieren und sein Material so wählen, daß genügend große Amplituden zulässig sind, ohne daß eine Beschränkung der Lebendauer auftritt. Die außerordentlich starken Kräfte dieses Systemes machen überdies den Apparat fast völlig unempfindlich gegen verschmutztes oder versandetes Betriebswasser, da mitgerissene Verunreinigungen zwischen den Abschlußflächen einfach zertrümmert werden. Die Apparatendüse zeigt auch nach vielen hundert Betriebsstunden nicht die geringste Korrodierung durch das austretende Wasser. Diese Oszillatorsirene stellt somit einen vollständig betriebssicheren Sender allereinfachster Konstruktion dar, an dem eine Reparatur kaum erwartet werden kann; heute gehört allerdings auch dieser an sich beste hydraulische Sender der Vergangenheit an. Es soll nicht unerwähnt bleiben, daß diese Sirene nicht wegen ihres mit allen anderen Sirenen gemeinsamen kleinen Nutzeffektes allein gegenüber den modernen elektrischen Membransendern heute nur mehr eine entwicklungsgeschichtlich interessante Konstruktion darstellt, sondern bereits zu der Zeit, wo die elektrischen Sender noch in den allerersten Kinderschuhen steckten, so sonderbar dies an sich scheinen mag, keine bordfähige Senderanlage darstellte. Die Sirene an sich war zwar vollkommen bordfähig; nicht bordfähig hingegen war für ihren Betrieb die Wasserzuleitung und die Signalbetätigung auszuführen. Es setzten sich in der Rohrleitung und in den Wasserumsteuerungsventilen der Signaltaste nach längerem Nichtgebrauch des Senders Seewasserkristalle an, die im entscheidenden Moment ein Versagen der Sendereinrichtung in den Zusatzapparaten bedingen. Es nützt also hinsichtlich der Betriebssicherheit die an sich bordfähige Sirene allein nichts.

Es kann mit Sicherheit behauptet werden, daß auch für den Fall, daß sich Sirenen mit gleichem Nutzeffekt bauen ließen wie elektrische Sender — was allerdings nicht möglich erscheint —, erstere nie gegenüber letzteren konkurrenzfähig zu machen wären, da die elektrischen Apparate, auch wenn sie jahrelang außer Betrieb stehen, bei entsprechender Einkapselung infolge Fehlens aller einer Reinigung bedürfenden Bestandteile bei Anlegen der Betriebsspannung sofort und sicher betriebsklar sind, während Sirenenanlagen entweder alle Tage eine bestimmte Zeit hindurch zur Hintanhaltung von Krustenansätzen betätigt werden müssen, oder, falls dies nicht der Fall ist, bei längerem Stilliegen einer eingehenden Ueberholung vor ihrer Inbetriebsetzung bedürfen. Es gehört somit das Zeitalter der Unterwassersirenen in der modernen Unterwasserschalltechnik endgültig der geschichtlichen Vergangenheit an.

§ 4. Elektrodynamische Membransender und ihr elektrischer Ersatzkreis.

Bevor wir uns mit der praktischen Ausführung von elektrodynamischen Membransendern näher befassen, wollen wir in Verfolgung der gefundenen elektrischen Analogien für diesen Sendertyp einen elektrischen Ersatzkreis aufzusuchen. Es ist vorläufig nicht gelungen, einen solchen Ersatzkreis unter strengster Beibehaltung der bisherigen Analogie zu finden; wir wählen daher den von Hahnemann und Hecht angegebenen Ersatzkreis (101), in dem entgegen der konsequenten Analogie die mechanische Masse einer Kapazität und die Elastizität einer Selbstinduktion entspricht. Figur 37.) zeigt

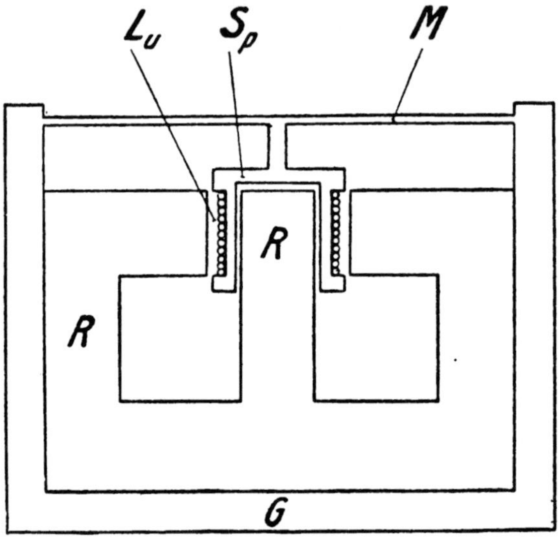

Fig 37.

das prinzipille Schema eines elektrodynamischen-, oder, wie er auch genannt wird, Spulen-Senders in der einfachsten Ausführung. M ist die Membran, die einerseits an das schallübertragende Medium grenzt, andererseits von einem Gehäuse G umgeben ist. Letzteres trägt innen einen ringförmigen Magnet R, in dessen vom magnetischen Kraftlinienfeld durchsetzten Luftspalt L_u sich eine Wechselstrom führende Spule S_p befindet, die in starrer Verbindung mit dem Zentrum der Membran M steht. Es wird somit der Sender durch eine in einem konstanten Magnetfeld bewegliche, wechselstromdurchflossene Spule in Schwingungen versetzt. Erregt man diesen Schallgeber mit konstanter Stromstärke, das heißt konstanter Kraft bei veränderlicher Frequenz, so beschreibt ein zwischen Wechselstrommaschine und Sender eingeschaltetes Wattmeter eine Resonanzkurve nach Art der Figur 38.) Schreiten wir die Frequenzen ab und denken uns dabei die Membran festgebremst, so erhalten wir die aus den Spulen- und Eisenverlusten sich zusammensetzende Verlustlinie D—E—F (102). Sie reduziert sich im wesentlichen auf Spulenverluste und besteht nur zum geringen Teil aus Eisenverlusten. Denn trotzdem in der Spule S_p Wechselstrom fließt, ist für die

Wirkung des Schallgebers kein wechselndes Magnetfeld nötig. Es kann im Gegenteil nur schädlich wirken, da es die Verluste ohne irgendeinen notwendigen Zusammenhang mit der Apparatenwirkungsweise erhöht. Um es nach Tunlichkeit zu unterdrücken, wird man daher den Magnet aus vollem Eisen bauen und auf seine Pole Kurzschlußwicklungen aufbringen. Ganz zu eliminieren ist allerdings die Selbstinduktionswirkung nicht und ein kleiner Betrag von Selbstinduktion wird immer übrigbleiben, herrührend von den innerhalb des Luftspaltes sich schließenden Kraftlinien. Nur den dadurch bedingten Selbstinduktionskoeffizienten wollen wir im folgenden berücksichtigen.

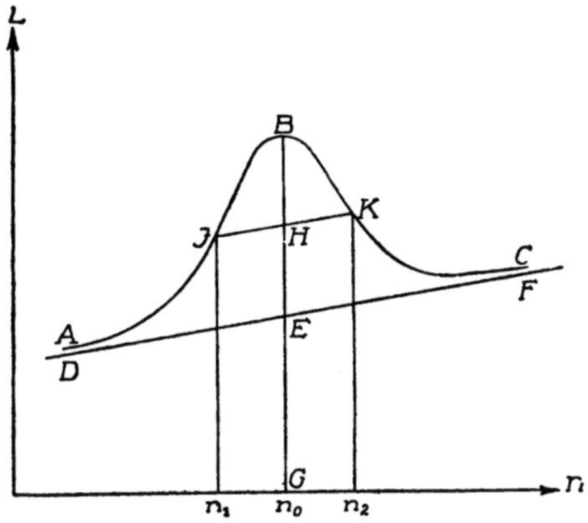

Fig. 38.

Geben wir beim Durchwandern der Frequenzen die Membran frei, so erhalten wir die Kurve A—B—C. — Dabei haben wir in unserem Diagramm als Abszissen die Frequenzen des erregenden Wechselstromes, als Ordinaten die von der Wechselstrommaschine in den Sender hineingeschickte, durch ein Wattmeter gemessene Leistung aufgetragen. Diese Leistung beschreibt bei frei beweglicher Sendermembran die Resonanzkurve ABC und hat für die Frequenz n_0, die der mechanisch-akustischen Eigenschwingung entspricht, ein Maximum ([103]). Sowohl nach den niedrigeren als auch nach den höheren Frequenzen zu läuft sie in mehr oder weniger geradlinige Strecken aus, an die sich die tangierende Verlustlinie DEF anlegt.

Es zerfällt daher die gesamte Senderleistung in zwei Teile: in einen von der Membranbewegung unabhängigen, durch die Ordinaten der Geraden DEF bestimmten und in einen von der Membranbewegung abhängigen, durch die Ordinaten zwischen der Kurve ABC und der Geraden DEF bestimmten Teil. Der erste stellt die im Sender verbliebene Leistung dar, die in Form von Eisen- und Spulenverlusten zu einer Erwärmung des Senders führt. Der zweite Teil hingegen liefert die vom Sender entwickelte akustisch-mechanische Leistung, die in Form von Schallenergie an das Schallfeld abgegeben wird. Mit Hilfe der bereits erwähnten Methode der beweglichen und der festgebremsten Membran gelingt eine experimentelle Trennung dieser beiden Leistungen.

Fällt man vom Resonanzpunkt B ein Lot auf die Abszissenachse, das diese bei G trifft, während es die Verlustlinie bei E schneidet, so stellt offenbar das Verhältnis der beiden Strecken BE : BG den mechanischen Wirkungsgrad η des Senders dar.

Um das logarithmische Dekrement des Senders zu finden, legen wir durch den Halbierungspunkt H der Strecke BE eine Parallele zur Verlustlinie, die die Resonanzkurve in den Punkten I und K schneidet und fällen von den Punkten I und K Lote auf die Abszissenachse, die diese an den Stellen $n = n_1$ und $n = n_2$ treffen. Wenden wir nunmehr die Dämpfungsformel [III, § 1c, (21e), 96] an, so wird der Wurzelausdruck in unserem besonderen Falle gleich eins und wir erhalten für das Dekrement den Ausdruck

$$\vartheta = \pi \frac{n_2 - n_1}{n_0} \quad \ldots\ldots\ldots\ldots \quad 1.)$$

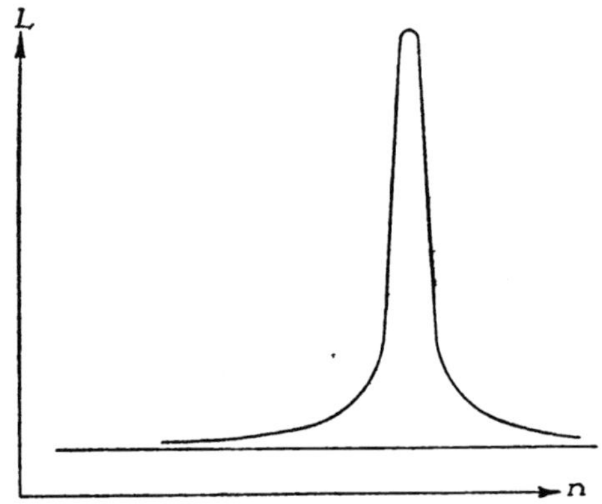

Fig. 39.

Diese experimentell ermittelbaren Werte von η und ϑ enthalten aber bezüglich der Dämpfung nicht ausschließlich die Strahlungsdämpfung, sondern die Gesamtdämpfung des Apparates, also auch die Verlustdämpfung des Senders, die natürlich nie Null sein kann, da innere schädliche Dämpfungen schon infolge der Materialzähigkeit der Membran unvermeidlich sind. Um die Verlustdämpfung getrennt zu erhalten, muß man noch eine zweite Resonanzkurve aufnehmen, bei der sich der Sender im Vakuum befindet; dann ist seine Strahlungsdämpfung gleich Null. Die Komplikation des Vakuums kann jedoch in der Praxis umgangen werden. Es genügt vollständig, diese zweite Resonanzkurve in Luft aufzunehmen, da deren Strahlungsdämpfung gegenüber der in Wasser vernachlässigbar klein ist. (Fig. 39.) zeigt eine derartige Luftresonanzkurve, deren Dämpfung ϑ praktisch als reine Verlustdämpfung angesprochen werden darf. Der untersuchte Strahlungswirkungsgrad in Wasser wird daher

$$\eta_{\alpha} = \eta \frac{\vartheta - \vartheta_0}{\vartheta} \quad \ldots\ldots\ldots\ldots \quad 1a.)$$

Nun wollen wir den mechanisch-akustischen Arbeitsvorgang der schwingenden Spule im Zusammenhang mit Membran und Medium durch rein elektrische

Vorgänge ersetzen. Ein elektrischer Kreis, der hierzu einen vollkommenen Ersatz bietet, ist in Figur 40.) wiedergegeben. An die Klemmen der Maschine M_a ist an Stelle der Spule S_p in der Figur 37.) Seite 160 ein Widerstand w_v angeschlossen, der dem Ohmschen Widerstand der Spule und dem etwa vorhandenen Verlustwiderstand durch restliche Selbstinduktion im Eisen äquivalent sein soll. In Serie damit liegt ein Widerstand w der den Arbeitswiderstand der Spule darstellt. Ebenfalls in Serie mit diesem Widerstand liegt eine Selbstinduktion L_v, die der etwa vorhandenen freien Spulenselbstinduktion entspricht. Parallel zum Widerstand w_s liegt eine Selbstinduktion L_s und eine Kapazität C_s, die beide verlustlos sein sollen und auf die Resonanzkreisfrequenz ω_R abgestimmt zu denken sind. Sie entsprechen der Membranelastizität und der gesamten Schwingungsmasse, stehen aber, wie schon eingangs erwähnt, im Gegensatz zu der gewöhnlichen Bezeichnungsweise, bei der uns bisher stets die Selbstinduktion einen Ersatz für die

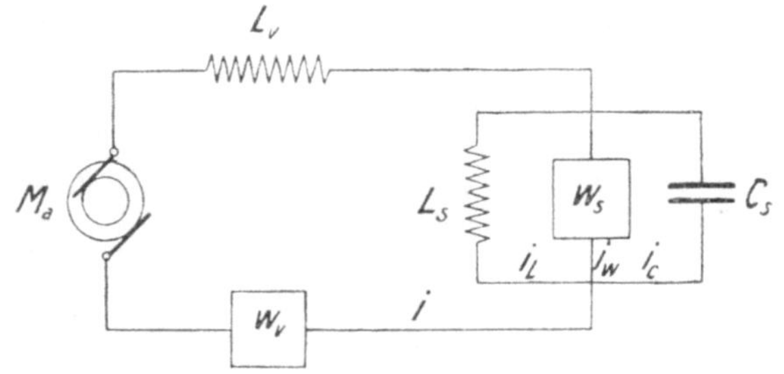

Fig. 40.

Masse und die Kapazität einen äquivalenten Ersatz für die elastische Kraft darstellten.

Vergleichen wir diesen elektrischen Ersatzkreis mit der mechanisch schwingenden Spule, so finden wir, daß die Schwingungsenergie im Ersatzkreis in der Kapazität in Form von Ladungsenergie steckt, wenn sie gleichzeitig im mechanischen System das Maximum in kinetischer Form erreicht hat, hingegen im Ersatzkreis in der Selbstinduktion als magnetische Feldenergie enthalten ist, wenn ihr mechanisches Aequivalent sein potentielles Maximum erreicht hat. Dies ist am einfachsten einzusehen, wenn wir den Resonanzfall heranziehen, bei dem mechanische Geschwindigkeit und mechanische Kraft gleichphasig sein müssen. Der mechanischen Kraft gleichphasig und gleichwertig ist immer die elektrische Stromstärke i. Erreicht somit die mechanische Geschwindigkeit ihren Höchstwert, so ist dies im Resonanzfall auch für den Strom i_w und für die Spannung am Ersatzkreis und damit auch für die Kondensatorenergie der Fall. Es entsprechen somit hier mechanische Masse und elektrische Kapazität einander.

Die Größen L_s, C_s und w_s des Ersatzkreises sind solange Konstante, als am Sender sich mechanisch-akustisch nichts ändert und auch das Magnetfeld im Luftraum unverändert bleibt. Eine Aenderung dieser Verhältnisse, etwa die Versetzung des Senders in ein anderes Schallmedium, hat naturgemäß eine entsprechende Aenderung der angeführten Größen zur Folge.

Der mechanische Wirkungsgrad ist mit den Widerständen durch die Formel

$$\eta = \frac{w_s}{w_s + w_v} \quad \ldots\ldots\ldots\ldots\ldots\ldots \quad 4.)$$

verbunden. Für die festgebremste Membran wird $w_s = 0$ und $\eta = 0$. Bei stark schwingender Membran, also großem w_s wird η (im schallweichen Medium) nahezu gleich eins.

Bei sehr großen Verstimmungen unterhalb der Resonanzfrequenz wird der Arbeitswiderstand w_s durch die Selbstinduktion L_s kurzgeschlossen, während oberhalb die Kapazität C_s allmählich den ganzen Strom i übernimmt, der bei dem Vorgang als konstant angenommen wird, da mit konstanter Kraft voraussetzungsgemäß erregt wird. Beim Durchlaufen der Resonanzkurve von den tiefsten bis zu den höchsten Frequenzen nimmt die aus w_s, L_s und C_s bestehende Kombination die Werte Null, w_s und wiederum Null an. Die elektrische Spannung an dieser Widerstandskombination ist ihr proportional und ein Maß für die mechanische Amplitude, während die elektrische Gesamtstromstärke ein Maß für die erregende Kraft ist.

Wie bei jedem Wechselstromproblem zerlegt sich auch hier der Strom i im allgemeinen in einen Wattstrom $i \cos \varphi_s$, der den Widerstand w_s durchfließt, und in einen wattlosen Strom $i \sin \varphi_s$, der die Differenz aus Selbstinduktions- und Kapazitätsstrom darstellt. Bezeichnen wir die Ströme entsprechend den von ihnen durchflossenen Elementen der Reihe nach mit i_w, i_L und i_C, endlich den Winkel zwischen dem Strom i und der am Widerstand, an der Selbstinduktion und Kapazität gemeinsamen Spannung e_s mit φ_s, so bestimmt sich die Tangente des Verstimmungswinkels zu

$$\operatorname{tg} \varphi_s = \frac{i_L - i_C}{i_w} = \left[\frac{1}{\omega L_s} - \omega C_s\right] \cdot w_s, \quad \ldots\ldots \quad 5.)$$

die nach Einführung der Resonanzfrequenz ω_R und der Verstimmung x durch die Beziehung

$$\frac{\omega_R}{\omega} = 1 + x \quad \ldots\ldots\ldots\ldots\ldots \quad 6.)$$

unter Beschränkung auf die Umgebung der Resonanzstelle die Form annimmt:

$$\operatorname{tg} \varphi_s = \frac{w_s}{\omega_R L_s} \cdot 2x. \quad \ldots\ldots\ldots\ldots \quad 5a.)$$

Nun ist das logarithmische Dekrement $\vartheta = \frac{\pi}{\operatorname{tg} \varphi}$, also $\vartheta_s = \pi \frac{\omega_R L_s}{w_s}$, so daß

$$\operatorname{tg} \varphi_s = \frac{2 \pi x}{\vartheta_s} \quad \ldots\ldots\ldots\ldots \quad 5b.)$$ wird.

Für Frequenzen unterhalb der Resonanz, also für positive x ist φ_s positiv, und es tritt zur Wirkung des Widerstandes w_s ein Selbstinduktionseinfluß hinzu; für negatives x, also für Frequenzen oberhalb der Resonanzstelle erhalten wir einen zusätzlichen Kapazitätseinfluß. In der Resonanz heben sich natürlich im Sinne der Einführung des Kreises Selbstinduktion und Kapazität auf, so daß der Kreis daselbst einen reinen Ohmschen Widerstand darstellt.

Diesem elektrischen Ersatzkreis entspricht das in Figur 41 wiedergegebene Diagramm. Es stellt DE die Richtung des Stromes i und nach Richtung und Größe die bei konstant gehaltenem Strome i unveränderliche Spannung e_v am Widerstand w_v dar. Errichtet man in D eine Senkrechte und macht OD = $i \cdot \omega L_v$,

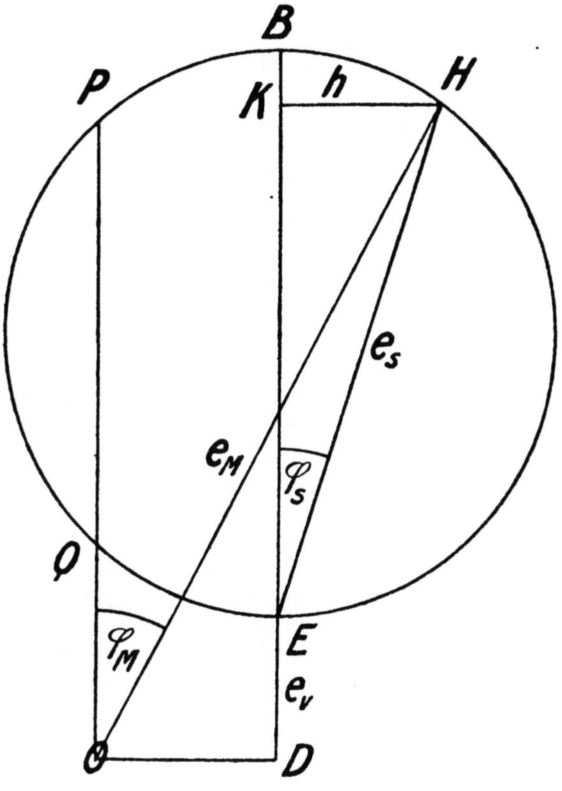

Fig 41

so ist OD die Spannung an der Selbstinduktion L_v. Daher ist O kein fixer Punkt im Diagramm, sondern schwankt von seiner für die Resonanz gültigen Lage auf der Strecke OD proportional mit ω hin und her, wobei er sich für die tiefere Frequenz D nähert und für die höhere von D entfernt. Wenn wir aber das Diagramm auf die nächste Umgebung der Resonanz beschränken, können wir den Punkt O praktisch als fix ansehen. Nun verlängern wir die Strecke DE derart bis B, daß

$$\frac{BE}{ED} = \frac{\eta_1}{1 - \eta_1} \quad \ldots\ldots\ldots\ldots 7.)$$

wird, und beschreiben mit BE als Durchmesser einen Kreis. Dieser Kreis stellt dann den geometrischen Ort für die Endpunkte aller Spannungen e_s am Widerstand w_s, bzw. e_M an der Maschine dar. Legt man den Verstimmungswinkel φ_s, je nach seinem Zeichen, positiv nach rechts, negativ nach links in E an die Gerade EB an, so stellt der Schenkel EH nach Richtung und Größe den Wert von e_s dar. Denn fällt man das Lot HK = h, so ist

$$E\,H = \frac{h}{\sin \varphi_s} \quad \ldots\ldots\ldots \quad 8.)$$

und

$$h = \frac{\eta}{1-\eta}\, e_v \sin \varphi_s \cos \varphi_s, \quad \ldots\ldots \quad 9.)$$

somit

$$E\,H = \frac{\eta}{1-\eta}\, e_v \cos \varphi_s, \quad \ldots\ldots\ldots \quad 8a.)$$

Da nun, wie aus Figur 40.) Seite 163 folgt:

$$e_s = i_s w_s = i \cos \varphi_s \frac{\eta}{1-\eta} \cdot w_s \quad \ldots\ldots\ldots \quad 10.)$$

das heißt

$$e_s = \frac{\eta}{1-\eta}\, e_v \cos \varphi_s = E\,H \quad \ldots\ldots\ldots \quad 10a.)$$

ist, so ergibt sich die Richtigkeit für die aufgestellte Behauptung, daß EH = e_s ist.

Den Wert für die Maschinenspannung e_M findet man nach Richtung und Größe in der Strecke OH, und die Phasenverschiebung φ_M zwischen e_M und i als den Winkel zwischen OH und der im Punkte O zu BD gezogenen Parallelen PO, da e_M aus e_s hervorgeht, indem man in der Richtung des Stromes die Spannung e_v = DE und senkrecht zur Stromrichtung die Spannung $i\,\omega\,L_v$ = OD addiert.

Der Spulensender kann somit sowohl als Selbstinduktion, als auch als reiner Ohmscher Widerstand und endlich auch als Kapazität wirken. Liegt der Punkt H auf dem zur Geraden OQP rechts liegenden Kreisbogen, so haben wir ein Nacheilen des Stromes gegen die Maschinenspannung und damit eine Selbstinduktionswirkung, auf dem zu OQP links liegenden Kreisbogen Voreilung und damit Kapazitätswirkung, während in den beiden Punkten P und Q nur reine Ohmsche Wirkung übrigbleibt. Hierbei entsprechen Lagen des Punktes H auf dem zu BE rechts liegenden Halbkreise Frequenzen unterhalb der Resonanz und links oberhalb, während der Punkt B dem Resonanzpunkt und der Punkt E den beiden extremen Frequenzen Null und Unendlich entspricht. Ist endlich die freie Selbstinduktion vernachlässigbar klein, so rückt der Punkt O in den Punkt D und die Punkte P und Q in die Punkte B und E und wir finden, daß der Sender im Resonanzfalle eine rein Ohmsche Belastung darstellt, während unterhalb eine Selbstinduktionswirkung und oberhalb eine Kapazitätswirkung hinzutritt.

Aus dem Diagramm kann man ohne Schwierigkeit den wattlosen Widerstand entnehmen, den die Maschinenspannung überwinden muß. Es ist:

$$\frac{e_M}{i} \sin \varphi_M = \frac{h + i\,\omega\,L_v}{i} = \frac{\eta}{1-\eta}\, w_v \cdot \sin \varphi_s \cos \varphi_s + \omega\,L_v \,..\, 11.)$$

In dieser Gleichung hat der mit φ_s veränderliche Teil seinen größten bzw. kleinsten Wert für $\varphi_s = \pm 45^0$, also für Verstimmungen

$$\pm x = \frac{\vartheta_s}{2\pi} \quad \ldots\ldots\ldots \quad 12.)$$

Ebenso einfach finden wir den Wattwiderstand aus dem Diagramm zu

$$\frac{e_M}{i}\cos\varphi_M = \frac{e_v + \frac{h}{\operatorname{tg}\varphi_s}}{i} = \left[1 + \frac{\eta}{1-\eta}\cos^2\varphi_s\right] w_s = w_v + \frac{\eta}{1-\eta} w_v \cdot \cos^2\varphi_s$$

$$= w_v + w_s \cos^2\varphi_s. \quad \ldots\ldots\ldots\ldots \quad 13.)$$

Dieser Ausdruck wird für Resonanz gleich $w_v + w_s$ und für sehr große Verstimmungen, also für praktisch ruhende Membran, gleich w_v.

Um die Richtigkeit des aufgestellten Diagrammes der Figur 41 zu prüfen, wollen wir nun die aus ihm entnommenen Werte für den wattlosen und den Wattwiderstand theoretisch berechnen und die Resultate vergleichen. Ist B die konstante Induktion im Luftspalt, l die gesamte Spulendrahtlänge und der die Spule durchfließende Wechselstrom durch $i = I \sin \omega t$ gegeben, dann lautet, falls wir wie bisher die gesamte schwingende Masse mit M und die Membranverschiebung mit ξ, endlich noch ihre Direktionskraft mit μ bezeichnen, die Bewegungsgleichung des Spulensenders

$$M\ddot{\xi} + 2\delta M\dot{\xi} + \mu\xi = B \cdot l \cdot I, \quad \ldots\ldots\ldots \quad 14.)$$

oder, wenn wir $2\delta M = b$ setzen,

$$M\ddot{\xi} + b\dot{\xi} + \mu\xi = B\,l\,I. \quad \ldots\ldots\ldots \quad 15.)$$

Als Lösung finden wir für die Geschwindigkeit $\dot{\xi}$ den Wert

$$\dot{\xi} = \omega A \sin(\omega t + \varphi_s), \quad \ldots\ldots\ldots\ldots \quad 16.)$$

wobei A die Amplitude bei der Verstimmung φ_s ist. φ_s ist gegeben durch

$$\operatorname{tg}\varphi_s = \frac{\mu - M\omega^2}{b\,\omega}. \quad \ldots\ldots\ldots\ldots \quad 17.)$$

Durch den Winkel φ_s wird die Phase zwischen Kraft und Geschwindigkeit angegeben, und zwar bedeutet ein positiver Winkel, daß die Geschwindigkeit der Kraft voreilt, also eine Erregung unterhalb der Resonanzfrequenz da ist, während ein negativer Phasenwinkel ein Nacheilen der Geschwindigkeit gegenüber der Kraft, somit eine Erregung oberhalb der Resonanzfrequenz anzeigt.

Wenn wir vom Vorzeichen absehen, so ist die in der Spule durch ihre Bewegung im Magnetkraftfeld B induzierte Spannung e gegeben durch

$$e = B\,l\,\dot{\xi} \quad \ldots\ldots\ldots\ldots\ldots \quad 18.)$$

Nun ist auf Grund der allgemeinen Theorie der Schwingungsgleichung

$$\omega A = \frac{B\,l\,I}{b}\cos\varphi_s; \quad \ldots\ldots\ldots\ldots \quad 19.)$$

daher

$$e = \frac{(B\,l)^2 \cdot I}{b}\cos\varphi_s \cdot \sin(\omega t + \varphi_s). \quad \ldots\ldots \quad 20.)$$

Es herrscht somit zwischen i und e die Phasenverschiebung φ_s. Demnach schreiben sich die beiden Spannungskomponenten

$$\left.\begin{aligned} E \sin \varphi_s &= \frac{(B\,l)^2 I}{b} \sin \varphi_s \cos \varphi_s \\ E \cos \varphi_s &= \frac{(B\,l)^2 I}{b} \cos^2 \varphi_s \end{aligned}\right\} \quad \ldots\ldots\ldots \quad 21.)$$

Für den Resonanzfall wird E_R wegen der Phasengleichheit zwischen Strom und Spannung, also infolge der Beziehung $\varphi_s = O$,

$$E_R = \frac{(B\,l)^2}{b} \cdot I \ldots\ldots\ldots\ldots \quad 22.)$$

Zu dieser Gegenspannung, die durch die Bewegung der Spule im Kraftfelde des Magneten hervorgerufen wird und der Gegenspannung eines Motors entspricht, tritt noch eine Verlustspannung E_v von der Größe $E_v = w_v I$ hinzu, die mit I und daher auch mit E_R in Phase ist; sie entspricht dem Ohmschen Spannungsabfall im Anker eines Motors.

In Gleichung 4.) Seite 164 haben wir den Wirkungsgrad als das Verhältnis des mechanisch-akustischen Arbeitswiderstandes zum positiven Verlustwiderstand bezeichnet. Statt der Widerstände können wir auch die zugehörigen ihnen proportionalen Spannungen setzen und erhalten

$$\eta = \frac{E_R}{E_R + E_v}, \ldots\ldots\ldots\ldots \quad 22.)$$

oder nach Einsetzen der Werte für E_R und E_v

$$\eta = \frac{\frac{(B\,l)^2}{b}}{\frac{(B\,l)^2}{b} + w_v} \ldots\ldots\ldots \quad 22a.)$$

und hieraus

$$\frac{(B\,l)^2}{b} = \frac{\eta}{1-\eta} \cdot w_v \ldots\ldots\ldots \quad 23)$$

Setzen wir dies nunmehr in die Werte für den wattlosen bzw. Wattwiderstand ein, so ergibt sich:

$$\left.\begin{aligned} \frac{E}{I} \sin \varphi_s &= \frac{\eta}{1-\eta} w_v \sin \varphi_s \cos \varphi_s \\ \frac{E}{I} \cos \varphi_s &= \frac{\eta}{1-\eta} w_v \cos^2 \varphi_s \end{aligned}\right\} \ldots\ldots\ldots \quad 21a.)$$

Diese Ausdrücke sind noch nicht vollständig, denn sie stellen lediglich die durch die reine Spulenschwingung hervorgerufene Wirkung dar. Durch Addition von ωL_v bzw. w_v erhält man die wirklichen Widerstandkomponenten des reellen Apparates, wobei der Winkel φ_s zwischen E und I auf der linken Seite der Gleichungen 21a.) in φ_M übergeht. Vergleichen wir dieses Resultat mit den Gleichungen 21.), so finden wir, daß die theoretisch und aus dem Diagramm abgeleiteten Formeln das gleiche Resultat liefern, somit der Ersatzkreis und das aufgestellte Diagramm der Forderung hinsichtlich Richtigkeit genügen.

Im folgenden soll noch an einem aus dem Laboratorium der Signalgesellschaft stammenden experimentellen Material die gute Uebereinstimmung zwischen

Theorie und Experiment beleuchtet werden. Die Messungen erfolgten durch direkte Bestimmung des Watt- und wattlosen Widerstandes in der Brücke. Um nicht wiederholt zwischen positiven und negativen Phasenverschiebungen wechseln zu müssen und um die Ungenauigkeit der Brückenmessung für den wattlosen Widerstand bei kleinen Phasenwinkeln zu vermeiden, war die Versuchanordnung so getroffen, daß dem Apparat eine feste Selbstinduktion dauernd vorgeschaltet war, deren Größe so gewählt wurde, daß auch bei der größten Kapazitätswirkung noch selbstinduktive Belastung übrig blieb. Von den gemessenen Werten wurden dann der Watt- und wattlose Widerstand der vorgeschalteten Selbstinduktion abgezogen und so die entsprechenden Widerstände des Apparates gefunden.

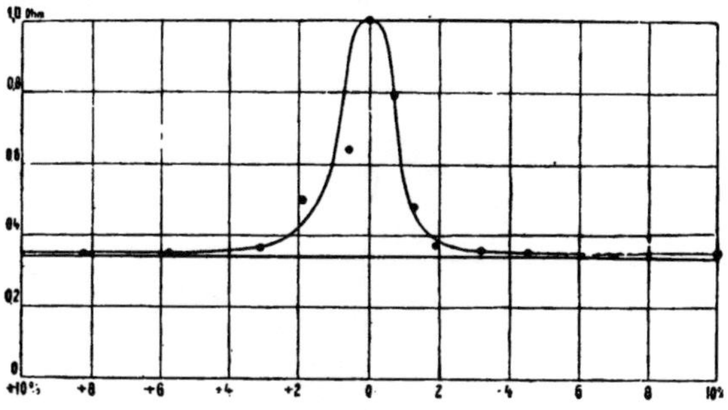

Fig. 42.

In Figur 42.) gilt als Abzisse die prozentuelle Verstimmung x positiv nach links und unterhalb der Resonanz, negativ nach rechts und oberhalb der Resonanz, während als Ordinate die beobachteten Werte des Wattwiderstandes als Punkte eingetragen sind, wobei der Maßstab so gewählt ist, daß dem Resonanzpunkt der Widerstand von einem Ohm entspricht. Die die Punkte verbindende Kurve stellt gleichzeitig auch die Leistungskurve dar, wenn wir uns den Apparat mit konstanter Stromstärke erregt denken. Durch Anlegen der Verlustlinie an die Resonanzkurve finden wir in dem Ordinatenverhältnis im Resonanzpunkt den Wirkungsgrad zu $\eta = 0.66$. Der Ordinatenabschnitt zwischen Verlustlinie und Resonanzkurve ist der Verlustwiderstand $w_v = 0.34$ Ohm, während der Ordinatenabschnitt zwischen Verlustlinie und Resonanzkurve im Resonanzpunkt der mechanische Arbeitswiderstand $w_s = 0.66$ Ohm ist. Denken wir uns diesen Ordinatenabschnitt halbiert und im Halbierungspunkte die Breite der Resonanzkurve gemessen, so finden wir hieraus die Dämpfung zu $\vartheta = 0.054$.

Aus diesen Werten von η, w_v und ϑ_s ist nun mit Hilfe der Formeln 5b) Seite 164 u. 21 a.) Seite 168 der wattlose Widerstand des Apparates berechnet und in Figur 43.) als Kurve in Abhängigkeit von der perzentuellen Verstimmung x aufgetragen. Der wattlose Widerstand beschreibt die charakteristische v-Kurve und ist im allgemeinen positiv, das heißt, der Apparat wirkt als Selbstinduktion; nur von etwa 0.2 bis 4% Verstimmung oberhalb der Resonanzfrequenz nimmt er negative Werte an, was bedeutet, daß der Sender in diesem Gebiet kapazitive Wirkung besitzt. Bei Abwesenheit jedweder freien Selbstinduktion L_v müßte diese Kurve vollkommen symmetrisch zur Nullinie liegen. Der wattlose Widerstand der freien

Selbstinduktion ist bei der Resonanzfrequenz ω_R für den untersuchten Apparat bei festgebremster Spule bestimmt zu $\omega_R\ L_v = 0{\cdot}13$ Ohm und als Gerade ansteigend mit der Frequenz ω gleichfalls in der Figur 43 eingetragen. Wie man sieht, ist die v-Kurve zu dieser Geraden doppelt gespiegelt und nähert sich ihr asymptotisch für die Extremwerte der Verstimmung. Dieses Verhalten entspricht vollständig der abgeleiteten Formel für den wattlosen Widerstand des Senders. Die für die einzelnen Beobachtungspunkte bei frei schwingender Spule gemessenen Werte des wattlosen Widerstandes sind in der Figur 43.) als Punkte eingetragen und zeigen, daß die direkt gemessenen Werte mit denen aus η, w_v und ϑ_s berechneten hinreichend übereinstimmen.

Besitzt der Apparat Wechselfelder im Eisen, so tritt eine Unsymmetrie in den Kurven auf. Es verringern sich in der Kurve des wattlosen Widerstandes

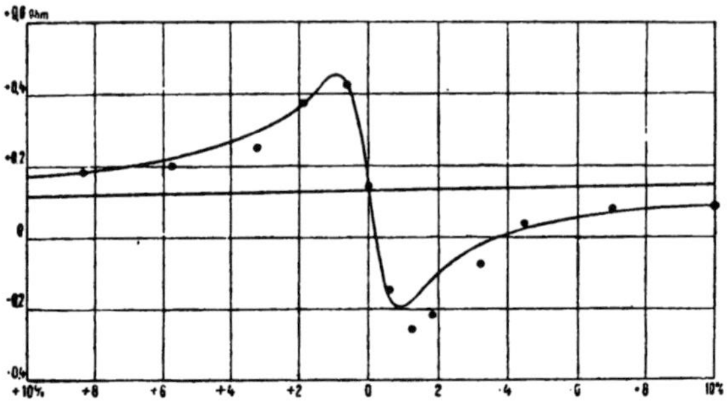

Fig. 43

die Werte der selbstinduktiven Wirkung unterhalb der Resonanz, während sich diejenigen der kapazitiven Wirkung oberhalb der Resonanz vergrößern. Eine diesbezügliche Andeutung läßt sich aus Figur 43.) in der Lage der gemessenen Punkte erkennen. Die Differenz des wattlosen Widerstandes zwischen größter Selbstinduktions- und größter Kapazitätswirkung bleibt hierbei aber nahezu dieselbe. Gleichzeitig beobachtet man bei fehlenden Kurzschlußwicklungen eine Unsymmetrie der Wattwiderstandskurve. Es vergrößern sich die Werte unterhalb der Resonanz und verringern sich oberhalb dieser. Diese Unsymmetrien fehlen hingegen bei Verwendung von Kurzschlußwicklungen, so daß in diesem Falle der Ersatzschwingungskreis ein brauchbares elektrisches Aequivalent für die Spulenbewegung darstellt.

Bevor wir die Betrachtungen dieses Abschnittes schließen, wollen wir noch einen wichtigen Zusammenhang zwischen Wirkungsgrad und Dämpfung formulieren, der es erlaubt, Dekrement und Wirkungsgrad eines Sendeapparates in einem beliebigen Schallmedium zu finden, wenn daselbst nur eine der beiden Größen durch Messung ermittelt ist oder sich etwa durch Berechnung finden läßt.

Kennen wir in einem Schallmedium den Wirkungsgrad η und das Senderdekrement ϑ und bezeichnen wir die dem Apparat aufgedrückte Spannung mit e_1, den Strom mit i_1 und den Phasenwinkel mit φ_1 so stellt offenbar die Strecke BE der Figur 38.) Seite 161 den Wert $\eta\ i_1 \cos\varphi_1$ dar. Betreiben wir nun den Sender in einem anderen Schallmedium unter sonst gleichen Betriebsbedingungen, so gilt für die Gleichheit der mechanischen Amplituden die Beziehung

$$\eta\, i_1 \cos \varphi_1 = \eta'\, i_1' \cos \varphi_1', \quad \ldots\ldots\ldots \quad 24.)$$

falls wir die Werte im zweiten Medium alle mit Strichen kennzeichnen.

Da die mechanischen Amplituden sich umgekehrt wie die mechanischen Dekremente verhalten, so ist:

$$\frac{\vartheta}{\vartheta'} = \frac{\eta'\, i_1' \cos \varphi_1'}{\eta\, i_1 \cos \varphi_1} \quad \ldots\ldots\ldots \quad 25.)$$

Das Verhältnis $(1-\eta):\eta$ ist in der Figur 38.) Seite 161 in den Strecken EG : EB dargestellt, daher ist weiter:

$$\left.\begin{aligned} \frac{1-\eta}{\eta} &= \frac{i_v}{\eta\, i_1 \cos \varphi_1} \quad (104) \\ \text{und} \qquad \frac{1-\eta'}{\eta'} &= \frac{i_v}{\eta'\, i_1' \cos \varphi_1'} \end{aligned}\right\} \quad \ldots\ldots \quad 26.)$$

oder gleich $\frac{\vartheta}{\vartheta'}$. Wir erhalten somit die Beziehung

$$G = \frac{\vartheta\, \eta}{1-\eta} = \frac{\vartheta'\, \eta'}{1-\eta'} = \text{Konstant} \quad \ldots\ldots\ldots \quad 27.)$$

Dieser Ausdruck stellt eine Konstante des betreffenden Apparates dar, die für alle Medien und Arbeitsverhältnisse Gültigkeit hat und auch von der speziellen Konstruktion des Senders unabhängig ist. Sie muß daher ebenso für elektrodynamische wie auch für elektromagnetische Sendeapparate gelten. Sie kann somit als wichtiger quantitativer Wertmesser verschiedener Apparatekonstruktionen untereinander dienen. Dieser dimensionslosen Größe werden wir noch öfters begegnen und wollen sie ihrer Wichtigkeit wegen mit einem eigenen Namen als „Gütekoeffizienten" bezeichnen. Denn beim Senderbau kommt es in der Praxis wesentlich darauf an, bei großem Wirkungsgrad mit großen Dämpfungen zu arbeiten. Jede Vergrößerung des Gütekoeffizienten bedeutet daher im Senderbau einen begrüßenswerten Fortschritt.

§ 5. Praktische Ausführungstypen von elektrodynamischen Sendern.

Die Ausführungstypen der bisher vorgeschlagenen elektrodynamischen Sender bieten im allgemeinen nichts an sich Bemerkenswertes. Lediglich der Fessenden-Oszillator macht in dieser Richtung eine hervorstechende Ausnahme.

Das charakteristische Merkmal der elektrodynamischen Sender besteht darin, daß das bewegende, Wechselstrom führende Element in beiden Schwingungsphasen die strahlende Membran steuert, da sowohl in der positiven wie auch negativen Stromphase im Zusammenwirken mit dem konstanten Magnetfeld stets eine direkte Wirkung der äußeren Kraft vorhanden ist. Der Sender kann daher im mechanischen Schwingungssystem im Prinzip eine die von außen hineingesteckte Energie in potentieller Form aufspeichernde Direktionskraft prinzipiell entbehren. Es ist daher hier möglich, die Wechselstromspule direkt an eine elastische Membran zu befestigen, unbekümmert darum, daß deren Direktionskraft bekanntlich [III, §. 7, 129] nicht ausreicht, um das mechanische System bei den zulässig kleinen

Amplituden als Speicher für eine nennenswerte Energie zu benützen. Der elektrodynamische Antrieb gestattet somit, den sonst bei elastischen Membranen für Unterwasserschallsender erforderlichen akustischen Hebel zu vermeiden, vorausgesetzt, daß er imstande ist, die für direkten Antrieb erforderlichen großen Kräfte für leistungsfähige Strahler zu liefern. Ist dies der Fall, so reguliert sich der Hub der Membran von selbst auf die der hineingesteckten Leistung für die gewählte Membrangröße entsprechend kleine Amplitude ein. Bezeichnen wir mit B die Induktion im Luftspalt des konstanten Magnetfeldes in Gauß, mit i die Wechselstromstärke in der Spule in Ampere, mit l die Länge einer der n Spulenwindungen in cm, so ist nach bekannten elektrodynamischen Gesetzen die Kraft K im CGS System gegeben durch

$$K = B \cdot n l \cdot i / 10 \, \text{Dyn} \quad \ldots \ldots \ldots \ldots \ldots \quad 1.)$$

Setzen wir $l = 2 r \pi$, wenn wir mit r den Radius des Magnetkernes in Fig. 37.) Seite 160 bezeichnen, so wird

$$K = \frac{2 \pi r n i B}{10} \, \text{Dyn} \sim 2 \pi r n i B \cdot 10^{-10} \, \text{Tonnen}. \quad \ldots \quad 1a.)$$

Für einen Sender von 1 kW Strahlungsleistung beim Ton 1000 hat [III, § 7, 129] K den Wert von π Tonnen Geben wir der Spule 500 Windungen und wählen B = 15 000 Gauß, so ist die erforderliche Zugkraft, falls wir r = 10 cm ansetzen, mit einer Wechselstromstärke von rund 70 Ampere bereits zu erhalten. Wir sehen also, daß keinerlei Schwierigkeiten bestehen, die erforderlichen gewaltigen Zugkräfte auf elektrodynamischen Wege zu gewinnen. Nach der Strahlungsleistungsfähigkeit hin ergibt sich hier kaum eine praktische Grenze; denn ist eine solche für die eben skizzierte Vorrichtung einmal erreicht, so kann die Leistung dieses Senders noch um ein großes Vielfache durch Anwendung eines akustischen Hebels in Form zweier gekoppelter Systeme gesteigert werden. — Unter Vermeidung einer Amplitudenübersetzung erhält man mittels des elektrodynamischen Antriebes den einfachsten einwelligen Strahler.

Wohl aber bietet auch der Bau dieses anscheinend leicht ausführbaren Gebildes noch wesentliche praktische Schwierigkeiten, und zwar hauptsächlich wegen der durch die Spule bedingten Verlustdämpfung. Die Reduktion letzterer auf das überhaupt erzielbare Minimum unter Anwendung möglichst einfacher und billiger Mittel ist gegenwärtig nach Klarlegung der Theorie und der daraus ermöglichten vollständigen Vorausberechnung der Schallantennen nicht bloß der Stolz des Konstrukteurs, sondern auch der Prüfstein seiner technischen Geschicklichkeit. Um nach dieser Richtung dem Leser den Kampf mit der Tücke des Objektes ins richtige Licht zu rücken, sollen beispielsweise die Verschraubungen an mechanisch schwingenden Systemen erwähnt werden. Es ist ohne weiteres einzusehen, daß Stellen, an denen verschiedene Bauelemente des mechanisch schwingenden Systems starr zu verbinden sind, möglichst kräftig und fest verschraubt werden müssen, um den toten Gang der Schrauben und die dadurch bedingte Verlustdämpfung nach Möglichkeit zu eliminieren. Wer aber lediglich unter Beachtung dieser Erwägung zum ersten Male einen Sender baut, wird eine recht unliebsame Enttäuschung erleben. Wehe ihm, wenn Verschraubungen vorhanden sind, bei denen die Spindelachsen etwas quer zur Amplitudenrichtung liegen! Die Verlustdämpfung des Senders wird in einem solchen Falle die berechnete Nutzdämpfung um ein wesentliches übersteigen. Denn bei Muttern und Spindeln kann wohl durch ein Anziehen bis nahezu an die Zerreißgrenze das Spiel beider Bestandteile in der Spindelachsenrichtung beim Schwingen der Vorrichtung auf ein erträgliches Maß reduziert werden, also wenn die Spindeln in der Richtung der Amplituden liegen; liegen sie hingegen quer oder so, daß

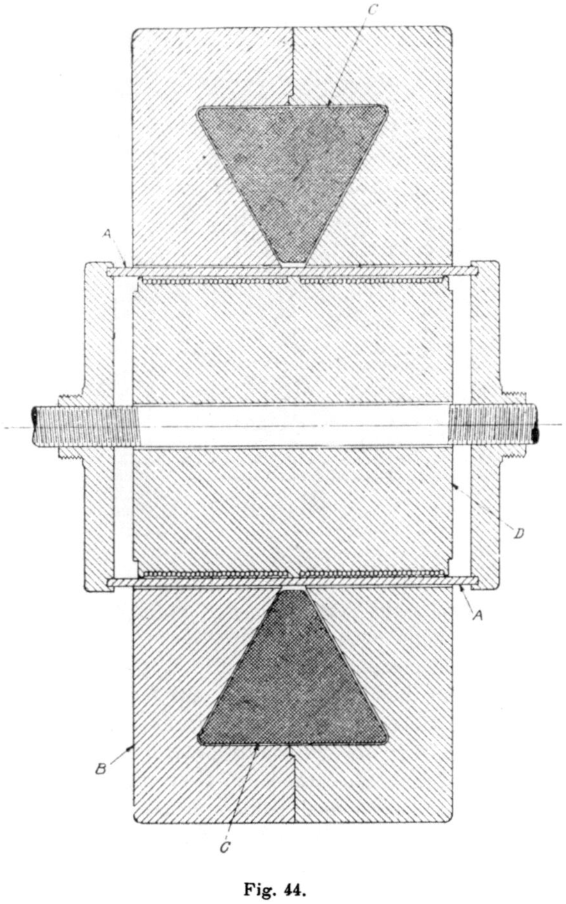

Fig. 44.

eine auch nur kleine Querkomponente auftritt, dann hindert lediglich die Reibung an den Sitzflächen beide Teile, sich zu verschieben. Diese Reibungskraft ist jedoch viel zu klein, um unter der Einwirkung der eingeprägten Kraft Verschiebungen nicht zuzulassen, die in der Größenordnung der Membranamplitude und darüber liegen. Denn Mutter und Spindel haben stets seitlich ein im Vergleich zu den zulässigen Amplituden großes Spiel, das auch bei achtsamer Herstellung nach dieser Richtung nicht klein genug gemacht werden kann, da sich sonst die Spindel in die Mutter nicht mehr einschrauben läßt. Um auch bei richtiger Orientierung der Verschraubungen deren Verlustdämpfung noch weiter zu reduzieren, werden die Spindeln häufig entweder geschlitzt und verkeilt, oder ihre Flanken mittelst konischer Schrauben an die Mutter angepreßt. Verfasser hat beim Bau von Schallantennen jegliche Verschraubung im schwingenden mechanischen System überhaupt umgangen und die einzelnen Teile durch Heißaufziehen untereinander, also durch Materialpressung oder durch direktes Angießen zu einem starren Ganzen verbunden. Bei geeigneter Anwendung dieser beiden für den Bau von Schall-

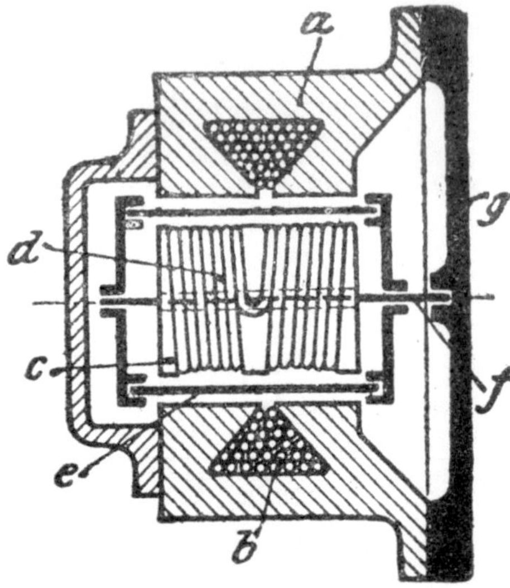

Fig 45.

antennen wegen des gänzlichen Wegfalles der Verschraubungsverlustdämpfung gerechtfertigten Bauweise kann auch die innerhalb der erforderlichen Notwendigkeit verlangte Demontierungsmöglichkeit gewahrt werden. ([105]). Der Hinweis, mit welcher Vorsicht beim Senderbau bereits anscheinend sichere Verschraubungen behandelt werden müssen, mag genügen, um die Schwierigkeiten klar hervortreten zu lassen, die sich bei der Befestigung einer mehrlagigen isolierten Spule an einer schwingenden Stelle ergeben. Hier muß mit Mitteln gearbeitet werden, die sonst dem Maschinen- und Apparatebauer völlig fremd erscheinen; nur dann ist es möglich, die Verlustdämpfung, die für einheitliche Baumaterial sehr klein gehalten werden kann, nicht nennenswert zu überschreiten.

Fessenden ([106]), dessen Sender in Figur 44.) schematisch wiedergegeben ist, meistert diese Schwierigkeit in einer äußerst eleganten Weise durch die Einführung eines Wechselstromtransformators an Stelle der bisherigen Spule, wobei das eine am schwingenden Teil befestigte Transformatorelement eine einzige Kurzschlußwindung, also einen an sich starren Körper darstellt, während das zweite als Wicklung ausgebildete Transformatorelement am ruhenden Magnetkern befestigt ist. Der Apparat besteht im Wesen aus einem schweren Ring-Elektromagneten (B), der durch eine im Innern angeordnete Spule (C) mittels Gleichstrom erregt wird, sowie einem in der Bohrung des ersteren festeingebauten Magnetkern (D), der mit einer Wicklung für Wechselstrom versehen ist. Innerhalb des ringförmigen Luftspaltes zwischen diesen beiden festen Hauptteilen (B u. D) ist ein Kupferrohr (A) so angeordnet, daß es in der Richtung der Längsachse frei zu schwingen vermag und seine Bewegung durch Vermittlung von zwei auf den Stirnseiten angepreßten Scheiben auf eine durch den Magnetkern (D) frei durchgehende Spindel überträgt, die in eine in der Figur nicht sichtbare Membran eingeschraubt ist. Die auf den Eisenkern (D) aufgebrachte Wicklung ist in der oberen Spalthälfte in einem, in der unteren im entgegengesetzten Sinne gewunden, und beide Windungshälften sind so in Serie geschaltet, daß ein durch die Wicklungskombination gehender Strom in den beiden Spalthälften gleichzeitig stets in entgegengesetzter Richtung fließt. Wird diese Doppelspule von Wechselstrom durchflossen, so induziert sie als Transformatorprimärelement im Kupferzylinder als Stromtransformatorsekundärelement sehr starke Wechselströme, die im Zusammenwirken mit dem Felde den Zylinder in achsiale Schwingungen versetzen, da die Kraftwirkung infolge des gleichzeitig entgegengesetzten Strom- und Feld-Verlaufes in den beiden Spalthälften sich für die Zylinderhälften addiert. Dort, wo der Zylinder über die Primärspule hinausragt, ist er zwecks Unterbrechung der Kreisströme wiederholt der Länge nach geschlitzt. Dies ist unter anderem schon deshalb nötig, da dort verlaufende Kreisströme unter Einwirkung des Spulen

Fig. 46.

Feldes eine einseitig dauernde Abstoßung hervorrufen würden. Figur 45.) zeigt einen Schnitt durch einen vollständigen Sender. Hier ist der entgegengesetzte Verlauf der Wicklungen in den beiden Luftspalthälften deutlich ersichtlich. Die Befestigung des inneren Eisenkernes am äußeren Ringmagnet kann in Fig. 47.) gut erkannt werden. Die aus nicht magnetischem Material zu diesem Zwecke vorgesehenen ringförmigen Verbindungsstücke tragen längs des Umfanges eingefräste Schlitze, durch die die in den längsgeschlitzten Zylinderenden stehengebliebenen

Stege berührungsfrei durchgehen. In Fig. 46.) sind die wesentlichen Einzelteile des Senders dargestellt. Das Teilbild a zeigt den äußeren Teil des Ringmagneten samt Gleichstrommagnetisierungsspule. Unter c sieht man in der Mitte den Magnetkern und zu beiden Seiten die ihn mit dem Außenring verbindenen Ring-

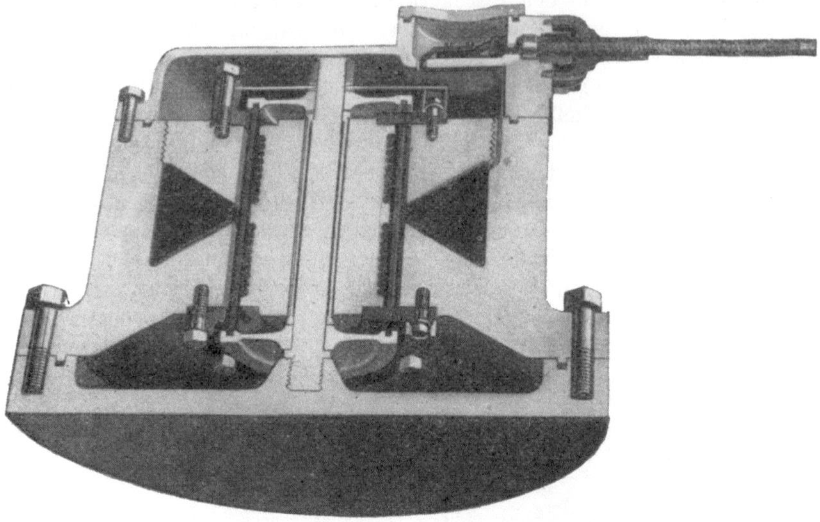

Fig. 47.

stücke, wobei man im rechtsliegenden deutlich die Schlitze für die Durchführung der unter b zu erkennenden Kupferzylinderstege wahrnimmt. Noch besser ist die Apparatemontage aus der Figur 47.) zu erkennen.

Fig 48

Endlich zeigt Figur 48.) einen Fessendensender modernster Ausführung für 1050 Perioden der Atlas-Werke in Bremen. (Gekoppeltes Schwingungsgebilde durch Ausnützung der Elastizität der Stützscheiben des Kupferzylinders.)

Mit der Einführung des Transformators hat aber Fessenden außer der Möglichkeit, einen Spulensender mit kleiner Verlustdämpfung zu bauen, noch weitere Vorteile erreicht. Der Transformator ist ein Kurzschlußtransformator engster Kopplung, daher frei von allen Eisenverlusten, somit auch von verschwindend kleiner Selbstinduktion ([107]). Die Freiheit von Eisenverlusten stempelt den Transformator zu einem rein Ohmschen Widerstand, so daß der cos φ nahezu eins, also ein an sich sehr kleiner Generator zum Betrieb erforderlich wird. Ferner gestattet der Wegfall der Eisenverluste eine billige Bauweise des Gleichstrommagneten, der aus Volleisen hergestellt werden

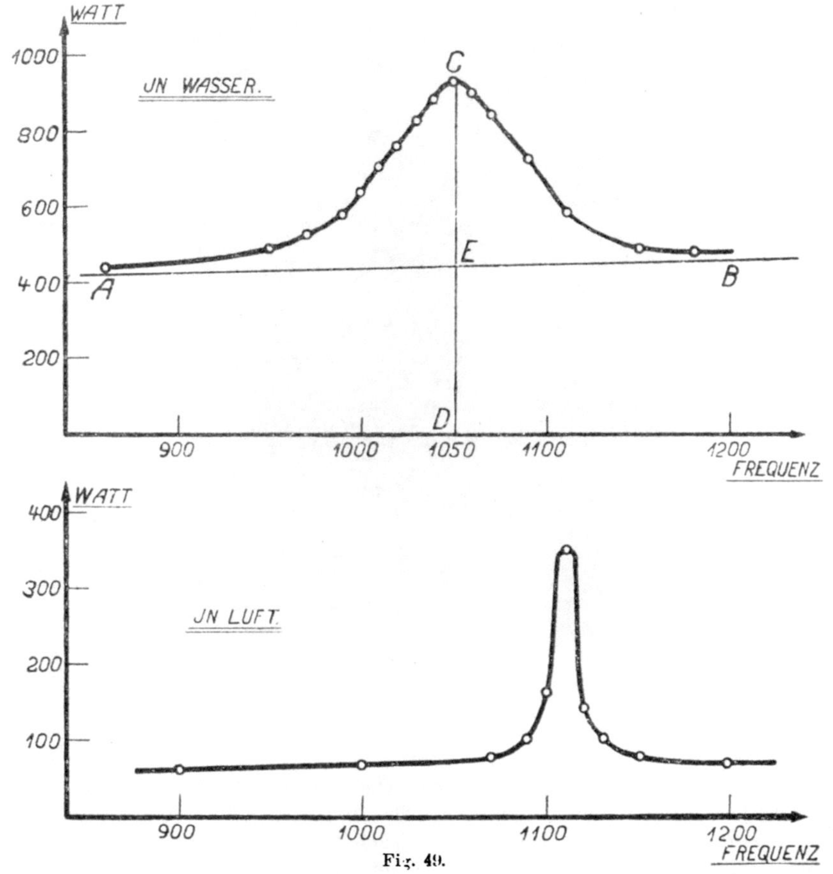

Fig. 49.

darf. Endlich besitzt der Transformator eine derart kleine Zeitkonstante ([108]) infolge seiner kleinen Selbstinduktion, daß der Apparat auch bei genügender Dämpfung als Sprechtelephon unter Wasser verwendet werden kann, da die Sprechströme wegen Fehlens von Rückwirkung verzerrungsfrei durch die Membranamplituden wiedergegeben werden. Schließlich bringt der Kurzschlußtransformator noch einen Vorteil für die Signaltaste. Dort treten infolge des Fehlens einer nennenswerten Selbstinduktion keine die Taststelle rasch abnützenden Oeffnungsfunken auf.

Figur 49.) zeigt Resonanzkurven eines modernen Fessendenoszillators. Die Kurven sind in der Weise aufgenommen, daß die bei konstant gehaltener Betriebsstromstärke bei verschiedenen Frequenzen im Sender verbrauchte Wechselstromenergie wattmetrisch gemessen wurde. Im Wasser betrug für dieses Beispiel die Wechselstromstärke 8 Ampere, in Luft 3 Ampere. Die Gleichstromspule war dabei direkt an 220 Volt angeschlossen. Die Verlustlinie wurde nicht getrennt bestimmt, denn man kann sie mit

Fig 50.

genügender Genauigkeit durch Anlegen einer Geraden an die Resonanzkurven erhalten. Aus der Luftkurve, die praktisch wie eine Kurve im Vakuum, also ohne Strahlungsdämpfung behandelt werden darf, erhält man die Verlustdämpfung zu $\vartheta_v = 0{\cdot}050$. Hier muß mit verringerter Spannung gearbeitet werden, da infolge der verschwindend kleinen, rund 0.003 betragenden Luftstrahlungsdämpfung der Apparat bei gleicher Energiezufuhr wie im Wasser auf sehr große Amplituden käme, die in kürzester Zeit die Membran zerstören würden. Für ganz kurze Zeit, etwa eine halbe bis eine Minute, überlastet man den Apparat in Luft stark; irgendwelche mangelhafte Befestigungen werden durch diese Ueberlastungsprobe hervortreten und sich sofort als starke Verlustdämpfung bei der neuerlichen Aufnahme der Luftkurve bemerkbar machen. Die ausgestrahlte akustische Leistung dieses Apparates betrug im Wasser 490 Watt, seine mechanische Dämpfung daselbst 0,223, somit seine reine Strahlungsdämpfung im Wasser

0,183. Der mechanische Wirkungsgrad ergibt sich zu 51%. Es beträgt somit der Gütekoeffizient [IV, § 4, (27), 171] dieses Senders $G = \frac{0{\cdot}223 \cdot 0{\cdot}51}{0{\cdot}49} = 0{\cdot}23$. Aus diesem Gütekoeffizienten rechnet sich unter Berücksichtigung $\vartheta_l = 0{\cdot}050$ der mechanische Nutzeffekt in Luft zu 0,82%, was mit der Luftresonanzkurve in genügender Uebereinstimmung steht ([109]).

Die Figur 49.) läßt auch deutlich erkennen, wie sich die Abstimmung des Senders beim Wegfall der hydrodynamischen Masse des Wassers in Luft von 1050 auf 1130 Perioden erhöht.

Der Originalfessendensender war auf Grund der Vorschriften der amerikanischen Kriegsmarine für 500 Perioden konstruiert. Figur 50.) zeigt den ersten nach Europa gelangten 500-Perioden-Sender, mit dem die deutsche Kriegsmarine auf dem von den Atlas-Werken hierzu zur Verfügung gestellten Dampfer „Gauß" und unter Verwendung von Sirenen und Elektromagnetsender der Signalgesellschaft die systematischen quantitativen Versuche zur Klärung des Mediumeinflusses durchführen ließ.

§ 6. Elektromagnetische Membransender und ihr elektrischer Ersatzkreis.

Ebenso wie bei den elektrodynamischen Sendern wollen wir auch bei den elektromagnetischen Antennen einen elektrischen Ersatzkreis für den mechanisch-akustischen Arbeitsvorgang des schwingenden Magnetankers im Zusammenhang mit Membran und Medium aufsuchen, der derart beschaffen sein muß, daß diese substituierte elektrische Anordnung es einem Beobachter unmöglich macht, zu entscheiden, ob sich im geschlossenen Apparat ein schwingender Magnetanker oder ein rein elektrischer Ersatzkreis befindet. Wir wählen im folgenden wiederum den von

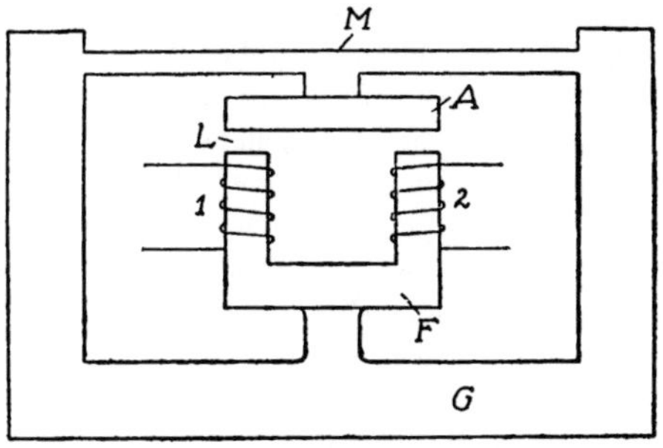

Fig. 51.

Hahnemann und Hecht angegebenen elektrischen Ersatzkreis ([110]). Figur 51.) zeigt die schematisch einfachste Form eines elektromagnetischen Membransenders ([111]). Es bedeutet M die am Gehäuse G befestigte Membran, die an das Schallmedium grenzt, in das sie akustische Energie abstrahlen soll. Starr verbunden mit ihr ist der Anker A des Magneten F, der seinerseits in starrer Verbindung mit dem Gehäuse steht. Anker- und Magneteisen sind durch einen Luftspalt L voneinander getrennt. Die Magnetschenkel tragen je eine Spule 1 und 2, wovon eine mit Gleichstrom, die andere mit Wechselstrom gespeist wird. Wir haben es daher in unseren Betrachtungen mit einem polarisierten Sender zu tun, dessen

Frequenz gleich der des angelegten Wechselstromes ist ([112]). Die Masse vom Gehäuse G und Feld F wird so gewählt, daß sie gegenüber der vom Anker A und Membran M sehr groß wird, so daß wir nach dem Schema des einfachen Tonpilzes der Figur 24.) Seite 133 annehmen können, daß die Gehäuse- und Feldmasse unendlich groß sei und ruhe. Erregt man diesen Sender im Wasser mit Wechselstrom konstanter Erregung, also bei konstant gehaltenem Flux, so erhalten wir eine Resonanzkurve etwa wie die der Figur 38.) Seite 161 mit den bereits bekannten Eigenschaften. Es wird nun angestrebt, die mechanischen Vorgänge der Ankerbewegung elektromagnetisch zu deuten, somit die Theorie des elektromechanischen Transformators, der im Prinzip in der durch Figur 51.) skizzierten Schallantenne vorliegt, auf die bekannte Theorie ([113]) des rein elektrischen Transformators zurückzuführen. Denken wir uns etwa die Spule 2 in

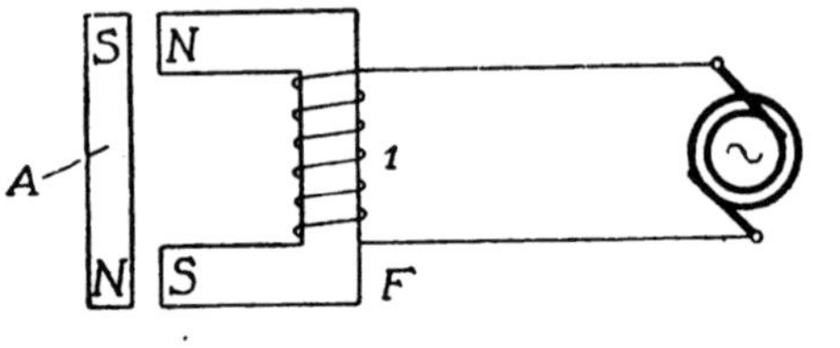

Fig. 52.

der Figur 51.), die Gleichstrom führen mag und daher zur Erzeugung der Feldpolarisation dient, entfernt und dafür entweder Anker und Feld als permanente Magnete oder beide aus magnetischem Material ausgeführt und im letzteren Falle Spule 1 von pulsierendem Strome durchflossen, so erhalten wir das einfache Schema der Figur 52.), in der der Anker A sich mit der Frequenz des Wechselstromes bewegt und von der Frequenz abhängige mechanische Arbeit leistet. Statt nun den Anker wirkliche Bewegungen ausführen zu lassen, denken wir uns ihn dauernd festgehalten und mit einer der Wicklung 1 vollkommen gleichartigen Wicklung 2 bedeckt, durch deren Vermittlung dem System die gleiche Energie elektrisch entzogen werden soll, die früher dem schwingenden Anker mechanisch entnommen wurde. Dieses Gedankenexperiment ist dann zulässig, wenn sowohl das magnetische Kraftlinienfeld im Eisen ([114]) bezüglich seiner Größe, Frequenz und Phase, und somit die in ihm auftretenden Verluste, wie auch die durch die Spule 2 entzogenen Energien die gleichen sind wie bei der mechanischen Ankerbewegung, wenn sich also durch den substituierten festen Anker elektromagnetisch nichts geändert hat. Um die Aufgabe zu vereinfachen, wählen wir rein sinusförmigen Verlauf des magnetischen Feldes.

Beim schwingenden Anker haben wir zwei Felder zu unterscheiden, die sich zu einem resultierenden zusammensetzen: das primäre von außen (durch die Maschine) aufgedrückte Feld und das durch die Ankerbewegung hervorgerufene Gegenfeld. Im idealen Grenzfall wäre dieses Gegenfeld gleich und entgegengesetzt gerichtet dem erregenden Feld. In den folgenden Betrachtungen wollen wir annehmen, daß die mechanische Ankeramplitude so klein ist, daß die durch sie hervorgerufene Aenderung des magnetischen Widerstandes klein gegenüber dem teils im Luftspalt, teils im Eisen liegenden magnetischen Widerstand bei Ruhelage des Ankers bleibt. Die gleiche Forderung stellen wir an das erregende Feld hinsichtlich dessen Amplitude, um auch für dieses bei seiner Erzeugung durch reinen Wechselstrom einen vollkommen sinusförmigen Verlauf zu erhalten ([115]). Ist laut der gemachten Annahmen für die beiden Feldkomponenten die Bedingung der sinusförmigen Grundschwingung erfüllt, so wird dies auch für das resultierende Feld der Fall sein, und wir können uns unter Beachtung dieser einschränkenden Voraussetzungen die Ankerbewegung und ihre mechanische Abbremsung vollständig durch eine Spule ersetzt denken, der ein sinusförmiger Wechselstrom entnommen wird. Es läßt sich daher die Fluxänderung im elektromechanischen Transformator infolge der Ankerbewegung durch die Einführung einer Stromspule bei festgehaltenem Anker ersetzen. Da das Gegenfeld der Ankerbewegung gleichphasig und proportional der Ankeramplitude ist, vertritt in der elektrischen Substitution die Stromstärke die Stelle der mechanischen Amplitude; es sind daher in diesem Falle Stromstärke und mechanische Amplitude physikalisch völlig gleichwertige Begriffe. Hierdurch ergibt sich auch hier wie im elektrodynamischen Ersatzkreis die der gewöhnlichen Bezeichnungsweise entgegengesetzte Festlegung, daß das Analogon von mechanischer Masse bzw. Elastizität in dieser Spule ein elektrischer Kondensator bzw. eine Selbstinduktion ist.

Nun müssen wir noch den elektrischen Arbeitsvorgang für die Erregung gleich der bei bewegtem Anker gestalten. Es läßt sich dies erreichen, wenn wir die Spule 2 durch Kapazität, Selbstinduktion und Ohmschen Widerstand schließen, wie dies in Figur 53.) schematisch dargestellt ist. Diese Art der Schließung der Spule 2 hat im folgenden ihre Notwendigkeit: Halten wir den Anker fest, so beschreibt ein in die Spule 1 eingeschaltetes Wattmeter die Verlustlinie beim Durchwandern der Frequenzen, die sich in Figur 38.) Seite 161 als einfache Gerade DEF darstellt. Wenn nun im Spulenkreis 2 außerdem noch eine Leistung verbraucht wird, die den Ordinaten zwischen der Resonanzkurve ABC

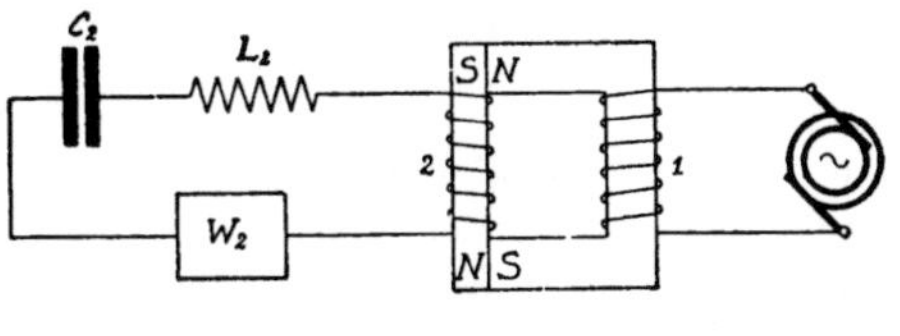

Fig. 53.

und der Verlustlinie DEF der Figur 38.) entspricht, dann stellt das System mit festgehaltenem Anker und Ersatzspulenkreis 2 vollständig das System des frei beweglichen Ankers dar. Wir haben zu diesem Zwecke lediglich die Selbst-Induktion L_2, die Kapazität C_2 und den Ohmschen Widerstand w_2 richtig zu bemessen, wobei wir uns Selbstinduktion und Kapazität verlustlos und für die Frequenz n_0 der mechanischen Resonanz aufeinander abgestimmt denken. Diese Größen sind dann vollständige Analoga von Membranelastizität und Schwingungsmasse. Die Dimensionierung des Widerstandes w_2 ist so zu treffen, daß er, mit dem Quadrat der mit der Frequenz veränderlichen Stromstärke des Kreises 2 multipliziert, für den ganzen Frequenzbereich Leistungen ergibt, die den Ordinaten zwischen Resonanzkurve und Verlustlinie entsprechen. In weiterer Vereinfachung des Bildes soll der elektrische Ersatztransformator vollkommen streuungslos sein, eine Kopplung von 100% besitzen und einen vernachlässigbaren Ohmschen Spannungsabfall in den Spulen aufweisen. Unter diesen Voraussetzungen stellt Figur 54.) das Senderdiagramm für den Fall der Resonanz im Wasser unter Zugrundelegung der Figur 38.) Seite 161 dar. OA und OB sind die primär an der Senderspule gemessene Spannung und Stromstärke e_1 und i_1, letztere nacheilend um den Winkel φ_1, der sich rechnerisch unter Zuhilfenahme der wattmetrisch bestimmten Leistung ergibt. Die Spannung e_2 der Spule 2 ist e_1 gleich und entgegengesetzt und wird durch OC dargestellt. Die Spannungen von L_2 und C_2, die wir uns im Punkte O senkrecht nach links bzw. rechts errichtet denken müssen, heben sich gegenseitig auf, da wir uns im Abstimmungsfall befinden:

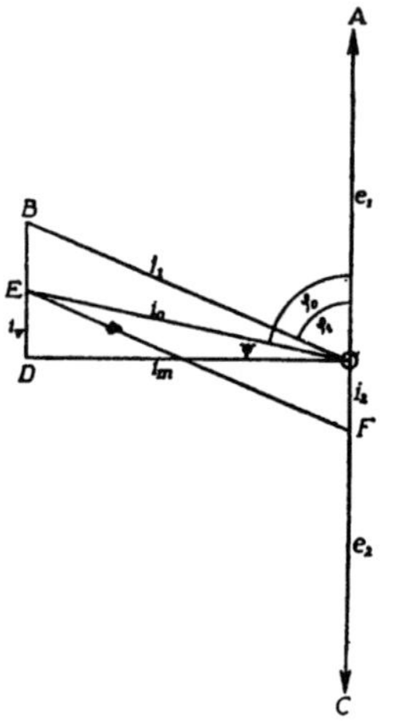

Fig. 51.

der Kreis 2 stellt eine reine Ohmsche Belastung dar und die Richtung von i_2 fällt daher in die Richtung von e_2. Errichtet man im Punkte O nach links eine Senkrechte und fällt von B aus das Lot BD, so stellt letzteres die Wattkomponente des Stromes dar. Unter Benutzung des nach Figur 38.) Seite 161 ermittelten Wirkungsgrades teilt man BD im Verhältnis $BE : ED = \eta : (1 - \eta)$; dann stellt BE den Wert $\eta\, i_1 \cos \varphi_1$ dar. Da der Wirkungsgrad gleich dem Verhältnis von sekundärer zu primärer Energie ist, so ergibt sich

$$\eta\, e_1\, i_1 \cos \varphi_1 = e_2\, i_2 \cos \varphi_2 \quad \ldots \ldots \ldots \ldots \quad 1.)$$

und da in unserem Falle $e_1 = e_2$ und $\cos \varphi = 1$ ist, so ist die Strecke $BE = i_2$. Wir tragen also BE von O aus nach unten bis F ab und erhalten in OBEF das Stromparallelogramm mit $OE = i_e$ als Summenstrom von i_1 und $_2$. In der Figur EDOA erhalten wir gleichzeitig das Leerlaufdiagramm. $OE = i$ zerlegt sich in die beiden Komponenten $OD = i_m$ und $ED = i_v$, von denen

$$i_m = i_1 \sin \varphi_1 = i_0 \sin \varphi_0 \quad \ldots \ldots \ldots \quad 2.)$$

den Magnetisierungsstrom darstellt und mit dem Kraftfluß gleichphasig ist, während

$$i_v = (1 - \eta)\, i_1 \cos \varphi_1 \quad \ldots\ldots\ldots\ldots \quad 3.)$$

denjenigen Teil der Wattkomponente des Stromes i_1 ergibt, der die Eisenverluste des Transformators deckt. Den Winkel

$$E\,O\,D = \frac{\pi}{2} - \varphi_0 = \psi \quad \ldots\ldots\ldots\ldots \quad 4.)$$

nennen wir den Verlustwinkel des Transformators.

Aus dem Diagramm, das den Verhältnissen der Figur 38.) entspricht, erkennt man, daß dieser elektromechanische Transformator sich in zwei wesentlichen Punkten von einem elektrischen Transformator nachteilig unterscheidet. Er besitzt nur etwa 50% Wirkungsgrad gegenüber einem solchen von etwa 95% eines

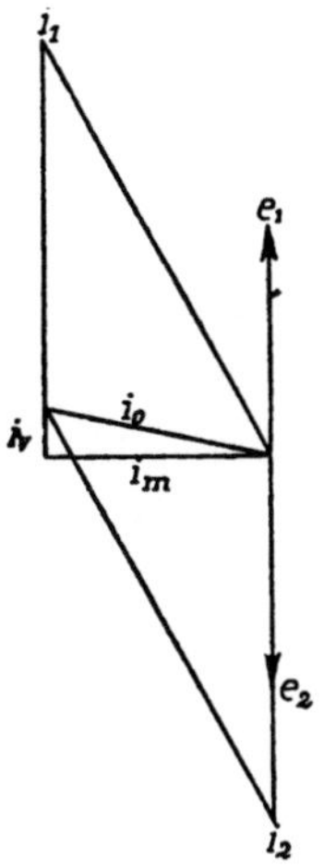

Fig. 53.

technischen Transformators und der Transformator erscheint sekundär zu wenig belastet.

Die Belastung ist in unserem Falle von der Verlust- und Strahlungsdämpfung abhängig. Erstere ist konstant, letztere ändert sich mit dem Schallfortpflanzungsmedium. Soll daher unser Transformator stärker belastet erscheinen, so müssen wir ihn in einem Medium betreiben, das einen kleineren Strahlungswiderstand, oder was auf das gleiche hinauskommt, eine geringere Schallhärte besitzt. Wir haben gefunden [II, § 15, (1), 77], daß die Schallhärte durch das Verhältnis $P/A = a\,\rho\,\omega$ definiert ist und auch gesehen [II, § 7, (8), 32], daß man dieses in Analogie zum Ohmschen Gesetz der Elektrizität $P/_I = a\,\rho$ schreiben kann. Es wirken somit Medien mit kleiner Schallgeschwindigkeit und kleiner Dichte wie kleine Widerstände. Den größtmöglichen Kurzschluß für den elektromechanischen Transformator erhalten wir daher, wenn wir ihn im Vakuum betreiben, während er als völlig offen zu betrachten ist, wenn der Anker festgebremst wird, also der kleinsten Amplitude bereits eine unendlich große Kraft entspricht. Zwischen diesen beiden Extremen liegen die beiden Medien Luft und Wasser.

Zeichnen wir für den Betrieb des Senders in Luft das Diagramm auf Grund der Figur 39.) Seite 162, so erhalten wir Figur 55.). Der mechanische Wirkungsgrad ist in diesem Falle wesentlich größer und das Diagramm ähnelt schon mehr dem bekannten eines guten technischen Transformators für Elektrizität. Der Sender hat entsprechend der Luftresonanzkurve einen mechanischen Wirkungsgrad von rund 90% und wie bei guten technischen Transformatoren primär nur eine geringfügige Phasenverschiebung zwischen Spannung und Strom.

Anders gestaltet sich hingegen die Sache, wenn wir statt des mechanischen den akustischen Wirkungsgrad betrachten. Der akustische Wirkungsgrad des in Figur 54.) dargestellten Senders beträgt 45% gegenüber dem mechanischen Wirkungsgrad von 50% ([116]). Der luftakustische Wirkungsgrad hingegen ist trotz des

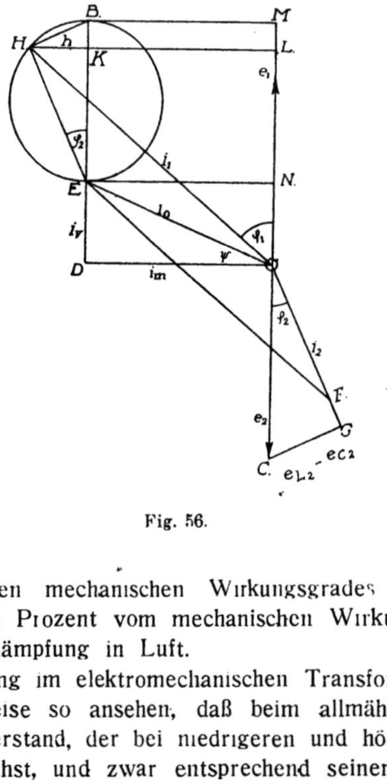

Fig. 56.

großen 90% betragenden mechanischen Wirkungsgrades außerordentlich klein und beträgt nur wenige Prozent vom mechanischen Wirkungsgrad entsprechend der kleinen Strahlungsdämpfung in Luft.

Den Arbeitsvorgang im elektromechanischen Transformator können wir in elektrischer Ausdruckweise so ansehen, daß beim allmählichen Eintritt in die Resonanz der Wattwiderstand, der bei niedrigeren und höheren Frequenzen annähernd gleich ist, wächst, und zwar entsprechend seinem Wirkungsgrade, bis er in der Resonanz selbst seinen Höchstwert gleich dem Verlustwiderstand und dem mechanischen Arbeitswiderstand erreicht. Dieser Vorgang läßt sich im wesentlichen in der Zunahme von cos φ übersehen, doch haben wir es bezüglich der Abhängigkeit der scheinbaren Geberselbstinduktion von der Frequenz mit komplizierteren Erscheinungen zu tun, die sich nicht ganz einfach darstellen lassen. Am besten wählen wir daher die graphische Darstellung und stellen in Figur 56.) das Diagramm des Senders für Verstimmung auf.

Treten wir aus der Resonanz heraus, so sind e_2 und i_2 nicht mehr gleichphasig, sondern je nachdem wir mit tieferen oder höheren Frequenzen erregen, wird der Strom gegenüber der Spannung vor- bzw. nacheilen, und zwar beträgt die Phasenverschiebung zwischen e_2 und i_2 für die Frequenz ω

$$\mathrm{tg}\,\varphi_2 = \frac{\omega L_2 - \frac{1}{\omega C_2}}{w_2} \quad \ldots\ldots\ldots\ldots 5.)$$

oder, da die Resonanzfrequenz ω_R durch die Beziehung $\omega^2_R L_2 C_2 = 1$ gegeben ist,

$$\mathrm{tg}\,\varphi_2 = \frac{\omega_R L_2}{w_2} \cdot \left(\frac{\omega}{\omega_R} - \frac{\omega_R}{\omega}\right) \quad \ldots\ldots\ldots 5a.)$$

Setzen wir

$$\frac{\omega_R}{\omega} = 1 + x, \quad \ldots\ldots\ldots\ldots\ldots 6)$$

das heißt, führen wir wie beim elektrodynamischen Sender [IV, § 4, (6), 164] die Verstimmung x ein und beschränken uns wie dort auf die nähere Umgebung der Resonanz, so wird, da

$$\frac{\omega_R L_2}{w_2} = \frac{\pi}{\vartheta}$$

ist,

$$\mathrm{tg}\,\varphi_2 = -\frac{2\pi x}{\vartheta}, \quad \ldots\ldots\ldots\ldots\ldots 5b.)$$

wobei positive x, d. h. negative Winkel oder Phasenvoreilung den tieferen Frequenzen entsprechen.

Legen wir den Winkel φ_2 im Diagramm der Figur 50.) beispielsweise für eine Verstimmung oberhalb der Resonanz an den e_2-Vektor an und fällen von C ein Lot auf den freien Schenkel, das ihn bei G trifft, so stellt CG die Differenz zwischen den Spannungen e_{L_2} und e_{C_2} dar, die wir uns nun im Punkte O senkrecht auf OG errichtet denken müssen, und zwar die erstere Spannung nach links unten, die zweite nach rechts oben. Wird das Stromdreieck ODE konstant gehalten, also der Verlustwinkel φ_0 bzw. ψ in dem betrachteten Frequenzbereich unverändert gelassen, so ist der geometrische Ort des Endpunktes von i_1 ein Kreis, der die Strecke EB als Durchmesser hat. Zieht man durch E eine Parallele zu OG bis zum Schnittpunkte H mit dem genannten Kreise, so ist Figur OHEF das Stromparallelogramm. Außerdem fällen wir noch die Lote HKL, BM und EN.

Dieses im Wege der Ueberlegung gewonnene Verstimmungsdiagramm wollen wir ebenso wie bei den Untersuchungen über den elektrodynamischen Sender einer mathematischen Prüfung unterziehen in der Weise, daß wir die Formel

$$\frac{\eta}{\eta_R} = \frac{1}{1 + \left(\frac{2\pi x}{\vartheta}\right)^2} = \cos^2\varphi_2 \quad (^{117}). \ldots\ldots\ldots 7.)$$

in der η_R den Wirkungsgrad im Resonanzfalle und η bei Verstimmung, letzteren bezogen auf die Gesamtleistung bei Resonanz, bedeuten, aus dem Kreisdiagramm ableiten. Aus dem Dreiecke EHK folgt

$$\cos\varphi_2 = \frac{EK}{EH}$$

und aus dem Dreiecke EHB

$$\cos \varphi_2 = \frac{EH}{EB},$$

da infolge der Lage des Punktes H auf dem Kreise das letzterwähnte Dreieck rechtwinklig ist. Daher ist auch

$$\cos^2 \varphi_2 = \frac{EK}{EB} = \frac{LN}{MN} = \frac{\eta_1}{\eta_R} \quad \ldots\ldots\ldots \quad 7a.)$$

Die Formel 7.) läßt sich somit zwanglos aus dem Diagramm ableiten, was dessen Konstruktionsrichtigkeit erhärtet.

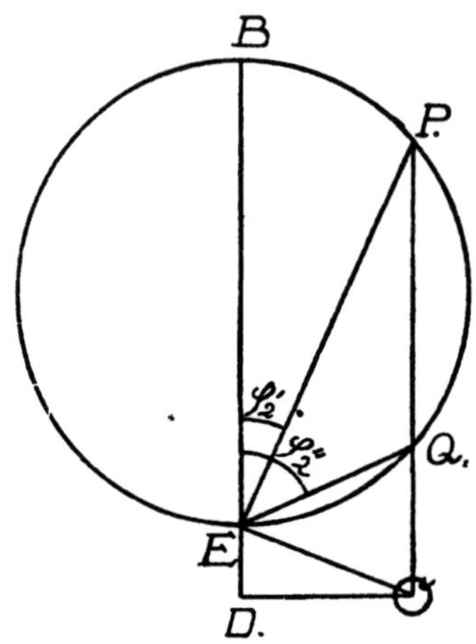

Fig. 57.

Ein Interesse bietet der Sender noch für den Fall, wo er als Kapazität wirkt. Betrachten wir zu diesem Zwecke zunächst die Selbstinduktion, so ist diese in einem beliebigen Punkte und bei Leerlauf gegeben durch die beiden Ausdrücke

$$\left.\begin{aligned} \omega L &= \frac{e_1}{i_1} \sin \varphi_1 \\ \omega_0 L_0 &= \frac{e_0}{i_0} \sin \varphi_0, \end{aligned}\right\} \quad \ldots\ldots\ldots \quad 8.)$$

so daß bei konstant gehaltenem Flux

$$\frac{e_1}{\omega} = \frac{e_0}{\omega_0} \quad \ldots\ldots\ldots \quad 9.)$$

und daher, falls wir die Strecke HK mit h bezeichnen,

$$\frac{L}{L_0} = \frac{i_0}{i_1} \cdot \frac{\sin \varphi_1}{\sin \varphi_0} = \left(\frac{i_0}{i_1}\right)^2 \cdot \left(1 + \frac{h}{i_m}\right) \quad \ldots \quad 10).$$

wird. Das positive Zeichen gilt hierbei für Gebiete oberhalb und das negative für solche unterhalb der Resonanz. Den Grenzfall der Wirkung des Senders als Selbstinduktion erhalten wir aus dem Diagramm Figur 56.), wenn in Formel 10.)

$$\frac{h}{i_m} = -1 \text{ oder } \frac{L}{L_o} = 0 \text{ ist.}$$

Dies tritt dann ein, wenn der Kreis den e_2-Vektor berührt. Die analytische Bedingung hierfür, die sich ohne Schwierigkeit aus dem Diagramm ablesen läßt, lautet

$$\text{tg}\,\psi = 2\,\frac{1-\eta_R}{\eta_R} \qquad \ldots\ldots\ldots 11.)$$

Nimmt nunmehr der Verlustwinkel noch größere Werte an, als dieser Gleichung 11.) entsprechen, so schneidet der Kreis den e_2-Vektor und $1 - \frac{h}{i_m}$ und damit $\frac{L}{L_o}$ wird negativ, d. h. der elektromechanische Transformator wirkt von da ab als Kapazität und das Diagramm entspricht nunmehr der Figur 57.).

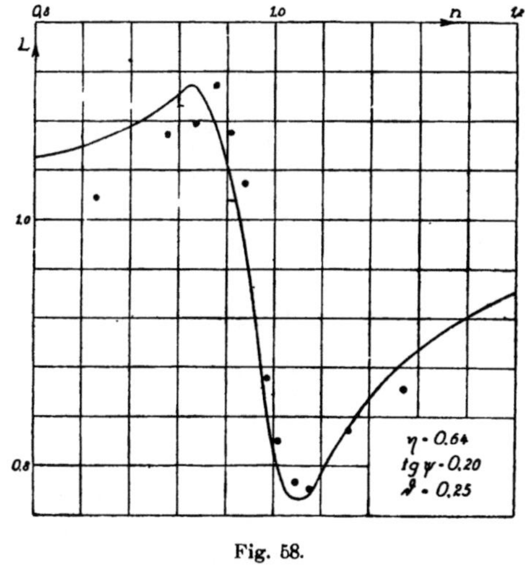

Fig. 58.

Bezeichnen wir daselbst die Schnittpunkte des Kreises mit der Spannungslinie mit P und Q, so ergeben diese beiden Punkte die beiden Verstimmungswinkel φ_2' und φ_2'', in denen der Transformator als reiner Ohmscher Widerstand wirkt. Auf dem Kreisbogen QEBP tritt zum Widerstand eine Selbstinduktionswirkung und auf dem restlichen Kreisbogen PQ eine Kapazitätswirkung zur reinen Widerstandswirkung hinzu. Dabei entsprechen dem zu EB links liegenden Halbkreis die Frequenzen oberhalb und der anderen Kreishälfte die Frequenzen unterhalb der Resonanz, während der Punkt B den Resonanzpunkt selbst darstellt und der Punkt E den beiden extremen Frequenzen Null und Unendlich entspricht.

Im folgenden soll noch auf die gute Uebereinstimmung von Theorie und Praxis an Hand eines aus dem Laboratorium der Signalgesellschaft stammenden

Versuchsresultates hingewiesen werden. In den Figuren 58.) und 59.) sind für zwei Fälle, nämlich einen elektromechanischen Transformator in Wasser und einen in Luft die Abhängigkeiten der Selbstinduktionen von der Verstimmung als Kurven aufgetragen, wie sie sich aus den Kreisdiagrammen ergeben, die für zwei beobachtete Wertegruppen von η, ϑ und ψ gezeichnet sind, während die wirklichen Beobachtungen durch Punkte angeführt sind, wie sie sich aus Spannung, Leistung und Frequenz ergaben. Die Uebereinstimmung ist eine ersichtlich gute; insbesondere in Figur 59, also für die Luftkurve, ist die Kapazitätswirkung sowohl bei der Beobachtung als auch bei der Berechnung in gleichem Maße vorhanden ([118]).

Die Formel für den Gütekoeffizienten, die sich als unabhängig von der Konstruktion des Apparates erwies, können wir natürlich auch aus unseren Be-

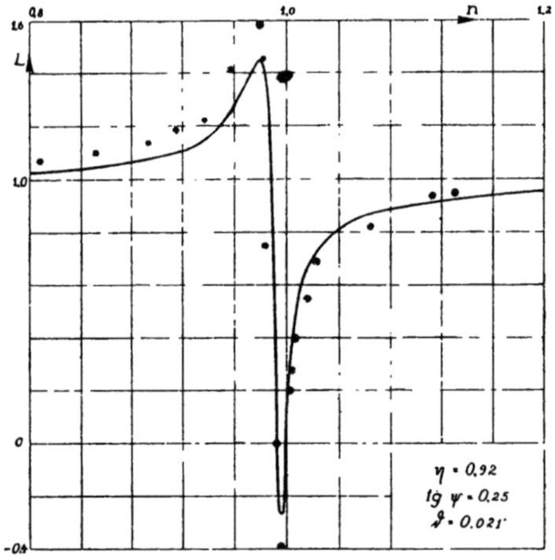

Fig. 59

trachtungen über den elektromechanischen Transformator ableiten. Denken wir uns die beiden Diagramme 54.) und 55.) für gleiche Erregung, also für gleiches i_m gezeichnet, so ist in beiden das Stromdreieck i_m, i_v, i_0 mit dem Winkel ψ und den Spannungen e_1 und e_2 das gleiche; infolgedessen sind auch die Verluste gleich groß. Bezeichnen wir die ungleichen Größen im Diagramm 55.) mit gestrichenen Buchstaben, während für die entsprechenden des Diagrammes 54.) die ungestrichenen beibehalten werden, so ist das Verhältnis von $i_2 : i_2'$ oder, was dasselbe ist, das der mechanischen Amplituden gleich

$$\eta \, i_1 \cos \varphi_1 = \eta' \, i_1' \cos \varphi_1' \quad \ldots \ldots \ldots \ldots \quad 12.)$$

Da sich die mechanischen Amplituden umgekehrt wie die mechanischen Dämpfungen verhalten, so ist

$$\frac{\vartheta}{\vartheta'} = \frac{\eta' \, i_1' \cos \varphi_1'}{\eta \, i_1 \cos \varphi_1} \quad \ldots \ldots \ldots \ldots \quad 13.)$$

Das Verhältnis $(1-\eta):\eta$ ist in den Figuren in den Strecken ED : EB dargestellt, so daß

$$\frac{1-\eta}{\eta} = \frac{i_v}{\eta\, i_1 \cos\varphi_1}$$

und

$$\frac{1-\eta'}{\eta'} = \frac{i_v}{\eta'\, i_1' \cos\varphi_1'}$$

oder

$$\frac{1-\eta}{\eta} \cdot \frac{\eta'}{1-\eta'} = \frac{\eta'\, i_1' \cos\varphi_1'}{\eta\, i_1 \cos\varphi_1} = \frac{\vartheta}{\vartheta'} \text{ wird,}$$

und daher

$$G = \frac{\vartheta\,\eta}{1-\eta} = \frac{\vartheta'\,\eta'}{1-\eta'} = \text{konstant.} \quad \ldots\ldots\ldots \quad 14.)$$

Aus den Diagrammen 54.) und 55.) können wir aber noch eine zweite Beziehung zwischen Wirkungsgrad η, primärem Phasenwinkel φ_1 und Verlustwinkel φ bezw. φ_0 ableiten, die uns gestattet, den Wirkungsgrad ohne Aufnahme der vollständigen Resonanzkurve zu finden. Wir setzen die Konstanz des Verlustwinkels in dem betrachteten Gebiet voraus und bestimmen im Resonanzpunkte und in einem Punkte solcher Verstimmung, in dem keine nennenswerte mechanische Leistung mehr vorhanden ist, z. B. im Punkte A der Figur 38.) Seite 161 die angeführten Verlustwinkel. Aus dem Diagramm folgt

$$\operatorname{tg}\varphi_0 = \frac{i_m}{(1-\eta)\, i_1 \cos\varphi_1}$$

$$\operatorname{tg}\varphi_1 = \frac{i_m}{i_1 \cos\varphi_1},$$

mithin

$$\eta = 1 - \frac{\operatorname{tg}\varphi_1}{\operatorname{tg}\varphi_0} \quad \ldots\ldots\ldots\ldots \quad 15.)$$

Wenn man, wie es in der Praxis den Verhältnissen des gezeichneten Diagramms entspricht, $\sin\varphi_0 = \sin\varphi_1 = 1$ setzen darf, so erhält man auch direkt durch die Leistungsfaktoren ausgedrückt den mechanischen Wirkungsgrad zu

$$\eta = 1 - \frac{\cos\varphi_0}{\cos\varphi_1} \; (119) \quad \ldots\ldots \quad 16.)$$

Es hat für den mit der Wechselstromtechnik und der Theorie der gekoppelten Schwingungen Vertrauten nunmehr keine Schwierigkeit, die ganzen Vorstellungen sich fallweise für ein mechanisch gekoppeltes System zurechtzulegen, wie dies in allen angeführten elektromagnetischen Membransendern größerer Leistung vorliegt.

§ 7. **Praktische Ausführungstypen von elektromagnetischen Sendern.**

Die elektromagnetischen Sender liegen in verschiedenen Ausführungstypen vor, von denen hier nur die charakteristischsten besprochen werden sollen. Den ältesten Typ sehen wir schematisch in Figur 60.) dargestellt, der einfach als großes Telephon ausgebildet ist. Die prinzipielle Konstruktion entspricht dem einfachen Tonpilz nach Figur 24.) Seite 133, indem die äquivalente Membranmasse der einen, die Gehäusemasse der andern Tonpilzmasse in der Figur 61.) entspricht, wobei letztere als unendlich groß gegenüber ersterer zu denken ist. Beide Massen werden durch die der Membran entsprechende äquivalente elastische

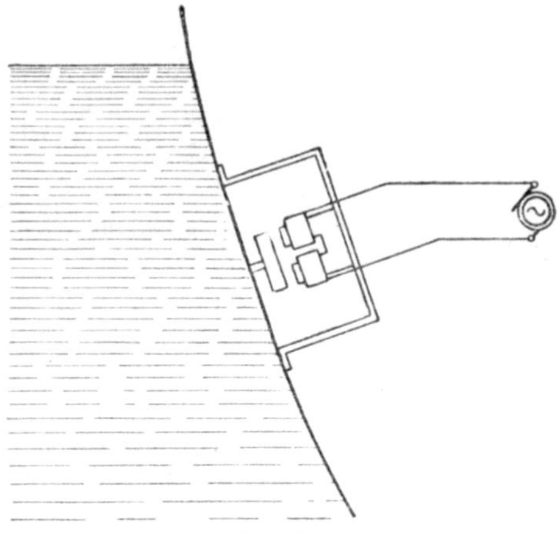

Fig. 60.

Kraft zu einem mechanisch einfachen Schwingungsgebilde verbunden. Es handelt sich bei dieser Konstruktion um den ersten tastenden Versuch; unsere heutigen Kenntnisse gestatten es, diesen Apparat mit einem überlegenen Lächeln in die geschichtliche Mappe der submarinen Akustik einzuordnen.

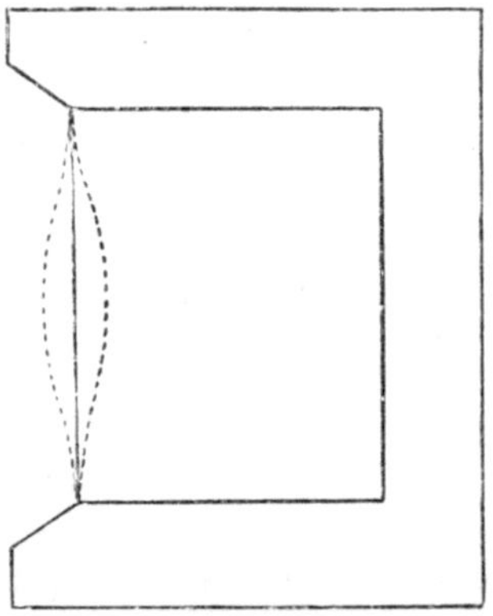

Fig 61.

Es wäre aber verfehlt, zu glauben, daß elektromagnetisch erregte Strahler nach dem Prinzip des einfachen Tonpilzes überhaupt nicht gebaut werden können; bei Verwendung einer Kolbenmembran mit geeigneter Direktionskraft ist die Baumöglichkeit lediglich durch die ökonomische Herstellung der Zugkraft mittels polarisiertem Wechselstromelektromagneten ([120]) begrenzt. Diese liegt für einen rund 50%igen Wirkungsgrad eines Senders von 1000 ∼ unter Anwendung aller technischen Kniffe zur Herabsetzung der Eisenverluste bei etwa 600 kg. Aus Gleichung

[III, § 8, (1) u. (2), 138] ersehen wir, daß im Resonanzfalle, also für $M\ddot{\xi}+\mu\dot{\xi}=0$, die Zugkraft den Wert $K=w_{St}\dot{\xi}$ annimmt, beziehungsweise die Gesamtstrahlungsleistung sich zu $L=\frac{w_{St}I}{2}$ ergibt, woraus $L=\frac{KI}{2}$ folgt. Für einen Sender mit der ökonomischen Tonhöhe 1000 haben wir als zulässige Wasseramplitude in geringer Tiefe [III, § 7, 129] $A \sim 1 \cdot 10^{-3}$ cm gefunden, so daß $A\,n=1$ wird. Wir erhalten daher für diesen Fall den Zusammenhang zwischen eingeprägter Kraft und Gesamtstrahlungsleistung zu $\mathfrak{L}=\pi K$. Diese im CGS-System ausgedrückte Formel bleibt für technische Maßgrößen unverändert, wenn wir K in Tonnen und $\mathfrak{L}$ in Hektowatt angeben. Wir sehen somit, daß für ein Hektowatt Strahlungsleistung rund 300 kg Zugkraft erforderlich sind, so daß unter Berücksichtigung eines 50%igen mechanischen Wirkungsgrades sich als Gesamtzugkraft 600 kg ergeben. Wir

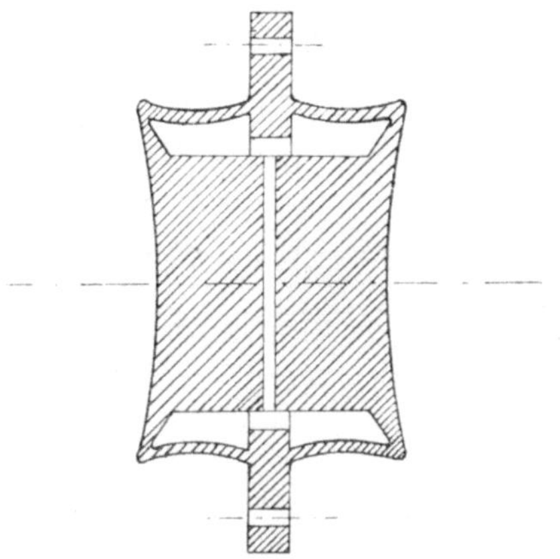

Fig. 62.

können daher für eine Grenzstrahlungsleistung von 100 Watt einen elektromagnetischen Sender nach dem Prinzip des einfachen Tonpilzes gerade noch bauen. Figur 62.) zeigt eine schematische Schnittkonstruktion eines solchen vom Verfasser gebauten 100-Watt-Senders ([121]). Der Apparat besteht im wesentlichen aus einem Gehäuse mit einem Bund in der Mitte. Rechts und links von diesem Bund ist alles vollkommen symmetrisch angeordnet. Die konkav geformten Gehäuserohrwände sind der Sitz der elastischen Kraft ([122]) für die beiden die Rohrböden bildenden Kolbenmembranen, die ohne Verschraubungen im Gehäuse durch Heißaufziehen befestigt sind. Die beiden Elektromagnethälften besitzen ebenfalls keinerlei Verschraubungen, sondern sind an die Massen der Kolbenmembranen angegossen, während die nicht eingezeichneten Erregerspulen am Gehäusemittelbund befestigt sind. Daselbst befindet sich auch eine in der Figur nicht sichtbare Kabelkammer, sowie die angedeutete Befestigungsmöglichkeit für den Sender. Das charakteristische Merkmal dieses Senders besteht außer seiner infolge Vermeidung aller Verschraubungen an den schwingenden Teilen sehr kleinen Verlustdämpfung darin, daß er einem vollständig symmetrischen Tonpilz bezüglich der beiden Massen entspricht, dessen Schwerpunkt im Mittelpunkt liegt. Hierdurch wird der Sender auf ein Minimum seines mechanischen Gewichtes gebracht.

Bevor wir uns mit anderen Ausführungsformen von elektromagnetischen Sendern beschäftigen, wollen wir den technischen Konstruktionskernpunkt und auch gleichzeitig die größte Konstruktionsschwierigkeit aller derartiger Sender, nämlich die Herstellung der Elektromagnete näher besprechen. Die Magnete müssen selbstredend zur Vermeidung der bei 1000 Perioden auftretenden Eisenverluste aus hochlegiertem, sehr dünnem, voneinander gut isoliertem Dynamoblech ([123]) hergestellt werden. Die vielen tausend Eisenbleche in normaler, in der Elektrotechnik üblicher Weise montiert, also verbolzt und mit Papier isoliert, ergeben eine enorme Verlustdämpfung. Dies ist leicht einzusehen. Denn einmal liegen die Bolzen quer zur Richtung der Amplituden, eine Verlustdämpfungs-

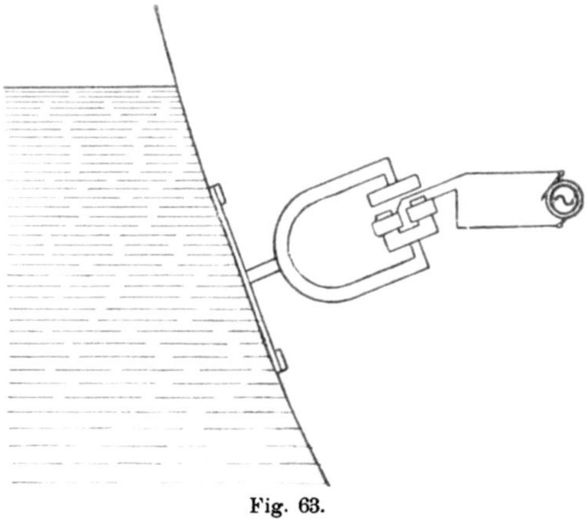

Fig. 63.

ursache, die bereits (Seite 172) bei den elektrodynamischen Sendern ausführlich besprochen wurde. Ferner werden die einzelnen Bleche, die nie vollständig genau in der Richtung der Amplituden liegen werden, beim Anziehen des Elektromagneten in grobsinnlicher Vorstellung wie die gespreizten Finger einer Hand aneinandergerückt und klaffen beim Nachlassen der magnetischen Zugkraft wieder auseinander, wobei sie sich noch außerdem an den Papierzwischenlagen reiben. So klein diese Bewegungen auch sind, bleiben sie doch in der Größenordnung der Amplituden, ja überschreiten sie sogar oft, wodurch der Apparat gänzlich unbrauchbar wird. Sender, die für Strahlungsleistungen von beispielsweise 100 Watt berechnet sind, liefern mit normal montierten Blechpaketen ausgerüstet tatsächlich bloß 2—5 Watt Strahlung, wenn sie mit der ihrer Berechnung entsprechenden Energie gespeist werden ([124]). Es ist daher notwendig, die Blechpakete durch geeignete Mittel ohne Einschränkung ihrer magnetischen Eigenschaften zu vollständig starren Blöcken auszugestalten, eine technisch gewiß nicht einfache Aufgabe. Es gibt hierfür sehr wenige Lösungswege. Ein solcher besteht darin, die Blechpakete mit einer festsitzenden Oxydschicht auf den Einzelblechen und mit starken Endblechen zu versehen, das ganze Paket unter sehr hohem Druck zu setzen und die Bleche längs ihres Randes dabei elektrisch zu verschweißen und außerdem durch Blechbohrungen Bolzen durchzuführen, deren Durchmesser kleiner gehalten ist als der der entsprechenden Bohrungen; die Bolzenenden werden bei unter Druck stehendem

Blechpaket in dessen beide dicke Endbleche eingeschweißt. Verfasser verwendete folgende Methode: Die Bleche werden mit einem harten, auf ihnen sehr gut haftenden Glasemailfluß im Ofen zu einem Eisenglasblock verbunden. Der glühende Block erkaltet unter einer Presse, mit deren Hilfe die Pakethöhe und damit die Dicke der Glasisolierschichten festgelegt wird. Es gelingt auf diese Art, die Isolier-Schichtdicke bis auf rund $^1/_{100}$ mm zu bringen und so einen günstigen Blechfüllfaktor zu erzielen ([125]). Die erkalteten Blöcke lassen sich bei geeigneter Wahl der Werkzeuge wie einheitliche Metallstücke bearbeiten.

Soll die Senderleistung über 100 Watt erhöht werden, so eröffnet bei den elektromagnetisch erregten Antennen der elegante Weg zweier gekoppelter Tonpilze nach Figur 26.) Seite 135 ein reiches Konstruktionsfeld. Figur 63.) zeigt eine in dieser Hinsicht grundlegende Konstruktion der Signalgesellschaft ([126]). Die eigentlich

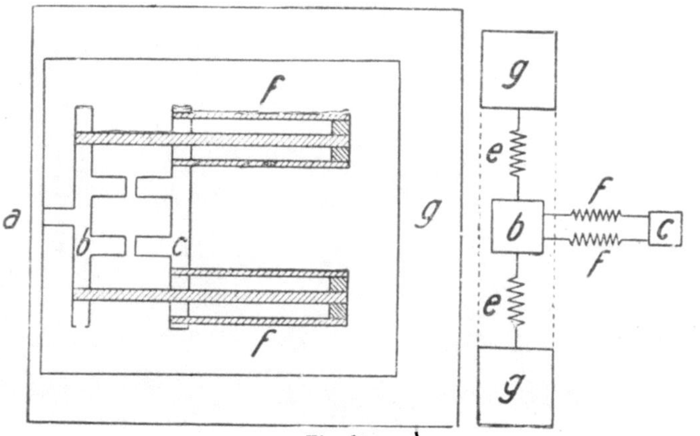

Fig. 64

strahlende Membran ist mit dem Stiele einer Stimmgabel gekoppelt, deren Zinken oben einen Elektromagneten tragen, dessen verhältnismäßig kleinen Zugkräfte und großen Amplituden sich in Form von großen Kräften und kleinen Amplituden mit Hilfe des longitudinal schwingenden Stieles der Gabel auf die mit ihm verbundene Membran und durch diese an das angrenzende Wasser übertragen. Als brauchbaren Sender ließ sich allerdings diese Konstruktion nicht durchbilden, da die elastische Kraft der Stimmgabel über diese ziemlich gleichmäßig verteilt ist, daher (Seite 9) von ihr die Abstimmung nicht gehalten wird, sondern sich von der Größe der angreifenden Kraft in komplizierter Weise abhängig zeigt ([127]). Einen nach jeder Richtung hin brauchbaren und wohlerprobten, nach dem Prinzip des gekoppelten Tonpilzes ausgeführten Sender zeigt im Prinzip die Figur 64. Dem einen Tonpilz entspricht als eine Masse die des Gehäuses g, als andere die der Membran a äquivalente, während die der Membranelastizität äquivalente e die beiden Tonpilzmassen untereinander verbindet. Den zweiten Tonpilz bilden die beiden Massen b und c der Blechpakete des Elektromagneten und die sie verbindende Elastizität f. Die Erregerspulen des Magneten sind als unwesentlich für den akustischen Aufbau des Senders in der Figur weggelassen. Der zweite Tonpilz entspricht im Wesen dem der Figur 25.) Seite 133, bei dem die beiden Massen mittels der praktisch stärksten Feder, nämlich mit einem longitudinal beanspruchten Stab verbunden sind. Nur in der Ausführung zeigt sich ein kleiner durch die Forderung des Beisammenliegens der beiden Magnethälften b und c bedingter Unterschied. Die Feder besteht zur größeren Hälfte aus einem Stab und zur kleineren aus einem am Stabende befestigten Rohr, dessen Querschnitt so bemessen ist, daß er dem des Stabes gleichkommt. Damit hat sich physikalisch nichts geändert; praktisch wurde jedoch eine beliebige Annäherung der beiden an dem noch freien Stab- bzw. Rohrende befestigten Magnethälften erzielt. Verkleinert sich der Luftspalt der Magnethälften, so wird der Stab gestaucht, das Rohr gedehnt; beim Nachlassen der magnetischen Zugkraft entspannen

Fig. 65.

sich Rohr und Stab. Wie Figur 66.) zeigt, ist die Elastizität auf mehrere — gewöhnlich 4 — Stabrohrsysteme verteilt. Dadurch wird einmal eine sichere Parallelführung der Magnethälften erreicht, ferner die Verlustdämpfung verkleinert ([128]). Von beiden Tonpilzen sind die Massen a und b zu einer einzigen zusammengekoppelt, die in der rechten Zeichnung der Figur 64.) kurz mit b bezeichnet wurde, was wohl nicht verwirrend wirken dürfte. Werden die Stahlstangen und Rohre entsprechend lang dimensioniert, so besitzt ein derartiger Apparat eine nahezu unbegrenzte Lebensdauer ([129]). Figur 65 zeigt einige von der Signalgesellschaft gebaute Elektromagnetsendertypen nach dem Schema der Figur 64.). Der mittlere Sender stellt einen größeren Typ mit einer ausgestrahlten Leistung von 300—400 Watt dar bei einem Membrandurchmesser von ca. 450 mm und einem Gewicht des Apparates von rund 240 kg, während die links davon ersichtliche Ausführung für eine Strahlungsleistung von 100—125 Watt bei einem Membrandurchmesser von ca. 300 mm und einem Sendergewicht von rund 110 kg bestimmt ist. Die ganz rechts ersichtliche Figur zeigt die Haube eines großen Versuchssenders. Das Senderinnere ist in Figur 66.) bei abgehobener Schutzhaube sowie aus einer Schnittzeichnung gut ersichtlich.

Fig. 66.

P.. Haube, Sche... Schutzwiderstand, A... Anker, F.... Feld, M... Membran, D. Deckel De. Drosselspule, S.... Stabrohrsystem; T.... Tisch, B.. Zapfen.

Damit wären die charakteristischen Bauarten der einwelligen und zweiwelligen elektromagnetischen Sender erschöpft, obwohl sie natürlich noch mannigfaltige Konstruktionsvariationen zulassen.

Die Resonanzkurven der Elektromagnetsender sind ähnlich denen der Figur 49) Seite 177 Ihre Strahlungsdämpfung bewegt sich wie die der elektrodynamischen zwischen 0.2 und 0.3 bei einem mechanischen Wirkungsgrad von rund 50% ([130]).

§ 8. Sendermembrankonstruktionstypen.

Für Sendermembranen kommen nach dem heutigen Stande der Theorie und Technik hauptsächlich Kolbenmembranen in Betracht, für die sich, je nach der Wahl des die Direktionskraft liefernden Elementes verschiedene Ausführungsformen ergeben. In folgendem seien die wichtigsten kurz erwähnt

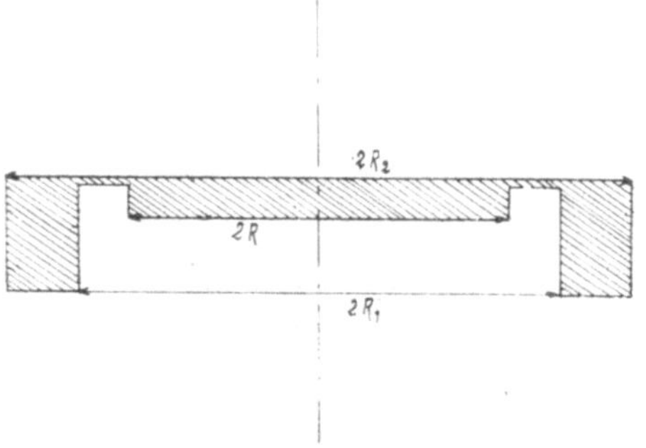

Fig 67.

Die einfachste und viel gebrauchte Form erkennen wir aus Figur 67.) Der Sitz der elastischen Kraft in der Kreisringfläche $(R^2_1 - R^2)\,\pi$ gelegen, deren Masse gegenüber der Kolbenmasse vom Radius R praktisch vernachlässigt werden darf.

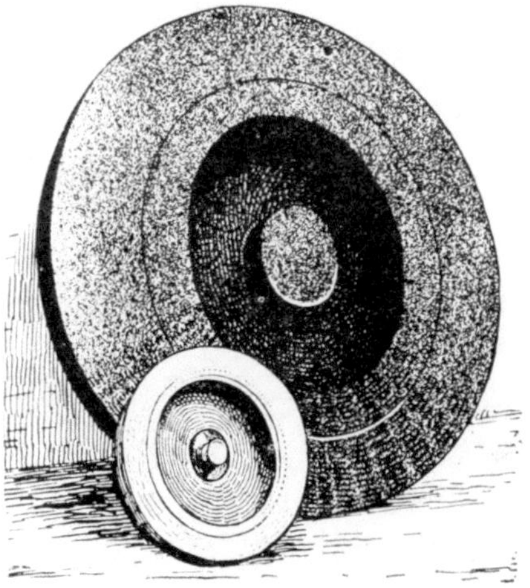

Fig 68.

so daß wir unter Heranziehung einer Gehäusemasse mit Hilfe dieser Membranbauart einen einfachen Tonpilz mit getrennten, die Eigenschwingung bestimmenden Elementen erhalten. Figur 68.) zeigt vorne eine solche Membran für den kleinen elektromagnetischen Sendertyp der Figur 65.) Seite 194, während hinten die Membran für einen Riesensender abgebildet ist. An beiden Membranen ist deutlich ein Befestigungszapfen für die Kopplung des zweiten Tonpilzes ersichtlich. Handelt

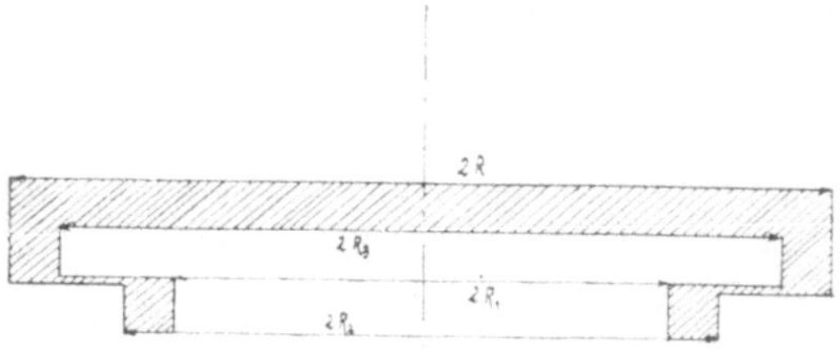

Fig. 69.

es sich darum, den Sender mit seiner Membran an die Bordwand eines Schiffes anzuflanschen, so ist diese Membrankonstruktion wegen des hierfür verfügbaren Membranrandes sehr zweckmäßig. Soll jedoch der Sender anders, etwa an einem Gehäusefuß befestigt werden, dann hat diese Konstruktion den Uebelstand eines unnötig großen Durchmessers.

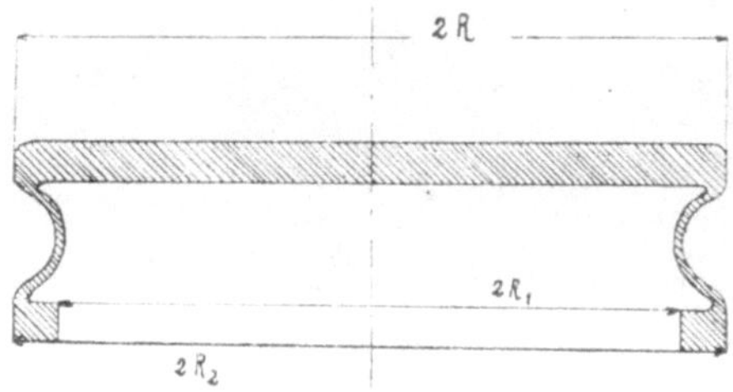

Fig. 70.

Dies hat man teilweise durch die Konstruktionsform nach Figur 69 behoben, bei der der elastische Kreisring $(R^2_3 - R^2_2)\pi$ umgeklappt erscheint. Diese sogenannte Halsringmembran hat aber wieder einen anderen Nachteil. Der Teil $(R^2 - R^2_2)\pi$ der strahlenden Kolbenfläche arbeitet als Strahler erster Ordnung, so daß die Membran den vollständig reinlichen Charakter eines Nullstrahlers verliert; außerdem wird der innen verfügbare Raum stark eingeschränkt.

Von den Nachteilen der beiden bisherigen Konstruktionen frei ist die vom Verfasser ausgebildete Membran nach Figur 70.) Hier ist der Sitz der Elastizität in dem halbkreisförmig geformten Ringwulst gelegen. Eine Strahlungswirkung erster Ordnung tritt hier nicht auf, da bei einem Hinausschwingen des Kolbens die Konkavität des Wulstes sicherlich nicht abnimmt bzw. beim Hineinschwingen der Membran nicht zunimmt. Außerdem erscheint der Innenraum in einem sehr günstigen Verhältnis zum Kolbendurchmesser verfügbar. Diese Ausführung besitzt außerdem für Sender in großen Tiefen einen gegenüber den anderen Typen schätzbaren Vorteil wesentlich gesteigerter Druckfestigkeit. Mit ihr lassen sich Riesensender für sehr große statische Drucke unbedenklich bauen.

Um dem Leser eine Vorstellung von der Wirkung strahlender Membranen zu geben, sei auf die Abbildung 71.) verwiesen. Wird ein etwa 100-Watt-Sender in Luft betrieben, so ist trotz seines geringen Strahlungsvermögens daselbst die

Fig 71

Schallwirkung des hohen Tones physiologisch ungemein stark. Bei kräftigerer Erregung erhält der Ton brüllenden Charakter und ist auf die Dauer unerträglich. Im Wasser betrieben wird die Lautstärke in der Luft geringer, da die Wasserschallenergie aus dieser Flüssigkeit nur zu etwa einem Promille an die Luft übergeht; doch läßt sich die Stärke der Schwingungen an einer dicht unter der Wasseroberfläche arbeitenden Membran mit dem Auge sehr gut erkennen. Figur 71 zeigt, wie die kräftigen Druckschwankungen im Wasser eine ganze Wolke von feinen Wassertröpfchen hochschleudern.

§ 9. Elektrodynamische und elektromagnetische Sender erster Ordnung.

Für Sender erster Ordnung liegt gegenwärtig kein allgemeines Bedürfnis vor; derartige Sender kommen vorläufig nur für besondere Spezialzwecke in Frage. Nichtsdestoweniger wollen wir uns doch mit der Baumöglichkeit solcher Antennen etwas näher beschäftigen.

Wie wir den Strahler nullter Ordnung, also die im Idealfall atmende Kugel mit ruhendem Schwerpunkt durch eine einseitig schallhart abgedeckte Membran realisierten, können wir auch die theoretisch als starre, um ihren Schwerpunkt schwingende Kugel definierte Antenne erster Ordnung ebenfalls mit Hilfe einer Membran praktisch ausführen, falls wir dafür sorgen, daß beide Membranseiten an das Medium Energie abstrahlen. In Figur 72.) ist eine derartige Antenne erster Ordnung skizziert. M ist eine mit ihren beiden Seiten an das Schallmittel

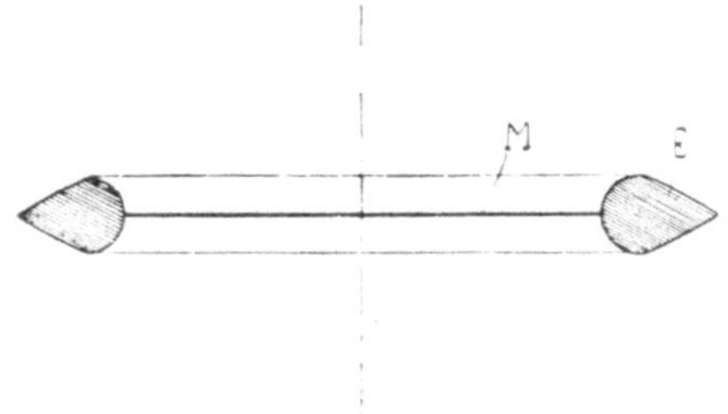

Fig. 72

grenzende Membran, die in einer schweren Einspannung E befestigt ist. Wollen wir nun zu einer praktisch brauchbaren Ausführungsform eines derartigen Senders kommen, so müssen wir Vorsorge für eine zweckmäßige Unterbringung der Erregervorrichtung treffen. Falls wir bei der Diskusglocke (Seite 148) die Befestigung der Scheibe in ihrem Schwingungsknoten genügend massiv ausgestalten, so stellt dieser Apparat einen Strahler erster Ordnung dar, der gedämpfte Wellenzüge aussendet.

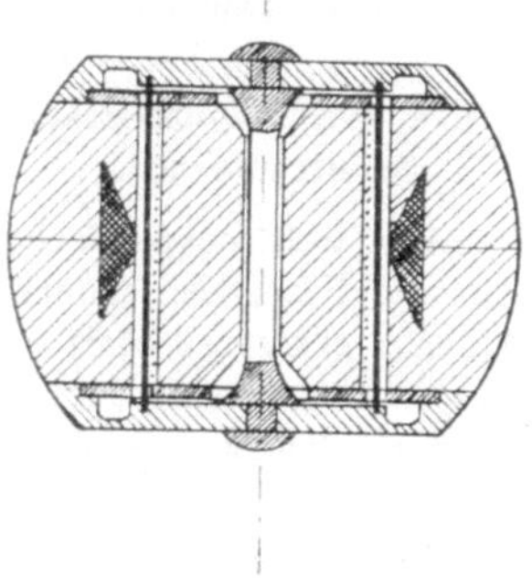

Fig. 73.

Wollen wir jedoch mit Hilfe des Fessendenmotors oder mittels des elektromagnetischen Stabrohrgebildes einen derartigen Sender für ungedämpfte Strahlung betreiben, so kommen wir zu zwei typischen Entwürfen ([131]) im Sinne der Figur 73.) und 74.).

Der Entwurf für einen elektrodynamischen Sender erster Ordnung nach Figur 73.) Seite 196 besteht im Wesen aus einem Fessendenmotor, dessen Transformatorkurzschlußzylinderstützscheiben als Kolbenmembranen nach Figur 67.) ausgebildet sind. Auf diese Weise erhalten wir eine Vorrichtung, bei der von beiden Kolbenmembranen, die natürlich bezüglich ihrer Distanz unter einer viertel Wellenlänge bleiben müssen, je eine Seite an das Schallmedium grenzt, wobei sich jedoch diese beiden Seiten infolge der zentralen starren Verbindung so verhalten, wie die zwei Seiten einer einzigen Membran. Es schwingt also die eine Seite in einer und gleichzeitig die andere in der entgegengesetzten Richtung. Aehnlich liegen die Verhältnisse bei der Skizze der Figur 74.) mit elektromagnetischer Erregung mittels eines Stabrohrgebildes.

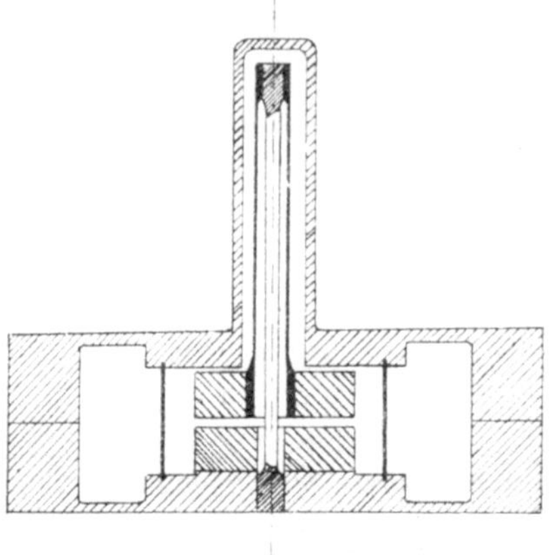

Fig 74

Der Hinweis auf diese beiden Ausführungsbeispiele mag genügen, um die Konstruktionsmöglichkeit sowohl auf elektrodynamischem wie auch auf elektromagnetischem Gebiet für Sender erster Ordnung zu zeigen.

§ 10. Vergleich zwischen den elektrodynamischen und elektromagnetischen Senderantennen.

Die gegenwärtig bekannten elektrodynamischen und elektromagnetischen Sendeantennen nach dem Typus des Fessendensenders der Atlaswerke in Bremen und des Signalmagnetsenders der Signalgesellschaft in Kiel einer wechselseitigen Kritik zu unterziehen, erscheint nicht geboten, da sich beide Sender hinsichtlich ihres erzielbaren Gütekoeffizienten gleichwertig verhalten. Für die Wahl des einen oder anderen Apparates können daher nur in ganz speziellen Fällen besondere Gründe sprechen. Im allgemeinen kann man wohl sagen, daß für die Zwecke der Unterwasserschalltelegraphie die Wahl des einen oder andern Apparates im allgemeinen Geschmackssache ist.

Natürlich haben beide Typen für bestimmt gegebene Zwecke ihre Vor- und Nachteile. Spielt beispielsweise das Gewicht des Apparates, also die pro Kilogramm Sendergewicht ausgestrahlte akustische Leistung bei gleichem Gütekoeffizienten und gleicher Membrangröße eine dominierende Rolle, so besitzt der elektromagnetische Sender gegenüber dem elektrodynamischen einen Vorsprung. Es wiegt in Luft ein 400-Watt-Sender elektromagnetischen Typus 240 kg gegen 290 kg der elektrodynamisch betriebenen Schallantenne gleicher Strahlungsleistung; für 125-Watt-Strahler sind die betreffenden Gewichtszahlen 110, beziehungsweise 125 kg.

Falls es sich um den Bau von Sendern ganz außergewöhnlich hoher Strahlungsleistung handelt, wofür allerdings nach den durch das Experiment verifizierten theoretischen Ergebnissen über die Schallschwächung bei der Ausbreitung im Wasser [II, § 12, 52] kein Grund und gegenwärtig auch kein Bedürfnis vorliegt, kommt der Signalmagnetsender früher zu einer Baugrenze als der Fessendensender. Denn das elektrodynamische Antriebselement kann von da ab, wo die Konstruktion eines Elektromagneten bereits unökonomisch wird, immerhin noch ökonomisch für größere Leistungen gebaut werden.

Wir haben gefunden [II, § 17, 82], daß eine Unterwasserschalltelephonie nach dem Ueberlagerungsprinzip infolge der für Töne über der Hörgrenze bedingten Unökonomie im Empfang [II, § 17, 81] keine Aussicht auf Erfolg bietet. Versucht man hingegen, unter Wasser nach dem Prinzip der gewöhnlichen Drahttelephonie zu sprechen [132], so ist für ein solches Verfahren der Fessendenmotor mit seiner äußerst kleinen Zeitkonstante besser geeignet als der Signalmagnetsender. Auch kommt für diese Aufgabe dem Fessendenmotor der Umstand zugute, daß er in beiden Schwingungsphasen die für Telephoniezwecke stark gedämpft zu denkende Schallmembram direkt steuert.

Dies sind jedoch alles Spezialprobleme, die gegenwärtig außerhalb des Rahmens einer allgemeinen Verwendung liegen und nur unter besonderen Umständen für den Vergleich von Sendertypen und ihrer gegenseitigen Bewertung ür Telegraphie- und Telephoniezwecke herangezogen werden dürfen.

V. Kapitel.

Empfangsantennen.

§ 1. Empfängereigenschaften.

a) Druck- und Bewegungsempfänger.

Bei Unterwasserschallempfängern haben wir zunächst zwei wichtige Gruppen zu unterscheiden: solche, bei denen die Membranamplitude ein Maß für die Druckamplitude des Schallfeldes liefert und solche, die die Bewegungsamplitude des Schallmediums anzeigen.

Dieser Unterschied kann in zwei Fällen von Bedeutung werden, einmal, wenn es sich darum handelt, Lautstärken in einem Schallfelde mit ein und demselben Empfänger bei verschiedenen Frequenzen zu bestimmen ([133]), ferner dann, wenn der gleiche Empfänger Meßinstrument in verschiedenen Medien sein soll.

Messen wir beispielsweise ein Schallfeld mit einem Druckempfänger bei einfacher und doppelter Frequenz aus und erhalten für beide Frequenzen die gleiche Membranamplitude, so müssen wir nach der Formel $L = \frac{p^2}{2 a \rho}$ [II, § 7, (6), 32] schließen, daß beide Felder gleiche Intensität besitzen; wäre hingegen bei der angeführten Messung der Empfänger ein Bewegungsempfänger, würde seine Membranamplitude der Formel $L = \frac{a \rho}{2} \omega^2 A^2$ [II, § 7, (3), 31] folgen; es ergäbe sich für gleiche Membranamplituden eine vierfache Lautstärke für das Feld doppelter Frequenz.

In der Praxis kommen selbstredend weder reine Druck- noch reine Bewegungsempfänger vor, denn beide wären vollkommene Reflektoren und könnten keine Energie aus dem Felde aufnehmen. Aus letzterem Grunde wären solche exakt definierte Empfänger auch bei ihrer Existenz für die Praxis unverwendbar. Daß keine Energieaufnahme erfolgen kann, ist leicht einzusehen, denn der vollkommen schallharte Körper läßt nur Druckzustände zu, verhält sich also wie ein idealer — ebenfalls nicht existierender — Isolator, während der exakt schallweiche Körper sich wie ein elektrischer Leiter von unendlich großem Leitvermögen verhält, längs dem keine Spannungsdifferenz möglich ist.

Betrachten wir Schallfelder verschiedener Medien, zum Beispiel Wasser und Luft und benützen daselbst ein und denselben Empfänger als Sonde, so kann ein Druckempfänger in Luft im Wasserschallfeld mit seiner ca. 3500 mal größeren Schallhärte leicht zu einem Bewegungsempfänger werden.

Aber auch in ein und demselben Medium größerer Schallhärte ist Vorsicht am Platze, da infolge des Umstandes, daß die Mediumhärte der Frequenz proportional ist, der gleiche Empfänger bei Frequenzänderung vom Zustand des einen

Typus in den des anderen übergehen kann. Wir haben [II, § 15, (1), 77] als die Schallhärte des Mediums definiert

$$\left(\frac{P}{A}\right)_{Medium} = a \rho \omega = 2\pi n a \rho,$$

und für die einer elastischen Membran gefunden

$$\left(\frac{P}{A}\right)_{Membran} = \frac{5 E d^3}{R^4} \;(^{134}).$$

Es läßt sich daher immer in Medien größerer Schallhärte eine Frequenz finden, bei der Medium und Membran gleiche Schallhärte besitzen. Steigern wir nunmehr die Frequenz, so steigt die Schallhärte des Mediums, das heißt, der Empfänger beginnt, Bewegungsempfänger zu werden; gehen wir hingegen mit der Tonhöhe herab, so sinkt die Mediumhärte und der Empfänger geht in einen Druckempfänger über.

Für Luft mit ihrer kleinen Schallhärte sind alle Empfänger mit Metall- oder Holzmembranen praktisch für akustische Frequenzen Druckempfänger, daher kommt hier diese Frage nie zur Erörterung. In Medien größerer Schallhärte wie beispielsweise Wasser, sind jedoch alle diese Umstände bereits sehr genau in Betracht zu ziehen, wenn man nicht zu den unstimmigsten Resultaten geführt werden will.

b) Ton-, Geräusch- und Einheitsempfänger.

Die Einteilung in Ton- und Geräuschempfänger hängt mit der Abstimmung und der Größe des logarithmischen Dekrementes zusammen.

Für Tonempfänger wählt man zunächst das Dekrement so klein, als es die normale Telegraphiergeschwindigkeit zuläßt; dadurch erzielt man gegenüber anderen in der Nähe der Senderfrequenz gelegenen Tonhöhen weitgehende Störungsfreiheit. Das kleinste für 1000 Perioden Senderton zulässige Dekrement für normale Telegraphiergeschwindigkeit ([135]) beträgt etwa 0,1. Bei kleineren Dekrementen beginnen bei dieser Frequenz die Zeichen bei normalem Telegraphiertempo ineinander zu fließen. Eine weitere Einschränkung für das Dekrement bildet die Konstanz der Senderfrequenz und die Abstimmungskonstanz der Empfänger selbst. Ueberdies muß beim Tonempfängerbau darauf gesehen werden, — bei selbstredend kleinmöglichster Verlustdämpfung —, so weit als praktisch erreichbar, die Nutz- und Strahlungsdämpfung gleich zu machen, da dann die Empfänger ihre größte Empfindlichkeit aufweisen [III, § 8, (12), 140]. Damit wären die Hauptgesichtspunkte für die Konstruktion der Tonempfänger erschöpft. Wenn man dieses Programm näher betrachtet, so findet man, daß der Tonempfängerbau voll von Schwierigkeiten ist; es dauerte auch geraume Zeit, bis dieser Apparateteil Anspruch auf einwandfreie sachgemäße Durchbildung erheben konnte. Das mechanische Dekrement wurde im allgemeinen zu 0.2 gewählt, um ein „Klingeln" der Empfänger durch Stoßerregung zu vermeiden.

Während der Tonempfänger zur normalen und störungsfreien Aufnahme von Unterwasserschallsignalen dient, schuf der U-Bootkrieg das Bedürfnis nach einem zweiten Empfängertyp, der hauptsächlich dazu bestimmt war, Geräusche von Schiffsschrauben oder fremden U-Booten aufzunehmen und der daher den Namen Geräuschempfänger erhielt. Der Geräuschempfänger bildet eine Art Horchposten bei Unterwasserfahrt oder auf einem ruhig verankerten Vorpostenboot. Er hat womöglich keine ausgeprägte Eigenschwingung, bzw., da dies praktisch nicht zu erreichen ist, wird seine Eigenschwingung sehr stark gedämpft, so daß er eine gute gleichmäßige Empfindlichkeit innerhalb eines an sich großen Tonbereiches besitzt. Dadurch wird er eben befähigt, Bordgeräusche anderer in der Nähe befindlicher Schiffe gleichmäßig aufzunehmen, wie das · Arbeiten der Schiffsmaschinen, Pumpen, elektrischen Maschinen und das Mahlen der Schiffspropeller. Alle diese Geräusche haben für den Hörenden eine charakteristische Färbung, so daß Uebung in die Lage versetzt, aus den Geräuschen die Schiffsgattung, die Zahl der Schrauben und ihre Flügelanzahl, die Art des Schiffsantriebes, ob Kolbenmaschine oder Turbine usw. mit voller Sicherheit anzugeben. Besonders die Propellergeräusche bilden in dieser Richtung auch dem weniger Geübten einen charakteristischen Anhaltspunkt, da die verschiedenen Schiffstypen durchwegs verschiedene, für den Typ selbst jedoch annähernd gleiche Bauart aufweisen, wodurch das mahlende Propellergeräusch einen ganz bestimmten Rhythmus erhält. Geübte Horcher sind allerdings imstande, noch viel mehr anzugeben; sie sind leicht in der Lage herauszuhören, welche Hilfsmaschinen auf dem in der Nähe befindlichen Schiffe in Betrieb sind. Als Geräuschempfänger waren im Weltkrieg fast durchwegs wegen ihrer großen Empfindlichkeit Mikrophonempfänger in Verwendung Als mechanisches Dekrement im Wasser hat sich die Größe 0.3 sehr gut bewährt.

Ein aus dem U-Bootkrieg entsprungener Wunsch der Kriegsmarinen waren die sogenannten Einheitsempfänger, das sind Empfänger, die gleichzeitig als Ton- und auch als Geräuschempfänger dienen sollten. Man wollte auf diese Weise an Empfängerzahl sparen. Derartige Empfänger sind auch gebaut worden. Es hat dies an sich keine ernstliche theoretische Schwierigkeit, wenn man gekoppelte Systeme verwendet. Die praktische Ausführung hat allerdings mit großen Schwierigkeiten zu kämpfen. Für den Tonempfang sind bei Einheitsempfängern die anderen Abstimmungsbereiche großer Dämpfung als störende Nebengeräusche sehr lästig; teilweise lassen sie sich ja mit Hilfe eines scharf auf die Sendefrequenz abgestimmten elektrischen Schwingungskreises aussieben, jedoch nie so vollständig entfernen wie bei einem reinen Tonempfänger mit steiler Resonanzkurve. Man hat diese Einheitsempfänger später auch wieder aufgegeben, da man einsah, daß die scheinbare Ersparnis zu an sich sehr komplizierten Empfängern führte, die doch nicht imstande waren, die an sie gestellten Anforderungen vorteilhaft gegenüber den Spezialempfängern zu erfüllen. Man kam auch hier bald zur Erkenntnis, daß die Konstruktion von Spezialtypen stets einen Fortschritt bedeutet, die von Universaltypen jedoch immer mit Einbußen verbunden ist.

§ 2. **Empfänger nullter und erster Ordnung.**

Die Empfänger nullter Ordnung werden wie die Sender durch eine Membran als strahlende — hier Energie aufsaugende — Fläche, deren eine Seite an das Schallmedium grenzt, während die andere mittels eines schallharten Gehäuses abgedeckt wird, praktisch verwirklicht. Das Gehäuseinnere dient zur Aufnahme des Energieumformungselementes, das entweder direkt oder meist über ein zweites mit der Membran gekoppeltes mechanisches System den Einwirkungen der Membranbewegung ausgesetzt wird. Das Gehäuseinnere ist dabei gewöhnlich mit Luft gefüllt, deren Schwingungsmasse und Elastizität vernachlässigt werden darf ([136]). Aeußerlich sehen sich alle Empfänger nullter Ordnung mehr oder weniger ähnlich. Die Figuren 75.) und 76.) zeigen zwei der gebräuchlichsten

Empfängertypen nullter Ordnung, und zwar stellt die erste Figur einen Tonempfänger für 1050 Perioden und die zweite einen Geräuschempfänger dar. Beim Geräuschempfänger ist deutlich ein Spannring zur Abstimmung des Empfängers zu bemerken.

Wir werden später (Seite 229 und 235) auch Empfängertypen kennen lernen, die zu beiden Seiten des Gehäuses Membranen tragen. Lassen sich bei solchen Empfängern die Membranen gleichzeitig nach innen drücken, so hat man einen Empfänger nullter Ordnung vor sich. Anders liegt der Fall bei ebenso gebauten

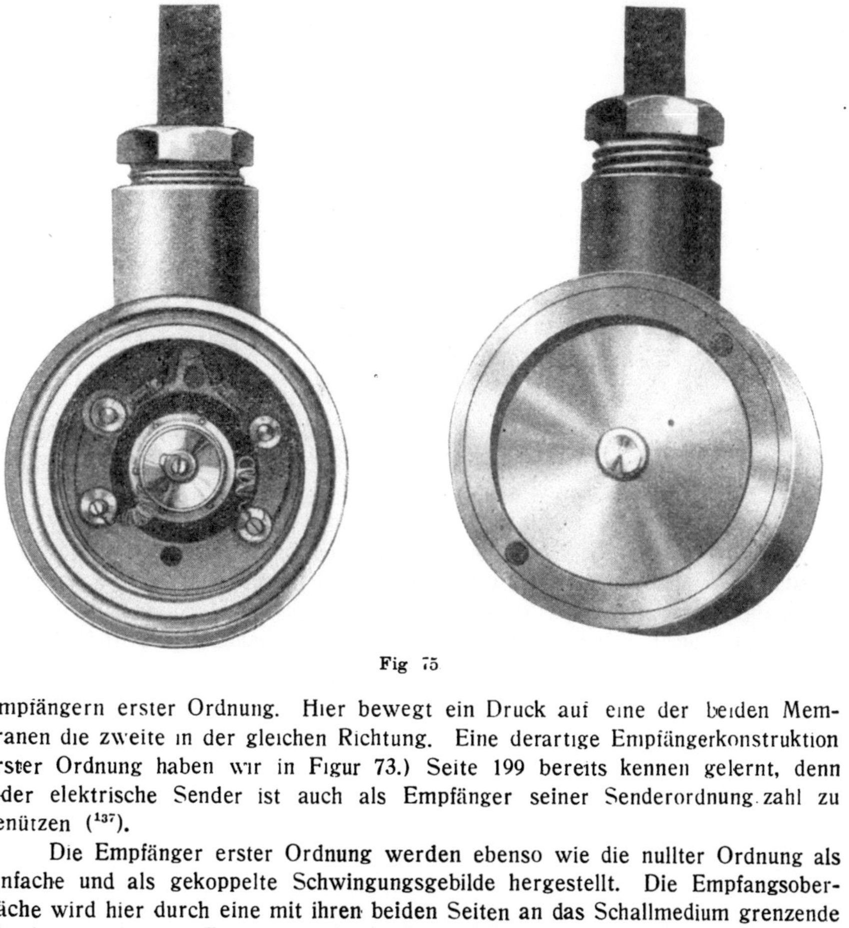

Fig 75

Empfängern erster Ordnung. Hier bewegt ein Druck auf eine der beiden Membranen die zweite in der gleichen Richtung. Eine derartige Empfängerkonstruktion erster Ordnung haben wir in Figur 73.) Seite 199 bereits kennen gelernt, denn jeder elektrische Sender ist auch als Empfänger seiner Senderordnungszahl zu benützen ([137]).

Die Empfänger erster Ordnung werden ebenso wie die nullter Ordnung als einfache und als gekoppelte Schwingungsgebilde hergestellt. Die Empfangsoberfläche wird hier durch eine mit ihren beiden Seiten an das Schallmedium grenzende Membran realisiert. Eine gebräuchliche Konstruktionsform geht dahin, im Zentrum der Membran einen Hohlraum zur Aufnahme des Energieumformungselementes bzw. eines zweiten mechanischen Schwingungssystemes vorzusehen, wie dies schematisch aus Figur 77.) hervorgeht.

Bei guten Empfängerkonstruktionen ist eine besondere Sorgfalt auf die Ausgestaltung der Membran zu verwenden. Man wird daher bei Signalempfängern als Membran nur sorgfältig ausgebildete Kolbenmembranen anwenden, da diese infolge der Trennung von Masse und Elastizität einmal eine exakte Abstimmung leicht ermöglichen und sie auch beibehalten. Außerdem sind diese Bauarten bei sorgfältiger Ausführung gegen seitliche Schwingungen — sogenannte Kippschwingungen — an sich besser geschützt als einfache elastische Membranen.

Fig 76.

Eine nach dieser Richtung besonders gute Lösung bedeutet die in Figur 78.) dargestellte Membrankonstruktion von Siemens und Halske [Gerdien und Riegger (137a)], bei der infolge der Parallelogrammführung der Membranmasse Kippschwingungen nicht auftreten können. Dieses Schwingungsgebilde liefert rein

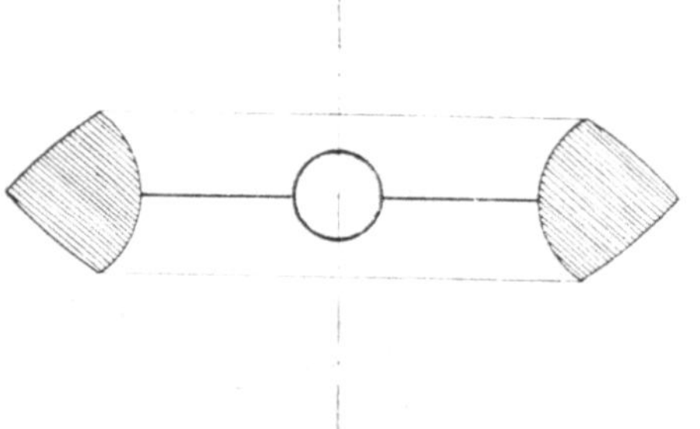

Fig. 77

sinusförmige Schwingungen ohne Obertöne. Es besteht aus zwei Teilen 1 und 2 (in der Regel aus dem Vollen herausgedreht), die am Rande und in der Mitte fest miteinander verbunden sind. Bei a sitzt die große Masse außen, bei b innen. Die Teile, die die schwingende Masse darstellen, sind dadurch streng von denen, die die Direktionskräfte liefern, getrennt. Die Membrankonstruktion läßt sich leicht mit einem andern schwingenden Gebilde koppeln, wobei sie entweder mit dem Rande oder in der Mitte auf demselben festsitzt (Figur c) oder wobei sie es trägt (Figur d). Die Kopplung ist bequem aus den Massen berechenbar.

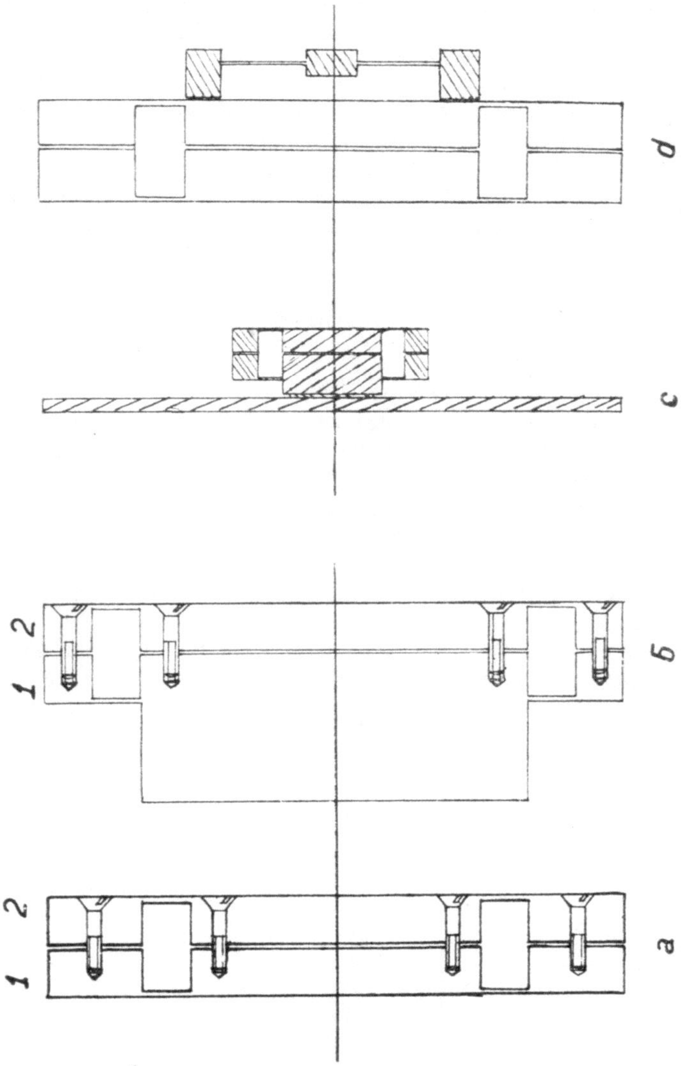

Fig. 78

Diese Membrankonstruktion eignet sich sowohl zum Bau von Empfängern nullter als auch erster Ordnung. Im ersteren Falle wird die Membran auf einer Seite mittels eines schallharten Gehäuses der Einwirkung des Schallmediums entzogen; im zweiten Falle werden beide Membranseiten dem Medium dargeboten und der Membranrand sehr schwer ausgebildet. Der innerhalb der Membran verbleibende Raum dient zur Aufnahme des Energieumformungselementes bzw. eines zweiten Koppelungssystemes. Dieser Raum kann für solche Zwecke in weiten Grenzen den Erfordernissen angepaßt werden ([137]).

Naturgemäß eignet sich diese Membrankonstruktion auch für Sender. Es haftet ihr nur dann ein Nachteil an, wenn es sich um Schallantennen für große Tiefen handelt. Hier ist sie nämlich weniger druckfest als beispielsweise die Konstruktionen der Figuren 68.), 69.) und 70.), da bei ihr der Träger der elastischen Kraft in seiner Dicke halbiert werden muß.

§ 3. Elemente zur Umformung der in die Empfangsantenne eingestrahlten akustischen Nutzenergie in elektrische Energie.

Bei fast allen Empfängerkonstruktionen bedient man sich zur Wahrnehmbarmachung der absorbierten akustischen Energie eines Telephones. Es muß daher die akustische, vom Empfänger dem Schallfelde entzogene Energie zunächst in elektrische Energie umgeformt werden. Hierzu kommen hauptsächlich drei Umformungselemente in Betracht, und zwar das Mikrophon, ferner der Elektromagnet mit schwingendem Anker und endlich der im konstanten Magnetfeld oszillierende elektrische Leiter.

a) Das Mikrophon als Umformungselement.

Diese älteste und an sich scheinbar einfachste Konstruktion stellt von allen Energieumformungsproblemen das mit den größten technischen Schwierigkeiten verbundene dar.. Denn von einem guten Empfänger muß verlangt werden, daß seine Empfindlichkeit konstant bleibt und daß er sich außerdem beliebig oft gleich empfindlich reproduzieren läßt. Diese Bedingungen wurden aber von den ersten Mikrophonempfängern nicht im entferntesten erfüllt. Was zunächst die Wahl des Mikrophontyps betrifft, so kommen für Empfänger sogenannte Druckmikrophone kaum in Frage, da die Empfänger verschiedenen statischen Drucken ausgesetzt sind, daher die Empfangsmembran, wenn auch kleine, so doch für ein Druckmikrophon bereits sehr merkliche Lagenveränderungen in verschiedenen Tiefen auf-

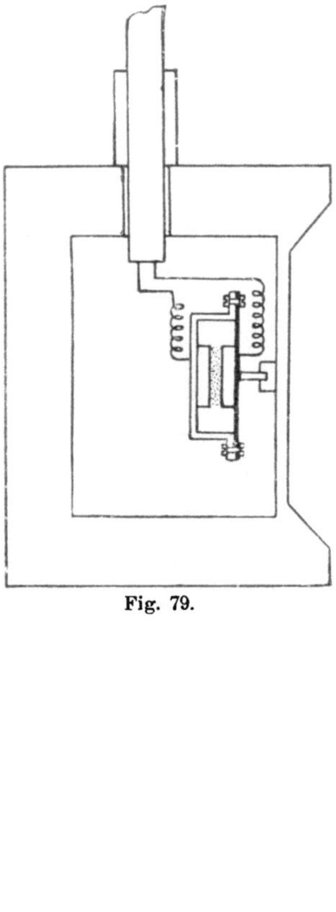

Fig. 79.

weist, die eine Empfindlichkeitskonstanz des Mikrophones völlig ausschließen würden. Man hat daher bereits in frühester Zeit zu den sogenannten Schüttelmikrophonen gegriffen. Mit diesem Mikrophontyp gestaltet sich der wesentliche Aufbau eines solchen Empfängers nach dem Schema der Figur 79.). Das Schüttelmikrophon wird an der schallaufnehmenden Membran befestigt, und zwar mit seiner Membranelektrode, während das Mikrophongehäuse als träge Masse bei den Schallbewegungen das Widerlager bildet. Auf Grund dieser rohen Auffassung wurden durch Jahre hindurch die Empfänger gebaut und genügten auch in der Zeit der Glockensignale den damaligen Anforderungen. Anders wurde die Sachlage, als die elektrischen Sender mit kontinuierlichen Schwingungen scharf abgestimmte Empfänger ermöglichten. Betrachten wir einen derartigen Mikrophonempfänger vom Standpunkte der Akustik aus, so sehen wir, daß er im Sinne der Figur 80.) eine aus zwei mecha-

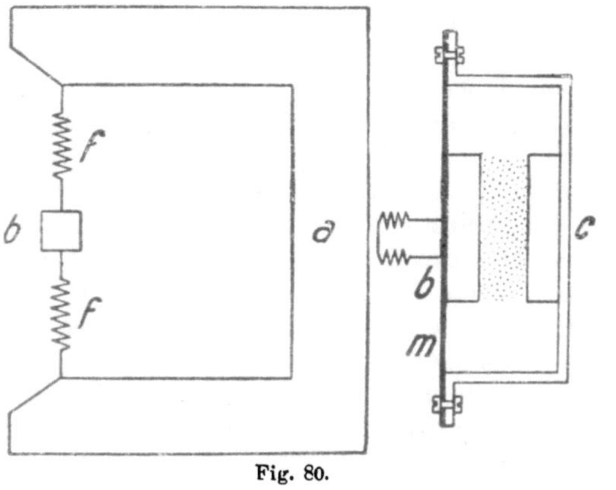

Fig. 80.

nischen Schwingungsgebilden gekoppelte Schallantenne darstellt. Die Membran bildet zusammen mit dem Gehäuse einen einfachen Tonpilz, dessen eine Masse a mittels der äquivalenten Membranelastizität f mit der äquivalenten Masse b der Membran verbunden ist. Das Mikrophon selbst bildet ebenfalls einen Tonpilz, dessen eine Masse b sich aus der Masse der einen Elektrode und der äquivalenten Masse der Mikrophonmembran und schließlich aus der Masse des Befestigungsstiftes zusammensetzt, während die zweite Masse c von der zweiten Elektrode und dem Mikrophongehäuse gebildet wird. Die elastische Kraft liefert die Elastizität der Mikrophonmembran. Dieser Tonpilz wird durch das Mikrophonpulver nutzbar gedämpft. Mittels der beiden in den einfachen Schwingungsgebilden mit b bezeichneten Massen sind beide Tonpilze miteinander verkoppelt.

Nach dieser Erkenntnis war man sich auch über die Veränderlichkeit der Abstimmung der Mikrophonempfänger bald im klaren. Diese rührte hauptsächlich davon her, daß man bisher der Mikrophonmembran selbst keine einschneidende Bedeutung bezüglich der Abstimmung des ganzen Empfängers beigelegt hatte und ihre Elastizität gegenüber der des Kohlenpulvers nicht genügend überwiegen ließ. Letzteres ist deshalb unbedingt nötig, da der Kontaktdruck der Kohlenfüllung an sich stets variabel bleibt und seine Veränderlichkeit nicht mitbestimmend für die Eigentonhöhe des Mikrophones sein darf. Bei den in der Fernsprechtechnik verwendeten Mikrophonen liegt die Elastizität zur Hälfte bis zu ¾ im Pulver, somit ein wesentlich zu kleiner Teil in der Mikrophonmembran, woraus sich zur Genüge die ursprünglich großen Tonschwankungen der Mikrophonempfänger erklären.

Konnte man zwar diesen einmal erkannten Uebelstand leicht teilweise beheben, so war damit noch keineswegs ein wirklich brauchbarer Mikrophonempfänger geschaffen, da die Mikrophone noch andere nicht zulässige Uebelstände aufwiesen. So zeigen beispielsweise alle Sprechmikrophone die Eigenschaft, daß sie nicht sofort ihre normale Empfindlichkeit annehmen, sondern oft erst nach ca. ½ Minute. Während dieser Zeit kann man vom Beginn des Einschaltens an einem Amperemeter entweder ein Steigen oder ein Abnehmen der Anfangsgleichstromstärke in mehr oder weniger großen Beträgen wahrnehmen. Es rührt dies davon her, daß einmal Material von verschiedenem Ausdehnungskoeffizient zum Aufbau der Mikrophonkapsel verwendet wird, andererseits für die Luft in der Mikrophonkapsel, die sich erwärmt und ausdehnt, kein genügender Abfluß vorhanden ist, wodurch Drucksteigerungen und dadurch Aenderungen im Kontaktdruck auftreten. Mikrophone mit dieser lästigen „Anlaufszeit" sind für Unterwasserschallempfänger vollständig unbrauchbar, wenn es sich beispielsweise um die Richtungsbestimmung mittels des Schiffsschallschattens handelt, wo abwechelnd das eine und das andere Mikrophon für Intensitätsvergleichung eingeschaltet wird. Durch sorgfältige Auswahl des Mikrophonmateriales und dessen Einheitlichkeit sowie durch Anbringung entsprechender Kommunikationen mit der Mikrophonaußenluft gelang es nach äußerst mühsamen Versuchen Mikrophone zu schaffen, bei denen der Amperemeterzeiger vom Beginn des Einschaltens wie angenagelt stehenbleibt. Nach Ueberwindung dieser Hauptschwierigkeit konnten erst die eigentlichen Untersuchungen über die Empfindlichkeitsgrenze und über die Empfindlichkeitskonstanz mit Aussicht auf Erfolg in Angriff genommen werden ([138]). Man fand schließlich in einer Schwachstrommikrophonkonstruktion mit 50 Milliampere Gleichstromheizung und hochglanzpolierten, vergoldeten Metall-Elektroden bei einer Füllung mit ziemlich grobem Kohlengrieß einen äußerst empfindlichen und nahezu konstanten Mikrophontyp von der Form des Mikrophones der Figur 80. Im zylindrischen Teile des Gehäuses wurden Bohrungen für den Druckausgleich vorgesehen und das Kohlenmaterial mittels eines Seidenringes zwischen den Elektroden fixiert. Bei dieser Ausführung war die Bodenelektrode vom Gehäuse mittels Glimmer isoliert. Es liegt natürlich in der Natur der Sache, daß es nicht gelang, die Fehler und Schwächen der Mikrophone vollständig zu meistern; es muß jedoch rühmend hervorgehoben werden, daß hier auf dem Gebiete des Mikrophonbaues ganz Hervorragendes durch zielbewußte, wenn auch äußerst mühsame Arbeit geschaffen wurde. Jedenfalls können sich die besten normalen Sprechmikrophone mit Unterwassermikrophonen nicht im entferntesten vergleichen.

Allen mit der Ausbildung der Unterwassermikrophone Beschäftigten war es klar, daß die Erfolge noch verbessert werden könnten, wenn es gelänge, den verwendeten Kohlengrieß durch Kohlekugeln zu ersetzen. Die Erfahrungen mit den Sprechmikrophonen lieferten schon früher das Ergebnis, daß alle Kohlenkugelkonstruktionen bei Gleichstromdurchgang viel stärker sausen als die Mikrophone mit Grießfüllung, was vollkommen richtig auf die leichtere Beweglichkeit der Kugelfüllung zurückgeführt wurde. Es fehlte nicht an mühsamen Untersuchungen, dieses bei guten Unterwassermikrophonen mit Grießfüllung nahezu unmerkliche Sausen auch bei Kugelfüllung zu erhalten, doch schlugen alle diese Versuche fehl. Erst in neuester

Zeit ist dem Verfasser eine solche Konstruktion gelungen, die mindestens die gleiche Empfindlichkeit der besten Unterwassermikrophone mit Grießfüllung aufweist, wobei das Sausen dieser Kugelmikrophone eher kleiner, jedoch keineswegs größer ist als das der Grießmikrophone. Die Konstanz der Empfindlichkeit ist eine größere als die der Unterwassermikrophone mit Kohlengrießfüllung, was ja infolge der bei Kugeln definierteren Kontaktanzahl erwartet wurde. Auch die Bauart gestaltet sich einfacher, da bei Kugeln unter entsprechender konstruktiver Ausgestaltung eine Isolation zu ihrem Festhalten zwischen den Elektroden wegfällt. Dadurch entfällt aber eine beim Erfordernis einer solchen Isolation nicht zu vermeidende und noch dazu nicht einmal konstant zu haltende Verlustdämpfung. Endlich ist bei solchen Kugelmikrophonen das auch bei bestausgeführten Mikrophonen mit Kohlengrießfüllung unvermeidliche manchmalige heftige Knacken im Telephon vollständig eliminiert, das auf vorübergehende sehr starke Stromdichten und dadurch verursachte kräftige lokale Erhitzungen einzelner Kontaktspitzen zurückzuführen ist ([139]).

b) Das elektromagnetische Energieumformungselement.

Eine solche Konstruktion bildet jeder elektromagnetische Sender. Wir können daher bei Untersuchung dieser Frage uns an den elektromagnetischen Transformator halten, indem wir uns in der Figur 53.) Seite 181 einfach die Energiequelle in Form der Wechselstrommaschine in den Kreis 2 verlegt denken. Figur 81.) zeigt uns den Aufbau eines solchen Empfängers in den elektrischen

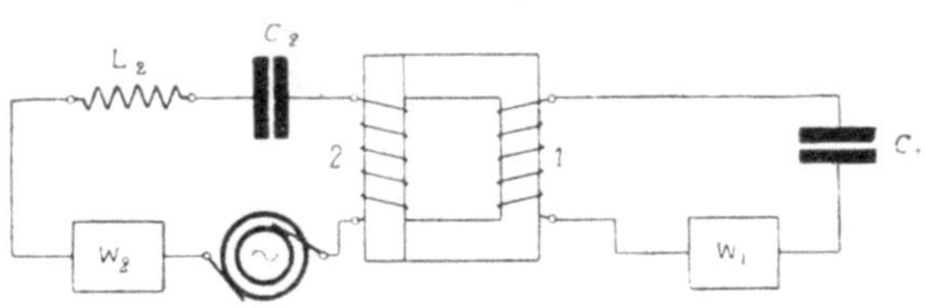

Fig. 81.

Ersatzkreisen. Der Empfangskreis erscheint durch einen Widerstand w_1 und eine Kapazität C_1 geschlossen, da sich später zeigen wird, daß nur eine kapazitive Belastung einen günstigen Energieentzug bei den gegenwärtigen Empfängern mit kleinem Gütekoeffizienten zuläßt. L_2, C_2 und w_2 entsprechen wie beim Sender der Reihe nach der Membranelastizität, der Schwingungsmasse und dem mechanischen Reibungs- sowie akustischen Strahlungswiderstand.

Um ein übersichtliches Diagramm zu erhalten, nehmen wir auch hier wie seinerzeit beim Sender zwischen den beiden Spulen 1 und 2 keinerlei Streuung, also eine 100 prozentige magnetische Kopplung an und vernachlässigen den Ohmschen Spannungsabfall in den Spulen. Dann erhalten wir in Figur 82.) das Diagramm eines elektromagnetischen, durch Ohmschen Widerstand w_1 und Kondensator C_1 geschlossenen Empfängers ([140]). Ist OF die Richtung und Größe des Stromes i_2, was unter entsprechender Uebersetzung aus dem Elektrischen ins Mechanische der mechanischen Amplitude entsprechen soll, so ist der geometrische Ort für den Endpunkt aller i_1 der in der Figur 82.) ausgezogene Kreisabschnitt, den man um den Mittelpunkt der Strecke OI schlägt. Diese Strecke OI findet man, indem man $OH = i_2$ macht und in H eine Senkrechte errichtet, die den freien Schenkel des an OH angelegten Winkels $\varphi_1 - \psi$ in I schneidet.

Dabei ist für das Diagramm entgegen der üblichen Darstellung die Drehrichtung im Sinne des Uhrzeigers angenommen. Es ist daher der Winkel φ_1 in Wirklichkeit, da Stromvoreilung herrscht, negativ. Infolge des angenommenen Uhrzeigerdrehsinnes gelten die aus diesem Diagramm abgeleiteten Formeln mit positiven φ_1-Werten für Kapazitäts-, mit negativen für Selbstinduktions-Belastungen.

Richtung und Größe von i_1 sind noch abhängig von φ_2. Man findet sie, indem man zu der Geraden FOH unter dem Winkel φ_2 die Gerade COA durch den Nullpunkt O legt und an OA den Winkel φ_1 anträgt, dessen freier Schenkel den Kreis in B trifft. Richtung von e_3 und e_1 sind durch OC und OA gegeben. Zieht man durch F eine Parallele zu OB und durch B eine Parallele zu OF, so

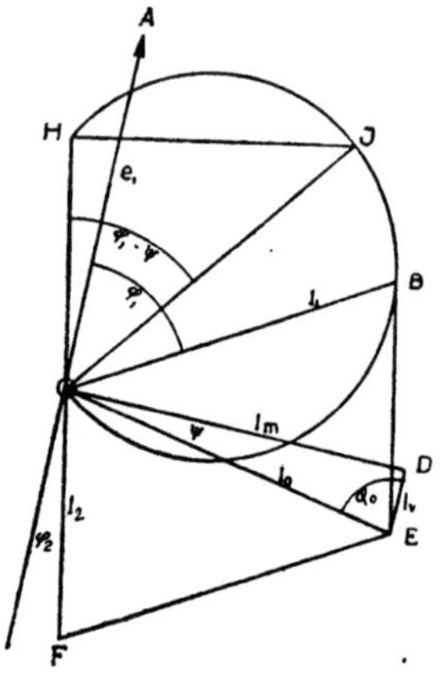

Fig. 82.

stellt OBEF das Stromparallelogramm dar. Errichtet man auf COA in O eine Senkrechte und fällt von E das Lot ED, so ist OED das Verlustdreieck mit dem Winkel EOD $= \psi = \frac{\pi}{2} - \varphi_0$.

Die Richtigkeit der Konstruktion ist folgendermaßen leicht zu zeigen: Aus dem Stromdreieck OEF mit den Winkeln

$$EOF = \varphi_0 - \varphi_2 \text{ und } OEF = \pi - (\varphi_0 + \varphi_1)$$

folgt die Beziehung

$$\frac{i_1}{i_2} = \frac{\sin(\varphi_0 - \varphi_2)}{\sin(\varphi_0 + \varphi_1)} \quad . \quad . \quad . \quad . \quad . \quad . \quad . \quad . \quad . \quad . \quad . \quad . \quad 1.)$$

Dieselbe Gleichung können wir auch aus der Konstruktion des Kreisdiagrammes herleiten. Es ist nämlich Winkel IOH $= \varphi_1 - \psi$ und Winkel BOI $= \varphi_2 + \psi$ und schließlich, da das Dreieck OIB ein rechtwinkliges ist,

$$\cos(\varphi_1 - \psi) = \frac{i_2}{OI} \text{ und } \cos(\varphi_2 + \psi) = \frac{i_1}{OI} \quad . \quad . \quad . \quad . \quad . \quad 2.)$$

Nach Einführung des Winkels φ_0 erhalten wir durch Division dieselbe Beziehung wie aus dem Stromdreieck, was die Richtigkeit der Kreisdiagrammkonstruktion beweist. Im Falle der rein Ohmschen Belastung, also für $\varphi_1 = 0$ würde OI unter dem Winkel ψ, im Falle gleichzeitiger Belastung mit Selbstinduktion unter dem Winkel $\psi + \varphi_1$ links von OH liegen. Der geometrische Ort für den Endpunkt aller i_1, die möglich sind, ist der Kreisbogen rechts von OH. Dieser Abschnitt wird aber beim Uebergang von einer Belastung mit Kapazität zu einer mit Selbstinduktion immer kleiner und läßt schon so die Nachteile einer Belastung mit nacheilendem Strome klar erkennen.

Hält man im Diagramm nicht den Winkel φ_1, sondern φ_2 konstant, so ist der geometrische Ort für den Endpunkt aller i_1 eine Gerade, die durch den Punkt H unter dem Winkel $\varphi_0 - \varphi_2$ gegen OH nach rechts verläuft. Auch dieses Diagramm kann oft zweckmäßige Verwendung finden.

Unser Kreisdiagramm der Figur 82.) gilt für konstantes i_2 und für einen festen, unveränderlichen Winkel φ_1 im Schließungskreis des Empfängers und für veränderliche φ_2 oder i_1, also für verschiedene Belastungen. Der Endpunkt des variablen i_1 kann dabei alle Punkte des Kreisbogens OBH durchlaufen. Die beiden Grenzfälle stellen den offenen und kurzgeschlossenen Empfänger dar. Fällt B nach O, so wird $i_1 = 0$ und die Spannung liegt, da nunmehr i_0 mit i_2 identisch ist, unter dem Winkel $\frac{\pi}{2} - \psi = \varphi_0$ voreilend zu i_2. Das sich hieraus ergebende Leerlaufdiagramm gleicht vollständig dem des Senders. Nachdem der Strom Null ist, ist auch die abgenommene Leistung Null.

Im Kurzschlußfall fällt B mit H zusammen. Die Richtung von i_1 nähert sich bei eintretendem Kurzschluß derjenigen der Tangente im Punkte H und fällt für den direkten Kurzschluß, also für $i_0 = 0$ mit dieser zusammen. Da der Sehnentangentenwinkel $\frac{\pi}{2} - \psi + \varphi_1$ ist und die Spannung dem Strom i_0 stets um den Winkel $\frac{\pi}{2} - \psi$ voreilt, so eilt im Kurzschlußfalle die Spannung e_2 dem Strom i_2 um den Winkel φ_1 nach. Auch für diesen Grenzfall ist die abgenommene Leistung Null, da i_0 und damit das Feld und die Spannung Null geworden sind.

Wenn wir die Dämpfung des Empfängers mit der des Senders vergleichen, so ergibt sich, das erstere stets größer sein muß als letztere, da zur Senderdämpfung, die lediglich durch die von der Ankeramplitude abhängige mechanisch-akustische Leistung bedingt ist, im Empfangsfalle noch die Eisenverluste ([141]) und die Nutzleistung hinzutreten. Beim Sender ist das Senderkraftfeld, worunter wir immer das reine Wechselfeld verstehen ([142]), auch bei ruhendem Anker vorhanden. Es treten somit beim Sender die Eisenverluste unabhängig von der Ankerbewegung auf, haben daher wohl einen Einfluß auf den Wirkungsgrad, nicht hingegen auf die Dämpfung. Anders liegt der Fall beim Empfänger. Hier entsteht das Kraftfeld erst durch die mechanische Ankerbewegung infolge der Einwirkung des Schallfeldes, so daß also die Eisenverluste und die Nutzleistung Funktionen der Ankerbewegung sind und daher in die Dämpfung eingehen.

Wir wollen nunmehr nach dem Maximum der Nutzleistung eines elektromagnetischen Empfängers fragen und bezeichnen zu diesem Zwecke die mechanische oder Senderdämpfung mit ϑ_s, die Empfängerdämpfung mit ϑ_e, die ihrerseits in drei Anteile, mechanische Dämpfung ϑ_s, Verlustdämpfung ϑ_v und Nutzdämpfung ϑ_n zerfällt, die der Gleichung $\vartheta_e = \vartheta_s + \vartheta_v + \vartheta_n$ genügen. Die den

Dämpfungen entsprechenden Wattleistungen bezeichnen wir mit W_s, W_v u. W_n und die bezüglichen Werte der wattlos schwingenden Energien mit A_s, A_v u. A_n; dann erhalten wir unter Beachtung des Umstandes, daß sich die Dämpfungsanteile wie die entsprechenden Leistungen verhalten, die Nutzleistung in der Form

$$W_n = \frac{\vartheta_n}{\vartheta_s} \cdot W_s, \ldots\ldots\ldots\ldots \quad 3.)$$

deren Maximalwert wir aufsuchen wollen. Bezeichnet $i_{2,0}$ die Amplitude des mit Gleichstrom noch nicht beschickten, offenen Empfängers, i_2 diejenige des mit Gleichstrom erregten, geschlossenen Empfängers, so besteht zwischen der mechanischen Leistung des offenen und geschlossenen Empfänger die Beziehung

$$W_{s\,o} = \left(\frac{i_{2,0}}{i_2}\right)^2 \cdot W_s \quad \ldots\ldots\ldots\ldots \quad 4.)$$

Wird der Empfänger mit konstanter Kraft erregt, das heißt, befindet er sich in einem konstanten Schallfeld, so gilt:

$$\frac{i_{2,0}}{i_2} = \frac{\vartheta_s + \vartheta_v + \vartheta_n}{\vartheta_s} \ldots\ldots\ldots\ldots \quad 5.)$$

Hieraus finden wir

$$W_n = \frac{\vartheta_n}{\vartheta_s} \cdot \left(\frac{\vartheta_s}{\vartheta_s + \vartheta_v + \vartheta_n}\right)^2 \cdot W_{s,o} \quad \ldots\ldots \quad 6.)$$

oder auch

$$W_n = \frac{\frac{\vartheta_n}{\vartheta_s}}{\left(1 + \frac{\vartheta_v + \vartheta_n}{\vartheta_s}\right)^2} \cdot W_{s\,o} \quad \ldots\ldots\ldots \quad 6a).$$

Solange $\frac{\vartheta_v + \vartheta_n}{\vartheta_s}$ klein ist gegen 1, stellt

$$W_n = \frac{\vartheta_n}{\vartheta_s} \cdot W_{s,o} \ldots\ldots\ldots\ldots \quad 6b.)$$

in genügender Annäherung die Nutzleistung des Empfängers dar. Betrachten wir also zunächst diesen einfachen Fall, so ist die Nutzleistung dem Werte $\frac{\vartheta_n}{\vartheta_s}$ proportional und die Aufgabe, die Nutzleistung zu einem Maximum zu machen, verschiebt sich auf Grund der Gleichung $\frac{\vartheta_n}{\vartheta_s} = \frac{W_n}{W_{s,o}}$ dahin, die Nutzdämpfung selbst zu einem Maximum zu gestalten. Um die Gleichung

$$\frac{\vartheta_n}{\vartheta_s} = \frac{W_n}{W_s} \ldots\ldots\ldots\ldots\ldots \quad 3.)$$

nach dieser Richtung behandeln zu können, berechnen wir uns an Hand des Empfänger- und Senderdiagrammes [V, § 3b, Fig. 82, Seite 212 und IV, § 6, Fig. 54, Seite 182] die Werte W_n und W_s. Die Nutzleistung ist

$$W_n = e_1\, i_1 \cos \varphi_1. \ldots\ldots\ldots\ldots \quad 7.)$$

In den Ausdruck für

$$e_1 = i_m \, \omega \, L_o \; (^{143}) = i_o \sin \varphi_o \, \omega \, L_o \quad \ldots \ldots \ldots \ldots \; 8.)$$

führen wir den aus dem Stromdreieck des Empfängerdiagrammes sich ergebenden Wert für i_o

$$i_o = i_1 \frac{\sin (\varphi_1 + \varphi_2)}{\sin (\varphi_o + \varphi_1)} \quad \ldots \ldots \ldots \ldots \; 9.)$$

ein und erhalten unter Heranziehung der Gleichung 1.) für W_n den Wert

$$W_n = \frac{\sin (\varphi_1 + \varphi_2) \sin (\varphi_o - \varphi_2) \sin \varphi_o \cos \varphi_1}{\sin^2 (\varphi_o + \varphi_1)} \cdot \omega \, L_o \, i_2^2 \quad \ldots \; 10.)$$

Aus dem Senderdiagramm [IV, § 6, Fig. 54, 182] finden wir die mechanisch-akustische Leistung W_s für die Amplitude i_2 zu $W_s = e_{2,s} \, i_2$ oder, da

$$e_{2,s} = i_{m,s} \, \omega \, L_o = i_{v,s} \operatorname{tg} \varphi_o \, \omega \, L_o \quad \ldots \ldots \ldots \; 11.)$$

und

$$\frac{i_{v,s}}{i_2} = \frac{1 - \eta}{\eta} \quad \ldots \ldots \ldots \ldots \; 12.)$$

ist,

$$W_s = \frac{1 - \eta}{\eta} \cdot \operatorname{tg} \varphi_o \cdot \omega \cdot L_o \, i_2^2 \quad \ldots \ldots \ldots \; 13.)$$

Wir erhalten somit durch Division der beiden Ausdrücke 13.) und 10.) für $\frac{\vartheta_n}{\vartheta_s}$ den Wert

$$\frac{\vartheta_n}{\vartheta_s} = \frac{\eta}{1 - \eta} \cdot \frac{\sin (\varphi_1 + \varphi_2) \cdot \sin (\varphi_o - \varphi_2) \cos \varphi_o \cdot \cos \varphi_1}{\sin^2 (\varphi_o + \varphi_1)} \quad \ldots \; 14.)$$

Dieser Ausdruck, der, wie nicht anders zu erwarten war, von φ_1 und φ_2 abhängig ist, soll nun zu einem Maximum gemacht werden. Für ein bestimmtes Kreisdiagramm, also beispielsweise für konstantes φ_1 und veränderliches φ_2 bzw. i_1 finden wir durch Differentiation der Gleichung 14.) nach φ_2 die Bedingung

$$\varphi_2 = \frac{\varphi_o - \varphi_1}{2} \quad \ldots \ldots \ldots \ldots \; 15.)$$

Wollen wir nun unter allen Kreisen denjenigen finden, der für dieses φ_2 das Maximum von $\frac{\vartheta_n}{\vartheta_s}$ liefert, so müssen wir den Wert der Gleichung 15.) in 14.) einsetzen und nach φ_1 differenzieren, wodurch sich eine zweite Bedingungsgleichung

$$\varphi_1 = \varphi_o \quad \ldots \ldots \ldots \ldots \; 16.)$$

ergibt. Kombinieren wir beide Bedingungsgleichungen, so erhalten wir die Forderung

$$\varphi_2 = 0 \; (^{144}) \quad \ldots \ldots \ldots \ldots \; 17.)$$

Berechnen wir schließlich mit diesen Werten für φ_1 und φ_2 das Maximum von $\frac{\vartheta_n}{\vartheta}$, so erhalten wir

$$\left(\frac{\vartheta_n}{\vartheta_s}\right)_{Max.} = \frac{1}{4} \frac{\eta}{1 - \eta} \quad \ldots \ldots \ldots \; 18.)$$

Dieses Resultat haben wir unter der Voraussetzung gefunden, daß in Formel 6a.) $\frac{\vartheta_v + \vartheta_n}{\vartheta_s}$ gegen eins zu vernachlässigen ist. Um zu sehen, wie weit in den einzelnen Fällen die gemachte Voraussetzung zutrifft, berechnen wir auf ähnlichem Wege die Verlustleistung und die Verlustdämpfung und erhalten

$$W_v = \frac{\sin^2(\varphi_1 + \varphi_2) \sin\varphi_0 \cos\varphi_0}{\sin^2(\varphi_0 + \varphi_1)} \omega L_0 i_2^2 \quad \ldots\ldots 19.)$$

und

$$\frac{\vartheta_v}{\vartheta_s} = \frac{\eta}{1-\eta} \cdot \frac{\sin^2(\varphi_1 + \varphi_2)\cos^2\varphi_0}{\sin^2(\varphi_0 + \varphi_1)} \quad \ldots 20.)$$

Setzen wir hier die Bedingungen für maximales $\frac{\vartheta_n}{\vartheta_s}$ ein, also $\varphi_2 = 0$ und $\varphi_1 = \varphi_0$ so ergibt sich

$$\frac{\vartheta_v}{\vartheta_s} = \frac{1}{4} \frac{\eta}{1-\eta} \quad \ldots\ldots 21.)$$

oder, wenn wir 21.) und 18.) addieren

$$\frac{\vartheta_v + \vartheta_n}{\vartheta_s} = \frac{1}{2} \frac{\eta}{1-\eta} \quad \ldots\ldots 22.)$$

Wenn wir den Empfänger bloß durch Ohmschen Widerstand schließen, so ist $\varphi_1 = 0$, woraus aus Gleichung 15.) $\varphi_2 = \frac{\varphi_0}{2}$ folgt. Dies in Formel 18.) eingesetzt, ergibt

$$\left(\frac{\vartheta_n}{\vartheta_s}\right)_{Max.} = \frac{\eta}{1-\eta} \frac{\cos\varphi_0}{2(1+\cos\varphi_0)} \quad \ldots\ldots 23.)$$

woraus für $\frac{\vartheta_v}{\vartheta_s}$ der Wert folgt:

$$\frac{\vartheta_v}{\vartheta_s} = \frac{\eta}{1-\eta} \cdot \frac{\cos^2\varphi_0}{2(1+\cos\varphi_0)} \quad \ldots\ldots 24.)$$

Die Addition liefert in diesem Falle

$$\frac{\vartheta_v + \vartheta_n}{\vartheta_s} = \frac{1}{2} \frac{\eta}{1-\eta} \cos\varphi_0. \quad \ldots\ldots 22a.)$$

Es ist somit in der Tat die Bedingung der maximalen Nutzdämpfung identisch mit der Bedingung der maximalen Nutzleistung, so lange bei kapazitiver Belastung $\frac{1}{2} \frac{\eta}{1-\eta}$ und bei Belastung mit reinem Ohmschen Widerstand $\frac{1}{2} \frac{\eta}{1-\eta} \cos\varphi_0$ klein gegenüber 1 ist.

Warum bei kapazitiver Belastung der Energieentzug günstiger ist als bei rein Ohmscher Schließung des Empfängers, ist leicht einzusehen. Denn wie bei gewöhnlichen Wechselstrommaschinen tritt auch beim Empfänger infolge der Ankerbewegung ein Gegenfeld auf ([145]), das den entstehenden Strom aufzuheben sucht. Wie aus der Wechselstromtechnik bekannt ist, kann man dieser entmagnetisierenden Wirkung entgegenarbeiten, wenn man dem Strom i_1 eine Phasenvoreilung vor e_1 gibt, also den Empfänger außer über einen Ohmschen Widerstand auch noch über einen entsprechenden Kondensator schließt.

Der Widerstand im Schließungskreis 1 ist

$$w = \frac{e_1}{i_1} = \frac{\sin\varphi_0 \cdot \sin(\varphi_1 + \varphi_2)}{\sin(\varphi_0 - \varphi_2)} \cdot \omega \cdot L_0, \quad \ldots\ldots \quad 25.)$$

was im Falle größter Nutzdämpfung den Wert ergibt:

$$w = \sin\varphi_0\, \omega_R\, L_0, \quad \ldots\ldots\ldots\ldots \quad 25a.)$$

wovon $\omega_R L_0 \sin\varphi_0 \cos\varphi_0$ der Ohmsche und $\omega_R L_0 \sin^2\varphi_0$ der Kapazitätswiderstand ist ([146]).

Belasten wir hingegen mit Ohmschem Widerstand allein, so ist dieser

$$w = \frac{e_1}{i_1} = \frac{\sin\varphi_0 \sin\varphi_2}{\sin(\varphi_0 - \varphi_2)}\, \omega\, L_0 \quad \ldots\ldots\ldots \quad 26.)$$

und für größte Nutzdämpfung wie früher in 25.)

$$w = \sin\varphi_0 \cdot \omega_R \cdot L_0 \cdot \quad \ldots\ldots\ldots \quad 26a.)$$

Führen wir den Gütekoeffizienten G [IV, § 4, (27), 171] ein, so erhalten wir die Dämpfungserhöhungen, die sich bei kapazitiver, bzw. rein Ohmscher Belastung ergeben zu

$$\frac{G}{2} \text{ bzw. } \frac{G}{2} \cdot \cos\varphi_0.$$

Diese Dämpfungserhöhungen lassen sich leicht messen, und diesbezügliche Versuche haben die theoretisch abgeleiteten Resultate an ausgeführten Empfängern bestätigt ([147]).

Die Ungleichungen

$$\frac{1}{2}\,\frac{\eta}{1-\eta} \ll 1 \text{ und } \frac{1}{2}\,\frac{\eta}{1-\eta} \cos\varphi_0 \ll 1$$

werden bei den gegenwärtig erreichbaren Gütekoeffizienten $G \sim 0{\cdot}2$ in den meisten Fällen zutreffen. Gelingt es aber, Apparate mit wesentlich größerem Gütekoeffizienten zu bauen, was jedenfalls sehr wünschenswert wäre, oder ist die Wirkungsökonomie solcher Empfänger in Medien mit sehr kleiner Dämpfung, also sehr großem Wirkungsgrad zu untersuchen, so gelten die Ungleichungen nicht mehr und wir haben, um die größte Nutzleistung zu erhalten, den Wert

$$\frac{\dfrac{\vartheta_n}{\vartheta_s}}{\left(1 + \dfrac{\vartheta_v + \vartheta_n}{\vartheta_s}\right)^2} \quad \ldots\ldots\ldots \quad 27.)$$

zu einem Maximum zu machen, eine Untersuchung, die man wegen der bei ihrer analytischen Berechnung erhältlichen unübersichtlichen Ausdrücke am besten graphisch und in Diagrammen behandelt.

Betrachten wir als Beispiel den Fall der mechanischen oder Senderresonanz, für den Gleichung 17.), also $\varphi_2 = 0$ gilt, so liefert die Rechnung eine einfache Beziehung zwischen φ_1, φ u. φ_0 bezüglich der günstigsten Schließung des Empfängers. Da die Empfänger, die wir hierbei betrachten, schallhärter als das Medium werden können, so ist die Beschränkung praktisch nicht sehr groß, da derartige Antennen leicht in den Zustand günstigsten Energieentzuges eingestellt werden können. Eine einfache Rechnung ergibt für diesen Spezialfall, wenn wir $\frac{\vartheta_v}{\vartheta_s}$ durch $\frac{\vartheta_n}{\vartheta_s}$ ausdrücken und $\varphi_2 = 0$ setzen, für W_n den Wert

$$W_n = \frac{\eta}{1-\eta} \cdot \frac{\frac{\sin 2\varphi_1}{2} \cdot \frac{\sin 2\varphi_0}{2}}{\left[\sin(\varphi_0 + \varphi_1) + \frac{\eta}{1-\eta} \sin\varphi_1 \cos\varphi_0\right]^2} \cdot W_{s,o} \quad \ldots 28.)$$

Differenzieren wir diesen Ausdruck nach φ_1 und setzen ihn gleich null, so erhalten wir zur Bestimmung von φ_1 im Falle des Maximums der Nutzleistung die Bedingungsgleichung

$$\frac{1}{1-\eta} \cdot tg^3 \varphi_1 - tg\,\varphi_0 \cdot tg^2 \varphi_1 + \frac{1}{1-\eta} tg\,\varphi_1 - tg\,\varphi_0 = 0, \quad \ldots 29)$$

die wir in zwei Faktoren zerlegen können, so daß sie sich schreibt

$$(tg^2 \varphi_1 + 1) \cdot \left(\frac{1}{1-\eta} tg\,\varphi_1 - tg\,\varphi_0\right) = 0. \quad \ldots\ldots 29a.)$$

Daraus erhalten wir eine reelle Wurzel

$$tg\,\varphi_1 = (1-\eta)\, tg\,\varphi_0. \quad \ldots\ldots\ldots\ldots 29b.)$$

So wird ersichtlich, wie wir abhängig vom Wirkungsgrad den Empfänger schließen müssen, um im Falle der mechanischen oder Senderresonanz das Maximum der Nutzleistung zu erhalten. Die beiden Grenzfälle $\eta = 1$ und $\eta = 0$ ergeben $\varphi_1 = 0$ und $\varphi_1 = \varphi_0$ Dies besagt, daß wir bei Empfängern größten Wirkungsgrades praktisch mit rein Ohmscher Belastung die maximale Nutzleistung erhalten können; sinkt der Wirkungsgrad, so müssen wir Kapazität zuschalten, bis wir im Grenzfalle zu einer Phasenverschiebung von φ_0 kommen. Der letzte Fall entspricht dem früher erhaltenen, wonach bei geringen Dämpfungserhöhungen das Nutzdämpfungsmaximum und damit das Maximum der Nutzleistung bei einer Phasenverschiebung $\varphi_1 = \varphi_0$ eintrat.

Wollen wir im vorliegenden Fall Widerstand und Kapazität des Schließungskreises kennen lernen, so haben wir in den früher abgeleiteten Ausdrücken für $\frac{e_1}{i_1} \cos\varphi_1$ bzw. $\frac{e_1}{i_1} \sin\varphi_1$ die Werte $\varphi_2 = 0$ und den aus der obigen Maximumbedingung sich ergebenden Wert von φ_1 einzusetzen und erhalten

$$\frac{e_1}{i_1} \cos\varphi_1 = \sin\varphi_1 \cos\varphi_1\, \omega_R L_0 = \frac{(1-\eta)\, tg\,\varphi_0}{1 + (1-\eta)^2 tg^2 \varphi_0}\, \omega_R L_0 \quad \ldots 30.)$$

und

$$\frac{e_1}{i_1} \sin\varphi_1 = \sin^2\varphi_1\, \omega_R L_0 = \frac{(1-\eta)^2 tg^2 \varphi_0}{1 + (1-\eta)^2 tg^2 \varphi_0}\, \omega_R L_0. \quad \ldots 31.)$$

Für $\eta = 0$ gehen diese Ausdrücke in die früher erhaltenen über, die für maximale Nutzdämpfung bei an sich geringer Dämpfungserhöhung, also für kleine Wirkungsgrade abgeleitet wurden.

Aus dem Diagramm geht hervor, daß die Abstimmung des Empfängers von seinem Schließungszustand abhängen muß. Denn der Winkel φ_2 ändert sich vom kapazitiven Kurzschluß bis zur vollen Oeffnung des Transformators von $-\varphi_1$ bis $+\varphi_0$ und für den Fall der rein Ohmschen Belastung von 0 bis $+\varphi_0$. Auch aus Figur 81.) Seite 211 erkennen wir die Variabilität der Empfängerabstimmung mit dem Schließungszustand, denn wir haben es völlig in der Hand, durch entsprechende Belastung des Kreises 1, dessen Größen transformatorisch in den Kreis 2, sei es als Selbstinduktion oder Kapazität oder auch als reinen Ohmschen Widerstand, einlaufen zu lassen, und damit die Resonanzfrequenz zu verschieben. Wir können daher durch rein elektrische Maßnahmen mechanisch-akustische Schwingungsgebilde ohne Aenderung ihrer mechanischen Masse oder elastischen Kraft in ihrer Abstimmung verändern. Wir sehen also hier das umgekehrte Verhalten wie beim Sender. Dort hat sich gezeigt, daß das Auftreten mechanisch leerschwingender Energie in elektrischen Kreisen ohne Aenderung deren Selbstinduktion oder Kapazität diese Größen derart zu beeinflussen vermag, daß der Sender aus einer elektrischen Selbstinduktion zu einem elektrischen Kondensator werden kann; hier tritt die wattlos schwingende elektrische Energie zur mechanischen hinzu und beeinflußt die mechanische Abstimmung. Die Empfänger- und Senderresonanz wird nur dann zusammenfallen, wenn beim Empfänger wie beim Sender an den Klemmen der Spule 2 keine Phasenverschiebung von Strom gegen die Spannung herrscht, also wenn $\varphi_2 = 0$ ist. Hingegen wird sich die Empfängerresonanz durch eine zusätzliche Selbstinduktion im Schließungskreise vertiefen, bei kapazitivem Energieentzug erhöhen.

Im allgemeinen werden sich die Quadrate von Empfängerresonanz ω_e und Senderresonanz ω_R umgekehrt zueinander verhalten wie die wattlos schwingenden Energien. Bezeichnen wir bei konstant bleibender Amplitude i_2 die wattlos schwingende Energie an den Klemmen der Spule 2 mit A_{v+n}, so bestehen die Gleichungen

$$\frac{A_s}{\frac{1}{\omega_e} \cdot W_s} = \frac{\pi}{\vartheta_s} \quad \ldots\ldots\ldots\ldots\ldots \quad 32.)$$

und

$$\frac{A_{v+n}}{\frac{1}{\omega_R}(W_v + W_n)} = \operatorname{tg} \varphi_2 \quad \ldots\ldots\ldots\ldots \quad 33.)$$

mit deren Hilfe wir für das Kreisfrequenzquadratverhältnis von Sender- zur Empfängerresonanz die Beziehung erhalten:

$$\left(\frac{\omega_R}{\omega_e}\right)^2 = 1 + \frac{\operatorname{tg} \varphi_2 \cdot \vartheta_s}{\pi} \cdot \frac{W_v + W_n}{W_s}, \quad \ldots\ldots\ldots \quad 34.)$$

oder, falls wir statt der Leistungen die entsprechenden Dämpfungen aus den früher berechneten Werten einsetzen,

$$\left(\frac{\omega_R}{\omega_e}\right)^2 = 1 + \frac{\operatorname{tg} \varphi_2}{\pi}(\vartheta_v + \vartheta_n). \quad \ldots\ldots\ldots \quad 34a.)$$

Bei Ohmschem Kurzschluß haben wir, wie bereits gesehen, wegen $\varphi_2 = 0$ den Fall der Senderresonanz, während für den Fall des offenen Empfängers $\varphi_2 = \varphi_0$, $\vartheta_n = 0$ und

$$\frac{\vartheta_v}{\vartheta_s} = \frac{\eta}{1-\eta} \cos^2 \varphi_0 \quad \ldots\ldots\ldots\ldots \; 35.)$$

ist. Bezeichnen wir mit ω_0 die Kreisfrequenz des offenen Empfängers, so wird

$$\left(\frac{\omega_R}{\omega_0}\right)^2 = 1 + \frac{\eta \cdot \vartheta_s}{1-\eta} \cdot \frac{\cos \varphi_0}{\pi} = 1 + \frac{G \cos \varphi_0}{\pi} \quad \ldots\ldots \; 36.)$$

und falls $\frac{G \cos \varphi_0}{\pi}$ klein gegen eins ist,

$$\frac{\omega_R}{\omega_0} = 1 + \frac{G \cos \varphi_0}{2\pi} \; (^{148}). \quad \ldots\ldots\ldots \; 36\,a.)$$

Um den größten Einfluß kapazitiver Belastung auf die Lage der Resonanz zu erkennen, wählen wir im Schließungskreis der Spule 1 C_1 für die maximale Phasenverschiebung $\varphi_1 = 90^0$. Dann ist $\vartheta_n = 0$, und das Maximum für $\operatorname{tg} \varphi_2 \vartheta_v$ in 34a.) tritt für den Wert $\varphi_2 = -45^0$ ein und liefert, wenn wir die ihm entsprechende Resonanzfrequenz mit ω_c bezeichnen

$$\left(\frac{\omega_R}{\omega_c}\right)^2 = 1 - \frac{\eta \vartheta_s}{1-\eta} \cdot \frac{1}{2\pi} = 1 - \frac{G}{2\pi} \cdot \quad \ldots\ldots \; 37.)$$

Ist dabei $\frac{G}{2\pi}$ klein gegen eins, so wird

$$\frac{\omega_R}{\omega_c} = 1 - \frac{G}{4\pi} \; (^{149}). \quad \ldots\ldots\ldots\ldots \; 37\,a.)$$

Die Kapazität, durch die man Spule 1 schließen muß, um diese Erhöhung der Resonanzlage zu gewinnen, berechnet sich aus dem früher abgeleiteten Wert von $\frac{e_1}{i_1} \sin \varphi_1$, wenn man $\varphi_1 = 90^0$ und $\varphi_2 = -45^0$ setzt. Als Widerstand dieser Kapazität ergibt sich somit

$$\frac{\sin \varphi_0}{\sin \varphi_0 + \cos \varphi_0} \cdot \omega L \, .$$

oder, falls man $\sin \varphi_0 = 1$ setzen darf,

$$\frac{\omega L_0}{1 + \cos \varphi_0} .$$

c) Das elektrodynamische Energieumformungselement.

Im Kapitel IV, § 4 Seite 160 wurde die elektrische Ersatzkreismethode für einen elektrodynamischen Sender näher behandelt. Um zur elektrischen Ersatzkreiskonstruktion eines Spulensenders in seiner Verwendung als Empfänger zu kommen, haben wir lediglich nötig, in Figur 40.)· Seite 163 die erregende Maschine, die in diesem Falle durch das Schallfeld gegeben ist, an die der schwingenden Spule im Ersatzkreis entsprechende Kombination aus Widerstand w_s, Selbstinduktion L_s und Kapazität C_s mit einer Klemmenspannung e_M

uns angelegt zu denken, während wir im äußeren Schließungskreis des Empfängers an Stelle der daselbst früher befindlichen Sendermaschine einen Nutzwiderstand w_n einzufügen haben, wie dies aus Figur 83.) ersichtlich ist.

Ob wir uns nun in diesem Ersatzkreis die Maschinenspannung e_M oder den Maschinenstrom i_M konstant zu denken haben, hängt von der Art der Empfängererregung ab. Erfolgt diese mit konstanter Amplitude, so ist, da die mechanische Apparateamplitude im Ersatzkreis durch die Maschinenspannung vertreten wird, e_M konstant, während für eine Erregung durch ein Schallfeld konstanter Kraft der Maschinenstrom i_M konstant bleibt. Im letzteren Falle hat der Empfänger ein Amplitudenmaximum für einen unendlich großen Nutzwiderstand, also in völlig offenem Zustand; denn dann ist $i = 0$ und $i_s = i_M$. Schließen wir den Empfänger, das heißt, nimmt w_n endliche und immer mehr abnehmende Werte an, so sinkt i_s und damit auch die Spannung am Ersatzkreis, d. h. die

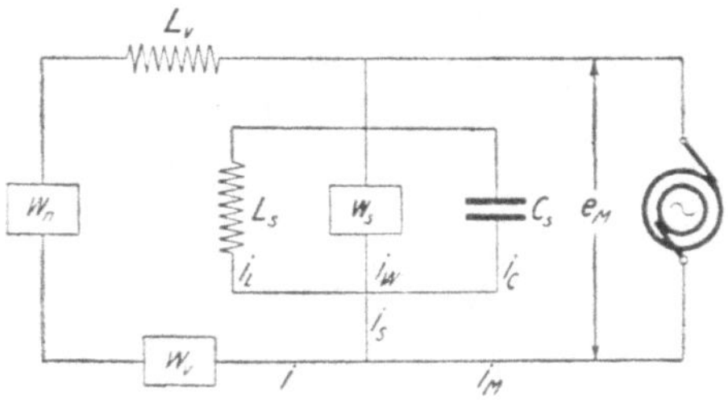

Fig 83.

mechanische Amplitude nimmt immer mehr ab. Denken wir uns den Empfänger so beschaffen, daß $L_v = 0$ ist, was erforderlichen Falles praktisch stets durch Zuschaltung einer geeigneten Kompensationskapazität erreichbar ist, so wird bei Apparaten von konstantem Strahlungsverhältnis, also für $w_s =$ konst. der Verlustwiderstand w_v mit steigendem Wirkungsgrad η immer kleiner und für $\eta = 1$ schließlich gleich null. Denken wir uns endlich für $\eta = 1$, $w_s =$ konst. und $L_v = 0$ den Empfänger vollkommen kurzgeschlossen, also auch noch $w_n = 0$, so wird $i = i_M$ und $i_s = 0$. Infolge des Kurzschlusses wird aber auch die Spannung am Ersatzkreis ebenfalls gleich Null, was ins Mechanische übersetzt bedeutet, daß die Empfängeramplitude Null wird. Ein solcher Empfänger ist dann ideal schallhart, vermag aber trotz seines 100%igen Wirkungsgrades keine Energie aus dem Schallfelde aufzunehmen (Seite 103).

Um uns über weitere Empfängerfragen Klarheit zu verschaffen, wollen wir ein Empfängerdiagramm näher betrachten. Hier haben wir natürlich eine große Auswahl, da die Zahl der möglichen Diagramme von der Wahl des Schließungszustandes des Empfängers abhängig ist. Um die Sache nicht unnötigerweise zu komplizieren, wählen wir als Diagramm dasjenige aus ([150]), das uns für die Zwecke der Praxis am meisten interessiert, also das der höchsten Ausnutzbarkeit des Empfängers im Schallfeld. Es ist offenbar dann gegeben, wenn $L_v = 0$ also der äußere Schließungskreis des Empfängers frei von Selbstinduktion und damit frei von leerschwingender Energie ist. Wir kommen dann zur Diagrammdarstellung der Figur 84.) für einen lediglich durch die beiden Widerstände w_v und w_n geschlossenen Spulenempfänger im Schallfelde konstanter Kraft.

OA stellt nach Richtung und Größe den konstanten Strom i_M, also die konstante erregende Kraft des Schallfeldes dar. Die beiden Komponenten dieses Stromes erhalten wir zu

$$i_M \cos\varphi_M = i_w + i \quad \ldots\ldots \quad 1.)$$

$$i_M \sin\varphi_M = i_L - i_C \quad \ldots\ldots \quad 2)$$

und finden daraus

$$\operatorname{tg}\varphi_M = \frac{i_L - i_C}{i_w + i} \quad \ldots\ldots \quad 3.)$$

Der Phasenwinkel φ_s des aus L_s, C_s und w_s bestehenden Kreises, der in elektrischer Form die mechanisch-akustische Strahlungsleistung und die

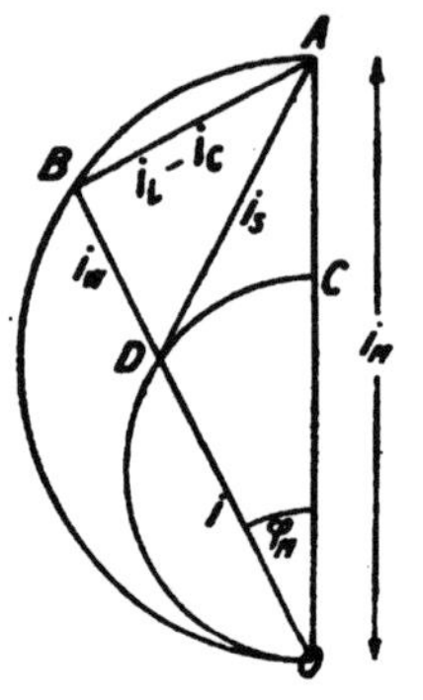

Fig. 84.

mechanisch leerschwingende Energie des Apparates enthält, ist nach Gleichung 5 b.) des Kapitel IV, § 4 Seite 164 gegeben durch

$$\varphi_s = \frac{i_L - i_C}{i_w} = \frac{2\pi x}{\vartheta_s}, \quad \ldots\ldots \quad 4.)$$

worin x die perzentuelle Verstimmung und ϑ_s die mechanische Senderdämpfung bedeutet. Daher können wir 3.) auch schreiben

$$\operatorname{tg}\varphi_M = \frac{1}{1 + \frac{i}{i_w}} \operatorname{tg}\varphi_s \quad \ldots\ldots \quad 3a.)$$

Da sich die Wattströme i und i_w — unabhängig von der Frequenz — umgekehrt wie die Widerstände ihrer parallel geschalteten Zweige verhalten, also

$$\frac{i}{i_w} = \frac{w_s}{w_n + w_v} \quad \ldots\ldots \quad 5.)$$

ist, so wird 3a.), wenn wir überdies noch w_s durch $\frac{\eta}{1-\eta} w_v$ ersetzen,

$$\operatorname{tg}\varphi_M = \frac{1 + \frac{w_n}{w_v}}{\frac{1}{1-\eta} + \frac{w_n}{w_v}} \quad \ldots\ldots \quad 3b.)$$

Diesen Winkel φ_M tragen wir in O Fig. 84. an OA an. Da $L_V = 0$ ist, sind die Verhältnisse zu beiden Seiten der Resonanz symmetrisch, so daß wir das Diagramm auf die Zeichnung und Darstellung für die Verstimmung nach einer Seite hin beschränken können. Ein über OA als Durchmesser beschriebener Halbkreis trifft den freien Schenkel des Winkels φ_M in B. Es ist dann

$$OB = i_w + i \quad \ldots\ldots\ldots \quad 6.)$$

und

$$AB = i_L - i_C \quad \ldots\ldots \quad 7.)$$

Unter Beachtung der Gleichung 5.) teilen wir die Strecke OA so in zwei Teile, daß $OC : AC = i : i_w$ wird und beschreiben ferner zu OC als Durchmesser einen zweiten Halbkreis, der dann die Strecke OB stets so teilt, daß

$$OD = i \quad \ldots\ldots\ldots \quad 8.)$$

und

$$BD = i_w \quad \ldots\ldots\ldots \quad 9.)$$

ist, was sich in einfachster Weise zeigen läßt. Da der L_s, C_s und w_s durchfließende Strom i, die Vektorsumme von i_w und $i_L - i_C$ ist, so ergibt sich die Strecke $AD = i_s$. Im Resonanzfalle wird $i_L - i_C = 0$, also auch φ_M gleich Null. Das ganze Diagramm reduziert sich somit für Resonanz auf die im Punkte C geteilte Gerade OA. Wir haben dann keinen wattlosen Strom mehr und es ist

$$i_M = i_w + i_o \quad \ldots\ldots\ldots \quad 10.)$$

Somit hat i für ein vorgegebenes w_n und w_v seinen größten Wert erreicht.

Bezeichnen wir mit ϑ_n bzw. ϑ_v die Nutz- bzw. die Verlustdämpfung und mit ϑ_s die mechanische oder Senderdämpfung, die gleich der Dämpfung des offenen Empfängers ist, so wird

$$\frac{\vartheta_s}{\vartheta_s + \vartheta_n + \vartheta_v} = \left(\frac{i_w}{i_M}\right)_{Res.} \quad \ldots\ldots\ldots \quad 11.)$$

da sich die Dämpfungen bei offenen und geschlossenen Empfängern bei einer Erregung im konstanten Schallfeld umgekehrt zueinander verhalten wie die Resonanzamplituden. Unter Benutzung der Gleichung

$$\frac{w_n + w_v}{w_s + w_n + w_v} = \left(\frac{i_w}{i_M}\right)_{Res.} \quad \ldots\ldots\ldots \quad 12.)$$

erhalten wir schließlich

$$\frac{\vartheta_n + \vartheta_v}{\vartheta_s} = \frac{w_s}{w_n + w_v} \quad \ldots\ldots\ldots \quad 13.)$$

Es verhalten sich somit die Dämpfungen umgekehrt zueinander wie die entsprechenden Bremswiderstände, ein Resultat, das man ohne Rechnung für die parallel geschalteten Widerstände aus der Figur 83.) hätte ablesen können.

Schließen wir den Empfänger kurz, so wird $w_n = 0$ und $\vartheta_n = 0$; führen wir schließlich noch den Wirkungsgrad ein, so ergibt sich für den Kurzschlußfall die maximale Dämpfungserhöhung $\Delta\vartheta$ zu

$$\Delta\vartheta = \frac{\eta\,\vartheta_s}{1 - \eta} = \sigma \quad \ldots\ldots\ldots \quad 14.)$$

Diese Dämpfungserhöhung des kompensierten Empfängers bei Kurzschluß ist somit zahlenmäßig gleich dem Gütekoeffizienten G und läßt sich experimentell finden. So wurde im Laboratorium der Signalgesellschaft für einen Spulensender vom Wirkungsgrad $\eta = 0{,}60$ und einem logarithmischen Dekrement $\vartheta_s = 0{,}02$ in kompensierter Empfängerschaltung — also für $L_v = 0$ — für Kurzschluß eine Dämpfungserhöhung von 0,030 gemessen; das ist aber der gleiche Betrag, der sich aus η und ϑ_s ergibt, so daß diese Messung auch eine experimentelle Bestätigung der Theorie liefert. Bei halber Kapazität betrug die Dämpfungserhöhung 0,019, bei doppelter 0,023. Eine größere Dämpfungserhöhung als bei Kurzschluß ist nicht möglich. Allerdings hat dieser Wert für die Praxis keinerlei Bedeutung, da Nutzdämpfung und Nutzleistung in diesem Falle gleich Null sind. Ziehen wir in Betracht, daß

$$\frac{\vartheta_n}{\vartheta_v} = \frac{w_n}{w_v} \quad \ldots\ldots\ldots\ldots\ldots \quad 15.)$$

ist, so können wir die Gleichung 13.) nach Ersatz von w_s durch w_v und Einführung des Wirkungsgrades auch schreiben

$$\frac{\vartheta_n}{\vartheta_s} = \frac{\eta}{1-\eta} \frac{w_n \cdot w_v}{(w_n + w_v)^2} \quad \ldots\ldots\ldots\ldots \quad 13a.)$$

Dieser Ausdruck erreicht sein Maximum für $w_n = w_v$; in diesem Falle wird

$$(\vartheta_n)_{Max.} = \frac{G}{4} \quad \ldots\ldots\ldots\ldots\ldots \quad 16.)$$

Da dann aber $(\vartheta_n)_{Max.} = (\vartheta_v)_{Max.}$ ist, so wird im Falle der größten Nutzdämpfung

$$(\vartheta_n + \vartheta_v)_{Max.} = \frac{G}{2} \quad \ldots\ldots\ldots\ldots\ldots \quad 17.)$$

Wir haben Seite 214 gesehen, daß mit der Bedingung für die größte Nutzdämpfung die der größten Nutzleistung nur solange identisch ist, als $\frac{\vartheta_n + \vartheta_v}{\vartheta_s}$ klein gegen 1 bleibt. Es gelten also unsere Beziehungen nur solange, als die Empfänger schwach abgebremst, beziehungsweise nur schwach abbremsbar sind.

Bezeichnen wir die Nutzleistung mit W_n, so ist sie gegeben durch

$$W_n = i^2 \cdot w_n \quad \ldots\ldots\ldots\ldots\ldots \quad 18.)$$

oder da

$$\frac{i}{i_M} = \frac{w_s}{w_s + w_n + w_v} \quad \ldots \quad 19.)$$

ist, durch

$$W_n = i_M^2 \cdot \frac{w_s^2 \cdot w_n}{(w_s + w_n + w_v)^2} \quad \ldots\ldots\ldots \quad 18a.)$$

Befindet sich der Empfänger nun in einem Schallfelde konstanter Kraft, dann ist $i_M =$ konst. und das Maximum der Nutzleistung tritt in der Gleichung 18 a.) in seiner Abhängigkeit von w_n ein für

$$w_n = w_s + w_v = \frac{w_v}{1-\eta} \quad \ldots\ldots\ldots \quad 20.)$$

Es sind somit die Bedingungen der maximalen Nutzleistung mit denjenigen der maximalen Nutzdämpfung tatsächlich für kompensierte Empfänger im konstanten Schallfelde bei sehr kleinem η, also für eine geringe Empfängerabbremsung, praktisch gleich.

Ist der Empfänger nicht kompensiert, also $L_v \neq 0$, so ist die Resonanzlage des Spulenempfängers ebenso wie seinerzeit die des elektromagnetischen Empfängers vom äußeren Schließungskreise abhängig; diese Abweichung ist zwar praktisch gering, kann aber experimentell noch gut nachgewiesen werden und eignet sich daher ebenso wie die Dämpfungserhöhung bei Kurzschluß zur Prüfung der Theorie.

Die mechanische oder Senderresonanz — und zwar Amplitudenresonanz — tritt im Sinne der Figur 40 Seite 163 dann ein, wenn der Strom in w_s seinen Maximalwert $i_w = i$ erreicht. Mit dieser Resonanzfrequenz fällt die des offenen Empfängers zusammen. Ist nun Selbstinduktion im äußeren Empfängerschließungskreis vorhanden, d. h. treten in ihm außer den Wattströmen auch noch wattlose Ströme auf, so haben wir eine Verschiebung der Resonanzfrequenz im Schließungsfalle zu erwarten. Schließen wir etwa einen solchen nicht kompensierten Empfänger kurz, dann lautet die Bedingung für seine Resonanzlage

$$i \sin \varphi_v + i_L = i_C, \qquad \text{21.)}$$

während sie sich für den offenen Empfänger in der Form schreibt:

$$i_L = i_C, \qquad \text{22.)}$$

wenn wir unter φ_v die Phasenverschiebung im äußeren Schließungskreis verstehen. Nennen wir die Resonanzfrequenz des nicht kompensierten, kurzgeschlossenen Empfängers ω_e, so gilt die Beziehung

$$\omega_e L_v = \frac{e_M}{i} \sin \varphi_v. \qquad \text{23.)}$$

Die Bedingungsgleichung für Resonanz lautet somit:

$$\frac{e_M}{\omega_e \cdot L_v} \sin^2 \varphi_v + \frac{e_M}{\omega_e L_s} = e_M \, \omega_e \, C_s \qquad \text{24.)}$$

und geht unter Benützung der Thomsonschen Formel $\omega_R^2 L_s C_s = 1$ in die Gleichung über:

$$\left(\frac{\omega_e}{\omega_R}\right)^2 = 1 + \frac{L_s}{L_v} \sin^2 \varphi_v \qquad \text{24a.)}$$

Die Senderdämpfung läßt sich schreiben zu (Seite 164)

$$\vartheta_s = \pi \frac{\omega_R L_s}{w_s}, \qquad \text{25)}$$

und liefert nach Einführung des Wirkungsgrades die Beziehung

$$\vartheta_s = \pi \cdot \frac{1 - \eta}{\eta} \frac{\omega_R L_s}{w_v}. \qquad \text{25a.)}$$

Daraus ergibt sich [IV, § 4, (27), 171]

$$L_s = \frac{\eta \vartheta_s}{1 - \eta} \frac{w_v}{\pi \cdot \omega_R} = \frac{G \cdot w_v}{\pi \omega_R}. \qquad \text{26.)}$$

Ferner ist L_v durch die Gleichung bestimmt:

$$L_v = \frac{w_v \cdot tg\,\varphi_v}{R}, \quad \ldots\ldots\ldots \quad 27.)$$

so daß wir auf einfachem Wege

$$\left(\frac{\omega_e}{\omega_R}\right)^2 = 1 - \frac{G \sin\varphi_v \cdot \cos\varphi_v}{\pi} \quad \ldots\ldots\ldots \quad 24\,b.)$$

erhalten. Ist in dieser Gleichung der zweite Summand rechter Hand klein gegen eins, so ergibt sich das Verhältnis der Resonanzfrequenz des kurz geschlossenen zu derjenigen des offenen Empfängers bzw. des Senders zu

$$\frac{\omega_e}{\omega_R} = 1 - \frac{G \sin\varphi_v \cdot \cos\varphi_v}{2 \cdot \pi} \quad \ldots\ldots\ldots \quad 28.)$$

Daraus ersehen wir, daß für kompensierte Empfänger sowohl als auch für Empfänger mit kleinem Gütekoeffizienten keine Aenderung der Resonanzfrequenz vorhanden ist. Ist hingegen Selbstinduktion vorhanden, so kann man immer die dadurch verschobene Resonanzlage durch eine kompensierende Kapazität in die Senderresonanz zurückschieben. Macht man hingegen mit Hilfe von Kapazität den Strom i im äußeren Schließungskreis voreilend, so erhält man eine Verschiebung der Resonanzfrequenz nach der entgegengesetzten Seite, d. h. sie wird kleiner als ω_R, bis schließlich der Empfänger infolge zu geringen Schlusses in die Senderresonanzlage zurückkehrt.

Die Empfängerverstimmungen, bedingt durch das Hinzutreten wattlos schwingender elektrischer Energien zu den mechanischen, betragen nur wenige Promille, lassen sich aber experimentell mit genügender, die Gleichung bestätigenden Genauigkeit nachweisen.

Anders wird der Fall, wenn es gelingen würde, Empfänger mit größerem Gütekoeffizienten zu bauen. Die Aufgabe, die maximale Nutzleistung solcher Spulenempfänger zu berechnen, führt auch unter Heranziehung aller möglichen Vernachlässigungen zu keinen übersichtlichen Formeln, so daß es für den Techniker keinen Wert hat, diese an sich einfachen Berechnungen hier wiederzugeben, da er sich in einem solchen Falle sicherlich lieber der diagrammatischen und graphischen Behandlung der Aufgabe widmen wird. Vorläufig ist allerdings kaum eine Aussicht vorhanden, zu Empfängern mit derartigen Gütekoeffizienten zu gelangen, bei denen die vorstehenden Resultate ihre Gültigkeit verlieren würden.

§ 4. Empfängerausführungen.

a) Geräuschempfänger.

Ein während des Krieges von den Mittelmächten am häufigsten gebrauchter Typ war der in den Figuren 76.), 79.) und 80.) näher beschriebene, mit Schüttelmikrophon als Energieumformungselement. Die Dämpfung dieser Empfänger betrug rund 0,3—0,35. Aber auch vollkommen aperiodisch gedämpfte Empfänger lassen sich für bestimmte Zwecke bauen. Eine derartige Konstruktion ersehen wir aus Figur 85.). Die elastische, am Rande eingespannte Membran trägt ein möglichst leicht gehaltenes Mikrophon. Eine Masse, die in einer sehr dünnen

Membran hängt, bleibt bei den Schwingungsbewegungen in Ruhe, so daß die Mikrophonkörner Druckschwankungen erleiden. Statt Schüttelmikrophone werden auch feststehende Kugelmikrophone angewendet. Ein Stellring r im Innern der Kapsel dient zur Spannung der Membran ([151]). Für große Tauchtiefen eignet sich dieser Empfänger allerdings wegen seiner dünnen Schallmembran nicht.

Auch aperiodische Elektromagnetempfänger sind gebaut worden. Dabei muß man in der Regel zu besonderen Mitteln greifen, da rein elektromagnetisch eine solche Dämpfung nicht ausreichend erzielt werden kann. Dann ergibt sich aber bei den großen Verlusten eine zu kleine Empfindlichkeit, so daß ein Verstärker benützt werden muß. Eine einfache Ausführungsform zeigt Figur 86. Dieser Elektromagnetempfänger ist ähnlich gebaut wie der vorgehende Mikrophonempfänger, nur daß an Stelle des feststehenden

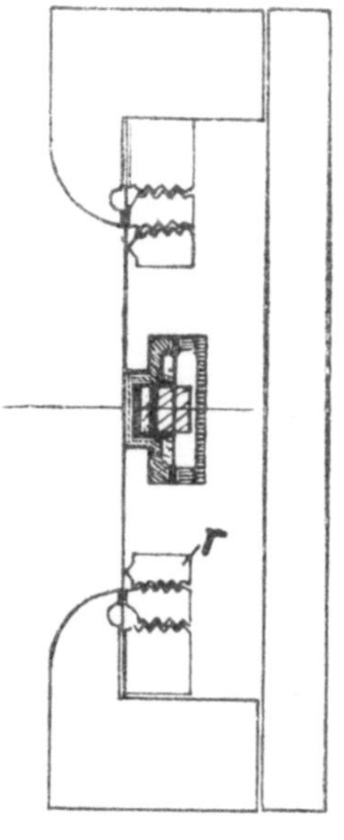

Fig. 85.

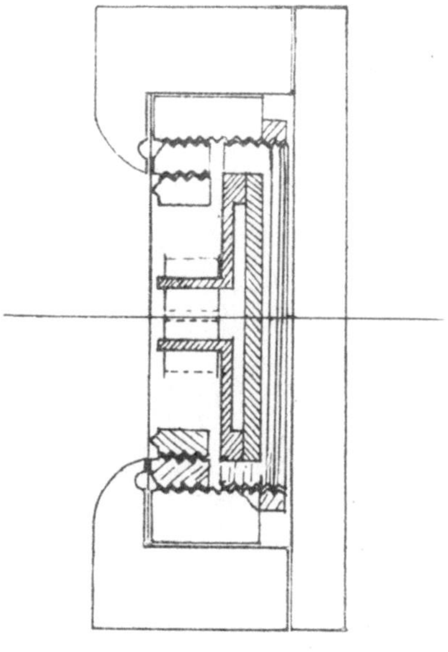

Fig. 86.

Mikrophones ein Telephonmagnet eingebaut ist. In Wirklichkeit stellen solche Empfänger nichts anderes dar, als normale Telephone.

Eine interessante und sehr gute Konstruktion (Bauart Siemens & Halske) zeigt Figur 87.). Die Membran (aus dem Vollen gedreht) ist eine Doppelmembran nach Figur 78.) Seite 207. Sie wirkt als reine Kolbenmembran. Die schwingende Masse ist so leicht gehalten, als es die Konstruktion erlaubt. Die zweite Membranhälfte m_2 ist kleiner als die erste m_1; die Parallelführung wird dadurch nicht beeinträchtigt. Wohl aber gewinnt man Platz für einen dickeren Teil d, der zur nicht schwingenden Gehäusemasse gehört. Auf diesen Teil können feststehende Teile des Empfängers, wie etwa Mikrophone, Telephonmagnete usw. befestigt werden. Mit der Membran verbunden ist ein Hebelsystem, das bei mehr als 5 facher Vergrößerung der Amplitude ein leichtes Schüttelmikrophon trägt, statt dessen für bestimmte Fälle auch ein feststehendes Mikrophon Verwendung finden kann. Der Hebel arbeitet mit elastischen Gelenken, da Achsenlagerungen wegen der damit verbundenen Verlustdämpfung vollkommen ausgeschlossen sind.

Die Dämpfung der Membran durch das Mikrophon ist bei der großen Hebelübersetzung so groß, daß fast die gesamte Dämpfung Nutzdämpfung darstellt und Geräusche sehr gut wiedergegeben werden. An der Bauart dieser Empfänger ist zu ersehen, wie alle Verschraubungen in der Amplitudenrichtung liegen. Die Zahl der Verschraubungen könnte allerdings zweckmäßig noch reduziert werden, ohne daß hierdurch die notwendige Demontierbarkeit eingeschränkt würde

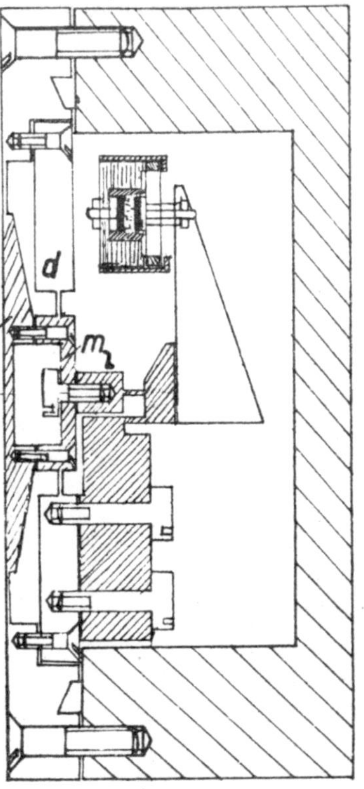

Fig. 87

Eine Zweifachmembrankonstruktion (Bauart Simon, Göttingen) ersehen wir aus der Abbildung 88. Zwei Kolbenmembranen nach Art der Figur 67.) Seite 196 bilden die Böden des schallharten Empfängergehäuses, in denen exzentrische Bolzen mit federnden Einkerbungen sitzen, an denen ein Hebel aus sehr leichtem Material, wie Magnalium u. dgl., befestigt ist. Der symmetrische Hebel trägt an seinen beiden freien Enden je ein Schüttelmikrophon. Die Mikrophone sind elektrisch in Serie geschaltet ([152]). Der Empfänger zeichnet die Geräusche sehr gut.

b) Signalempfänger.

Auch hier haben wir den wegen seiner großen Empfindlichkeit am häufigsten gebrauchten Typ mit Schüttelmikrophon nach der Konstruktion der Figuren 77.), 79.) und 80.) bereits kennengelernt.

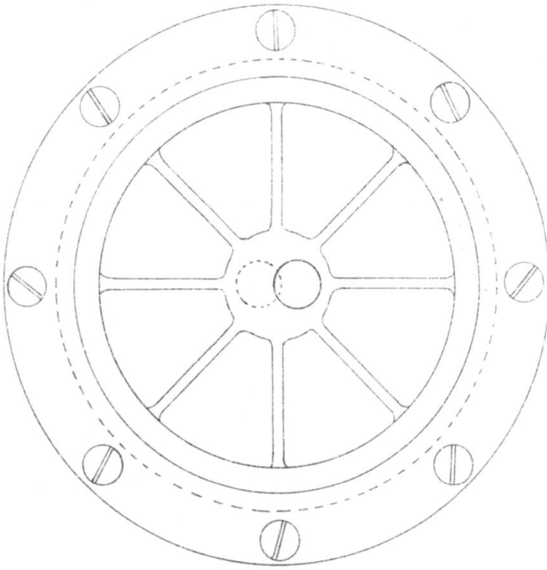

Fig. 88.

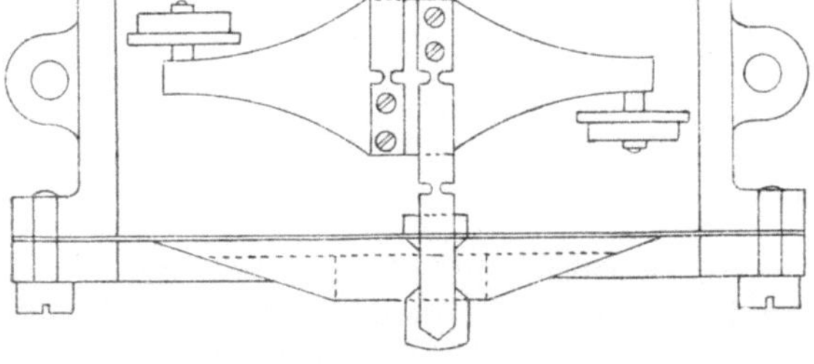

Figur 89 zeigt einen Signalempfänger nach der Bauart Siemens & Halske. Er ist ganz ähnlich gebaut wie der Geräuschempfänger der Figur 87.), nur daß die Kopplung zwischen Mikrophon und Membran loser gehalten ist als vorher durch kleinere Hebelübersetzung An Stelle des Hebels wird auch häufig eine abgestimmte Blattfeder in Anwendung gebracht, wie dies aus Figur 89.) ersichtlich ist. Durch entsprechende Dimensionierung der Feder und richtige Wahl der

Kopplung mit dem Mikrophon kann das System entweder zweiwellig, oder auch einwellig gebaut werden. In der Regel werden diese Empfänger einwellig konstruiert mit dem für Tonempfänger bewährten Dekrement ungefähr gleich 0.2.

Figur 90.) führt uns die Konstruktion eines elektromagnetischen Signalempfängers vor Augen. Er entspricht im Wesen ganz der Konstruktion des früher beschriebenen Geräuschempfängers (Fig. 87), nur daß an Stelle des Mikrophones ein Telephonsystem eingebaut ist, wobei die Magnetspule selbst aus Verlustdämpfungsgründen nicht an einem schwingenden Teil, sondern an der feststehenden Ge-

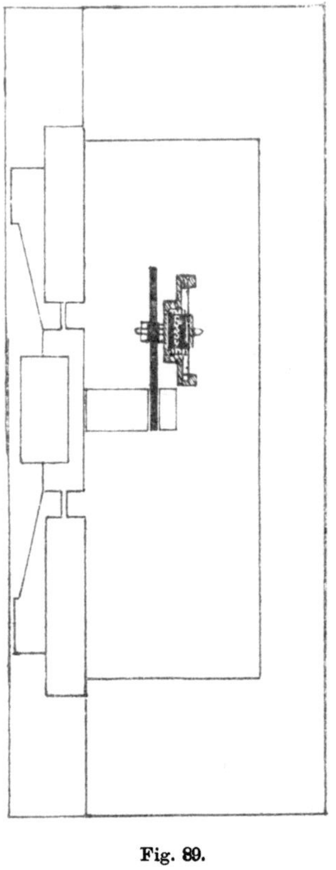

Fig. 89.

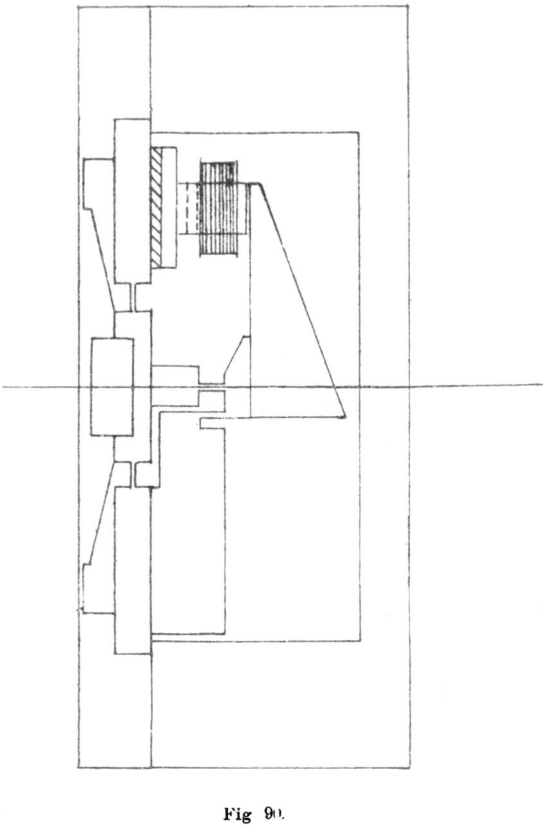

Fig 90.

häusemasse sitzt. Die Dämpfung durch den Telephonmagnet kann $\vartheta = 0{,}1$ und mehr erreichen, so daß der Nutzeffekt des Empfängers ein sehr guter wird. Auch kann hier statt der Hebelübersetzung vorteilhaft eine abgestimmte Blattfeder wie früher auf die Membran aufgesetzt werden, wobei wiederum durch entsprechende Dimensionierung und passenden Polabstand die Dämpfung richtig gewählt werden muß. Die Empfindlichkeit des Signalelektromagnetempfängers erreicht $^1/_{10}$ bis $^1/_5$ von derjenigen des Mikrophonempfängers, so daß der Elektromagnetempfänger für den Signalempfang ohne Verstärker gebraucht werden kann, da wegen der Störungen durch Nebengeräusche die volle Empfindlichkeit des Mikrophonempfängers meistens nicht voll ausnutzbar ist.

Ordnet man einen Doppelhebel, wie etwa in Figur 88.) bei dieser Konstruktion an, so kann der Empfänger auch für Mikrophon- und Elektromagnetempfang gleichzeitig gebaut werden, indem die eine Seite des Hebels ein Mikrophon, die andere einen Telephonmagnetanker trägt. Statt des Telephones kann natürlich auch ein elektrodynamisches Energieumformungselement benützt werden.

Die Figur 91.) endlich zeigt uns einen auf mehrere Töne abgestimmten Mehrfachempfänger. Die schwingende Masse wird größer gemacht als früher. Auf ihr sitzen mehrere Blattfedern, von denen jede mit einem Mikrophon verbunden ist. Die Blattfedern sind schwerer als früher, so daß ein kompliziertes gekoppeltes System vorhanden ist. Es läßt sich erreichen, daß über 4 weit auseinander liegende Frequenzen mit nahezu gleicher Empfindlichkeit aufgenommen werden können.

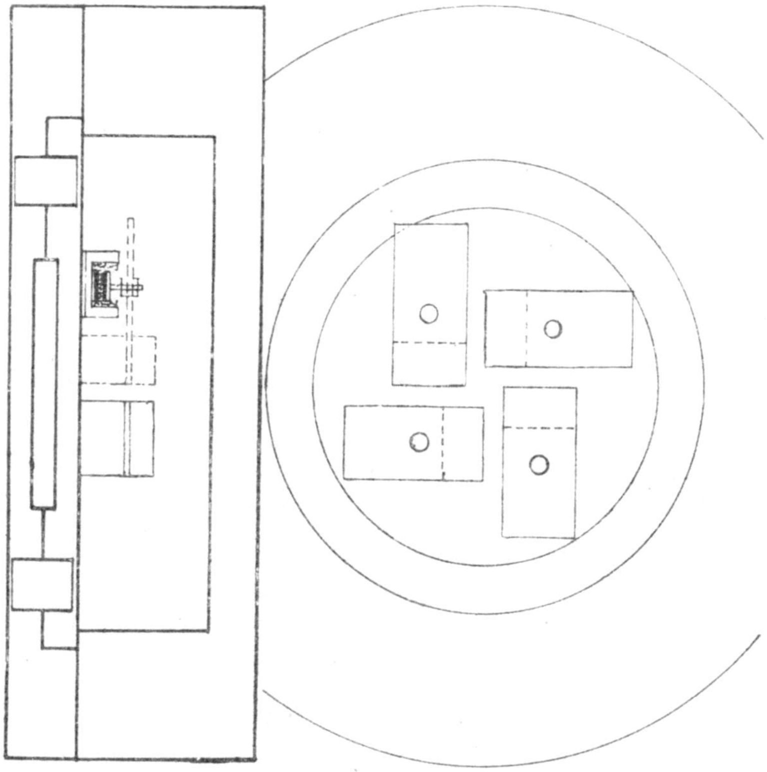

Fig 91

Um aus den immerhin oft noch starken Nebengeräuschen den Ton auszusieben, werden Resonatoren angewendet, und zwar einerseits mechanisch-akustische, andererseits elektrische.

Unter den mechanisch-akustischen Resonatoren eignen sich für die verwendete Signaltonhöhe die offenen Helmholtzschen Luftresonatoren nicht mehr, da sie bereits sehr stark gedämpft sind. Sehr gute und besonders ungedämpfte Resonatoren stellen die geschlossenen Luftresonatoren dar ([152]). Man ist jedoch

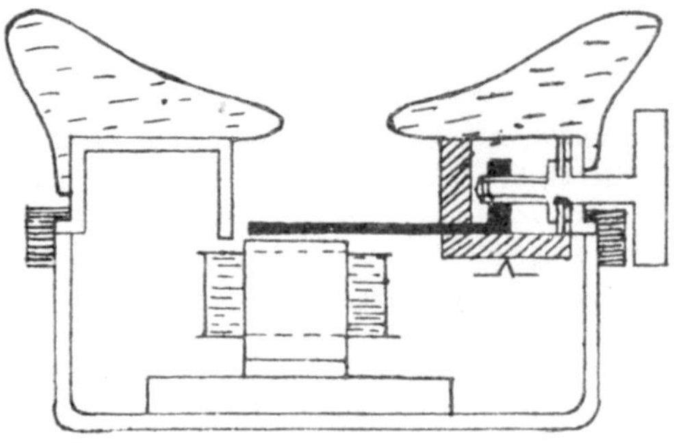

Fig. 92.

von ihrer einfachsten Anwendung wiederum abgekommen, da ihre Dämpfung so klein ist, daß die Morsezeichen ([154]) bei ihrer Benützung für normale Telegraphiergeschwindigkeit bereits ineinanderlaufen.

Als nicht unzweckmäßig haben sich hingegen Resonanztelephone an Stelle der sonst verwendeten aperiodischen Fernhörer erwiesen. Ihre Bauart ([155]) besteht im Wesen darin, daß statt der normalen Telephonmembran beispielsweise eine Blattfeder verwendet wird. Die in einem festen Rahmen sitzende Blattfeder kann durch Drehen der Hörmuschel dem Magnet genähert oder von ihm entfernt werden. Dabei ergibt sich ein variabler Frequenzbereich von etwa 100 Schwingungen, so daß, wenn die mittlere Frequenz des Telephones 1050 beträgt, sein Eigenton sich von 1000 bis 1100 variieren läßt. Figur 92.) zeigt ein anderes Resonanztelephon von einem größeren Abstimmungsbereich. Auch hier wird eine Blattfeder ver-

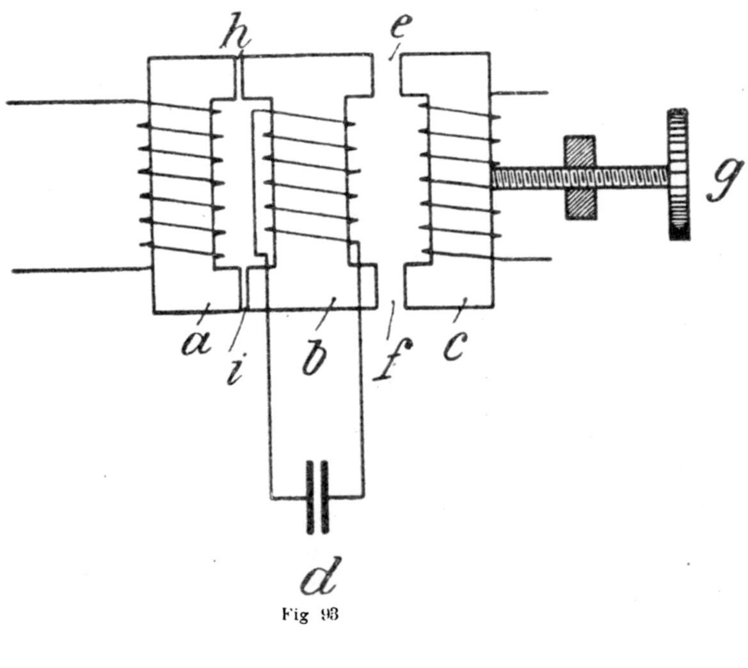

Fig 93

wendet. Diese ist zwischen zwei Backen eingeklemmt Die Länge der Blattfeder ist veränderlich. Die Frequenz ist kontinuierlich variabel zwischen dem Ton 800 und 1500. Das Dekrement des Telephones beträgt ungefähr 0,2 und die Empfindlichkeit bei Resonanz ist etwas größer als bei einem guten normalen Telephon.

Außer dieser Telephonresonanz hat sich noch sehr gut die Siebung des Tones mittels eines elektrischen Schwingungskreises mit einem Gesamtdekrement von etwa 0,1 bis 0,2 bewährt. Der Schwingungskreis wird so gebaut, daß die Selbstinduktion fix ist, während die Kapazität in Form eines in der drahtlosen Telegraphie gebräuchlichen Drehkondensators mit rund 2000 cm Kapazität variiert

Fig. 94.

werden kann. Dies ergibt unter Anwendung der Thomsonschen Formel $\omega^2 CL = 1$ das Erfordernis einer Selbstinduktionsspule von rund 10 Henry. Soll dabei das Gesamtdekrement 0,1 betragen und wird ein 50%iger Nutzeffekt gefordert, so darf die Verlustdämpfung dieser Selbstinduktionsspule nicht mehr als 0,05 ausmachen, was zu einer eisenfreien Spule mit rund 1000 Ohm Widerstand führt. Selbst wenn derartige Spulen mit minimalstem Kupferaufwand ([156]) gewickelt werden, so ist hierfür der Materialverbrauch sehr groß. Ebenso erhalten diese Spulen ein ziemliches Gewicht in der Größenanordnung von 10 kg und nehmen auch viel Platz ein. Der Firma Siemens u. Halske ist es gelungen, unter Anwendung sehr dünner, hochlegierter Eisenbleche von einer Form, wie dies die Figur 93) zeigt, einen Schwingungskreis zu schaffen, der nur ungefähr 300 Gramm ohne Kapazität wiegt. Das Verlustdekrement des Schwingungskreises ist ungefähr $^7/_{100}$, so daß, falls man mit einem Gesamtdekrement 0.15 sich begnügt, ein ausreichend großes Nutzdekrement herauskommt. Die Frequenzänderung dieses Kreises geschieht in der Regel durch Aenderung der Selbstinduktion, indem der Teil c in der Figur 93.) gegen den Teil b mittels einer Schraube verschoben wird. Dadurch ist mit zwei Kapazitätsstufen eine Variierung des Eigentones zwischen 800 und 1500 Perioden möglich. Die Dimensionen des ganzen Schwingungskreises

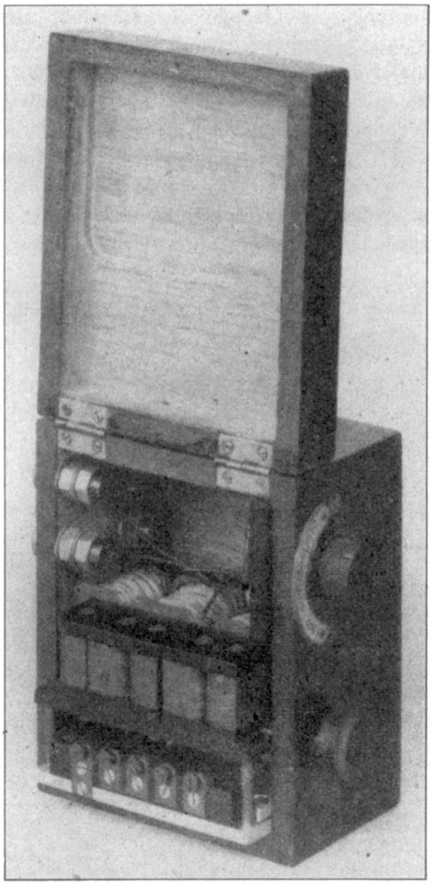

Fig. 95.

sind so, daß er in einem Kästchen von 8×8×6 cm Platz findet. Figur 95.) zeigt einen derartigen kompletten Kreis mit vier Kapazitätsstufen.

c) Schutzeinrichtung gegen übermäßige Beanspruchung der Empfänger.

Diese hauptsächlich für Kriegsmarinezwecke gebauten Konstruktionen verfolgen den Zweck, die Empfänger gegen die Explosionsstöße unter Wasser bei krepierenden Unterwasserbomben zu sichern, nachdem alle bisher beschriebenen Empfängerkonstruktionen selbst in großen Entfernungen vom Explosionszentrum gefährdet waren und auf Explosionsdistanzen, die für ein U-Boot selbst noch völlig ungefährlich waren, zerstört wurden. Die gestellte Aufgabe war keine einfache. In folgendem sollen einige dieser Konstruktionen näher besprochen werden. Figur 96.) zeigt die von Simon angegebene Lösung. Der an sich kräftiger gehaltene Simonempfänger der Figur 88.) Seite 229 besitzt eine aus der Figur 96 ersichtliche Reibungskupplung zwischen den Membranbolzen und der Hebelbefestigung. Bei den kleinen Schwankungen der Membran unter dem Einflusse des Schallfeldes ist die Reibung genügend groß, um das System wie ein starres Ganzes

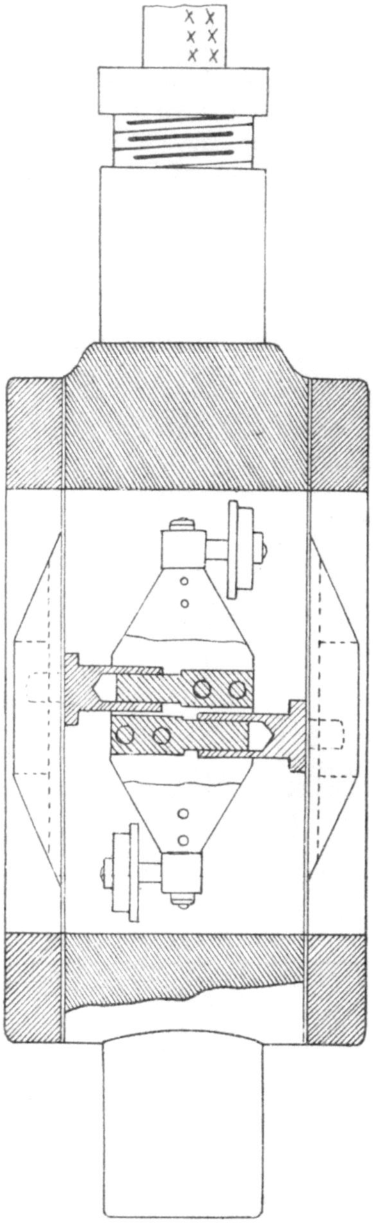

Fig. 96.

behandeln zu können. Die Signale und Geräusche werden somit anstandslos aufgenommen. Bei kräftigen Explosionsstößen hingegen gibt die Reibungskupplung nach, so daß der Hebel in Ruhe bleibt und so eine Zerstörung der Mikrophone vermieden werden kann. Die Explosionssicherheit dieser Empfänger kommt der eines normalen U-Bootes fast gleich.

Eine andere, auf ähnlichem Prinzip aufgebaute Konstruktion, zeigt Figur 97.), die von Siemens & Halske herrührt. Dieser druck- und stoßfeste Empfänger ist so gebaut, daß sich bei Explosionen die Membranmasse gegen das hierfür vorgesehene Widerlager d anlegt, während der Hebel infolge einer Federsicherung in Ruhe bleibt. Der Telephonmagnet, bzw. das etwa feststehende Mikrophon, sitzt auf einer sogenannten stationären Masse m; diese ist durch sehr dünne Membranen

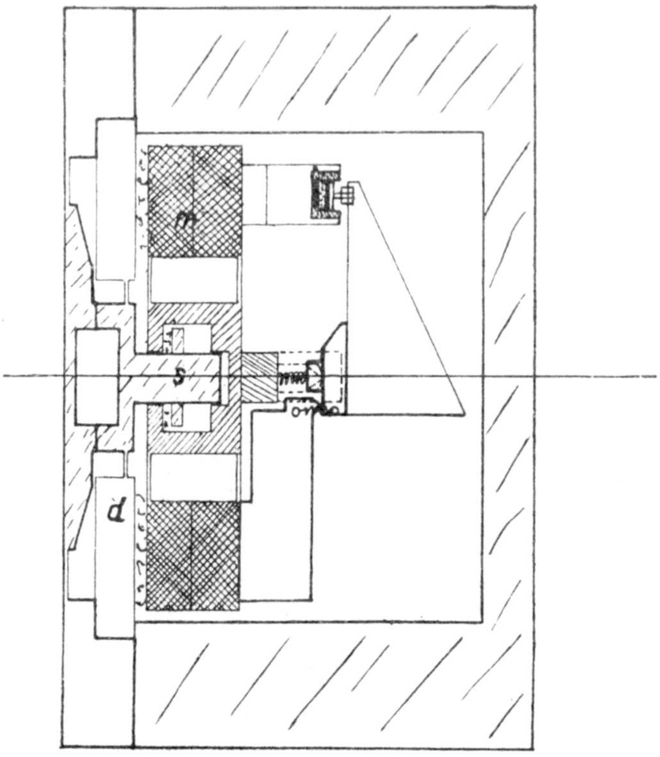

Fig. 97.

mit der schwingenden Masse des Empfängers verbunden. Bei Druckschwankungen, die langsam sind, bewegt sich die stationäre Masse mit der Empfangsmembran, so daß in diesem Falle keine Abstandsänderung zwischen Hebel und Telephon bzw. Mikrophon stattfindet. Bei den schnellen Schwingungen der Akustik jedoch bleibt die stationäre Masse in Ruhe, so daß die Wirkung dieselbe ist, wie wenn das Telephon starr mit dem Gehäuse verbunden wäre. Außerdem ist an der Stelle s noch eine Reibungskupplung vorgesehen.

In beiden bisher beschriebenen Konstruktionen hat die Reibungskupplung noch den zweiten Zweck, bei veränderlichen Tauchtiefen eine Einstellung der Membran unter dem veränderlichen statischen Druck zuzulassen, ohne dabei im Energieumformungselement dauernde, dessen Empfindlichkeit beeinflussende Lagenänderungen hervorzurufen.

Als dritte Lösung soll die vom Verfasser herrührende Konstruktion der Figur 98 noch kurz besprochen werden. Hier wird ein oft, allerdings aber stets vergebens vorgeschlagenes Prinzip, nämlich die Verwendung eines Windkessels als Druckausgleich, angewendet. Die Windkesselkonstruktionen versagten deshalb, da das Mikrophon gegen die Feuchtigkeit der Windkesselluft sehr empfindlich ist, oder besser gesagt, unter deren Einwirkung seine Empfindlichkeit sofort einbüßt. Der Einwirkung der Windkesselluft wird bei der vorliegenden Konstruktion das Mikrophon durch einen drucksicheren und luftdichten Einbau in die Membran

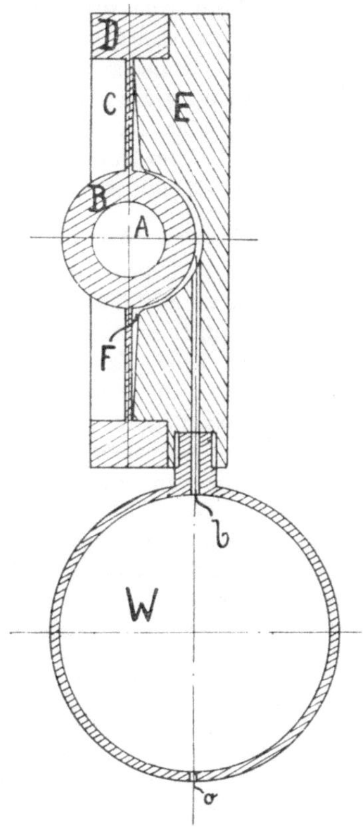

Fig. 98.

entzogen. Die Membran besitzt ein ihrer Schwingungsform völlig angepaßtes Widerlager im Deckel des Empfängergehäuses, der weit genug von der Ruhelage der Membran entfernt ist, um einerseits die akustischen Schwingungen ungestört und ohne merkliche Verlustdämpfung zuzulassen, andererseits doch so nahe der Membran gegenüberliegt, daß auch bei Berührung deren Elastizitätsgrenzen keineswegs überschritten werden kann. Erfolgt eine Explosion, so wirkt der Luftraum zwischen Membran und Gehäuse derart dämpfend, daß es zu einem Anlegen der Membran an den Gehäuseboden gar nicht kommt. Es ist daher nicht einmal nötig, ihm die genaue Schwingungsform der Membran zu geben. Der Windkessel wäre für den Explosionsschutz selbst nicht erforderlich; er ist dazu bestimmt, den normalen Abstand der Membran vom Widerlager bei wechselndem statischen Druck zu sichern. Das Mikrophon in der druckfest ausgebildeten Membranmitte ist ein Kugelmikrophon der Seite 210 geschilderten Art, das gegen Explosionen vor Zerstörung durch geeignete, die Mikrophonamplitude nach beiden Seiten hin beschränkende Anschläge gesichert ist. Diese Empfänger behalten in jeder Tauchtiefe ihre normale Empfindlichkeit und ihre Abstimmung infolge der Windkesselwirkung bei. Sie lassen sich leicht auf die Explosionssicherheit von U-Booten bauen.

Alle hier beschriebenen Empfänger sind solche nullter Ordnung. Selbstredend können die verschiedenen Baumethoden bei geeigneter konstruktiver Ausbildung meist auch auf Empfänger erster Ordnung erfolgreich angewendet werden.

Es braucht wohl nicht nochmals betont zu werden, daß alle Sender elektromagnetischer und elektrodynamischer Natur ebenfalls als Empfänger verwendet werden können und auch als solche Verwendung finden. Ihre Empfindlichkeit ist bei geeigneter Schließung etwa $^1/_{10}$ der von Mikrophonempfängern.

§ 5. Empfänger als direkte Schallsenken ohne Energieumformungselement.

Der gute Wirkungsgrad gewisser Typen von Schallempfängern für die Unterwasserschalltelegraphie ist darauf zurückzuführen, daß diese Empfänger aus Gefäßen bestehen, die mit einem wesentlich schallweicheren Medium als Wasser, nämlich mit Luft gefüllt sind und bei denen das eigentliche schallaufnehmende Empfangsorgan, gewöhnlich eine Membran, die Grenze zwischen Luft und Flüssigkeit bildet. Wegen der hohen Kompressibilität der Luft und der dagegen geringen des Wassers wirkt bei Schallschwingung auf solche Empfänger nicht lediglich der akustische Druck der direkt über der Membran befindlichen Flüssigkeit, wie wir bei der Behandlung der Energieabsorption gesehen haben, sondern nahezu die gesamte Energie, die in Form von Druck in einem Kugelvolumen vom Radius etwa einer Viertelwellenlänge der betreffenden Schallfrequenz vorhanden ist. Diese Erscheinung wird klar, wenn wir als Analogon die bekannte Faradaysche Anschauung der „elektrischen Senke" darauf anwenden. Unter einer elektrischen Senke wird eine Stelle im Raum verstanden, nach der hin ein vorhandener elektrischer Spannungszustand sich ausgleichen kann. Der Druckzustand in der Umgebung des Schallempfängers ist hier der elektrischen Spannung äquivalent. Auf Grund dieser Anschauungen hat die Signalgesellschaft in Kiel einen neuen Empfänger entwickelt, der ohne Verwendung von Mikrophonen oder sonstigen elektrischen Energieumformungselementen arbeitet, indem er direkt die aus dem Wasser aufgenommene Schallenergie in Luftschall umsetzt und ihn durch Leitungen, ähnlich den Sprachrohren an gewünschte Empfangsstellen weitergibt. Ueber diese neuen Empfänger kann aus Patentrücksichten noch nichts näheres bekanntgegeben werden; doch kann sich der Fachmann wohl vorstellen, daß auch hier durch eine geeignete Kopplung der Empfangsmembran mit einem anderen Energie entziehenden, direkt tönenden, abgestimmten Körper, wie etwa einer abgestimmten Membran oder einem gekoppelten Luftresonator, ein geeignetes Amplitudenverhältnis zwischen der Wasser- und Luftamplitude geschaffen werden kann. Wir finden hier also in dieser Konstruktion eine Rückkehr zum ersten primitiven Empfänger von Colladon [I, Fig. 1, Seite 2] in einer technisch hochwertigen Ausführung auf Grund der verfeinerten theoretischen Erkenntnis ([157]).

VI. Kapitel.

Akustische Peilung und Vermessung.

§ 1. Der Schallschatten.

Nachdem die Ausbildung der Unterwasserschalltechnik ausschließlich der Pionierarbeit Einzelner überlassen war, mußten die Apparate bauenden Firmen aus ihr bereits frühzeitig Kapital schlagen, um für die weitere Ausgestaltung die entsprechenden, für dieses Versuchsgebiet keineswegs geringen Geldmittel zu erlangen. Es war daher schon in den primitiven Anfängen das Bestreben darauf gerichtet, mit möglichst einfachen Mitteln möglichst viel zu leisten. Besonders dem Hauptwunsch der Seefahrer, die Peilungsmöglichkeit einer Schallquelle zu sichern, wurden frühzeitig, noch weit vor der technischen Ausbildung von Empfängern erster Ordnung, ja zu einer Zeit, wo man sich über diese Unterschiede der Strahler überhaupt noch keine sachlich fundierten Vorstellungen machte, ein weitausgedehntes Versuchsprogramm gewidmet. Den ersten praktisch betretbaren Weg finden wir bei Banaré (5). Er hatte gefunden, daß der Luftraum des Schiffskörpers im Wasserschallfelde einen Schallschatten wirft, und daß die Bordwand die Schallschwingungen auf eine hinter ihr befindliche Wassermasse nahezu un-

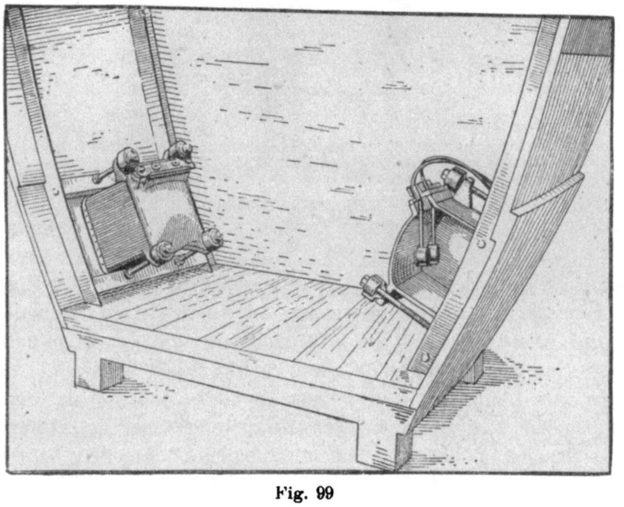

Fig. 99

geschwacht überträgt. Auf Grund dieser Untersuchungen wurde das Tankprinzip ausgebildet und die erste praktische Peilapparatur geschaffen. In Figur 99) ist an einem Modell die Einrichtung ersichtlich. Zwischen den Spanten befinden sich in einer Entfernung von etwa 9—10 m vom Vordersteven im Vorschiff auf beiden Seiten des Schiffes an die Schiffswand angepreßt zwei eiserne, mit Wasser gefüllte Tanks, in denen Mikrophonempfänger nullter Ordnung montiert sind; man verwendet zwei solche Empfänger, wobei der eine als Reserve des anderen dient. Die Anordnung ist in der Figur im St.-B.-Tank, dessen Vorderwand abgeschnitten ist, gut ersichtlich Die Kabelleitungen führen zu einer sehr einfachen Schallapparatur mit zwei Telephonen, die Schaltung ist so getroffen, das abwechselnd das linke Telephon mit einem Empfänger im B.-B.-Tank und das rechte mit einem im Steuerbordtank verbunden werden kann. Das Schiff wird solange beigedreht, bis beide Telephone den Schall einer Unter-

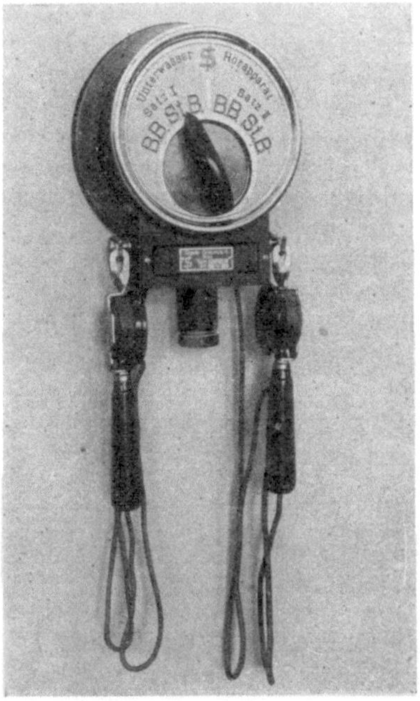

Fig. 100

wasserglocke gleich laut wiedergeben; ist dies erreicht, so hat das Schiff direkten Kurs auf die Glocke. Im Anfang hatte man hier mit großen Schwierigkeiten zu kämpfen, da die Anordnung als Voraussetzung die gleiche Empfindlichkeit und Klangfarbe der Empfänger verlangte, was ursprünglich nicht im entferntesten erreichbar war. Im Laufe der Zeit gelang es aber doch, für die damaligen Erfordernisse genügend gleiche Empfänger herzustellen und die Anlage zu einer praktisch ausreichenden Vollkommenheit auszubauen. Mit den heutigen Schallantennen gewinnt man mit dieser Methode ein absolut verläßliches Mittel zum

Ansteuern einer Schallquelle. Figur 100) zeigt die einfache Empfangsschaltung einer solchen modernen Anlage für Handelsschiffe.

Die Tankfüllung muß nicht notwendigerweise Wasser sein, das den Nachteil hat, daß es erstens mit der Zeit verdunstet und zweitens mit besonderen Mitteln bei gewissen Schiffslinien gegen Einfrieren geschützt werden muß. Auch ist die Möglichkeit einer Havarie durch Undichtwerden der Empfänger oder des Tankes selbst gegeben. Man hat daher den Vorschlag gemacht, die Behälter nicht mit Wasser, sondern mit Wachs, Stearin, Harz und dergleichen oder mit halbfesten (gelatinösen) Stoffen zu füllen. Bei Wachs-, Stearin- oder Harzfüllung tritt die kaum behebbare Schwierigkeit auf, für einen sicheren, lückenlosen Kontakt

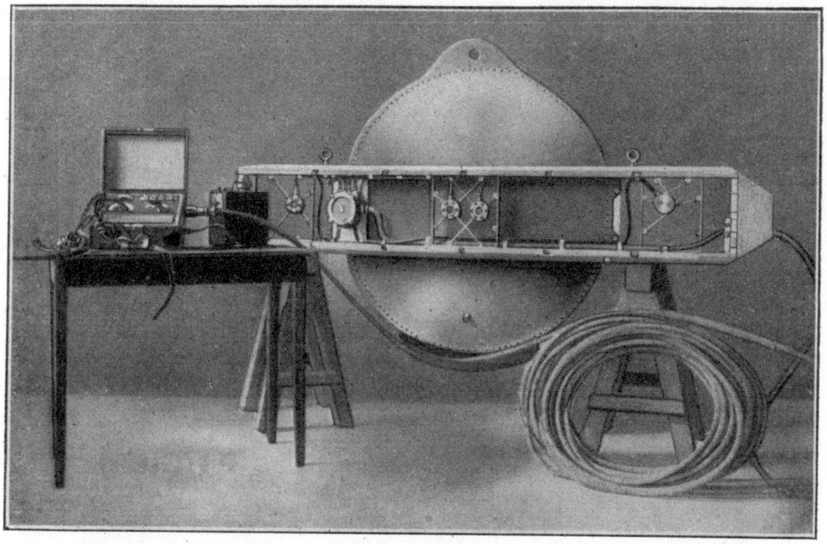

Fig 101

zwischen Füllmasse und Bordwand einerseits und Füllmasse und Empfänger andererseits dauernd zu sorgen. Bei gelatinösen oder gallertartigen Füllungen besteht diese Schwierigkeit nur bei der Füllung selbst. Durch geeignete perzentuelle Zusammensetzung oder durch besondere Zusätze kann man der Füllmasse beliebige Härtegrade verleihen und damit eine beliebige feste oder lose Kopplung des Anzeigeapparates mit dem schallaufnehmenden Organ oder dem übertragenden Medium herstellen. Aus diesen Gründen dürfte eine geeignet durchgebildete Füllmasse im Laufe der Zeit das Wasser als Tankfüllung in vielen Fällen verdrängen

Bei geringem Tiefgang eines Fahrzeuges läßt sich die Tankmethode nicht mehr günstig anwenden. Handelt es sich endlich um sehr genaue Peilungen, für die man außerdem noch möglichst große Reichweiten wünscht, wie dies im Kriege für die Aufsuchung, Verfolgung und Zerstörung von U-Booten Notwendigkeit war, so machen sich auch die unvermeidlichen Schiffgeräusche im Tankwasser unangenehm bemerkbar Man ging daher in diesen speziellen Fällen dazu über, dem Schallschatten gewissermaßen ein eigenes Schiff zu bauen in Form der sogenannten Schleppscheiben. Das Wesen einer derartigen Schleppscheibe bildet

Fig 102

der aus Figur 101.) ersichtliche, kreisförmige, doppelwandige Schallschirm, der zur Erzielung eines Schallschattens mit Luft gefüllt wird. Das Füllventil ist in der unteren Schirmhälfte in der Figur zu erkennen. Um widerstandsfähige Formen zu erhalten, sind die Plattenwände gewölbt und gegen einen steifen Rahmen abgestützt, so daß man einen einer Bikonvexlinse ähnlichen Körper erhält. Der Schallschirm sitzt in einem schiffkörperähnlichen Holzrahmen, der in fertigmontiertem Zustand (Figur 102) seitlich mit Segelleinwand bedeckt ist. Auf diese Art

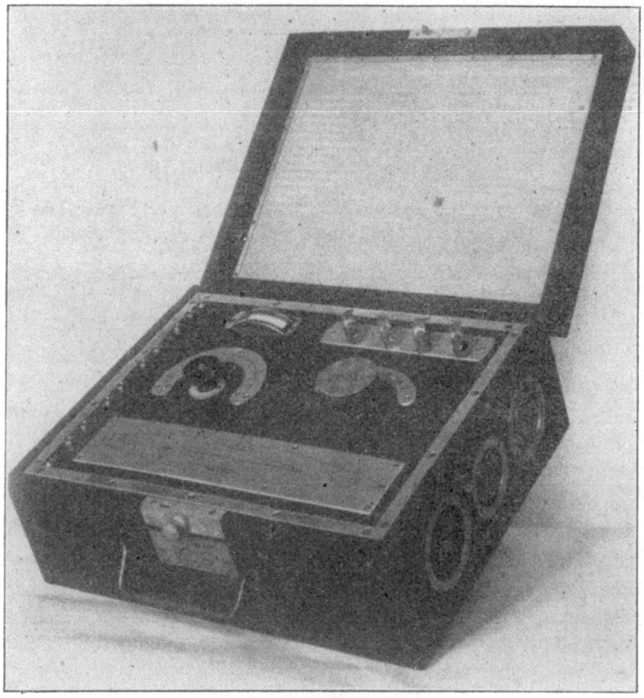

Fig. 103.

erhält man einen Stromlinienkorper, der an einem Kabel hinter dem Fahrzeuge nachgeschleppt wird. Dies hat den Vorteil, daß die in der Schleppscheibe einmontierten überfluteten Empfänger frei von den störenden Geräuschen der Schiffsmaschinen werden. Außerdem ist es ein leichtes, der Scheibe für eine bestimmte Fahrgeschwindigkeit einen vorgegebenen Tiefgang zu sichern, der den des schleppenden Schiffes weit übertreffen kann. Die Anordnung der Empfänger ist aus Figur 101.) zu ersehen. Zu beiden Seiten des Schallschirmes befinden sich im Schallschatten liegend je ein Paar Empfänger, deren Funktion die gleiche ist wie die in den B.-B.- und St.-B.-Tanks. Vor und hinter dem Schirm, also außerhalb der Schattenwirkung, sind überdies zwei Empfänger angeordnet, die allseitig Schall aufnehmen, um sich vom Vorhandensein einer Schallquelle überhaupt überzeugen zu können. Zwei Haken am Holzkörper dienen zum Einholen und Hissen der Schleppscheibe, während eine Oese in dem Schirm selbst zu dessen Anheben vorgesehen ist. Figur 103.) führt uns einen Empfangsschaltkasten für derartige Schleppscheibenempfänger vor, den wir in Figur 101.) an das Empfängersammelkabel, das gleichzeitig als Schlepptrosse dient, angeschlossen sehen.

Mittels der in die Schleppscheiben eingebauten Geräuschempfänger konnte man auf große Entfernungen hin Fahrzeuge ausmachen und ihren Kurs verfolgen.

§ 2. Der Wasserschädel.

Eine weitere Methode, mittels ungerichteter Empfänger Richtungen von Schallquellen zu bestimmen, bildet der „Wasserschädel", der jedoch im Gegensatz zur vorhergehenden Methode, die auf gleiche Intensitätseinstellung reagiert, sich somit für die Peilung von Signalen und Geräuschen eignet, fast ausschließlich auf eine Geräuschpeilung beschränkt ist.

Der Wasserschädel verdankt seine Durchbildung der physiologischen Eigenschaft des Menschen, akustische Störungszentren durch das Hören mit beiden Ohren in der Richtung lokalisieren zu können, was bei homogenem Schallmedium unter Ausschluß von störenden Reflexionen sehr gut für Geräusche, für einfache Töne hingegen nur in ganz speziellen Fällen gelingt.

Das binaurale oder diotische Hören ist ein interessantes Spezialproblem, mit dem sich zahlreiche Forscher eingehend beschäftigt haben ([158]). Tatsache ist, daß man mit einem Ohr die Richtung, aus der ein Schall kommt, nur sehr unvollkommen und für einfache Töne, wenn alle sekundären Anhaltspunkte sorgfältig ausgeschaltet werden, überhaupt nicht zu schätzen vermag, wie Versuche mit einseitig Tauben klar erwiesen haben. Eine allseitig befriedigende Erklärung für das Richtungsunterscheidungsvermögen beim diotischen Hören ist bis heute nicht gelungen. Dies liegt unter anderm an der Schwierigkeit des Experimentierens, bei dem die nie vollkommen ausschaltbare Knochenleitung des Kopfes sehr störend wirkt. Es liegt nahe, zum Verständnis der Richtungsunterscheidung das Intensitätsverhältnis des Schalles in den beiden Ohren heranzuziehen. Man verlegt dann einen in beiden Ohren gleich stark empfundenen Schall in die Medianebene, einen verschieden stark empfundenen entsprechend dem wachsenden Intensitätsunterschied immer weiter auf die Seite der stärkeren Empfindung, endlich von einem bestimmten Erfahrungswert ab in die genau seitliche Richtung. Damit werden allerdings nur Richtflächen bestimmt, keineswegs aber das Quellenazimut; in der Medianebene sind sogar alle Punkte gleichberechtigt. Nachdem das Kopfdrehen die Quelle in die Medianebene bringt, ist ersichtlich, daß die Akustik des binauralen Hörens allein jede Distanzschätzung ausschließt. Die Erfahrung zeigt, daß mit der Nähe der Quelle die Empfindlichkeitsschätzung wächst, was erklärlich ist, da hier die intensitätsbeeinflussenden Entfernungs- und somit die Schallstärke-Unterschiede für beide Ohren größer werden. Es läßt sich zeigen, daß die Intensitätsunterschiede nur für höhere Töne, etwa bis zu einer halben Wellenlänge Wegunterschied hinab, groß genug sind, um empfunden zu werden; für $c = 129.3$ Schwingungen betragen sie schon weniger als ein Prozent. Es ist daher die reine Intensitätstheorie zur restlosen Erklärung des Phänomens nicht ausreichend. Man hat versucht, sie nach zwei Richtungen zu ergänzen: einmal durch die verschiedene Beeinflussung der Klangfarbe infolge der Beugung der auftretenden Oberschwingungen am Kopfe des Hörenden; diese Ansicht findet eine Stütze in der Erfahrung, die eine wesentlich bessere Richtungslokalisation für Klänge und für Geräusche ergibt, als für einfache Töne. Ferner hat man die Phasendifferenz der an beiden Ohren eintreffenden Töne zur ergänzenden Erklärung herangezogen. Tatsächlich ergeben Versuche von Rayleigh, More und Fry, daß man einen Schall auf diejenige Seite verlegt, wo die Phase voraus ist, jedoch höchstens um eine halbe Wellenlänge Phasendifferenz. Als maßgebendes Experiment diente die Beurteilung der Richtung, wenn den Ohren getrennt die Töne zweier Stimmgabeln mit langsamen Schwebungen zugeführt wurden; die Versuchspersonen legten bei Phasengleichheit oder Opposition den Schall in die Medianebene, ließen ihn nach der Seite wieder zurückwandern, wie es tatsächlich sein soll; etwa bei e'' = 325.9 Schwingungen verschwindet aber diese Erscheinung; unterhalb gilt somit die Phasentheorie, oberhalb die Intensitätstheorie. Es darf allerdings nicht übersehen werden, daß letzten Endes die Phasentheorie unter Berücksichtigung der Interferenz wiederum auf die Unterscheidung von Intensitätsunterschieden führt. Eine wichtige experimentelle Feststellung ist das völlige Versagen des akustischen Richtungssinnes in der Medianebene hinsichtlich vorne und rückwärts.

Th. J. Bowlker [159], der sich mit den Fragen des akustischen Richtungssinnes beim diotischen Hören viel beschäftigt hat, machte den Vorschlag, für eine Richtungsorientierung unter Wasser die beiden Ohren in Form zweier Schallsenken, also zweier Unterwasserschallempfänger (ohne Richtungssinn) so im Wasser anzuordnen, daß ihre Distanz derjenigen in Luft bezüglich der Ankunftszeiten eines Schalles genau entspricht, das heißt, die Entfernung im Wasser so zu bemessen, daß die Zeitdifferenz für die Ueberbrückung der Ohrdistanz am menschlichen Kopfe für Luftschall im Wasser für Wasserschall gleich groß ausfällt. Man muß zu diesem Zwecke lediglich die Ohrdistanz am Kopfe des Menschen mit dem Verhältnis der Schallgeschwindigkeit im Wasser zu der in Luft multiplizieren, um die Empfängerentfernung im Wasser zu erhalten. Sie beträgt daselbst ca. 90 cm. Verbindet man nun zwei so distanzierte Unterwasserschallempfänger mittels zweier Telephone mit den Ohren, so ist in dieser Anordnung die menschliche Erfahrung an den wirklichen Ohren vollkommen bezüglich der beiden Unterwasserschallempfänger aufrechterhalten. Der Beobachter ist daher imstande, einen an den beiden Unterwasserschallempfängern ankommenden Schall durch unwillkürliches Drehen des Kopfes bezüglich seiner Richtung wie einen Luftschall zu orientieren.

Eine Vorsicht ist dabei noch anzuwenden. Der Wasserschädel, also die im Wasser befindlichen Empfänger drehen sich bei der Kopfbewegung, die den Schall in die Medianebene zu bringen trachtet, nicht mit. Der Experimentator muß sich also den Schall bloß für kurze Augenblicke durch Vermittlung eines Tasters zuführen und durch baldiges Loslassen der Taste die Telephone wiederum zum Schweigen bringen, da ein anhaltendes Geräusch in den Telephonen eine fortdauernde Weiterdrehung des Kopfes verlangen würde. Wählt man zwei solche Empfängerdistanzen [160], deren Verbindungslinien in verschiedener Richtung liegen, so gelingt es mit der Wasserschädelmethode ohne Beidrehen des Schiffes den Quellenort auszumachen.

§ 3. Die stereoskopischen Hörmethoden.

Die im vorhergehenden beschriebene Methode erfordert eine mehr oder weniger genaue Einhaltung der Wasserschädelohrdistanz. Es lag nun der Gedanke sehr nahe, ebenso wie in der Optik in der Stereoskopie auch hier die Basis beliebig vergrößerbar und damit die Genauigkeit der Methode entsprechend steigerungsfähig zu machen. Dies gelingt dann, wenn man der Eigenschaft der Ohren, durch Drehen des Kopfes auf die Medianebene einstellen zu wollen, dadurch Rechnung trägt, daß man durch Einschalten von Verzögerungseinrichtungen die Zeitdifferenzen für die beiden Ohren ausgleicht. Bei exaktem Ausgleich fehlt sodann das Bedürfnis, den Kopf drehen zu wollen. Auf diese Weise wird man von der Basislänge für die subjektive Empfindung im allgemeinen unabhängig. Mit der Meßbarkeit des Zeitausgleiches wird eine Richtungsbestimmung ermöglicht.

Der scheinbar einfachste Weg der direkten Zeitdifferenzmessung ist praktisch wenigstens auf Schiffen nicht durchführbar, da solche Messungen nur dann mit genügendem Genauigkeitsgrad mit einer bordfähigen Einrichtung ausführbar sind, wenn die Zeitdifferenzen groß sind, wofür aber die verfügbare Länge des Schiffskörpers meist keine genügende Basis darstellt ([161]).

Genaue Untersuchungen haben ergeben, daß absolute Zeitunterschiede bis zu $1 \cdot 10^{-5}$ Sekunden und darunter, mit denen der Schall an die beiden Ohren gelangt, ihn physiologisch von gerade vorn oder hinten kommend erscheinen lassen, ferner, daß Zeitunterschiede zwischen $1 \cdot 10^{-5}$ und $3 \cdot 10^{-2}$ Sekunden seitliche Wirkung ergeben, d. h. den Schall aus bestimmten Richtungen von rechts oder links kommend erscheinen lassen und daß endlich jeder Größe des absoluten Unterschiedes der Zeit ein bestimmter Grad der scheinbaren Seitlichkeit entspricht. Auf dieser Grundlage bauten E. M. v. Hornbostel und M. Wertheimer ([162]) ihre stereoskopische Meßmethode auf, die also im Wesen in einer bestimmten Vergrößerung des absoluten Zeitunterschiedes, mit dem der Schall die beiden Ohren erreicht, besteht. Dies wird zum Beispiel folgendermaßen erreicht. Der Schall wird von zwei Schallempfängern, die voneinander um einen bestimmten unveränderlichen Betrag weiter abstehen als die beiden Ohren, aufgenommen und durch getrennte gleich lange Leitungen zu den Ohren geführt; als Schallempfänger kommen Mikrophone, die praktisch intensitätsgleich sein müssen, oder Schalltrichter und dergleichen in Betracht. Die Schallwirkung erscheint innerhalb der angegebenen Zeitbeträge um so stärker seitlich, je größer die Basis und somit der Zeitunterschied ist, mit dem der Schall an den beiden Ohren eintrifft. Dabei ist die Größe der Abweichung der scheinbaren Seitenrichtung von der Mittenrichtung gegeben durch den jeweiligen Einfallswinkel der Schallstrahlen und die Größe der Basis. Durch entsprechende Vergrößerung letzterer wird der Mitteneindruck auf ein sehr kleines Gebiet von Einfallswinkeln in der Gegend der Normalrichtung beschränkt; daher kann man durch Aufsuchen derjenigen Basisstellung, die den Mitteneindruck ergibt, diese Schallrichtung als die normale, auf den Basismittelpunkt sehr genau bestimmen. Bei konstanter Basis läßt sich ferner der Einfallswinkel durch Beobachtung des scheinbaren Seitenwinkels messen. Die Basis muß so gewählt werden, daß beim Abhören einheitliche Richtungseindrücke zustande kommen und nicht das zeitliche Nacheinander des Ansprechens der Schallempfänger als solches infolge zu großer Basislänge bemerkt werden kann. Dadurch erhält sie eine gewisse Einschränkung in ihrer Größe. Auch darf die für die zu erreichende Meßgenauigkeit gewählte Basislänge nicht geändert werden. Ist die Basis drehbar eingerichtet, so kann man durch entsprechendes Verdrehen den Mitteneindruck herstellen und aus dem Verdrehungswinkel gegenüber einer orientierten Nullage die Richtung ablesen. Auf beweglichen Objekten, wie auf Schiffen, soll

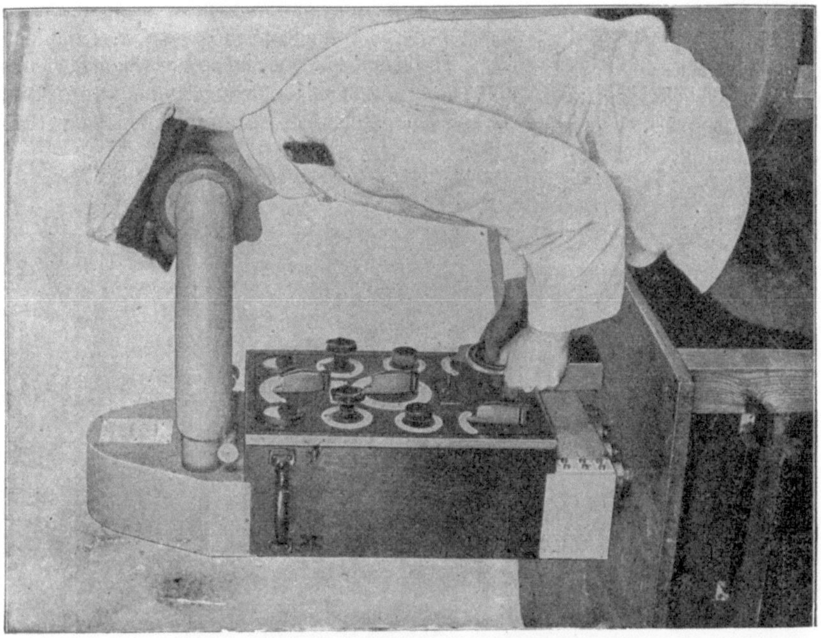

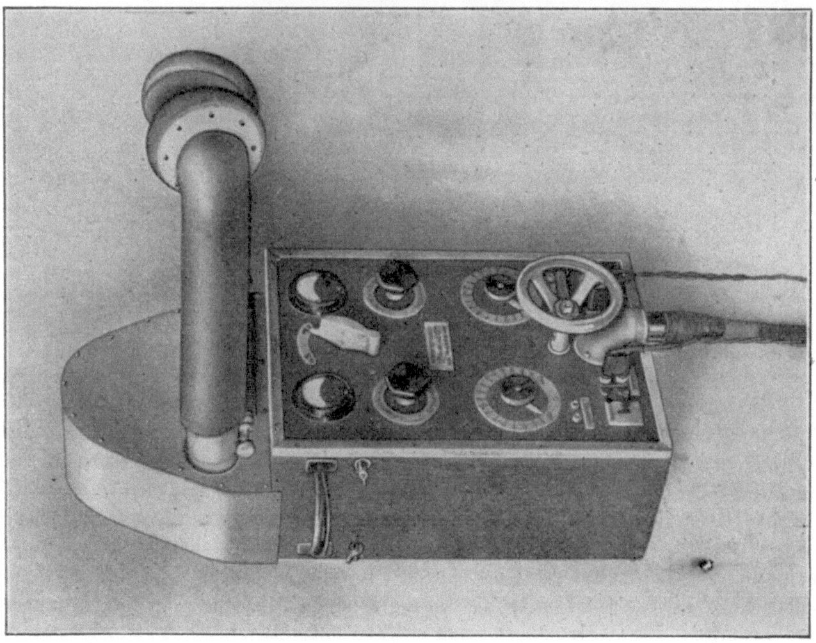

Figur 104

nun gerade das Beidrehen, also eine drehende Orientierung der Basis zur Messung vermieden werden. Um dies zu erreichen, werden die Telephone nicht direkt an die Ohren gelegt, sondern in Rohrleitungen verschiebbar eingebaut, deren Enden an die beiden Ohren angelegt werden. Durch eine entsprechende Verschiebung eines oder beider Telephone läßt sich infolge der dadurch ungleich gemachten Luftstrecken die Zeitdifferenz auszugleichen und so auf den Mitteneindruck einstellen. (Figur 104

Fig. 105.

und 105.) zeigen eine derartige Schalleinrichtung in der Vorderansicht und bei rückwärts geöffnetem Deckel. Mittels des unten befindlichen Handrades werden die Telephone in den bei der Rückansicht erkenntlichen Röhren verschoben und dabei gleichzeitig ein Meßzeiger zwischen den Hörstutzen vorne am Apparat sichtbar gedreht, an dem die Richtung bei Erreichung des Mitteneindruckes sogleich abgelesen werden kann. Die beiden in der Vorderansicht erkennbaren Schalter dienen zum Einschalten der jeweiligen zum Empfänger gehörigen, in dem über den Schalter befindlichen Steckkontakten einzustöpselnden Batterie. Zwei Amperemeter gestatten mit Hilfe der beiden unter ihnen befindlichen Regulierwiderstände die Einstellung der Empfängermikrophonströme, während der Schalter zwischen den Stromzeigern den Empfänger- und Basiswähler darstellt. Endlich gestatten zwei über dem Handrad erkennbare Einstellungen für Parallelohmwiderstände die Einregulierung einer zweckmäßigen Lautstärke in den Telephonen.

Der Ort der Schallquelle ergibt sich in bekannter Weise aus zwei oder mehreren gleichzeitigen oder aufeinanderfolgenden Richtungsbestimmungen von verschiedenen Beobachtungsstellen aus, deren Lage zueinander bekannt ist, als der Durchschnittspunkt der ermittelten Einzelrichtungen.

Verfasser verwendete statt der Einschaltung einer Luftstrecke zur Erzielung des Mitteneindruckes ein Telegraphon ([163]). Die Einrichtung ist im Wesen gleich der soeben beschriebenen, nur werden die Empfängerströme nicht sofort zu Telephonen geleitet, sondern zunächst zu je einem Telegraphonschreibmagnet, unter denen eine

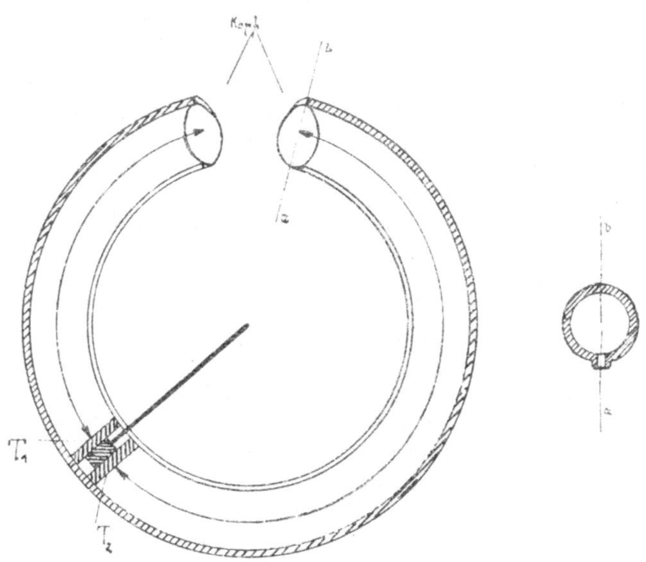

Fig 106.

Scheibe umläuft, deren Umfang die Telegraphonschriftböden in Form zweier auf dem Scheibenumfang aufgezogener endloser Stahlbänder trägt. Die magnetisch fixierten Schallkurven gelangen bei der Drehung der Scheibe, die von einem Motor besorgt wird, zu den Lesemagneten, die mit den Hörtelephonen verbunden sind. Durch meßbare Verstellung eines oder beider Lesemagneten wird mit dieser Anordnung die Zeitdifferenz ausgeglichen. Hinter den Lesemagneten liegen die Löschmagnete für das Ausradieren der magnetischen Aufzeichnungen, so daß bei eingeschalteten Löschmagneten der Apparat ununterbrochen benützt werden kann. Sind die Löschmagnete ausgeschaltet und wird durch einen geeigneten Schalter dafür gesorgt, daß die Schallwirkung nur während einer Umfangsdrehung des Schriftbodens auf diesen einwirkt, so kann man eine aufgenommene Richtung später bestimmen oder auch später nachkontrollieren, was für gewisse militärische Zwecke von Wert war.

Eine sehr zweckmäßige Einrichtung für das stereoskopische Hören ersehen wir aus Figur 106.). Anstatt die beiden Telephone in getrennten Rohren zu verschieben und so die Zeitdifferenz auszugleichen, sind hier beide Telephone in ein gemeinsames Gehäuse so vereinigt, daß ihre Membranen zu beiden Seiten des Gehäusemantels liegen. Das gemeinsame Gehäuse ist an einem drehbaren Arm befestigt, dessen Drehpunkt im Zentrum einer kreisförmig ausgebildeten Röhre liegt, die längs ihres inneren Umfanges einen feinen Schlitz trägt, der ähnlich wie bei photographischen Kassetten mit anliegendem Plüsch oder Filz für den Schallaustritt abgeschlossen ist, jedoch dem Befestigungsarm des Doppeltelephones Bewegungsfreiheit sichert. Eine Verdrehung des Armes verlängert den einen Luftweg bis zu den Röhrenöffnungen und verkürzt gleichzeitig den zweiten. Dadurch vereinfacht sich die mechanische Verschiebung der Telephone gegenüber der in den Figuren 104.) und 105.) verwendeten Art wesentlich, die an einer empirischen Teilung unter dem Dreharm abgelesen werden kann.

Einen nicht ungefährlichen Nachteil haben alle solche Verschiebungen innerhalb von Röhren, nämlich den der Resonanz in den Rohrstücken. Dadurch werden die Lautstärken in den beiden Telephonen derart ungleich, daß eine Einstellung auf die Medianebene infolge der die Zeitdifferenzwirkung überdeckenden Intensitätswirkung falsch wird. Ein geübter Beobachter erkennt jedoch das Auftreten von Resonanzen und kann deren Wirkung mit Hilfe der Parallelohmwiderstände unter Umständen eliminieren.

§ 4. Das Antennenkreuz aus Strahlern erster Ordnung.

Die bisher genannten Methoden erlauben eine Richtungsbestimmung mit Schallempfängern nullter Ordnung, denen bekanntlich selbst keine Richtwirkung zukommt. Sie haben den Nachteil, daß sie zu einer einfachen Richtungsbestimmung bereits einer Basis bedürfen; dies entfällt bei Anwendung von Strahlern erster Ordnung mit ausgesprochener Richtwirkung. Allerdings haben diese Empfänger den Nachteil geringerer Empfindlichkeit.

Verfasser verwendete unter anderm auch zwei mit ihrer Richtungsebene aufeinander senkrecht stehende übereinander angeordnete Empfänger erster Ordnung und erhielt auf diese Weise ein Antennenkreuz ganz ähnlich wie solche im Bellini-Tosi-Kompaß in der drahtlosen Telegraphie Verwendung finden ([164]). Die Empfangsströme werden dabei zwei mit ihren Windungsebenen senkrecht zueinander stehenden Transformatorprimärspulen zugeführt, innerhalb deren eine Transformatorsekundärspule drehbar angeordnet ist, an der das Hörtelephon liegt. Die Transformatorsekundärspule wird solange verdreht, bis das Telephon ein Hörbarkeitsminimum anzeigt. Aus dem Verdrehungswinkel gegen eine orientierte Nullage läßt sich dann die Richtung des Schalles ablesen. Zwei Antennenkreuze bilden eine Basis für Entfernungsmessungen ([165]).

Bei der Orientierung des Antennenkreuzes auf Schiffen ist eine gewisse Vorsicht geboten. Scharf lokalisierte Störungen von Schiffsgeräuschen müssen hierbei berücksichtigt werden. So spielt beispielsweise die Störung der Schraube, falls man ein Antennenkreuz in deren Nähe anbringt, eine Rolle. Das Kreuz muß so orientiert werden, daß die Störung auf beide Empfänger gleich stark einwirkt.

Hier soll noch ein Vorteil bei der Verwendung eines gerichteten Empfängers überhaupt nicht unerwähnt bleiben. Er ermöglicht es, bei geeigneter Orientierung in allernächster Nähe von einer Störungsquelle ohne Einwirkung dieser postiert zu werden, was sich ohne weiteres aus Figur 107.) ergibt. Die gestrichelte Kurve zeigt die Lautstärkeverteilung der Empfangsintensität eines polaren Empfängers. Man sieht, daß der Empfänger auf Schallwirkungen, die aus der Richtung A_1 und A_2 kommen, nahezu gar nicht anspricht, dagegen sehr gut auf Schallwirkungen aus einer anderen Richtung, z. B. aus der Richtung B. Daher können A_1 und A_2 gegenüber der Quelle B verhältnismäßig laut sein und nahe am Empfänger liegen, ohne daß sie gehört werden; hingegen läßt sich die Schallquelle B ohne Schwierigkeit abhören. Nimmt nun ein solcher Empfänger zur Schiffsschraube dieselbe Stellung ein, wie der in der Figur 107.) gezeichnete Empfänger zu den Störungsquellen A_1 und A_2, fällt somit die Richtung der geringsten Lautstärke mit der Richtung der Schiffsschraube zusammen, so nimmt er ihr Störgeräusch nicht auf.

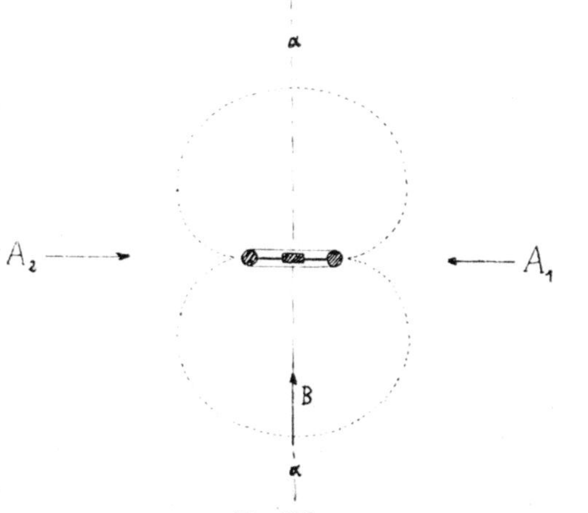

Fig. 107.

§ 5. Kombination einer gerichteten und einer ungerichteten Antenne.

Ein ungerichteter Empfänger sowie ein Strahler erster Ordnung, welch' letzterer in seiner Hauptsache auf die gerichtete Bewegungsamplitude des Mediums anspricht, werden übereinander und miteinander drehbar angeordnet. Die Schaltung der Mikrophonströme beider Empfänger wird so getroffen, daß sie beispielsweise mit Hilfe eines Transformators mit zwei Primärwicklungen der Telephonsekundärwicklung des Transformators so zugeführt werden, daß sich die Wechselströme im Telephon entgegenarbeiten. Die Wirkungsweise dieser Anordnung ist aus Figur 108.) leicht verständlich. Der ungerichtete als Doppelkreis angedeutete Empfänger liefert bei einer Drehung um 360° in jeder Stellung gleiche Lautstärke, die in der Figur durch die Gerade a dargestellt wird. Der gerichtete Empfänger hingegen ergibt die Lautstärkekurve b, somit in der in der Figur gezeichneten Lage ein scharfes Minimum. Da die Empfänger zusammen gedreht werden und ihre Ströme, wie beschrieben, in ihrer Wirkung auf das Telephon sich entgegenarbeiten, so ergibt sich für den Fernhörer die resultierende Kurve c. Dadurch erzielt man an Stelle der Einstellung auf ein Minimum im Antennenkreuz die vorteilhaftere Einstellung auf ein scharfes Maximum. Sind aber außer der Schallquelle C noch andere

Quellen vorhanden, so erzielt man gleichzeitig Störungsfreiheit gegenüber diesen Quellen, da ja die Wirkung der Empfänger sich für diese Quellen und für alle, die außerhalb der Winkel α liegen, aufhebt. Damit wird also erreicht, daß in der Nähe befindliche Schallquellen, die nicht genau in der Richtung der gesuchten Quelle liegen, nicht störend wirken; dies hat einen großen Vorteil, da sich in der Praxis zeigte, daß es am leichtesten ist, Strahler erster Ordnung so zu bauen, daß sie in einer bestimmten Lage zur Quelle ein scharfes Minimum der Empfangsintensität zeigen, bei geringen Abweichungen aus dieser Lage jedoch normale Empfangslautstärke ergeben. Allerdings hat dieser Vorteil gegenüber einem Antennenkreuz auch einen nicht zu unterschätzenden Nachteil. Die Empfänger müssen bei der eben beschriebenen Anordnung gedreht werden.

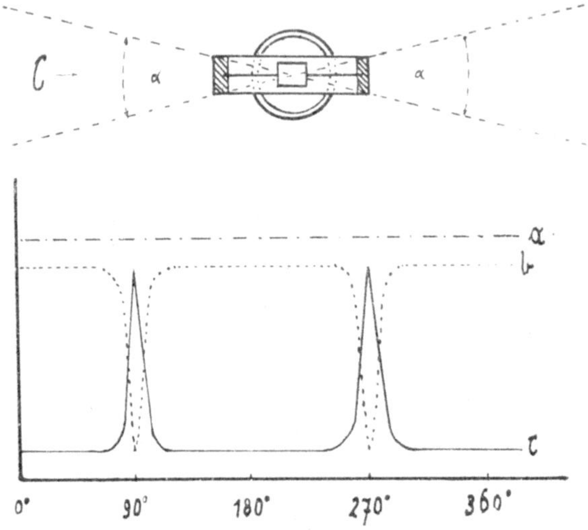

Fig. 108

§ 6. **Distanzbestimmung unter Zuhilfenahme von Luftschall oder elektrischer Wellen.**

Wenn wir gleichzeitig ein Luftsignal und ein Unterwasserschallsignal von einer Stelle aus abgeben, so wird an der Empfangsstelle zuerst das sich rascher fortpflanzende Unterwasserschallsignal und dann erst das langsamer wandernde Luftsignal gehört. Aus der Zeitdifferenz und der bekannnten Schallgeschwindigkeit in Luft und Wasser können wir bei dieser gleichzeitigen Signalisierung die Entfernung der Sendestation genau messen. Das gleiche gilt auch für die gleichzeitige Abgabe eines drahtlosen Signales mit Hilfe von elektrischen Wellen und eines Unterwasserschallsignales. Nur kann hier die Zeit, die die elektrische Welle zur Ueberbrückung der für Unterwasserschallwellen in Frage kommenden Distanzen benötigt, unterdrückt werden gegenüber der gegen die Lichtgeschwindigkeit kleinen Schallgeschwindigkeit im Wasser, so daß das Eintreffen des drahtlosen Signales den Zeitanfangspunkt markiert und sich die Distanz der Quelle aus der Zeit zwischen dem Hören des drahtlosen- und des Unterwasserschallzeichens unter Benützung der bekannten

Schallgeschwindigkeit im Wasser bestimmt. Die Methode der radiotelegraphischen und unterseeischen Synchronsignalisierung von einer Stelle aus, ist auch einer sehr viel versprechenden Ausbildung zur Verhütung von Zusammenstößen zwischen Schiffen untereinander fähig. Ein Zusammenstoß kann unter allen Witterungsverhältnissen durch den Austausch von Signalen, die Kurse und Schnelligkeiten übermitteln, drahtlos oder submarin, ferner durch eine Peilung und durch eine Distanzbestimmung mittels Synchronsignalen vermieden werden. Zweckmäßig werden die Synchronsignale in einer solchen Zeitfolge abgegeben, daß es praktisch keiner Zeitmessung bedarf, sondern die Zahl der Punkte auf einem einfachen Zählwege bereits die Entfernung in Seemeilen ausdrückt. Die Anzahl der bloß drahtlos gehörten Punkte vor Eintreffen des ersten submarinen Signales gibt dann die Entfernung in Seemeilen, wobei Bruchteile von Seemeilen geschätzt werden können ([166]).

VII. Kapitel.

Sender- und Empfangs-Apparatur und Apparateneinbau.

§ 1. Senderapparatur.

Hier wollen wir uns lediglich mit den Senderapparaturen elektrisch betriebener Schallantennen befassen. Figur 109 zeigt das Grundschaltungsschema eines Original-Fessenden-Senders unter Bedachtnahme seiner gleichzeitigen Benützung als Empfänger.

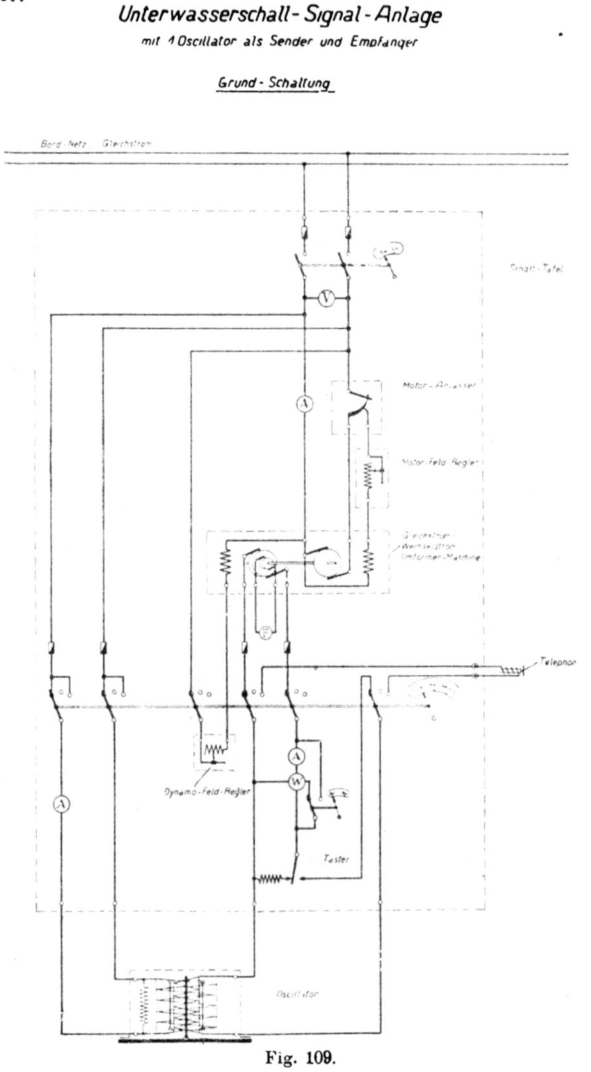

Fig. 109.

Aus Figur 110.) erkennen wir die gesamte Senderschaltanlage eines Fessendenoszillators. Im Sockel des Senderschaltkastens befindet sich die Wechselstromdynamo mit dem Motor und der Anlasser- und Regulierwiderstand dazu. Am Schalttisch erkennen wir die Signaltaste, ferner zwei Schieberwiderstände für Regulierzwecke und ein Bellsches Telephon zur Benützung des Senders als

Fig 110.

Empfänger. In Figur 111.) kann die Schalttafelanordnung selbst gut übersehen werden. Die Volt- und Amperemeter in Profilform dienen zur Messung von Spannung und Strom für den Motor, den Gleichstrom zur Polarisation des Senders und dessen Wechselstrom. Links ist ein Zungenfrequenzmesser vorgesehen, um die Senderfrequenz einstellen und kontrollieren zu können, während das nebenbefindliche rechte Instrument den Leistungsverbrauch der Anlage anzeigt.

Ganz ähnliche Maschinen für die Wechselstromerzeugung benützen die elektromagnetischen Sender. Figur 112.) zeigt einige dieser Aggregate. Auch die

Fig. 111

Schalttafeln dieser Sender unterscheiden sich nicht wesentlich von denen des elektrodynamischen Typs, wie wir aus der Figur 113) erkennen können, die links eine Schalttafel für einen großen und rechts für einen kleinen Elektromagnetsender darstellt. — Je nach dem Verwendungszweck können solche Schaltanlagen

Fig. 112.

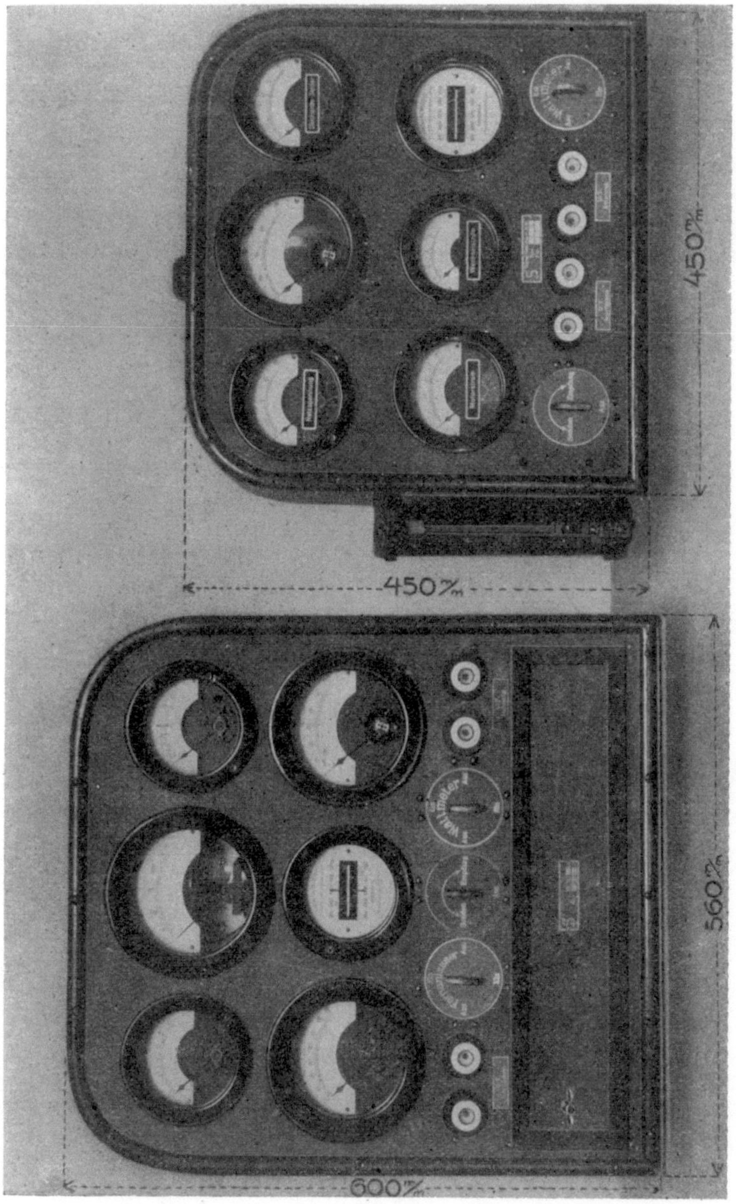

Fig. 113.

auch große Dimensionen annehmen, wie dies beispielsweise die Figur 114) zeigt. Sie stellt die Schaltanlage einer Landstation für eine große, ortsfeste Elektromagnet-Morse-Senderanlage zu Ansteuerungszwecken dar (16). Rechts am Tisch sehen wir eine verschalte Handtaste für den Depeschenaustausch. Die Kennung der Station wird automatisch mittels der links am Tisch ersichtlichen Vorrichtung besorgt. Ein Motor dreht ununterbrochen die Kontaktmesser der Kennung der betreffenden Station. Diese Kontaktmesser sind, wie aus der Figur ersichtlich, leicht auswechselbar eingerichtet.

Fig. 114.

§ 2. Empfangsapparatur.

Entsprechend der verschiedenartigen Anwendung der Empfänger gestaltet sich auch die Empfangsapparatur sehr mannigfaltig. Figur 115) führt uns das Schaltungsschema einer ganz einfachen nautischen Anlage für Peilungszwecke mittels des Schiffschallschattens dar. Eine bereits wesentlich kompliziertere Empfangsapparatur ist in Figur 116 abgebildet. Sie stellt eine einfache U-Boot-Empfangsanlage für 6 Empfänger im Kiel, je zweier Backbord-, Steuerbord- und einen Deckempfänger dar. Endlich ist noch eine Schaltstufe für einen elektrischen Sender als Empfänger vorgesehen. Unterhalb des Amperemeters für

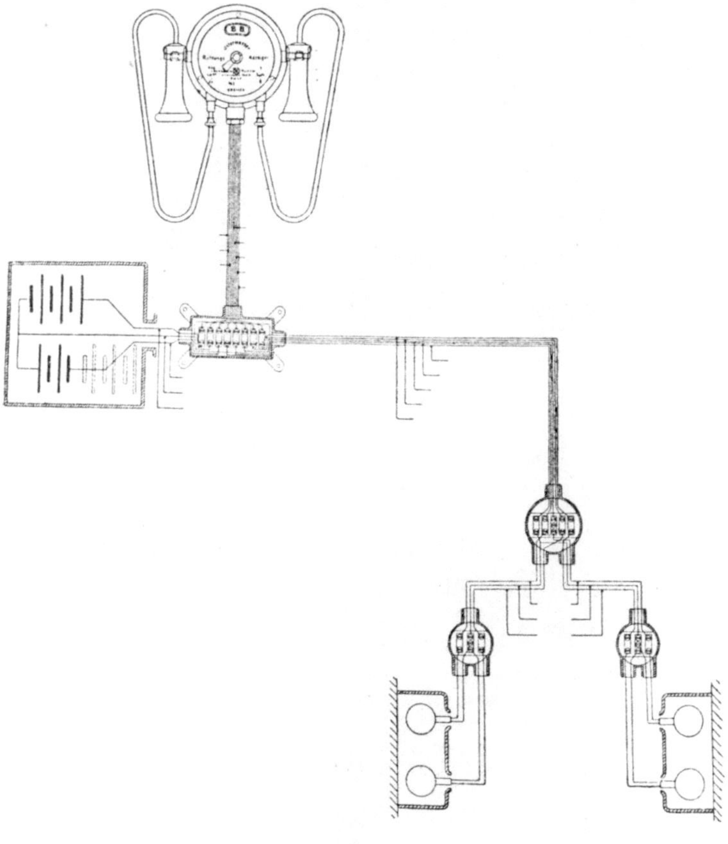

Fig. 115

die Mikrophonströme befindet sich ein dazu bestimmter Regulierwiderstand, während der unter ihm liegende Schalter die Batterie für die Mikrophone aus- und einschaltet. Rechts neben dem Empfängerwahlschalter ist eine Anschlußmöglichkeit für ein Telephon im Turm des U-Bootes vorgesehen, während die dargestellte Apparatur im sogenannten Funkenraum aufgestellt ist. Ueber dem Turmschalter liegt ein in Stufen schaltbarer Parallelohmwiderstand, während der über ihm befindliche Schalter ein Abhören mit oder ohne elektrische Abstimmung, die an dem oben in der Mitte befindlichen Drehkondensator besorgt werden kann,

Fig 116.

Fig 117

erlaubt. Die Figuren 117.) und 118.) zeigen in zwei verschiedenen Anordnungen die modernste Empfangsschaltung eines großen U-Bootes der Mittelmächte während des Krieges, die aus der Figur 118.) am besten zu übersehen ist. Diese Schalttafel dient zur Bedienung einer vollständigen Signal- und Geräuschempfängeranlage. In der Mitte gestattet ein Schalter entweder auf Geräusche oder auf Signale die Schaltung einzustellen, deren Mikrophonstromkreise von dem in der Ecke links unten befindlichen Schalter bezüglich der Stromquelle abhängig gemacht sind. Rechts unten befindet sich der Schalter für abgestimmten oder nicht abgestimmten Empfang. Die Abstimmung wird mittels des in der Mitte unten erkennbaren Drehkondensators bewerkstelligt. Links von ihm ist ein ausschaltbarer Turmtelephonanschluß vorgesehen und rechts befindet sich ein in Stufen schaltbarer

Fig 118.

Parallelohmwiderstand. Im ganzen sind zwei Stromkreise für die Empfängermikrophone vorhanden, was an der Schalttafel durch zwei Milliamperemeter und zwei darunter befindliche Regulierwiderstände zum Ausdruck kommt. Neben den beiden Instrumenten liegen die Wahlschalter für die Signal- und die Geräuschempfänger. Aus ihren Anschriften kann ihre Zahl und ihr Aufstellungsort sowie ihre kombinierte Verwendungsmöglichkeit ersehen werden. Die links unten befindlichen Steckkontakte dienen zum Anschluß von Telephonen, während an die beiden rechts ersichtlichen Anschlüsse sich Spezialeinrichtungen, zum Beispiel für stereoskopisches Hören usw anstecken lassen. Ueber die Mannigfaltigkeit dieses U-Boot-Ohres darf man sich nicht wundern, denn es stellt bei tiefem Tauchzustand den einzigen Sinn fur die Vorgänge in der Umgebung dar.

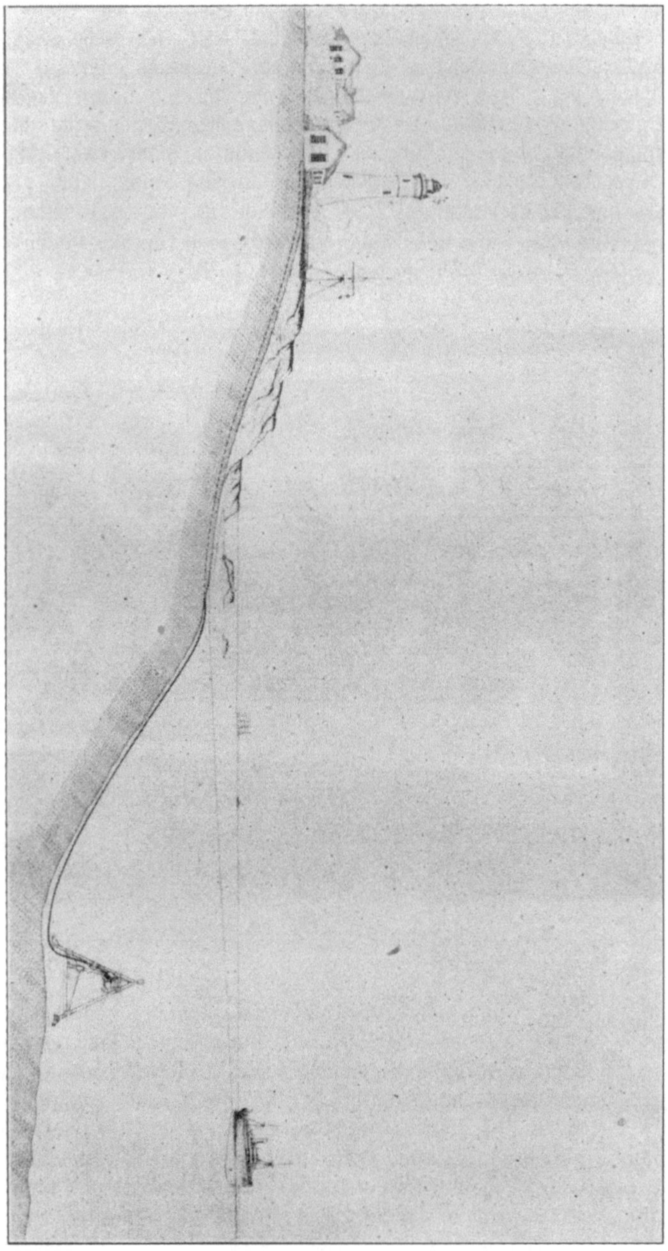

Fig. 119.

§ 3. Einbau von Senderstationen.

Die hauptsächlichsten Aufstellungsorte für Sender sind Bojen, Feuerschiffe, Ober- und Unterwasserfahrzeuge und an der Küste. Für letzteren

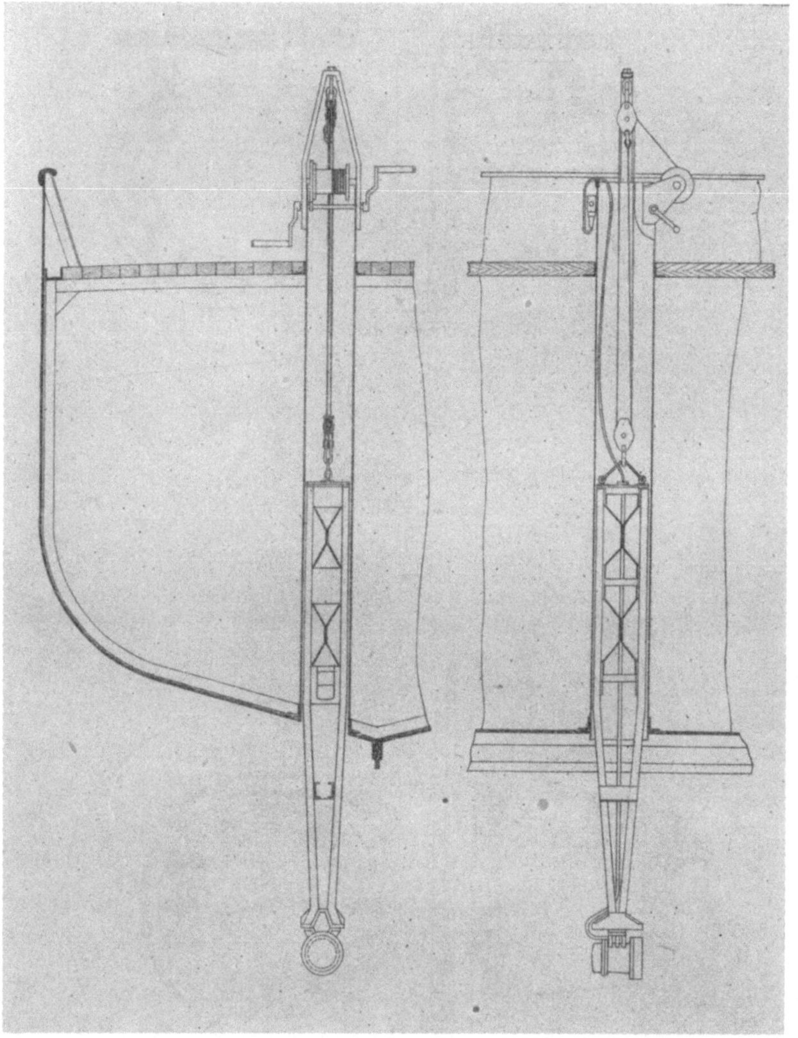

Fig 120.

Zweck verwendet man Dreibeine, in denen der Sender montiert wird. Das Dreibein selbst wird in der Nähe der Küste auf den Meeresgrund versenkt. Wie Figur 119.) zeigt, werden diese Sender durch Vermittlung einer Kabelleitung von Land aus in Tätigkeit gesetzt. Hier zeigt sich ein Hauptvorzug der elektrisch

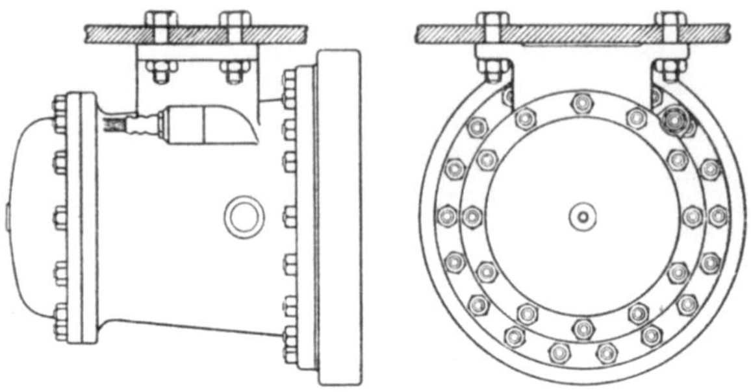

Fig 121

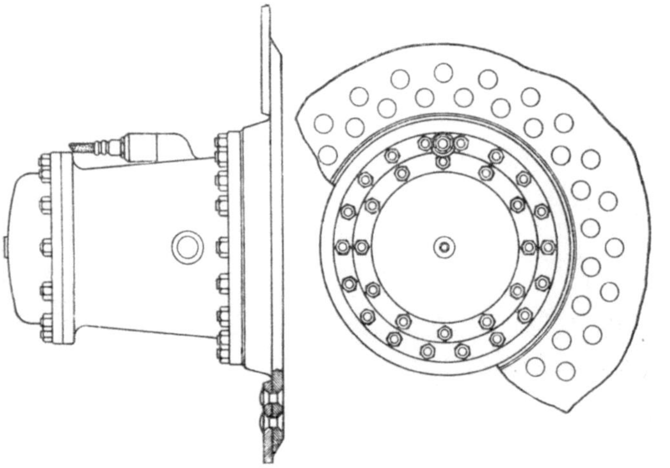

Fig 122.

betätigten Sender gegenüber den seinerzeitigen Glocken und Sirenenapparaten. Elektrische Sender sind vollkommen geschlossen und besitzen keinerlei bewegliche Teile, die nachgesehen oder geschmiert werden müssen, daher können solche

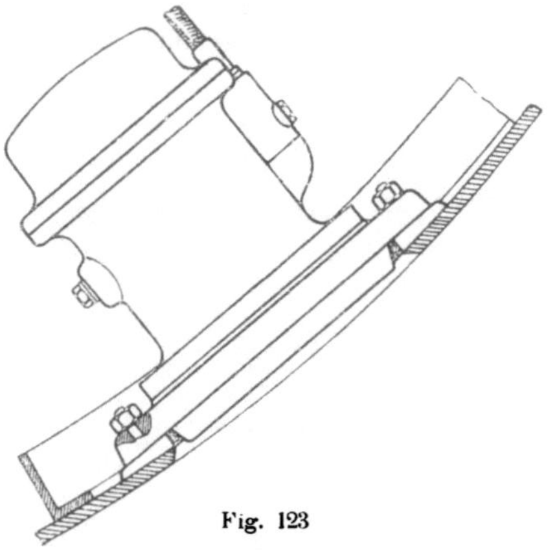

Fig. 123

Sender jahrelang ohne irgendwelche Reparaturen in Betrieb sein, was eine große Verbilligung der Anlage gegenüber den älteren Systemen bedeutet. Auch sind derartige Grundsender absolut betriebssicher, da sie bei zweckmäßiger Verlegung

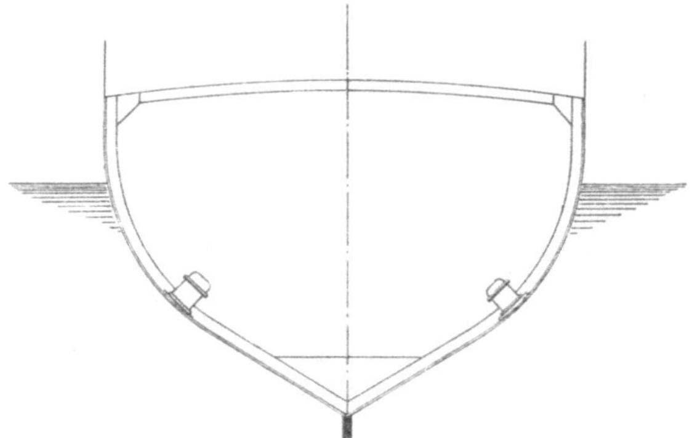

Fig. 124

selbst bei größtem Seegang in ruhigem Wasser liegen. Bringt man über ihrem Stationsort eine Leuchtboje an, so sind sie imstande, die an sich teueren Feuerschiffe fast vollständig zu ersetzen.

Bei Schiffen mit geringem Tiefgang werden die Sender ausfahrbar angeordnet, wie dies Figur 120 zeigt. Der Sender wird an einem ausfahrbaren Gestell montiert, zu welchem Zwecke an seinem Gehäuse ein Fuß angegossen ist. Das Gestell ragt mit seinem unteren Teil aus einem in den Boden des Vorschiffes eingebauten Schacht heraus. Um nicht den Längsverband des Kieles unterbrechen zu müssen, was die Schiffsbauer nicht gerne sehen, erhält der Schacht eine seitliche Anordnung. Er wird soweit nach oben hochgeführt, daß er das ganze Fahrgestell

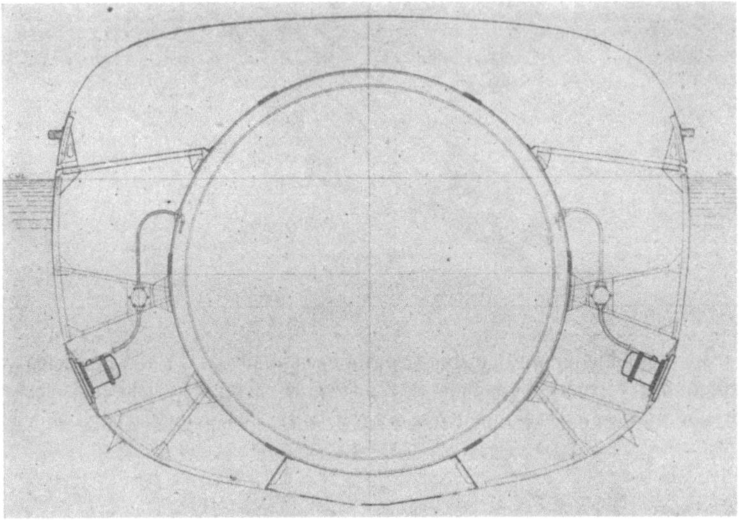

Fig. 125.

einschließlich des Senders in geheißtem Zustande aufnimmt. Sind einem senkrechten Einbau Deckaufbauten oder andere Hindernisse, die nicht entfernt werden können, im Wege, so werden diese Schächte auch in Schräglagen ausgeführt. Das Fieren und Heißen des Senders erfolgt durch eine am Ladebaum oder Mast angeschlagene Talje, oder durch eine besondere Heißvorrichtung, wie sie beispielsweise in der Abbildung ersichtlich ist. Schacht und Fahrgestell sind so kräftig gebaut, daß sie bei ausgefahrenem Sender eine Fahrt von mindestens 12 Seemeilen pro Stunde vertragen, was sie im Betrieb bis jetzt auch gut ausgehalten haben. Ihre Hauptanwendung finden sie bei Lotsendampfern und auch für Feuerschiffe.

Zum festen Einbau der Sender in die Schiffe kommen verschiedene Befestigungsarten in Frage. Als Einzelsender werden sie als Fuß- oder Flanschsender eingebaut; solche Sendertypen ersehen wir aus den Figuren 121.) und 122.).

Liegen infolge geringen Tiefganges des Schiffes die Sender dicht oberhalb oder in der Kimm, so muß ein gutsitzendes Paßstück zwischen Senderflansch und die gewölbte Außenhaut gelegt werden, wie dies Figur 123 zeigt. Ein Reißen oder Undichtwerden der so eingesetzten Membran oder eine Schwächung der Außenhaut durch sie ist wegen der großen Membranstärke nicht zu befürchten und bisher auch nicht vorgekommen. Auch Doppelsenderanlagen werden zu einem im nächsten Kapitel näher erörterten Zwecke in Schiffe eingebaut, wobei ähnlich wie die Empfängertanks, ein Sender Backbord und einer Steuerbord angeordnet ist, was man aus der Figur 124 erkennen kann, die den Einbau einer solchen Doppelsenderanlage in einem Lotsendampfer darstellt.

Figur 125.) zeigt die Anordnung einer Doppelsenderanlage in einem U-Boot im Querschnitt.

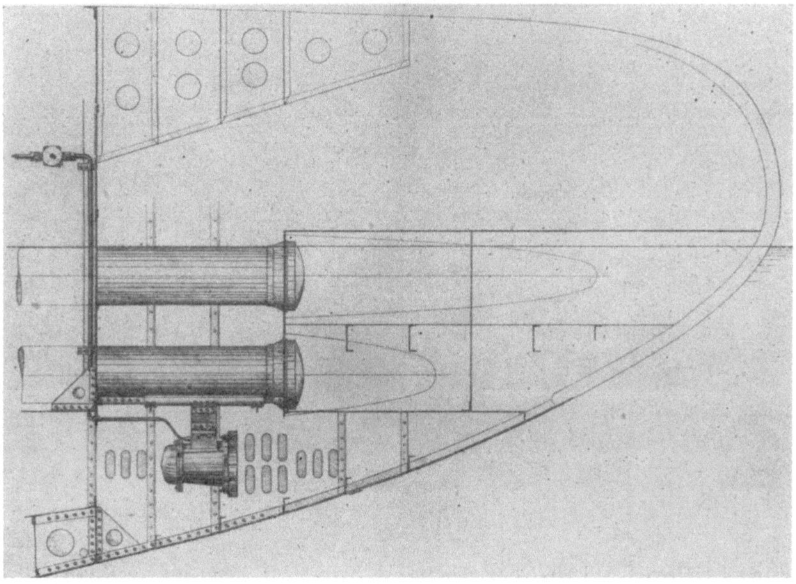

Fig. 126.

Einfachsenderanlagen werden in den U-Booten im Vorschiff in der freiflutenden Bugzelle unterhalb der Torpedolancierrohre als Fußsender installiert, wie man aus Figur 126.) gut erkennen kann.

§ 4. **Einbau von Empfangsstationen.**

Um von den Empfängern die störenden Schiffsgeräusche nach Möglichkeit fernzuhalten, dürfen sie nicht mit dem Schiffskörper in metallische Verbindung gebracht werden. Ueberdies muß dafür gesorgt werden, daß die Empfänger in Schiffsräumen ihren Platz finden, die von den eigenen Bordgeräuschen, wie

Maschinen-, Schrauben- und Fahrtgeräuschen, möglichst wenig tangiert werden. Es eignen sich daher hauptsächlich die vorderen Schiffsräume, da sie am weitesten von den arbeitenden Maschinen und der Schraube entfernt sind, für die Empfängeraufstellung am besten. Figur 127) läßt eine Empfängeraufhängung erkennen, die

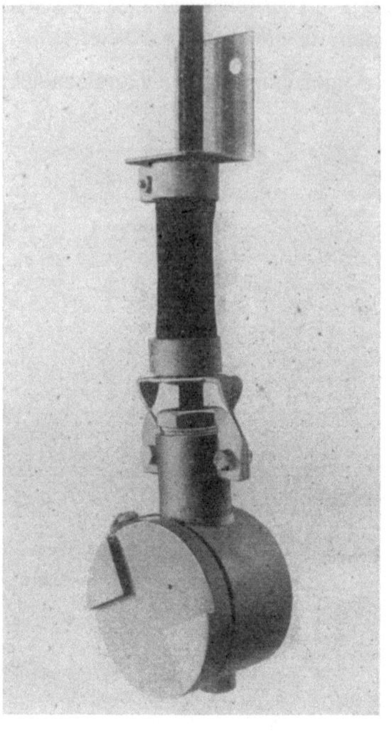

Fig. 127.

sich in der Praxis auf das beste bewährt hat. Der Empfänger hängt dabei an einem Stück Gummischlauch, durch den zweckmäßig das Empfängerkabel frei durchgezogen wird, sehr sicher und erschütterungsfrei im Wasser, sei dies nun das Wasser eines Tanks im Schiffsinnern oder auch, wie bei U-Booten, wo die starke Druckkörperwand den Schall bereits zu stark schwächt, in einem seitlichen Tauchtank, dem Tauchdruck des Bootes ausgesetzt.

Anstatt die Empfänger in einem Tank aufzuhängen, drückt man sie auch manchmal an einem Wassertopf an, wie aus der Figur 128.) hervorgeht.

Sollen die Empfänger außenbords angebracht werden, so muß man sie gegen mechanische Verletzung durch treibende Gegenstände oder schweren Seegang mittels dünner Schutzhauben aus widerstandfähigem Stahlblech schützen. Die Leitungskabel werden in besonderen Stutzen wasserdicht durch die Außenhaut geführt. Durch diese Art der Anbringung erreicht man größere Lautstärke und einen ungestörteren Empfang, doch kann das Anbringen, sowie die Ueberholung, der namentlich die Mikrophonempfänger heute noch bedürfen, sowie ihre Auswechslung nur im Dock erfolgen. Auch an Grundgestellen werden Empfänger ins Meer versenkt, um etwa nach der Stereoskopmethode Richtungs- und Entfernungsmessungen vorzunehmen oder die Annäherung von Fahrzeugen an die Küste über-

Fig. 128.

haupt zu registrieren. Besondere Vorsicht erheischt die Befestigung von Empfängern erster Ordnung, die gegen eine Verdrehung gut gesichert werden müssen

VIII. Kapitel.

Praktische Anwendung der Unterwasserschalltelegraphie.

§ 1. Anwendung als Telegraph und als Telephon.

In allererster Linie dient die Unterwasserschalltelegraphie zum Ansteuern fester Punkte für Schiffe bei Nebel und unsichtigem Wetter. An Feuerschiffen, Bojen, Molenköpfen oder versenkten Grundgestellen sind Unterwasserschallsender angebracht, deren Signale die jeweilige Kennung des Ansteuerungspunktes geben und die von den Unterwasserschallempfängern an Bord aufgenommen werden. Wie schon erwähnt, sind hiervon besonders die an Grundgestellen befestigten und auf dem Meeresgrund versenkten Anlagen als für die Zukunft besonders wichtig hervorzuheben, da sie im Gegensatz zu den schwimmenden Sendern auf Feuerschiffen oder Bojen vor allen Störungen durch Vertreiben oder Beschädigung durch schweres Wetter, Eisgang, Kollisionen u. dgl. m. infolge ihrer Aufstellung auf dem Meeresgrund sicher sind und daher dauernd betriebsklar bleiben.

Eine weitere Anwendung bilden für die Handelsschiffahrt die Doppelsenderanlagen, deren Zweck darin besteht, die Positionslaternen bei unsichtigem Wetter zu ersetzen. Die Anbringung der Sender haben wir bereits als eine sehr einfache für diesen Zweck kennengelernt; sie werden in die Außenhaut eines Schiffes backbord- und steuerbordseitig eingesetzt. (Fig. 124, Seite 265.) Da die Membranen moderner elektrischer Sender auf Grund ihrer Verwendung auf U-Booten für einen Außendruck von 10 Atm. eingerichtet sind, so ist durch ihre Einsetzung in die Bordwand für letztere nicht das geringste zu befürchten. Bringt man also Steuerbord und Backbord je einen Sender an, so kann mit dieser Doppelanlage im Nebel und bei unsichtigem Wetter beinahe dasselbe erreicht werden, was sonst die grünen und roten Positionslaternen ([188]) leisten. Infolge der Morseeigenschaft der elektrischen Sender können nämlich für jede Schiffseite besondere Signale abgegeben werden. Diese Signale, die man in Uebereinstimmung mit den Positions- oder Seitenlichtern „Positions-" oder „Seitensignale" nennen kann, werden so eingerichtet, daß man die beiden Sender scharf voneinander unterscheidet, solange man sich auf einer Seite des sendenden Schiffes befindet. Die Sender geben ihre Morsezeichen so ab, daß der eine schweigt, sobald der andere tönt und umgekehrt. Kommt daher ein Gegensegler recht voraus in die Kursrichtung des sendenden Schiffes, so vereinigen sich die getrennten Signale zu einem einzigen langen Ton, der wiederum zur besseren Kennung und zur auffälligeren Bemerkbarmachung durch entsprechende Pausen oder Pausengruppen unterbrochen sein soll. Figur 129 veranschaulicht ein derartig gewähltes Beispiel. Man sieht, daß sich die für die Steuerbord- und Backbordseite verschiedenen Signale zu einem langen Strich mit kurzen Pausen vereinigen, sobald das sendende Schiff recht voraus ist.

Für die U-Boote dienen die Morsesenderanlagen unter anderm dazu, Erkennungssignale untereinander oder im Verkehr mit Schiffen, hauptsächlich Vorpostenbooten, auszutauschen und den getauchten U-Booten von Minen und feindlicher Einwirkung freie Fahrstrecken zu bezeichnen. Als einziges Signalmittel im getauchten Zustand dient der Unterwasserschalltelegraph zur Befehls- und Nachrichtenübermittlung und ermöglicht so den U-Booten gemeinsames Operieren unter Wasser. Bei Tauchübungen bleibt das Boot in steter Verbindung mit dem Führerschiff und kann bei Havarien sofort Meldung erstatten und seine Position angeben. Den Kriegsschiffen über Wasser kann die Unterwassertelegraphie als ein Gefechtssignalmittel dienen, das der feindlichen Feuereinwirkung sehr weitgehend entzogen ist.

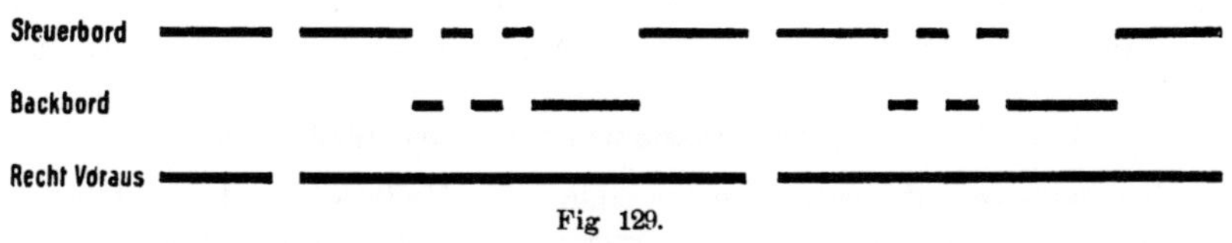

Fig 129.

Bezüglich der Verwendung als Telephon haben wir gesehen, daß eine solche stets auf sehr kleine Distanzen beschränkt sein wird. Jedenfalls ist aber mit Hilfe der elektrischen Unterwasserschallsender auch dieses Problem wenigstens im Prinzip gelöst; es ist nicht ausgeschlossen, daß auch die Unterwassertelephonie sogar eine ausgedehnte Anwendung finden kann. Man braucht dabei nur an die ankommenden Schiffe in einem Hafen zu denken, die wegen ihres Tiefganges in einiger Entfernung vom Lande vor Anker gehen. Hier wäre eine Verständigung zwischen Schiff und Land mittels Unterwasserschalltelephonie unter Umständen, besonders dann, wenn wegen der Nähe einer sendenden Großstation eine drahtlose Verständigung nicht zweckmäßig erscheint, ein sehr gutes Auskunftsmittel.

§ 2. **Das Loten mittels Unterwasserschallsignalen.**

Eine besonders elegante Anwendung der Unterwasserschalltechnik bildet das akustische Loten eines Schiffes bei voller Fahrt. Das Verfahren beruht auf der Reflexion der Schallwellen am Meeresgrund. Die halbe Zeit, die zwischen der Signalabgabe und der Signalrückkehr durch Reflexion verstreicht, ergibt, mit der Schallgeschwindigkeit multipliziert, die jeweilige Meerestiefe.

Die Vorrichtungen zum Messen der Entfernung mittels reflektierender Schallwellen, bei der im Wasser ein Schall erzeugt und der Zeitraum zwischen der Aussendung und der Rückkehr des Schalles bestimmt wird, sind sehr einfacher Natur. Eine dieser Ausführungsformen ist folgende: Auf einem Rade befindet sich ein Leitungssegment, das zu dem einen Pol der Armatur eines elektrischen Oszillators führt. Auf dem Rade schleifen hintereinander zwei Bürsten, von denen die eine mit dem Wechselstromgenerator, die andere mit einem Telephonempfänger verbunden ist, während das jeweilig zweite Kabelende von Maschine und Telephon zum zweiten Pol des Senders führt. Dreht sich das Rad, so wird während der Zeit, innerhalb der die mit dem Generator verbundene Bürste über das Leitungssegment streicht, der Sender tönen; dann hört die Erregung auf und der zurückkommende Schall erregt nunmehr den Oszillator, dessen Wechselstrom dann im Telephon hörbar wird, sobald die mit dem Telephon verbundene Bürste mit dem Segment auf dem Rade Kontakt hat. Die Telephonbürste wird solange verschoben, bis dieser Kontakt gleichzeitig mit der Erregung des Senders durch den reflektierten Schall einsetzt. Bei konstanter und bekannter Drehzahl der Scheibe bestimmt sich aus der Bürstendistanz in einfacher Weise die Tiefe. In einer Tiefe von 7,5 m unter dem Sender beträgt die Zeit, die der Schall zur Erreichung des Grundes und wiederum zurück zum Oszillator benötigt, rund $^1/_{100}$ Sekunde, was sich somit leicht messen läßt. In größeren Tiefen genügt die Abschätzung mit einer Stoppuhr. Man hat es dann auch nicht nötig, das Echo mittels einer eigenen Vorrichtung abzuhören und zu messen, da es im Innern des Schiffes sehr gut hörbar ist, falls man nur über einen etwas kräftigen Sender verfügt. Diese Anwendung bildet für die Schiffahrt ein äußerst kostbares Sicherungsmittel in unbekannten Gewässern oder bei der Einfahrt in einen Hafen.

§ 3. Verhütung von Zusammenstößen mit Hindernissen.

Eine weitere interessante Anwendung der Reflexionsmethode bildet die Verhinderung von verhängnisvollen Zusammenstößen mit unbelebten Hindernissen, die selbst keine Warnungssignale abgeben können, wie beispielsweise Eisberge. Jedem wird noch die „Titanic"-Katastrophe in Erinnerung sein. Wäre man damals bereits in der Lage gewesen, dieses modernste Mittel der Unterwasserschalltechnik anwenden zu können, wäre es leicht gelungen, dem verhängnisvollen Eisberg auch bei vollster Fahrt auszuweichen. Die Gefahr der Eisberge besteht im wesentlichen darin, daß man auch bei klarer Sicht über die Konfiguration des ungefähr zehnmal so großen untergetauchten Volumens gegenüber dem sichtbaren keinerlei Vorstellung hat. Die Echomethode macht eine solche Begegnung vollkommen gefahrlos, zumal bei Verwendung von modernen Sendern das Echo auf mehrere Meilen Distanz hörbar ist, so daß auch die besten Schnelldampfer noch genügend Zeit haben, um auszuweichen, ohne dabei ihre Fahrt verlangsamen zu müssen.

Außer vor Kollisionen mit Eisbergen kann die Echomethode auch als wirksames Schutzmittel gegen Anfahren an unterseeische Gebirge dienen.

Man hat auch vorgeschlagen, auf diese Weise sich gegen heute im Meer herumtreibende Minen zu schützen. Dies ist allerdings nicht so leicht und einfach wie bei Eisbergen, da die Ausdehnung der Minen eine an sich sehr kleine ist, bereits so klein, daß die Energie eines 1000periodischen Senders wegen der Vergleichbarkeit der Minenausdehnung mit der Wellenlänge schon zum größten Teil um die Mine herumgebeugt und nur ein unwesentlicher Teil reflektiert wird. Man müßte zu diesem Zwecke zu Sendern mit sehr kurzen Wellenlängen greifen (169).

§ 4. Das Unterwasserschallsignal als Lotse.

Sehr gute Dienste kann die Unterwasserschalltechnik im Lotsendienste und beim Aufsuchen havarierter Schiffe leisten. So ergibt sich für alle mit Unterwasserschallempfängern ausgerüstete Schiffe die Möglichkeit, im Nebel auf einen signalisierenden Lotsendampfer oder auf ein havariertes Schiff direkt loszudampfen. Hierdurch kann viel Zeit erspart und im Falle der Havarie manch großer Wert an Menschenleben und Waren gerettet werden.

Alle die geschilderten Methoden für Peilungs-, Richtungs- und Distanzmeßzwecke haben als notwendige Voraussetzung die Forderung, daß eine Ablenkung der Schallwellen in der Horizontalen nicht erfolgt, wie dies beispielsweise in Luft der Fall ist, und daher dieses Medium für derartige Zwecke nahezu völlig unbrauchbar wird. Eine solche Ablenkung der Wasserschallstrahlen ist durch nichts theoretisch begründet und auch in der Praxis nicht konstatiert worden. In speziellen Fällen wird sie natürlich auch vorhanden sein, so z. B., wenn sehr starke Strömungen vorliegen. In diesem seltenen Falle versagen selbstredend die davon betroffenen Methoden der Unterwasserschalltechnik ebenso wie in der Luft.

Ueberblicken wir zum Schlusse noch einmal das ganze Gebiet von seinen ersten primitiven Anfängen bis zu seiner heutigen modernen Ausgestaltung, so können wir einen eigenartigen Werdegang konstatieren; ursprünglich in Handelsschiffahrtskreisen angeregt durch das Bedürfnis nach einem sicheren Mittel zur erfolgreichen Begegnung der Gefahren bei der Navigation im Nebel, entstand der Erforschung der submarinen Akustik ein mächtiger und tatkräftiger Förderer bei fortschreitendem Ausbau der U-Bootwaffe in den Kriegsmarinen, deren Probleme im Weltkrieg zu einem auch dem Fachmann Achtung abringenden Lösungserfolg sowohl hinsichtlich der theoretischen, als auch apparatebautechnischen Errungenschaften führte; die auf diesem Umwege entstandenen, jahrelang unter den schärfsten Bedingungen erprobten und völlig bordfähig befundenen Apparate können nunmehr als vollendetes Mittel der friedlichen Schiffahrt für ihre ursprünglichen Bestrebungen übergeben werden.

Literaturverzeichnis und Ergänzungen.

Seite

(0). — Leonardo da Vinci, der Denker, Forscher und Poet, Auswahl von Marie Herzfeld, Seite 43, Fortpflanzung des Schalles in flüssigen und in festen Körpern, 3. Auflage, Jena, 1911, Eugen Diederichs. *1*

(1). — J. D. Colladon und J. K. F. Sturm: Ann. de chim. et de phys. 36, S. 236—257, 1827. — Pogg. Ann. 12, S. 171—189, 1828. — Mém. des savants étrangers (math. et phys.) 5, S. 329—347, 1838. — Bearbeitung der Colladonschen Versuche durch H. Hennessy, Rep. Brit. Ass. S. 173, 1861. —

(2). — Uebersicht über die bisherigen Bestimmungen der Schallgeschwindigkeit im Wasser: *1*

A. Monro; Vergleich des Baues und der Physiologie der Fische mit dem Bau des Menschen und der übrigen Tiere. Aus dem Engl. 4^0, Leipzig 1787. Kap. IX. Versuche über das Hören im Wasser S. 60—62. Enthält die ersten Messungen aus dem Jahre 1780. Als Resultat erhielt Monro die Gleichheit der Schallgeschwindigkeit im Wasser und Luft. Er folgert sein Ergebnis aus der Beobachtung, daß er von der Explosion einer am Ende eines kleinen Sees unter Wasser gesprengten Flasche am anderen Ende im Abstande von 800 Fuß nur „einen" Knall hörte. Er war dabei selbst so untergetaucht, daß die Ohren unter, Nase und Augen über Wasser waren, so daß er sowohl den Lichtschein der Explosion sehen, als auch den gleich darauf ankommenden Knall unter Wasser, jedoch beim sofortigen Herausheben der Ohren aus dem Wasser keinen zweiten durch die Luft mehr hören konnte. Offenbar läßt sich das Mißlingen dieses Versuches aus der zu kurzen Meßstrecke mit einer unmerklichen Zeitdifferenz leicht erklären.

Beudant: Es wurde im offenen Meer vor Marseille experimentiert. Die Messungen waren sehr roh und wurden daher nicht veröffentlicht. Erwähnt werden diese Versuche von Colladon und Sturm in Pogg. Ann. 12, S. 175, 1828.

Colladon und Sturm: siehe (1). —

Cagniard de la Tour, 1831. Bestimmung der Tonhöhe verschiedener Flüssigkeiten mit der „pipette siffleur". 1833 Bestimmung der Tonhöhe des Wassers in der „tube éprouvette". Um das Jahr 1820 fällt die Erfindung der Sirene durch ihn, um damit Wasser zum Tönen zu bringen. Dem Umstande, daß mit ihr das Wasser voll zum Tönen gebracht wurde, verdankt die Sirene ihren Namen. Ann. de chim. et de phys. 12, S. 167—171, 1819; Ann. de chim. et de phys. 18, S. 438—440, 1821; Rep. of the Brit. Assoc. 2, S. 174, 1850; Practical Mechanic's Journ. Okt. 1850, S. 149; Journal de chim. med. S. 616, 1832 und Le Lycée 15/XII. 1831; Berzelius, Jahresbericht

Seite

über die Fortschritte d. phys. Wissensch. 12, S. 3—4, 1832 (deutsch 1833); Pogg. Ann. 26, S. 352, 1832. L'Institut 1, S. 144—149 (Nr. 17) 1833; Ann. de chim. et de phys. 56, S. 252—280, 1834. — Ann. chim. phys. 56, S. 280—294, 1834. Pogg. Ann. 28, S. 239, 1833.

G. Wertheim: Compt. Rend. 24, S. 656—658, 1847; Inst. 15, S. 126—127 (Nr. 693) 1847; Pogg. Ann. Ergzbd. II, S. 497—499, 1848; Ann. chim. phys. (3), 23, S. 434—475, 1848; Pogg. Ann. 77, S. 427—445 und 544—571, 1849: C. R. 27, S. 150—151; Inst. 16, S. 237—238; Arch. sc. phys. et nat. (Bibl. univers. de Genève) 9, S. 52—59, 1848; C. R. 29, S. 697—700, 1849. Kirchhoff, Fortschr. d. Phys. S. 99, 1849. Helmholtz, Fortschr. d. Phys. S. 110—114, 1848, und Ges. Abh. 1, S. 242—246. —

L. Matthiessen: Pogg. Ann. 134, S. 107—117, 1868, und Pogg. Ann. 141, S. 375—393, 1870. —

F. André: C. R. 70, S. 568—571, 1870; Phil. Mag (4) 40, S. 76—78, 1870. Inst. 38, S. 98, 1870. —

O. E. Meyer: Pogg. Ann. Jubelbd. S. 1—10, 1874; Naturf. 7, S. 189—190; Arch. sc. phys. (2) 49, S. 359—360. —

Kundt und Lehmann: Pogg. Ann. 153, S. 1—12, 1874; Arch. sc. phys. (2) 51, S. 350—353; Journ. de phys. 5, S. 159—161. —

V. Dvorack: Wien. Ber. 70, S. 522—526, 1874; Pogg. Ann. 154, S. 156—160, 1875; Journ. de phys. 5, S. 195—196; Wien. Ber. 71, S. 315—333, 1875; Ztschr. f. ges. Naturw. 47, S. 372—373, 1876. —

T. Martini: Atti del Reale Istitute Veneto (6) 4, Appendice S. 1—87, 1886 (85/86); Wied. Beibl. 12, S. 566—569; Phil. Mag. (5) 26, S. 468; Atti R. Ist. Ven. (5) 8, S. 961—986, 1882 (81/82) und (6) 2, S. 109—135, 1883 (83/84); Journ. de phys. (2) 1, S. 514—515; Beibl. 7, S. 17—18; Mondes (3) 2, S. 586—589; Nature 27, S. 183; Journ. de phys. (2) 3, S. 218; Beibl. 8, S. 798—799; Revista sc. industr. 14, S. 3—9. —

K. Threlfall und J. F. Adair: Proc. Roy. Soc. 45, S. 450—451, 1889 und 46, S. 496—541, 1890; Rundsch. 4, S. 439. —

W. Schmidt: Wien. Ber. 114 (2a), S. 945—991, 1905; Vieteljahresber. d. Wien. Ver. z. Förd. d. Unterr. 11, S. 47—49, 1906. —

K. Dörsing: Ueber die Geschwindigkeit des Schalles in Flüssigkeiten, Bonn 1908. —

(3). — Ch. Bonnycastle: L'Institut, journal des Académies etc. 8, S. 25—26 (Nr. 316), 1840. — *1*

(4). — J. D. Colladon: C. R. 13, S. 439—443, 1841; Pogg. Ann. 54, S. 130—136, 1841. — *1*

(5). — M. Banaré: Les Collisions en Mer. Première Partie: Routes de Navigation et Signaux Phoniques en Temps de Brume. Paris, Imprimerie Nationale 1888. — *2, 339*

(6). — Körte: Vortrag auf dem 32. Verbandstage des nautischen Vereines in Berlin. — *2*

(7). — G. Wertheim: siehe unter (2); Ann. chim. et phys. (3) 23, S. 434, 1848, und 31, S. 385, 1851. — *8*

(8). — Clément und Desormes: Im Jahre 1826 bei einem Besuche der Schmelzöfen von Fourchambault machte der dortige Ingenieur Griffith darauf aufmerksam, daß ein vor die Mündung eines starken Gebläses gehaltenes Brett, *9*

Seite

nicht, wie zu erwarten war, abgestoßen, sondern angezogen wurde; dabei befand sich die Gebläsemündung selbst in einer ebenen Platte. Clément und Desormes gaben die Erklärung für diese Erscheinung, die heute unter dem Namen „aerodynamisches Paradoxon" bekannt ist. Siehe: Wüllner, Physik, Bd. 1. S, 356, 1863. —

(9). — Johannes Görges und Alard du Bois-Reymond: D. R. P. Nr. 217 294, 217 295 und 217 296 aus dem Jahre 1908/09 und A. du Bois-Reymond, D. R. P. 176 110 aus dem Jahre 1904. — *110*

(10). — R. A. Fessenden: D. R. P. Nr. 289 427 aus dem Jahre 1913. — *110*

(11). — Weitere Literaturangaben für das erste Kapitel: *1—11*

History and development of submarine signaling by H. J. W Fay, 1911. —

Further results of submarine signaling by means of sound by J. B. Millet, 1907. —

Submarine signaling and a proposed method of safe navigation in fog. by F. L. Sawyer, 1914. —

Mededeelingen betreffende Onderwater-Geluidsignalen door P. van Braam van Vloten. S. 7—8, Nr. 5, 1908. —

Peck: Unterwasserschallsignale, ihre historische Entwicklung, ihre Fortschritte und ihr gegenwärtiger Stand. Annalen der Hydrographie und maritimen Meteorologie 1907, Jänner, Nr. 6. Das Wesen und die Bedeutung der Unterwasserschallsignale, Nautikus, 1907, Nr. 7. — Marine-Rundschau, März 1909. —.

Der heutige Stand des Unterwasserschallsignalwesens. Ann. d. Hydrogr. u. marit. Meteorg. März 1909. —

Vortrag von Gümpel über Unterwassersignale, gehalten auf dem 37. Vereinstage des deutschen Nautischen Vereines in Berlin, 16./II. 1906. —

Long-distance Submarine Signaling by Dynamo-Electric Machinery by Reginald A. Fessenden, Juni 1914. —

D. R. P. Nr. 248 646. — D. R. P. 227 540. — D. R. P. 298 916. — D. R. P. 237 193. —

Vortrag von W. Hahnemann, „Die Unterwasserschalltechnik" in der 21. ordentlichen Hauptversammlung der Schiffbautechnischen Gesellschaft in Berlin vom 20. und 21. November 1919. —

Unterwasserschallsignale 1919, Signal-Gesellschaft in Kiel.

Elektrotechn. Zeitschr. S. 882, 1905, und S. 1131, 1914. —

The Engineer: S. 220, 1905. —

Oesterr. Patent Nr. 52 439. —

J. Joly: Phil. Mag. Juli 1918, S. 1. —

(12). — Siehe beispielsweise: J. Spielrein, Lehrbuch der Vektorrechnung, Stuttgart 1916. — *114*

(13). — Siehe beispielsweise: R. Fricke, analytisch-funktionentheoretische Vorlesungen, Leipzig 1900. — *118*

(14). — Wie (13). — *119*

Seite

(15). — Schlömilch, Kompendium der höheren Analysis, Braunschweig. — Riemann-Weber, Partielle Differentialgleichungen, Braunschweig. — Jahnke-Emde, Funktionentafeln mit Formeln und Kurven. Leipzig 1909. — 19

(16). — Hat eine skalare Ortsfunktion Φ eines Feldes die Eigenschaft, daß ihre ersten partiellen Ableitungen nach irgendeiner Richtung die an diesem Orte herrschende Geschwindigkeit liefern, so nennt man eine derartige Funktion Φ Geschwindigkeitspotential. Sind u, v, w die Komponenten der Geschwindigkeit nach den drei Achsenrichtungen eines räumlichen rechtwinkligen Koordinatensystems, so ist 25

$$\Phi = \int [u\,dx + v\,dy + w\,dz] \cdot -$$

Die Dimensionen von Φ sind $[\Phi] = [l^2 t^{-1}]$. —

Es ist üblich, im Gegensatz zum Beschleunigungspotential, wo bekanntlich die negativen partiellen Ableitungen nach der Richtung die Kräfte daselbst definieren, beim Geschwindigkeitspotential die positiven Werte zu wählen, was allerdings aus Analogiegründen eine Inkonsequenz bedeutet. Die Einführung des Geschwindigkeitspotentiales rührt von v. Helmholtz her. Siehe unter anderm: Lord Rayleigh, Proc. Lond. math. Soc. 19, S. 504, 1888; Scient. Papers, 3, S. 44.

(17). — Rayleigh: Die Theorie des Schalles, deutsch von Fr. Neesen, Braunschweig 1879. — 31

(18). — W. Hahnemann und H. Hecht: Phys. Ztschr. S. 601, 1916, und S. 261, 1917. — 39, 77

(19). — G. Stokes: Trans. Cambr. phil. Soc. 7 u. 8, 1842 u. 1843; W. Thomson, Cambr. and Dubl. math. Journ. 4, 1849; Proc. Edinb. Soc. 25, S. 219, 1867; Phil. Mag. 1871. — 42

(20). — Der einfache Gaußsche Satz besagt, daß das Raumintegral der Divergenz eines Vektors in einem gegebenen Raumteil gleich ist dem Oberflächenintegral dieses Vektors, erstreckt über die Gesamtoberfläche des Raumintegrationsgebietes. Dabei ist Eindeutigkeit des Vektors Voraussetzung. Heißt der Vektor $\mathfrak{A}$, das Volumelement $d\tau$, das Flächenelement df und ist die den Raum S umschließende Oberfläche F, so schreibt sich der Gaußsche Satz: 42

$$\int_S \operatorname{div} \mathfrak{A}\, d\tau = \int_F df\, \mathfrak{A} \cdot$$

(21). — ϑ bedeutet in dieser Formel die Temperatur. — 44

(22). — H. Helmholtz: Fortschr. d. Phys. 1848, S. 110—114; Ges. Abh. 1, S. 242—246. — 44

(23). — Siehe auch Bridgman: Proc. Am. Acad. 48, S. 310, 1912. — 45

(24). — Tait: Wied. Beibl. 13, S. 442, 1889; Nature 36, S. 382, 1887. — 45

(25). — Krümmel: Handbuch der Ozeanographie, B. 1, S. 285, 1907. — 46

(26). — Krümmel: Handbuch der Ozeanographie, Bd. 1, S. 237, 1907; S. 288, 1907. — Siehe auch: Engels-Hubert: Handbuch d. Wasserbaues, I. Bd., S. 204, 1914. — 46, 50

Seite

(27). — G. Stokes: Mathematical and phys. Papers 1. S. 100 (Cambridge 1880). — 47

(28). — Krümmel und Ruppin: Wissenschaftliche Meeresuntersuchungen, N. F. 9, S. 29—36, 1905. — 47

(29). — Hauser: Ann. d. Phys. (4) 5, S. 597, 1901. — 48

(30). — Chappus: Trav. Bur. int. 13, S. 40, 1904 (1907). — 48

(31. — F. Aigner: Ztschr. f. Phys. I., S. 164—166, 1920. — 51, 81

(32). — H. Lichte: Phys. Ztschr. XX, S. 385, 1919. — 54

(33). — Siehe Tabelle 19a.) in Kohlrausch: Lehrbuch der praktischen Physik S. 714, 1914. — 55

In Gleichung 7.) dieses Paragraphen beachte, daß $\frac{\partial p}{\partial \vartheta}$ nur für Temperaturen über 4° C, also nur für Werte über dem Dichtenmaximum negativ ist. —

(34). — F. Aigner: Ztschr. f. Phys. I., S. 161—173, 1920. — 59

(35). — Rayleigh: Phil. Mag. 14, S. 596, 1907. — 59

(36). — Stefanini: Naturwiss. Rundschau 4, S. 268. — 59

(37). — Toepler und Boltzmann: Pogg. Ann. S. 321, 1870. — 59

(38). — M. Wien: Phys. Ztschr. 4, S. 69, 1902/03, und Pflügers Archiv f. d. ges. Physiologie, Phys. Abtl. S. 1, 1903. — 59

(39). — Zwaardemaker und Quix: Pflügers Archiv, Physiol. Abtl. S. 367, 1902 und S. 25, 1904. — 59

(40). — Hahnemann und Hecht: Ann. d. Phys. (4) 60, S. 476, 1919. — 59

(41). — v. s. ist die französische Abkürzung für „vibrations simples“, einfache Schwingungen, im Gegensatz zu v. d. = „vibrations doubles“, Doppelschwingungen. Es war nämlich hauptsächlich in der Akustik eine Zeitlang Sitte, eine der beiden, bei einer Schwingung auftretenden, entgegengesetzten Phasen schon als eine Schwingung zu bezeichnen und dem Normal a die Zahl 870 v. d. zuzuschreiben. Das ist selbstredend vom physikalischen Standpunkt aus völlig zu verwerfen, da eine derartige Halbschwingung keinen periodischen Vorgang darstellt, da sich nach Ablauf der dazu benötigten Zeit der Vorgang nicht wiederholt, sondern als gerade entgegengesetztes Ereignis abspielt. — 60

(42). — J. W. Birnbaum: Ann. d. Phys. (4) 49, S. 215, 1916, und Jahrb. d. drahtl. Telegraphie u. Telephonie 11, S. 1, 1917. — 61

(43). — G. Kirchhoff: Pogg. Ann. 134, S. 177, 1868. Gesammelte Abhandlungen S. 540 (Leipzig 1882). Vgl. auch B. Brunhes, Journ. d. Phys. (3), 6, 289, 1897. — 61

(44). — Rüdenberg: Ann. d. Phys. (4) 25, S. 446, 1908. — 62

(45). — Für ein Luftschallfeld findet der Verfasser die nachstehenden Werte für unmittelbares und mittelbares Hören: 63

Tabelle Nr. XI. Luftschallfeld. Seite

r km	n unmittelbar	n mittelbar	r km	n unmittelbar	n mittelbar
1	2000	1000	10	1020	753
2	1635	920	20	848	690
3	1446	874	30	765	654
4	1320	840	40	716	627
5	1240	820	50	658	608
6	1177	800	60	653	592
7	1123	784	70	630	578
8	1080	775	80	610	568
9	1050	763	90	593	558
10	1020	753	100	580	550

Aus dieser Tabelle, der der für Luft experimentell gefundene Schallschwächungskoeffizient $3 \cdot 1 \cdot 10^{-18} n^2$ zugrunde liegt, ist ersichtlich, daß die allgemein zu hörende Regel, für Signale in Luft Töne zu verwenden, für die das Ohr am empfindlichsten ist, keineswegs das Richtige besagt. Denn für Reichweiten von 1 bis 10 km ändert sich bei unmittelbarem Ohrempfang die günstigste Tonhöhe um rund eine Oktave. Soll eine Luftschallanlage für unmittelbaren Gehörempfang für 10 km Reichweite gebaut werden, so kommt man, wie eine einfache Rechnung ergibt, bei einem Signalton von etwa 1000 Perioden mit weniger als einem Sechstel der Senderenergiestrahlung zum Ziel, als wenn man den subjektiv empfindlichsten Ton 2300 wählen würde. —

(46). — H. Barkhausen und H. Lichte: Ann. d. Phys. 1920, S. 485. — *67*

(47). — Elektrische Sender sind ohne weiteres auch als Empfänger brauchbar. *68*
Denn in Senderschaltung wird die Membran durch die dem Apparat zugeführte äußere elektrische Kraft in Schwingungen versetzt; umgekehrt setzt ein Sender, dessen Membran durch Schallschwingungen bewegt wird, die akustische, ihm zugeführte Energie in elektrische um.

(48). — Die Lautstärkemessung beruht darauf, daß man dem Hörtelephon einen *68, 69*
Ohmschen Widerstand parallel schaltet und solange einreguliert, bis der Telephonton gerade noch hörbar ist. Es stellt somit die Hörbarkeit das Verhältnis des tatsächlich verfügbaren Telephonstromes i — also bei ausgeschaltetem Parallelohmwiderstand — zu derjenigen Telephonstromstärke i_T dar, die einen eben hörbaren Ton im Telephon hervorzurufen vermag. Die Schaltung ist eine Stromverzweigung, die in Anwendung der Kirchhoffschen Stromverzweigungsgesetze, wenn wir mit w_T den Telephonwiderstand und mit w_p den Parallelohmwiderstand und mit i_p den durch ihn fließenden Strom bezeichnen, ergibt:

$$i_T W_T = i_p w_p$$

$$i_T : i_p = w_p : w_T$$

$$(i_T + i_p) : i_T = (w_p + w_T) : w_p$$

$$i_T + i_p = i$$

$$i : i_T = (w_p + w_T) : w_p$$

Seite

Die Hörbarkeit $H = \frac{i}{i_T} = \frac{w_p + w_T}{w_p} = 1 + \frac{w_T}{w_p}$. Die Hörbarkeit H = 1 oder auch die Lautstärke (Lautstärkeamplitude) L = 1 ist somit dann laut Definition vorhanden, wenn der ganze verfügbare Strom (von der Stärke des eben hörbaren i_T) durch das Telephon geht. Die Schlußformel ergibt, daß dann $w_p = \infty$ werden muß, da $i = i_T$ wird. Hier ist zu beachten, daß der gesamte, dem Telephon parallel geschaltete Widerstand in Betracht kommt, also außer dem absichtlich angelegten Parallelohmwiderstand auch alle anderen, dem Telephon aus Schaltungsgründen notwendigerweise parallelliegenden Widerstände, so daß sich für den Wechselstromwiderstand normalerweise nicht der des Telephones allein, sondern meist ein Kombinationswiderstand ergibt. — Dagegen wird oft gröblich verstoßen und nur der Wechselstromwiderstand des Telephones in Rechnung gesetzt. Den Fall eines kombinierten Telephonwiderstandes haben wir beispielsweise in der Figur 16 (Seite 68) vor uns. Der Wechselstromwiderstand des Telephones betrug etwa 3000 Ohm. Dieser Widerstand darf aber nicht als Telephonwiderstand eingesetzt werden, da das Telephon unveränderlich den Transformatorwiderstand parallel geschaltet hat. Das Telephon besitzt somit einen Kombinationswiderstand $\frac{T \cdot F}{F + T}$, der bei den Versuchen für Wechselstrom rund 1000 Ohm betrug. Dann lautet in diesem Falle die Formel für die Lautstärkeamplitude L richtig:

$$L = 1 + \frac{1000}{R}.$$

In Figur 17 (Seite 68) wird das Telephon mit einem Serienwiderstand R deshalb reguliert, da der Sender samt dem zugehörigen Telephon bloß 40 Ohm wirksamen Widerstand hatte, so daß eine Schwächung durch Parallelohm zu sehr kleinen und die Methode ungenau machenden Widerständen geführt hätte. Die Lautstärke berechnet sich hier nach der Formel:

$$L = 1 + R/40.$$

(49). — Diese spezifische Strahlungsleistung läßt sich sowohl genau berechnen, als auch mittels Resonanzkurvenaufnahme messen. *68*

(50). — Die absolute Eichung der Empfänger wurde so vorgenommen, daß sie in verschiedene Entfernungen von einem Sender bekannter Strahlungsleistung gebracht wurden, wobei die Entfernungen so klein gewählt waren, daß man von schallschwächenden Absorptionen absehen und die Schallausbreitung in Form von Kugelwellen annehmen durfte. Bei diesen Messungen müßten streng genommen Sender und Empfänger im Vergleich zu den verschiedenen Empfängerabständen große Entfernungen von allen reflektierenden Wänden haben, was angenähert nur in sehr tiefem Wasser zu erreichen wäre. Es kann daher, da diese Verhältnisse in Kiel nicht vorlagen, der gefundene Feldwert von 10^{-15} Watt/cm² für die Ebenhörbarkeit nur hinsichtlich seiner Größenordnung richtig sein. — *68*

(51). — Diese Frequenz bleibt auch für das Absorptionsgesetz als günstigste erhalten. Denn in der Gleichung 2 a.), Seite 64, ändert sich nichts weiter, als daß das zweite Glied in der Klammer von der Frequenz abhängig wird. *81*

Nachdem dieses Glied nach dieser Richtung hin innerhalb der bei Gültigkeit des Absorptionsgesetzes kleinen Distanzen für die günstigste Tonhöhebestimmung nichts ausgibt, bleiben die für mittelbaren Hörempfang bezüglich der zylindrischen resp. kugeligen Wellenausbreitung gemachten Schlüsse völlig aufrecht. — Seite

(52). — Das Ueberlagerungsprinzip besteht darin, daß man einer unhörbaren Frequenz die Sprachschwingungen überlagert. Diese Ueberlagerung bewirkt eine der Sprachschwingungskurve entsprechende Amplitudenschwankung in der unhörbaren Frequenz. Das charakteristische Merkmal dieser Ueberlagerungsmethode ist somit die Anwendbarkeit von Resonanzempfängern und ebensolchen Sendern im Gegensatz von der gewöhnlichen Telephonie, bei der aperiodische Sende- und Empfangsapparate Bedingung sind. — *82*

(53). — In beiden Fällen ist eine künstliche Transformation des Sendertones auf 2300 Perioden für das abhorchende Ohr eingeführt worden. Diese Voraussetzung ist vollkommen gerechtfertigt, denn die unhörbaren Töne müssen zum Zwecke des Abhorchens in hörbare transformiert werden, und zwar in diesem Falle auf die Höhe des physiologisch empfindlichsten. — *82*

(54). — Es wird auch behauptet, daß die Empfindlichkeit der Infraempfänger hinsichtlich gewisser Schiffsgeräusche, deren charakteristische Frequenzen in der Höhe der Oberschwingungen dieser Empfänger liegen, ein hinderliches Moment darstellen. Dies ist jedoch nicht richtig. Denn bedenkt man, daß die tiefsten charakteristischen Schiffsgeräuschfrequenzen mindestens um eine Zehnerpotenz höher sind als der erforderliche unhörbare Senderton, so sieht man, daß sie alle durch „Frequenztransformation" des Sendetones auf Ton 2300 außerhalb der oberen Hörgrenze zu liegen kommen, daher nicht störend wirken können. Eines darf man natürlich nicht machen, was sowohl vorgeschlagen als auch durchgeführt wurde, nämlich die unhörbare tiefe Frequenz durch einen Unterbrechermechanismus in eine physiologisch gut hörbare „zerhacken". In diesem Falle werden allerdings die Störungen durch die Schiffsgeräusche so groß, daß an eine praktische Brauchbarkeit dieser Methode nicht zu denken ist. Der geringste Seegang verursacht dann bereits enorme Störungen und irgendeine Bewegung im Schiff wird von dem Empfänger mit sehr großer Lautstärke — und zwar in der Zerhackungsfrequenz, also in der Signaltonhöhe — wiedergegeben. — *82*

(55). — D. R. G. M. Nr. 662 293. — *83*

(56). — Weitere Literatur zum Kapitel II: *12-83*

H. v. Helmholtz: Die Lehre von den Tonempfindungen. Braunschweig 1906. —

Winkelmann: Handbuch der Physik II. Bd. Leipzig 1909. —

H. Lamb: The Dynamical Theory of Sound, London 1910. —

Enzyklopädie der math. Wissenschaften, IV. Bd., Art. 26, Leipzig, 1907. —

(57). — Unter $\dot{\xi}$ und $\ddot{\xi}$ werden die erste, respektive zweite zeitliche Ableitung, *84*

also $\frac{d\xi}{dt}$ respektive $\frac{d^2\xi}{dt^2}$ beziehungsweise $\frac{\partial\xi}{\partial t}$, resp. $\frac{\partial^2\xi}{\partial t^2}$ verstanden. —

Seite

(58). — Die Beziehung Kraft ist gleich Masse mal Beschleunigung lautet bekanntlich für eine drehende Bewegung: Drehmoment ist gleich Trägheitsmoment mal Winkelbeschleunigung. *85*

(59). — Das Minuszeichen trägt dem Umstande Rechnung, daß die Reibung die Bewegung stets zu hemmen sucht. — *87*

(60). — Siehe Kapitel II, § 2, S. 17. — *87*

(61). — Um für das Resonanzphänomen einen technischen Maßstab zu gewinnen, bezeichnet man manchmal als Resonanzschärfe oder auch als Resonanzbreite die Zahl s der Schwingungen der Dezimierzeit der Amplitude. Viel Sinn hat diese Bezeichnung nicht, da man dazu auch immer die Resonanzfrequenz angeben muß, also keineswegs ein so unabhängiges Element damit gewinnt, wie es etwa das logarithmische Dekrement darstellt. — *90*

(62). — V. Bjerknes: Wied. Ann. 55, S. 121, 1895; M. Wien, Ann. d. Phys. 25, S. 625, 1908. — *97*

(63). — Rayleigh: Theory of Sound, Bd. I. § 81. — *97*

(64). — M. Wien: Wied. Ann. d. Phys. 61, S. 151, 1897. — *99*

(65). — Die Bezeichnung Strahler nullter, erster usw. Ordnung ist durch die Ordnung der Kugelfunktion gerechtfertigt; diese bestimmt die Anzahl der Knotenlinien. Ein Strahler nullter Ordnung besitzt somit keine, ein Strahler erster eine Knotenlinie usw. — *105*

(66). — Der Mediumstrom ist gegeben durch die Oberfläche mal der Geschwindigkeit, also durch *106*

$$4\pi r^2 i = 4\pi r^2 \frac{\partial \Phi}{\partial r}. —$$

(67). — Dies gilt unter der Voraussetzung, daß r klein genug ist, um die Vernachlässigung gerechtfertigt erscheinen zu lassen. — *106*

(68). — Das Reziprozitätsgesetz läßt sich mit Hilfe des hier nicht in Anwendung gebrachten Greenschen Satzes ableiten. Man erhält das wichtige Theorem: Werden in einem mit einem Schallmedium gefüllten Raume, der teilweise durch feste Körper von endlicher Ausdehnung begrenzt und teilweise unbegrenzt ist, Schallwellen in irgendeinem Punkte A erzeugt, so resultiert in einem anderen Punkte B ein Geschwindigkeitspotential, das sowohl an Größe, wie auch in der Phase dasselbe ist, das es in A sein würde, wenn B die Schallquelle gewesen wäre. — *107*

(69). — Rayleigh, wie (17), II. Bd., S. 281. — *110*

(70). — Rayleigh, wie (17), Bd. II, S. 327 und Math. Society's Proceedings, March 14, 1872; Nov. 14. 1872. — T ist das Kugelvolumen des Strahlers. — *112*

(71). — Rayleigh, wie (17), Bd. II, S. 193. — *114*

(72). — Nachdem die Besselschen Funktionen in der theoretischen Akustik eine hervorragende Rolle spielen, soll im folgenden eine Tabelle für die Funktionen J_0 und J_1 gegeben werden, die aus dem Werke von Lommel, Studien über die Bessel-Funktionen, Leipzig 1868, entnommen ist. Die Funktionen J' und J_1 stehen in dem Zusammenhang $J'_0 = -J_1$. — *114*

Tabelle Nr. XXIV.

z	$J_0(z)$	$J_1(z)$	z	$J_0(z)$	$J_1(z)$
0·0	1·0000	0·0000	3·8	— 0·4026	+ 0·0128
0·1	0·9975	0·0499	3·9	0·4018	— 0·0272
0·2	0·9900	0·0995	4·0	0·3972	0·0660
0·3	0·9776	0·1483	4·1	0·3887	0·1033
0·4	0·9604	0·1960	4·2	0·3766	0·1386
0·5	0·9385	0·2423	4·3	0·3610	0·1719
0·6	0·9120	0·2867	4·4	0·3423	0·2028
0·7	0·8812	0·3290	4·5	0·3205	0·2311
0·8	0·8463	0·3688	4·6	0·2961	0·2566
0·9	0·8075	0·4060	4·7	0·2693	0·2791
1·0	0·7652	0·4401	4·8	0·2404	0·2985
1·1	0·7196	0·4709	4·9	0·2097	0·3147
1·2	0·6711	0·4983	5·0	0·1776	0·3276
1·3	0·6201	0·5220	5·1	0·1443	0·3371
1·4	0·5669	0·5419	5·2	0·1103	0·3432
1·5	0·5118	0·5579	5·3	0·0758	0·3460
1·6	0·4554	0·5699	5·4	0·0412	0·3453
1·7	0·3980	0·5778	5·5	— 0·0068	0·3414
1·8	0·3400	0·5815	5·6	+ 0·0270	0·3343
1·9	0·2818	0·5812	5·7	0·0599	0·3241
2·0	0·2239	0·5767	5·8	0·0917	0·3110
2·1	0·1666	0·5683	5·9	0·1220	0·2951
2·2	0·1104	0·5560	6·0	0·1506	0·2767
2·3	0·0555	0·5399	6·1	0·1773	0·2559
2·4	+ 0·0025	0·5202	6·2	0·2017	0·2329
2·5	— 0·0484	0·4971	6·3	0·2238	0·2081
2·6	0·0968	0·4708	6·4	0·2433	0·1816
2·7	0·1424	0·4416	6·5	0·2601	0·1538
2·8	0·1850	0·4097	6·6	0·2740	0·1250
2·9	0·2243	0·3754	6·7	0·2851	0·0953
3·0	0·2601	0·3391	6·8	0·2931	0·0652
3·1	0·2921	0·3009	6·9	0·2981	0·0349
3·2	0·3202	0·2613	7·0	0·3001	— 0·0047
3·3	0·3443	0·2207	7·1	0·2991	+ 0·0252
3·4	0·3643	0·1792	7·2	0·2951	0·0543
3·5	0·3801	0·1374	7·3	0·2882	0·0826
3·6	0·3918	0·0955	7·4	0·2786	0·1096
3·7	0·3992	0·0538	7·5	0·2663	0·1352

z	$J_0(z)$	$J_1(z)$	z	$J_0(z)$	$J_1(z)$
7·6	0·2516	0·1592	10·6	0·2276	0·1012
7·7	— 0·2346	0·1813	10·7	0·2164	0·1224
7·8	0·2154	0·2014	10·8	0·2032	0·1422
7·9	0·1944	0·2192	10·9	0·1881	0·1604
8·0	0·1717	0·2346	11·0	0·1712	0·1768
8·1	0·1475	0·2476	11·1	0·1528	0·1913
8·2	0·1222	0·2580	11·2	0·1330	0·2039
8·3	0·0960	0·2657	11·3	0·1121	0·2143
8·4	0·0692	0·2708	11·4	0·0902	0·2225
8·5	0·0419	0·2731	11·5	0·0677	0·2284
8·6	+ 0·0146	0·2728	11·6	0.0446	0·2320
8·7	— 0·0125	0·2697	11·7	— 0·0213	0·2333
8·8	0·0392	0·2641	11·8	+ 0·0020	0·2323
8·9	0·0653	0·2559	11·9	0·0250	0·2290
9·0	0·0903	0·2453	12·0	0·0477	0·2234
9·1	0·1142	0·2324	12·1	0·0697	0·2157
9·2	0·1367	0·2174	12·2	0·0908	0·2060
9·3	0·1577	0·2004	12·3	0·1108	0·1943
9·4	0·1768	0·1816	12·4	0·1296	0·1807
9·5	0·1939	0·1613	12·5	0·1469	0·1655
9·6	0·2090	0·1395	11·6	0·1626	0·1487
9·7	0·2218	0·1166	12·7	0·1766	0·1307
9·8	0·2323	0·0928	12·8	0·1887	0·1114
9·9	0·2403	0·0684	12·9	0·1988	0·0912
10·0	0·2459	0·0435	13·0	0·2069	0·0703
10·1	0·2490	+ 0·0184	13·1	0·2129	0·0489
10·2	0·2496	— 0·0066	13·2	0·2167	0·0271
10·3	0·2477	0·0313	13·3	0·2183	— 0·0052
10·4	0·2434	0·0555	13·4	0·2177	— 0·0166
10·5	0·2366	0·0789			

(73). — Diese Formel stammt aus der „Hütte" Bd. I, S. 601, 1915, 22. Aufl. 120
Dabei ist E der Elastizitätsmodul und d die Dicke der Membran. —

(74). — Die Tabelle XXVI enthält außer Metallen auch noch einige andere 122
Substanzen. Es ist interessant, daß Holz die weitaus größte Strahlungsdämpfung in Luft hat, an das sich als nächstes Material mit einem fast 3 mal kleineren Wert Aluminium anschließt. Daraus ist ersichtlich, daß hinsichtlich des Geigenproblems alle Vorschläge, sie aus einem anderen Material zu fertigen, mit einer wesentlichen Einbuße an Tonstärke verbunden sein müssen. Es wird aber andererseits jede Imprägnierung des Holzes, die den

Seite

Elastizitätsmodul im Vergleich zur Dichte günstiger steigert, eine Tonintensitätssteigerung bringen, so daß es nicht ausgeschlossen erscheint, daß hinter dem angeblich verlorengegangenen Lack oder dem nicht mehr existierenden Holz der alten Meistergeigen eine physikalische Wahrheit steckt. — Wegen der an sich kleinen Strahlungsdämpfung lassen sich Membransender in Luft nur mit kleinem Wirkungsgrad bauen. Große Strahlungsleistung in Luft ist lediglich mit Sirenen zu erzielen. —

(75). — Unter Schwingungsmasse ist die äquivalente Membranmasse hier zu ver- 123
stehen und wohl zu unterscheiden von der Membranmasse selbst, die bei elastischen Membranen größer ist als die erstere.

(76). — Für Wasser lassen sich somit Membranapparate mit wesentlich höheren 123
Leistungen bauen als für Luft. —

(77). — Die Messungen sollen im freien Wasser erfolgen, um alle Störungen durch 124,
Reflexionen an Wänden zu vermeiden. Um solche Messungen aber auch im 126
Laboratorium durchführen zu können, hilft man sich so, daß man ein Gefäß mit sehr schallweichen Wänden — dünnen Blechen —, das in gut schallabsorbierender Substanz, wie Sägespänen oder noch besser Kieselgur, eingebettet ist, etwa vom Fassungsraum von 1—2m³ anfertigt und darinnen die Wassermessungen vornimmt. Um auch die immer noch vorhandenen, wenn auch bereits sehr schwachen, direkten Reflexionen vom Empfänger fernzuhalten, gibt man dem Gefäß lauter schiefwinklige Wände, so daß sich der Empfänger praktisch in einem Schallfelde von fortschreitenden Wellen befindet. Die Distanz von Sender und Empfänger wählt man zweckmäßig zu 25—30 cm. Man erhält dann in derartigen Gefäßen gegenüber Messungen in offener See befriedigende Uebereinstimmung. Eine vom Verfasser ausprobierte und für befriedigend befundene Gefäßform hat nachstehenden Grundriß. S ist der Sender- und E der Empfängerort. — Das Gefäß ist 60 cm tief und besitzt schiefe, nach oben divergierende Wände. —

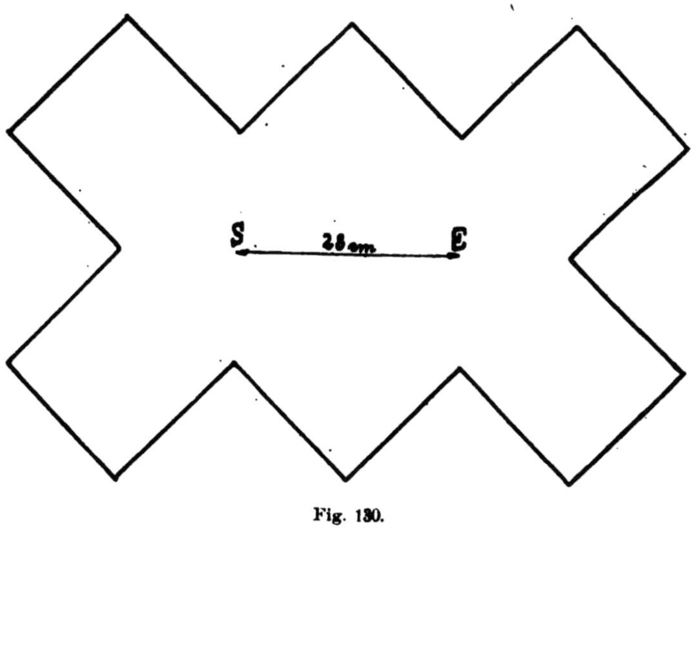

Fig. 130.

Seite

(78). — Es ist kein Zufall, daß die Fehler alle positiv ausfallen; zahlreiche Untersuchungen haben dies ausnahmslos bestätigt. Man ist daher gezwungen, anzunehmen, daß eine zusätzliche Reibungsdämpfung zwischen Membranoberfläche und Wasser, die von den Beobachtungen zum Erhalt der reinen Strahlungsdämpfung noch abgezogen werden müßte, vorhanden ist. Es ist auch sehr wahrscheinlich, die Existenz einer derartigen Verlustdämpfung anzunehmen, die teilweise in dem Luftgehalt der hydrodynamischen Masse ihre Ursache haben dürfte. Wenigstens haben Untersuchungen des Verfassers ergeben, daß in sorgfältig ausgekochtem Wasser der Fehlerprozentsatz auf mehr als die Hälfte absinkt; doch hielt er sich auch da immer noch positiv. — 117

(79). — M. Wien: Pflügers Archiv für die gesamte Physiologie 97, S. 1, 1903. — 128

(80). — Die Formel 6, Seite 32, liefert die theoretisch zulässige Höchstleistung. 129
Der über unserem Sender lastende Druck ist unter Vernachlässigung des einen Meters Wassertiefe gleich einer Atmosphäre, daher $L = \frac{p^2}{2 a \rho}$ $= \infty \frac{1^2 \cdot 10^{12}}{2 \cdot 1{\cdot}5.10^5} = \frac{1}{3}$ Watt/cm². Daraus berechnet sich die Amplitude der strahlenden Fläche

$$A = \sqrt{\frac{2L}{\rho a \omega}} = \sqrt{\frac{2 \cdot \frac{1}{3} \cdot 10^7}{1 \cdot 1{\cdot}5.10^5 \cdot 4\, 10^7}} =$$

$$= \sqrt{\frac{10}{9} \cdot 10^{-6}} = \infty 1.10^{-3} \text{ cm} \cdot —$$

(81). — Die allgemeine Kraftgleichung: $e = M \ddot{\xi} + 2 \delta M \dot{\xi} + \mu \xi$ liefert für den 129
Resonanzfall also für $M \ddot{\xi} + \mu \xi = 0$

$$w_{St} \dot{\xi} = 2 \delta M \dot{\xi} = e,$$

was, da laut Voraussetzung $\xi_{Max} = 1 \cdot 10^{-3}$ cm ist, $n = 1000$, also $\dot{\xi} = \omega \xi$ $= 2\pi$ cm/sec und endlich $w_{St} \cdot \frac{1^2}{2} = 1 \cdot 10^{10}$ Erg/sec, also $w_{St} = \frac{2 \cdot 10^{10}}{4 \pi^2} = 5 \cdot 10^8$ ist, für das Maximum $(\dot{\xi}_{Max} = 1)$ den Wert $e = 10^9 \pi \infty$ Dyn $\infty \pi$ Tonnen liefert.

(82). — Die Taylorsche Reihenentwicklung lautet für eine Veränderliche: 130

$$f(x+h) = f(x) + \frac{h}{1!} f'(x) + \frac{h^2}{2!} f''(x) + \ldots + \frac{h^n}{n!} f^{(n)}(x) + \frac{h^{(n+1)}}{(n+1)!} f^{(n+1)}(x + \mu h),$$

sofern μ positiv und < 1 ist, ferner $f(x), f'(x), F''(x) \ldots$ endliche und bestimmte Werte haben und sofern $f^{(n+1)}(x)$ endlich und stetig für alle Werte zwischen x und $x + h$ ist. —

(83). Die Bewegungsgleichung dieses konservativen Systems hätten wir auch 131
aus dem Energieprinzip $T + V =$ konst
und $\frac{d}{dt}(T + V) = 0 = (m + \frac{m_1}{3}) \ddot{\xi} + \frac{Eq}{l} \cdot \xi = 0$ herleiten können. —

(84). — Die Formel: Querkontraktion durch Längendilatation gleich c gilt für die Längeneinheiten. Es sei dies ausdrücklich hervorgehoben, da dies nicht immer deutlich ersichtlich betont wird. — 132

Seite

(85). — W. Hahnemann und H. Hecht: Der Tonpilz, Phys. Ztschr. S. 187, 1920. — 132

(86). — Die Charakteristik des Ankers eines Elektromagneten oder einer Spule 136 in einem konstanten Magnetfelde, also die Aenderung ihrer Zugkraft auf die Einheit der Weglänge hat im allgemeinen solche Werte, daß bei Anwendung leistungsfähiger Schallantennen dieses Verhältnis, das für das freie Medium als Schallhärte bezeichnet wurde, zwischen den Werten für Luft und Wasser liegt. Daher muß eine direkte Erregung der strahlenden Fläche auf elektromagnetischem Wege zu sehr schlechtem Nutzeffekt führen, da das Wasser viel schallhärter ist, als der elektrische Erreger. Bei Schallantennen für Luft liegen diese Verhältnisse gerade umgekehrt; man muß hier eine Uebersetzung von klein auf groß anwenden. Dies geschieht beispielsweise bei Telephonen, wo an die kleine Telephonmembranmasse der Angriffspunkt der Zugkraft verlegt wird. —

(87). — Der Zweier rührt von folgender Ueberlegung her: Die Gleichung 1.) S. 138 138 ist ursprünglich für einen Nullstrahler abgeleitet, und zwar für eine in einer unendlich ausgedehnten, starren Ebene schwingende Membran von der Größe $F = R^2\pi$, so daß für die im Raumwinkel 2π strahlende Nullantenne K den Wert $R^2\pi$ P besitzt. Nun ist aber das Schallfeld, das ein in einer starren Wand befindlicher Nullstrahler in dem Halbraum erzeugt, gleich dem Schallfelde, das zwei konphase Strahler nullter Ordnung der gleichen Größe in dem ganzen Raum erzeugen, vorausgesetzt, daß ihr Abstand klein gegen die Wellenlänge ist. Mithin stellt die Gleichung eines Nullstrahlers für den Raumwinkel 2π auch den Fall von zwei Strahlern der Größe F oder eines Strahlers von der Größe 2F im Raumwinkel 4π dar, da die Voraussetzung ihrer Kleinheit gegenüber der Wellenlänge die einfache Superposition gestattet. Im übrigen gilt aber die Gleichung 1.) ganz allgemein für jeden Membranstrahler, ob nun sein Raumwinkel beschränkt ist oder nicht, beziehungsweise ob es sich um einen Strahler nullter oder erster Ordnung handelt. Erst die Festsetzung des Raumwinkels und die Ordnung des Strahlers bedingt für die Größe K bestimmte Formelwerte.

(88). — Rüdenberg: Ann. d. Phys. (4), 25, S. 446, 1908. — wie (44). — 140

(89). — Die zeitlichen Mittelwerte für die aus dem Schallfeld entnommene 140 Energie $\mathfrak{L}_e$ und die durch Rückstrahlung an das Feld vom Resonator abgegebene Energie $\mathfrak{L}_a$ findet man auf einfache Weise zu

$$\mathfrak{L}_e = \frac{1}{2} \frac{K^2 \omega}{M \sqrt{(\omega_o^2 - \omega^2)^2 + 4\delta^2\omega^2}} \text{ und } \mathfrak{L}_a = \frac{w_{St} \cdot K^2}{2(w_n + w_{St})^2},$$

was für den Resonanzfall und unter der Bedingung $w_n = w_{St}$ liefert:

$$(\mathfrak{L}_e)_{Max.} = \frac{K^2}{4 w_{St}} = 2(\mathfrak{L}_n)_{Max.} \text{ und } (\mathfrak{L}_a)_{Max.} = (\mathfrak{L}_n)_{Max.};$$ es ist daher Gleichung 2.)

$$\frac{\partial U}{\partial t} = \mathfrak{L}_e - (\mathfrak{L}_a + \mathfrak{L}_n) = 2\mathfrak{L}_n - (\mathfrak{L}_n + \mathfrak{L}_n) = 0$$

Die Rechnung ist somit in Ordnung. Wir hätten die Gleichung 1.) auch aus dem Energieprinzip folgendermaßen herleiten können. Die kinetische Energie T des Systems ist

$$T = \frac{1}{2} M \dot{\xi}^2_{Max.}$$

Seite

und die potentielle V:

$$V = \frac{1}{2}\mu\xi^2_{Max.}$$

daher die gesamte innere Energie U

$$U = \frac{1}{2}M\dot{\xi}^2_{Max.} + \frac{1}{2}\mu\xi^2_{Max.},$$

und deren sekundliche Aenderung

$$\frac{\partial U}{\partial t} = M\dot{\xi}\ddot{\xi} + \mu\xi\dot{\xi}.$$

Daher muß $\frac{\partial U}{\partial t} - \mathfrak{L}_e + \mathfrak{L}_a + \mathfrak{L}_n = 0$ sein oder

$$M\dot{\xi}\ddot{\xi} + \mu\xi\dot{\xi} - K\dot{\xi} + w_n\dot{\xi}^2 + w_{St}\dot{\xi}^2 = 0,$$

beziehungsweise nach Division mit $\dot{\xi}$

$$M\ddot{\xi} + (w_{St} + w_n)\dot{\xi} + \mu\xi = K. —$$

(90). — Kolbenmembran und elastische Membran-Antenne unterscheiden sich voneinander durch den Formfaktor, also für den hier in Betracht kommenden Fall lediglich durch ihre Größe. — *140*

(91). — Laut Tabelle VIII, Seite 60 beträgt die Feldstärke für das menschliche Ohr rund 10^{-18} Watt/cm², während die eines Mikrophonempfängers 10^{-15} Watt/cm² beträgt. Bedenkt man, daß beim Uebergang des Schalles von Wasser in Luft der Nutzeffekt etwa 1‰ beträgt, so ergibt diese ziemlich rohe Orientierung, daß der Empfang mit Mikrophonempfängern und mit bloßem Ohr ziemlich gleich empfindlich zu erwarten ist. Dies stimmt auch insofern mit der Praxis gut überein, als letztere ergibt, daß man ohne Mikrophonempfänger, also mit bloßem Ohr, etwas schlechter hört. — *140*

(92). — H. Lichte: Phys. Ztschr. XVIII, S. 393, 1917 und XIX, S. 17, 1918. — *143*

(93). — Wie (17), Bd. II, S. 267 und 282. — *144*

(94). — Siehe darüber beispielsweise Rayleigh, Phil. Mag. (29), Serie 5, Jänner-Juni 1890, Bd. 116, S. 1. — *146*

(95). — Glocke mit Druckluftbetrieb, D. R. P. 205 066, 1906. — (Fig. 8, Seite 7). — *147*
Glocke mit Betätigung durch Seegang, D. R. P. 236 691, 1906. — (Fig. 28b, Seite 147). —
Diskusglocke, D. R. P. 286 406, 1912. — (Fig. 29, Seite 148) —
Rasselglocke, D. R. P. 235 585, 1910. — (Fig. 30, Seite 148) -

(96). — Das Deformationsvolumen ΔV einer atmenden Kugel kann durch eine einfache Integration, wie folgt, gefunden werden: *151*

$$\Delta V = 4\pi r^2\xi = 4\pi r\int i\,dt = Q\int \sin\left[\omega\left(t-\frac{r}{a}\right)\right]\frac{\omega r}{a}dt + Q\int \cos\left[\omega\left(t-\frac{r}{a}\right)\right]dt$$

$$\frac{Q}{\omega}\sin\omega\left(t-\frac{r}{a}\right) + \frac{Qr}{a}\cos\omega\left(t-\frac{r}{a}\right) = \frac{Q}{\omega}\sin\omega t, \text{ falls r klein genug ist.}$$

Für die Maximalwerte ergibt sich daher die Beziehung:

$$Q = \omega\,\Delta V.$$

Seite

(97). — Dieser Wirkungsgrad erscheint gewiß sehr klein, doch soll ausdrücklich betont werden, daß er mehr als doppelt so groß ist, als der Wirkungsgrad der besten bekannten Luftmusikinstrumente. Dort bewegt sich der Wirkungsgrad zwischen einem Promille bis einem Prozent. — *152*

(98). — D. R. P. 248 646 vom 31. XII. 1909. — *153*

(99). — D. R. P. 245 518 vom 25. VI. 1911. — *155*

(100). — Siehe auch (8). — Nennt man den Druck der Umgebung P, den hydrodynamischen Druck P_x, so ist letzterer für den Wert $x = R$ (wenn R der Membranradius ist), praktisch gleich dem statischen Druck P der Umgebung. Je kleiner x wird, also je mehr wir uns der Düse des Apparates nähern, um so kleiner wird der hydrodynamische Druck Px der jedenfalls innerhalb aller Querschnitte, deren x unter R liegt, stets kleiner bleibt, als der statische Druck P. Denken wir uns zur Zeit $t = 0$ die Apparatendüse durch die Membran abgeschlossen, so steigt durch diesen Abschluß der Druck in der Rohrleitung solange, bis er gegen den Druck der Umgebung P die Membran von der Düse abhebt und das Wasser auszuströmen beginnt. Dadurch erhält es jedoch Geschwindigkeit, die bewirkt, daß zwischen den Platten der Druck P_x kleiner wird, als der außen auf die Membran lastende Druck P, so daß die Differenz dieser beiden Druckkräfte die Membran der Düse bis zum Abschluß nähert. Dann wiederholt sich das Spiel vom neuen. Die Membran kommt somit vollkommen automatisch in schwingende Bewegung, wodurch ein periodisch veränderlicher Querschnitt an der Düse geschaffen wird, der in gleicher Weise die ausfließende Wassermenge variiert. — *158*

(101). — W. Hahnemann und H. Hecht: Phys. Ztschr. XXI, S. 264, 1920. — *160*

(102). — Die vollständige Gleichung für die Verlustlinie lautet: *160*

$$V = i^2 w + a \cdot n \, \Phi^{1 \cdot 6} + b \cdot n^2 \Phi^2,$$

wenn i die Stromstärke, w den Spulenwiderstand, Φ den magnetischen Flux und a und b Konstante darstellen. Auf kurze Strecken, die bei kleinen Dekrementen in Frage kommen, und bei nicht allzu großen Spulenverlusten darf man den Parabelbogen durch eine Gerade ersetzen.

(103). — Die Frequenz für größte Leistung fällt für Resonanzsysteme bei Erregung mit konstanter Kraft (bei elektrischen mit konstanter Spannung) mit der Eigenfrequenz des freien, ungedämpften Systems [III, § 1c, 90] zusammen. — *161*

(104). — i_v stellt dabei denjenigen Teil der Wattkomponente des Stromes i_1 dar, der die Apparateverluste — Eisen- und Kupferverluste — deckt. — *171*

(105). — Es gibt mehrere Verfahren, einen heißaufgezogenen Bund wiederum zu demontieren. Physikalisch beruhen alle diese mehr oder weniger als Fabrikgeheimnisse gehüteten Verfahren teils auf verschiedener Wärmeausdehnbarkeit, teils auf Verschiedenheiten im Wärmeleitungsvermögen. Beliebt sind die Kunstgriffe, von dem einen Teil die Wärme sehr rasch abzuleiten, oder auch seine Wärmekapazität entsprechend zu vergrößern. — *174*

(106). — D. R. P. Nr. 289 427 vom 23. VIII. 1913 mit der Priorität vom 29. I. 1913. — *174*

(107). — Ein enggekoppelter Kurzschlußtransformator besitzt theoretisch überhaupt keine Streufelder; die magnetischen Kraftflüsse sind einander genau entgegengesetzt, heben sich daher in ihrer Wirkung vollständig auf. Näheres *177*

Seite

siehe etwa: G. Kapp, Transformatoren für Wechselstrom und Drehstrom, Berlin, J. Springer, 1907; Elektrotechnik in Einzeldarstellungen, „Die Transformatoren" von G. Benischke, Braunschweig 1909.

(108). — Die Zeitkonstante ist der Wert von Selbstinduktion durch Ohmschen Widerstand und sie trägt ihren Namen aus der Stromabklingungskurve beim Oeffnen einer Leitung $i_t = i_0 e^{-\frac{L}{w} t}$, beziehungsweise aus der Stromanklingungskurve $i_t = i_\infty \left(1 - e^{-\frac{L}{w} t}\right)$ beim Schließen einer Leitung, wo sie zusammen mit dem Zeitfaktor t gleich eins gesetzt, also $\frac{L}{w} \cdot t = 1$ die Zeit angibt, innerhalb der ein Strom auf den e-ten Teil seines Anfangswertes beim Ausschalten einer Leitung abfällt, beziehungsweise innerhalb der er auf rund ⅔ seines Endwertes nach Einschaltung ansteigt. — *177*

(109). — Hier tritt zum ersten Male der Gütekoeffizient auf. Er erweist sich trotz vollkommen fachgemäßer Ausführung der gegenwärtigen Sender als nicht groß. Hier ist auch die Bedeutung ersichtlich, die in einer Reduktion der Verlustdämpfung gelegen ist. Würde es etwa gelingen, die Verlustdämpfung auf den Wert 0,017 herabzudrücken, und würde dabei der mechanische Nutzeffekt im Vakuum (in Luft) durch Reduktion der elektrischen Verluste auf 96% steigen, so wäre der Gütekoeffizient dieses Apparates G = 0.46, also doppelt so groß als der für das Kurvenblatt gefundene. Wenn wir dabei an dem Apparat sonst nichts ändern, also vor allem seine Strahlungsdämpfung gleich groß lassen, so wird seine neue Dämpfung im Wasser 0·20; mit Hilfe des Gütekoeffizienten berechnet sich nunmehr sein mechanischer Wirkungsgrad im Wasser zu 95%. — *179*

(110). — Hahnemann und Hecht: Phys. Zeitschr. XX, S. 104, 1919. — *179*

(111). — Wir haben hier einen einfachen Telephonsender skizziert, von dem wir bereits wissen, daß er in dieser Form sich für einen leistungsfähigen Strahler im Wasser nicht eignet. Ein Unterwasserschallsender für größere Leistungen ist nur mit Hilfe eines akustischen Hebels, also praktisch nur in Form zweier gekoppelter Kreise möglich. — *179*

(112). — Bei nicht polarisiertem Magneteisen ist die Membranfrequenz doppelt so groß als die des erregenden Wechselstromes, da der Magnetanker in beiden entgegengesetzten Stromphasen angezogen wird. — *180*

(113). — Siehe G. Kapp wie in (107). — *180*

(114). — Unter dem magnetischen Kraftlinienfeld verstehen wir hier nur den veränderlichen Teil des aus einem konstanten und einem veränderlichen Teile bestehenden Gesamtfeldes. — *180*

(115). — Die Forderung der Kleinheit der Widerstandsänderung hat darin ihre Begründung, daß nur dann kein Auftreten höherer Harmonischer zu befürchten ist. Siehe Barkhausen: Das Problem der Schwingungserzeugung, S. 19, Leipzig. 1907. — Die gleiche Forderung müssen wir auch für die Amplitude des Erregungsfeldes stellen, um auch für dieses bei seiner Erzeugung durch reinen Wechselstrom einen sinusförmigen Verlauf zu erhalten, der nicht möglich wäre, wenn sich über die periodische Erregung eine periodische Widerstandsänderung überlagern würde, die bei genügender Größe eine voll- *181*

Seite

ständige Verzerrung des Fluxes hervorrufen könnte. Anders liegt der Fall selbstredend bei nicht polarisierten Sendern. Dort ist eine Beeinflussung des Fluxes durch die Widerstandsänderung des magnetischen Kreises unbedingt notwendig. Die Forderung der kleinen Amplitude, die zur Vernachlässigung der Widerstandsänderung im Flux für die Vereinfachung der Theorie gemacht werden muß, braucht in Wirklichkeit nicht streng erfüllt zu sein, da das Vorhandensein von Selbstinduktion die elektrischen und magnetischen Oberschwingungen stark schwächt und schließlich die mechanische Abstimmung die etwa doch vorhandenen höheren Harmonischen unterdrückt; ebenso wie in der Akustik die bloß für unendlich kleine Amplituden abgeleiteten Bewegungsgleichungen auch für endliche Amplituden gelten, liegt auch hier der Fall, so daß auch für unsern Fall die für unendlich kleine Amplituden abgeleiteten elektrischen Ersatzvorgänge für endliche, allerdings nicht zu große Amplituden Gültigkeit haben. —

(116). — Die Figuren *38* und *39* Seite 161 und 162 beziehen sich auf einen tatsächlich ausgeführten Apparat, und zwar ergab sich der mechanische Wirkungsgrad für Wasser mit 50%, der für Luft mit 90%, während die Dämpfung im Wasser sich zu 0.2 und in der Luft zu 0.02 ergab. Da mechanische Dämpfung und mechanischer Wirkungsgrad nur dann gleich den akustischen Größen sind, falls keine „schädliche" Dämpfung vorhanden ist, berechnet sich, wenn wir mit ϑ_o die mechanische Dämpfung in Luft, mit ϑ die im Wasser, ferner mit η den mechanischen Wirkungsgrad im Wasser und mit η_{St} den akustischen daselbst bezeichnen, der akustische Strahlungswirkungsgrad dieses Senders zu *184*

$$\eta_{St} = \eta \frac{\vartheta - \vartheta_o}{\vartheta} = 0{\cdot}50 \frac{0{\cdot}2 - 0{\cdot}02}{0{\cdot}2} = 0{\cdot}45 = 45\,\%.$$

(117). — Die Formel 7) folgt aus der bekannten Dämpfungsformel *185*

$$\vartheta = 2\pi x \sqrt{\frac{(y/y_o)^2}{1 - (y/y_o)^2}},$$

worin y_o und y die Amplituden bei Resonanz und Verstimmung bedeuten. —

(118). — Die Tatsache, daß Telephone unter Umständen als Kapazitäten wirken können, ist an sich nicht neu, sondern wird bereits von W. Wagner, E. T. Z. 1911, S. 80, als existierend konstatiert. Genau bekannt ist diese Wirkung übrigens auch den Ingenieuren der drahtlosen elektrischen Telegraphie. Nur ist dort die Ursache meist anderen Erscheinungen zuzuschreiben. Wenn es sich um die Untersuchung von tatsächlichen Telephonen handelt, darf man allerdings den Spannungsabfall in der Spule nicht vernachlässigen; man muß dann das Diagramm dahingehend erweitern, daß man in der Richtung des Stromes den Spannungsabfall durch den Ohmschen Widerstand aufträgt und unter Heranziehung der Klemmenspannung die Feldspannung ermittelt. Dies hat keine Schwierigkeiten; siehe darüber Kapp: Transformatoren, wie unter (107). — Siehe auch: Hahnemann und Hecht: Ann. d. Phys., Bd. 60, 1919, S. 454, Bd. 63, 1920, S. 57. — *188*

(119). — Die experimentell gemessenen Werte eines Senders ergaben: *189*
$\eta = 0{,}5$, $\cos\varphi_o = 0{,}2$ und $\cos\varphi_1 = 0{,}4$. Wenden wir darauf die Formel

$\eta = 1 - \frac{\cos \varphi_0}{\cos \varphi_1}$ an, so ergibt sich $1 - \frac{0{\cdot}2}{0{\cdot}4} = \frac{1}{2}$, also ein Wirkungsgrad von 0,5, was dem direkt gemessenen entspricht. — An die hier gegebene Diagrammdarstellung ist man natürlich keineswegs gebunden, sondern es läßt sich der ganze Vorgang auch analytisch darstellen, wenn etwa von den von Poincaré (L'Eclairage electrique 20, 1907) abgeleiteten elektromagnetischen Gleichungen für das Telephon ausgeht, wie dies H. Lichte in der Zeitschrift für technische Physik II, 1921, S. 12 gezeigt hat. Der Rechnungsgang ist daselbst folgendermaßen skizziert: Die Vorgänge eines elektromagnetischen Schallsenders werden beschrieben durch zwei Gleichungen, eine für das mechanische Gleichgewicht und eine für das elektrische Gleichgewicht. Für das mechanische Gleichgewicht muß das Produkt aus Masse und Beschleunigung gleich der Summe der wirksamen Kräfte sein. Die mechanische Schwingungsgleichung eines einfachen Systems lautet

$$m \frac{d^2 x}{d t^2} + g \frac{d x}{d t} + \alpha x = K \quad \ldots \ldots \ldots \quad 1.)$$

In dieser Gleichung bedeutet m die gesamte schwingende Masse, die sich zusammensetzt aus der Membranmasse, der Mediummasse und der Konstruktionsmasse, x ist die Verrückung aus der Ruhelage, t die Zeit, g die Reibung und α die Direktionskraft. Die äußere Kraft K wird in unserem Fall durch magnetische Kräfte dargestellt. Es ist

$$K = \frac{1}{8\pi} B^2 Q, \quad \ldots \ldots \ldots \quad 2.)$$

wo B die Induktion und Q den Querschnitt des Elektromagnets bedeuten. Ist N die gesamte Kraftlinienzahl, ξ die Windungszahl unseres Elektromagneten, J die Stromstärke, die sich zusammensetzt aus Gleichstrom J_0 und Wechselstrom i, l_L und l_E der Kraftlinienweg in Luft und Eisen, μ die Permeabilität des Eisens, so ist

$$B = \frac{N}{Q} = \frac{\xi J}{\frac{l_L}{4\pi} + \frac{l_E}{4\pi\mu}} \quad \ldots \ldots \ldots \quad 3.)$$

Der Einfachheit halber setzen wir

$$\frac{l_L}{4\pi} + \frac{l_E}{4\pi\mu} = \frac{l}{4\pi}, \quad \ldots \ldots \ldots \quad 4.)$$

und nennen l die äquivalente Luftstrecke, so daß wir also erhalten

$$B = \frac{4\pi\xi(J_0 + i)}{b - x}, \quad \ldots \ldots \ldots \quad 5.)$$

wo $b = l - a$ gesetzt ist. a bedeutet die konstante Ablenkung der Sendermembran aus der Gleichgewichtslage infolge der konstanten Magnetisierung durch J_0. In der Schwingungsgleichung lassen wir diesen Betrag außer acht, da uns hier ja nur der Schwingungsvorgang selbst interessiert. Für die erregende Kraft haben wir nunmehr den Ausdruck

$$K = \frac{1}{8\pi}(4\pi\xi)^2 \cdot \left(\frac{J_0 + i}{b - x}\right)^2 \cdot Q = 2\pi\xi^2 Q \frac{J_0^2 + 2 J_0 i + i^2}{b^2 - 2bx + x^2}.$$

Machen wir nun die Annahme, daß i klein ist gegen J_0 und x klein gegen a und b, so erhalten wir, wenn wir die für den Schwingungsvorgang nicht in Frage kommenden konstanten Glieder gleich Null setzen, für die Schwingungsgleichung

$$m\frac{d^2 x}{d t^2} + g\frac{d x}{d t} + \alpha x = 4\pi\xi^2 Q \frac{J_0^2}{b^2}\left(\frac{i}{J_0} + \frac{x}{b}\right).$$

Setzen wir i = O, so haben wir die Gleichung für die freie Schwingung. In dieser ist das mit x behaftete Glied gleich:

$$\alpha - 4\pi\xi^2 Q \frac{J_0^2}{b^3}.$$

Wenn wir von dem Einfluß der Dämpfung absehen, ist also die Eigenschwingung des Systems:

$$n = \frac{1}{2\pi}\sqrt{\frac{1}{m}\left(\alpha - 4\pi\xi^2 Q \frac{J_0^2}{b^3}\right)}. \quad \ldots\ldots\ldots \quad 6.)$$

Durch die Gleichstrommagnetisierung erfährt also die mechanische Abstimmung eine Erniedrigung; die Elastizität des Senders wird scheinbar erniedrigt. Setzen wir

$$\alpha - 4\pi\xi^2 Q \frac{J_0^2}{b^3} = \beta, \quad \ldots\ldots\ldots \quad 7.)$$

und beachten wir ferner, daß

$$\frac{4\pi\xi^2 Q}{b} = L \quad \ldots\ldots\ldots \quad 8.)$$

die Selbstinduktion des Magneten darstellt, so erhalten wir nunmehr für die Schwingungsgleichung

$$m\frac{d^2 x}{d t^2} + g\frac{d x}{d t} + \beta x = L\frac{J_0}{b} i. \quad \ldots\ldots\ldots \quad 9.)$$

Zu dieser Gleichung für die mechanischen tritt noch die Gleichung für die elektrischen Vorgänge hinzu. Für das elektrische Gleichgewicht gilt die Beziehung

$$e = i R + \xi\frac{d N}{d t} = i R + \xi\left(\frac{\partial N}{\partial i}\cdot\frac{d i}{d t} + \frac{\partial N}{\partial x}\cdot\frac{d x}{d t}\right).$$

Auch hier wollen wir konstante Glieder nicht berücksichtigen. R bedeutet den gesamten Verlustwiderstand des Apparates. Da

$$N = B Q = \frac{4\pi\xi(J_0 + i)}{b - x}\cdot Q,$$

so ist

$$\frac{\partial N}{\partial i} = \frac{4\pi\xi Q}{b-x}$$

und

$$\frac{\partial N}{\partial x} = \frac{4\pi\xi Q}{(b-x)^2}\cdot\left(J_o + i\right).$$

Berücksichtigen wir wieder, daß $x \ll b$ und $i \ll J_o$ ist, so wird die Gleichung für das elektrische Gleichgewicht

$$iR + L\frac{di}{dt} + L\frac{J_o}{b}\frac{dx}{dt} = e \cdot \qquad 10.)$$

Legen wir an den Apparat eine sinusförmige Spannung

$$e = \mathfrak{E}\cdot\varepsilon^{j\omega t}$$

von der Kreisfrequenz ω, so hat auch der Strom einen sinusförmigen Verlauf derselben Frequenz

$$i = \mathfrak{J}\cdot\varepsilon^{j\omega t},$$

und auch die mechanische Bewegung gehorcht demselben Gesetz,

$$x = \mathfrak{X}\cdot\varepsilon^{j\omega t}$$

Gehen wir mit den Ausdrücken für e, i und x in die Gleichung 9.) und 10.) ein, so erhalten wir

$$-m\omega^2\mathfrak{X} + j\omega g\mathfrak{X} + \beta\mathfrak{X} = L\frac{J_o}{b}\cdot\mathfrak{J} \quad \ldots\ldots\ldots \quad 11.)$$

$$R\cdot\mathfrak{J} + j\omega L\mathfrak{J} + j\omega L\frac{J_o}{b}\mathfrak{X} = \mathfrak{E}\cdot \quad \ldots\ldots\ldots \quad 12.)$$

Die Gleichung 11.) stellt die Beziehung zwischen Amplitude und Strom dar. Die Phasenverschiebung zwischen beiden ist gegeben durch

$$\operatorname{tg}\varphi_2 = -\frac{g\omega}{\beta - m\omega^2} = -\frac{\vartheta}{\pi}\frac{\omega\cdot\omega_R}{\omega_R^2-\omega^2},$$

wofür wir in Resonanznähe schreiben können

$$\operatorname{tg}\varphi_2 = -\frac{\vartheta}{2\pi x}.$$

Hier bedeutet

$$x = \frac{\omega_R}{\omega} - 1$$

die Verstimmung. Im Resonanzfalle selbst ist $\varphi_2 = -90^0$.

Aus den beiden Gleichungen 11.) und 12.) geht folgende Beziehung zwischen $\mathfrak{E}$ und $\mathfrak{J}$ hervor:

$$\mathfrak{E} = R + \frac{g\omega^2L^2\frac{J_o^2}{b^2}}{(\beta-m\omega^2)^2+g^2\omega^2} + j\omega\left[L + \frac{L^2\frac{J_o^2}{b^2}(\beta-m\omega^2)}{(\beta-m\omega^2)^2+g^2\omega^2}\right] \quad \ldots \quad 13.)$$

Sowohl der Widerstand, als auch die Selbstinduktion des Apparates erfährt durch die Schwingung eine Veränderung (siehe Breisig, Theoretische Telegraphie S. 226). Zu dem Verlustwiderstand R addiert sich ein von der Frequenz abhängiger Widerstand

$$R_\varepsilon = \frac{g\,\omega^2 L^2 \frac{J_o^2}{b^2}}{(\beta - m\,\omega^2)^2 + g^2\omega^2} = \frac{g\,\omega^2 L_2 \frac{J_o^2}{b^2}}{m^2(\omega_R^2 - \omega^2)^2 + g^2\omega^2}, \quad \ldots\ldots 14.)$$

der für die Resonanzfrequenz ω_R, die durch Gleichung 6) gegeben ist sein Maximum ereicht. Die von dem Sender aufgenommene Leistung ist

$$M = \frac{1}{2}(R + R_\varepsilon) \cdot i^2.$$

Der von R abhängige Teil stellt die elektrischen Verluste dar, der von R_ε abhängige Teil liefert die mechanisch-akustische Leistung. Im Resonanzfall ist der mechanisch-akustische Teil

$$\frac{1}{2} R_{\varepsilon,\,max} \cdot i^2 = \frac{L^2 J_o^2}{b^2 \cdot 2\,g}\, i^2.$$

Bilden wir $R_{\varepsilon,max}/R_\varepsilon$, so liefert uns dieser Ausdruck die Resonanzkurve des Senders ohne Berücksichtigung der Verluste. Da

$$g = \frac{\vartheta}{\pi}\, m\,\omega_R, \quad \ldots\ldots\ldots\ldots 16.)$$

wo ϑ das logarithmische Dekrement darstellt, so ist

$$\frac{R_{\varepsilon,\,max.}}{R_\varepsilon} = 1 + \left(\frac{\omega_R^2 - \omega^2}{\omega \cdot \omega_R}\right)^2 \cdot \left(\frac{\pi}{\vartheta}\right)^2; \quad \ldots\ldots 17.)$$

Führen wir die Verstimmung

$$x = \frac{\omega_R}{\omega} - 1$$

ein, so erhalten wir die Resonanzkurve in der Nähe der Resonanz

$$\frac{R_{\varepsilon\,max}}{R_\varepsilon} = 1 + \left(\frac{2\,\pi\,x}{\vartheta}\right)^2. \quad \ldots\ldots\ldots\ldots 18.)$$

Der mechanisch-akustische Wirkungsgrad ist gleich dem Verhältnis der mechanisch-akustischen Leistung zur gesamten vom Sender aufgenommenen Leistung. Es ist also

$$\eta = \frac{R_\varepsilon}{R - R_\varepsilon}. \quad \ldots\ldots\ldots\ldots 19.)$$

Im Resonanzfalle tritt $R_{\varepsilon,\,max}$ an Stelle von R_ε. Es ergibt sich ohne weiteres

$$\frac{\eta}{1-\eta} = \frac{R_{\varepsilon,\,max.}}{R} = \frac{L^2 J_o^2}{R\,g}.$$

Betreiben wir den Schallsender in verschiedenen Medien, so bleiben beim Uebergang von einem Medium zum andern L, J_0, b und R unverändert, wohl aber ändert sich g und damit auch η.

Für irgend zwei Medien 1 und 2 gilt also die Beziehung

$$\frac{\eta_1 (1 - \eta_2)}{\eta_2 (1 - \eta_1)} = \frac{g_2}{g_1}$$

oder, da

$$g = \frac{\vartheta \, \omega_R \, m^2}{\pi},$$

erhalten wir

$$\frac{\eta_1 (1 - \eta_2)}{\eta_2 (1 - \eta_1)} = \frac{\vartheta_2 \, \omega_{R2} \, m_2}{\vartheta_1 \, \omega_{R1} \, m_1} = \frac{\vartheta_2 \, \omega_{R1}}{\vartheta_1 \, \omega_{R2}}.$$

Der Ausdruck

$$\frac{\eta}{1 - \eta} \cdot \vartheta \, \omega_R \, m = \frac{\eta}{1 - \eta} \cdot \frac{\vartheta}{\omega_R} = C \quad \ldots\ldots \quad 20.)$$

bleibt beim Uebergang von einem Medium in ein anderes unverändert, ist somit eine Apparatekonstante. Aendert sich beim Uebergang von einem Medium in ein anderes die mitschwingende Mediummasse nicht sehr stark, können wir also die Eigenschwingungszahl des Apparates als konstant ansehen, so bleibt der Ausdruck

$$G = \frac{\eta \, \vartheta}{1 - \eta}$$

unverändert. Die Konstanz dieses letzteren Ausdruckes ergibt sich auch aus der diagrammatischen Behandlung des Senders. Der Wert von C folgt aus den Apparatenkonstanten zu

$$C = \pi \frac{L^2 J_o^2}{b^2 R}$$

oder unter Berücksichtigung von 4.), da a << 1 ist,

$$C = \pi \frac{L^2 J_o^2}{R \left\{ I_L + \frac{I_E}{\mu} \right\}^2} \quad \ldots\ldots\ldots\ldots \quad 21.)$$

Der Wirkungsgrad selbst berechnet sich zu

$$\eta = \frac{1}{1 + \frac{\vartheta}{\omega_R C}}, \quad \ldots\ldots\ldots\ldots \quad 22.)$$

ein Ausdruck, der nur noch Apparatekonstanten enthält.

Wir wenden uns nunmehr dem Verlauf der Selbstinduktion zu. Wie der Widerstand, zerfällt auch die Selbstinduktion L_g in zwei Teile, einen konstanten L und einen von der Frequenz abhängigen Teil L_2.

$$L_g = L + L_2 \cdot \quad \ldots\ldots\ldots\ldots \quad 23.)$$

Der von der Frequenz abhängige Teil ist nach 13.) nach einigen Umformungen

$$L_2 = \frac{L^2 J_o^2}{b^2 m (\omega_R^2 - \omega^2)^2 \left\{1 + \left(\frac{\vartheta}{\pi}\right)^2 \cdot \left[\frac{\omega_R \cdot \omega}{\omega_R^2 - \omega^2}\right]^2\right\}} \quad \ldots \quad 24.)$$

In der Nähe der Resonanz können wir dafür auch schreiben

$$L_2 = \frac{L^2 J_o^2}{b^2 m \cdot 2 \pi x \omega_R^2 \left\{1 + \left(\frac{\vartheta}{2 \pi x}\right)^2\right\}} \quad \ldots\ldots\ldots \quad 25.)$$

In der Resonanz selbst ist $L_2 = 0$.

Um den Verlauf der Selbstinduktion als Funktion der Frequenz darzustellen, bilden wir zweckmäßig den Ausdruck

$$\frac{L_g}{L} = 1 + \frac{L_2}{L}$$

oder

$$\frac{L_g}{L} = 1 + \frac{L^2 J_o^2}{b^2 m (\omega_R^2 - \omega^2)^2 \cdot \left\{1 + \left(\frac{\vartheta}{\pi}\right)^2 \left[\frac{\omega_R \cdot \omega}{\omega_R^2 - \omega^2}\right]^2\right\}}, \quad \ldots \quad 26.)$$

der in Resonanznähe übergeht in

$$\frac{L_g}{L} = 1 + \frac{L^2 J_o^2}{b^2 m \cdot 2 x \omega_R^2 \left\{1 + \left(\frac{\vartheta}{2 \pi x}\right)^2\right\}} \quad \ldots\ldots\ldots \quad 27.)$$

Infolge der Veränderlichkeit des Widerstandes und der Selbstinduktion mit der Frequenz ändert sich auch die Phasenverschiebung zwischen Strom und Spannung mit der Frequenz. Bezeichnen wir den Phasenwinkel zwischen beiden mit φ_1, so ist

$$\operatorname{tg} \varphi_1 = \frac{\omega (L + L_2)}{R + R\varepsilon}.$$

Wenn wir für L_2 und R_ε die früher bestimmten Werte einsetzen, so erhalten wir

$$\operatorname{tg} \varphi_1 = \frac{\omega L \cdot \left\{1 + \frac{L J_o^2 (\omega_R^2 - \omega^2)}{b^2 m \left[(\omega_R^2 - \omega^2)^2 + \left(\frac{\vartheta}{\pi}\right)^2 \cdot \omega^2 \cdot \omega_R^2\right]}\right\}}{R \cdot \left\{1 + \frac{\frac{\vartheta}{\pi} \omega_R \cdot \omega^2 L^2 \frac{J_o^2}{b^2}}{R m \left[(\omega_R^2 - \omega^2)^2 + \left(\frac{\vartheta}{\pi}\right)^2 \omega^2 \cdot \omega_R^2\right]}\right\}} \quad \ldots \quad 28.)$$

In Resonanznähe können wir dafür setzen

$$\operatorname{tg}\varphi_1 = \frac{\omega L \cdot \left\{1 + \dfrac{L^2 \cdot \dfrac{J_o^2}{b^2}}{2\,x\,m\,\omega_R^2\left[1+\left(\dfrac{\vartheta}{2\pi x}\right)^2\right]}\right\}}{R \cdot \left\{1 + \dfrac{\vartheta}{\pi}\,\dfrac{\omega_R L}{R} \cdot \dfrac{L J_o^2}{4\,m\,x^2\,\omega_R^2} \cdot \left[1 + \left(\dfrac{\vartheta}{2\pi x}\right)^2\right]\right\}} \cdot \quad \ldots \quad 29.)$$

Im Resonanzfalle selbst geht dieser Ausdruck über in

$$\operatorname{tg}\varphi_1 = \frac{\omega_R \cdot L}{R + R\varepsilon,_{\max.}} \cdot \quad \ldots\ldots\ldots \quad 30.)$$

Wenn man den schwingenden Anker festbremst, so wird der Phasenwinkel zwischen Strom und Spannung φ_0, der sich berechnet aus

$$\operatorname{tg}\varphi_0 = \frac{\omega_R L}{R} \cdot \quad \ldots\ldots\ldots \quad 31.)$$

Das Komplement zu diesem Winkel $\psi = 90^0 - \varphi$ bezeichnen Hahnemann und Hecht als den Verlustwinkel. Es ist also

$$\operatorname{tg}\psi = \frac{1}{\operatorname{tg}\varphi_0} = \frac{R}{\omega_R L} \cdot \quad \ldots\ldots\ldots \quad 32.)$$

Zwischen diesem Verlustwinkel ψ, dem Phasenwinkel zwischen Strom und Spannung in Resonanz φ_1, und dem Wirkungsgrad η besteht nun eine weitere wichtige Beziehung. Aus 30) und 32) ergibt sich nämlich durch Division

$$\frac{\operatorname{tg}\varphi_1}{\operatorname{tg}\varphi_0} = \frac{R}{R + R\varepsilon,_{\max.}} = 1 - \eta \cdot \quad \ldots\ldots\ldots \quad 33)$$

In den meisten Fällen der Praxis darf man setzen

$$\sin\varphi_0 = \sin\varphi = 1 \cdot$$

Dann kann man den Wirkungsgrad direkt aus den Leistungsfaktoren bestimmen zu

$$\eta = 1 - \frac{\cos\varphi_0}{\cos\varphi} \cdot \quad 34.)$$

$\cos\varphi_0$ ist hier der Leistungsfaktor in der Resonanz bei festgebremsten Anker des Senders, $\cos\varphi$ derjenige bei schwingendem Anker. Praktisch genügt es, den Anker außerhalb der Resonanz als feststehend zu betrachten und hier den Leistungsfaktor zu bestimmen

In Wirklichkeit ist es nicht ganz gleichgültig, ob man oberhalb oder unterhalb der Resonanz mißt. Ist beispielsweise $\omega \ll \omega_R$, mißt man also weit unterhalb der Resonanz, dann erhalten wir

$$\operatorname{tg}\varphi_0 = \frac{\omega L}{R}\left\{1 + \frac{L \cdot \dfrac{J_o^2}{b^2}}{m\,\omega_R^2}\right\} \quad \ldots\ldots\ldots \quad 35)$$

und nach einfacher Umformung für

$$\frac{\operatorname{tg}\varphi_1}{\operatorname{tg}\varphi_0} = \frac{\omega_R}{\omega} \cdot \frac{1}{\left[1 + \frac{R\varepsilon_{max.}}{R\varepsilon}\right] \cdot \left[1 + \left\{\frac{R\varepsilon_{,max}}{\omega_R L}\right\}^2\right]},$$

und wenn wir $R\varepsilon_{,max.} << \omega_R \cdot L$ annehmen dürfen, wird

$$\frac{\operatorname{tg}\varphi_1}{\operatorname{tg}\varphi_0} = (1-\eta) \cdot \frac{\omega_R}{\omega}, \qquad \text{36.)}$$

also tatsächlich kleiner als sich aus 33.) ergibt.

Für irgendeinen Apparat seien Wirkungsgrad, Dämpfung und Verlustwinkel bestimmt. Wir können dann den Ausdruck

$$\frac{L\, J_o^2}{b^2 m}$$

durch diese Größe darstellen, wenn wir 20.) und 32.) berücksichtigen. Es ist

$$\frac{L\, J_o^2}{b^2 m} = \frac{\eta}{1-\eta} \cdot \omega_R^2 \left\{\frac{\vartheta}{\pi}\right\} \operatorname{tg}\psi. \qquad \text{37.)}$$

Mit diesem Wert geht 26.) über in

$$\frac{L_g}{L} = 1 + \frac{\eta}{1-\eta}\left\{\frac{\vartheta}{\pi}\right\} \operatorname{tg}\psi \cdot \frac{1}{\left\{1 - \frac{\omega^2}{\omega_R^2}\right\} \cdot \left\{1 + \left\{\frac{\vartheta}{\pi}\right\}^2 \cdot \left[\frac{\frac{\omega}{\omega_R}}{1 - \left(\frac{\omega^2}{\omega_R^2}\right)^2}\right]^2\right\}}. \qquad \text{38.)}$$

Wählen wir die von Hahnemann und Hecht angegebenen Werte

$$\eta = 0{\cdot}64; \quad \operatorname{tg}\psi = 0{\cdot}20; \quad \vartheta = 0{\cdot}25$$

und gehen damit in 38.) ein. Das Resultat dieser Operation zeigt die Figur 131.), in der als Abszissen ω/ω_R, als Ordinaten L_g/L eingetragen sind. Die gestrichelte Kurve ist aus der Arbeit von Hahnemann und Hecht übertragen. Beide Kurven weichen etwas voneinander ab, indem die gestrichelte Kurve gegen die ausgezogene nach links unten verschoben erscheint. Diese Abweichung ist dadurch leicht zu erklären, daß Hahnemann und Hecht in ihrem Diagramm von dem Amplitudenmaximum als Resonanzstelle ausgehen, das bekanntlich nicht mit dem Leistungsmaximum zusammenfällt.

Zu Schlusse geht Lichte noch auf die Aenderung der Eigenschwingung des Systems durch Einschaltung des Gleichstromfeldes ein. Wir haben gesehen, daß die Aenderung der Elastizität

$$\alpha_z = \frac{4\pi\xi^2 Q}{b} \cdot \frac{J_o^2}{b^2} = L \cdot \frac{J_o^2}{b^2}$$

beträgt. Führen wir hier für $L \cdot \frac{J_o^2}{b^2}$ den Wert aus 37.) ein, so ist

$$\alpha_z = \frac{\eta}{1-\eta} \cdot m\,\omega_R^2 \frac{\vartheta}{\pi} \operatorname{tg}\psi \cdot$$

Da die Elastizität ohne Gleichstromfeld angenähert

$$\alpha = m\,\omega_R^2,$$

ist, so ist die prozentuale Aenderung der Elastizität

$$\frac{100\,\alpha_s}{\alpha} = \frac{\eta\,\vartheta}{1-\eta}\,\frac{\operatorname{tg}\psi}{\pi}\cdot 100\,\%,$$

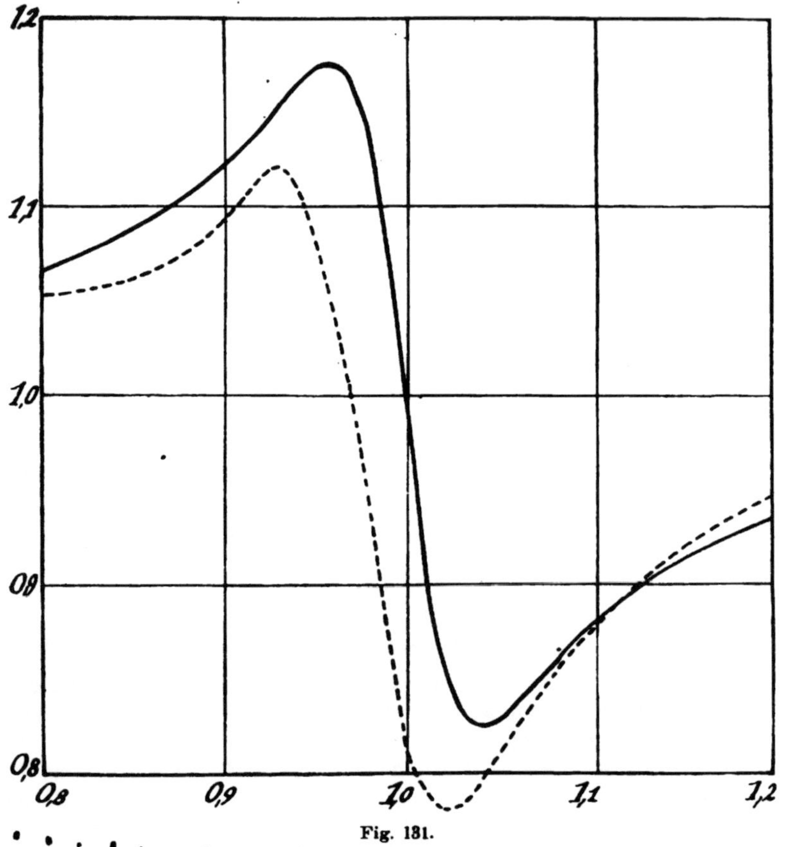

Fig. 181.

mithin die Aenderung der Schwingungszahl

$$\Delta n = \frac{\eta\,\vartheta}{1-\eta}\cdot\frac{\operatorname{tg}\psi}{\pi}\cdot 50\,\%.$$

Für

$$\eta = 0{\cdot}64;\ \operatorname{tg}\psi = 0{\cdot}20;\ \vartheta = 0{\cdot}25$$

ist somit diese Aenderung $\Delta n = 1.4\,\%$, eine Aenderung, die auch tatsächlich beobachtet wurde. Es ist somit ersichtlich, daß sich die von Hahnemann und Hecht in der Diagrammdarstellung erhaltenen Beziehungen zwischen

Seite

Dämpfung, Wirkungsgrad und Verlustwinkel in analytischer Behandlung des Problemes als Grenzfälle wiederfinden.

(120). — Damit beim polarisierten und nichtpolarisierten Sender gleiche An- 190
ziehungskräfte auftreten, muß die Wechselstrommagnetisierung beim unpolarisierten Sender entsprechend höher sein. Da die elektrischen Verluste infolge Erwärmung des Eisens nur durch die Wechselstrommagnetisierung hervorgerufen werden, so sind diese Verluste beim unpolarisierten Sender größer. Daher ist der Wirkungsgrad eines unpolarisierten Senders kleiner als der eines polarisierten. Man wird somit zweckmäßig polarisierte Sender bauen. In der Praxis hat der unpolarisierte Sender insofern einen nicht zu unterschätzenden Vorteil, als bei ihm eine Frequenzverdoppelung eintritt, die für den Ton 1000 es beispielsweise gestattet, die 500-Perioden-Wechselstrommaschine der drahtlosen elektrischen Station auf Schiffen ohne weiteres zu verwenden. Unter Umständen kann es auch von Vorteil sein, keinen Gleichstrom zum Betrieb des Senders zu benötigen. (Grundsender mit Fernbetrieb). —

(121). — Eine ähnliche Konstruktion beschreibt das D. R. P. Nr. 298 916. — 191

(122). — Elastische Kraft (Direktionskraft) und Elastizität sind reziproke 191
Größen. —

(123). — Hinreichend kleine Blechstärke für 1000 Perioden: $^1/_{10}$ mm. — 192

(124). — Ein so weit als möglich verlustdämpfungsfreier Sender muß beim An- 192
schlagen der Membran mit einem harten Gegenstand — es genügt oft schon ein Anklopfen mit dem Fingerknöchel — gut klingen. —

(125). — Unter Blechfüllfaktor versteht man das Verhältnis der wirklichen Eisen- 193
zugfläche zu der aus Eisen und Isolation bestehenden Gesamtfläche eines Elektromagneten. —

(126). — Diese Konstruktion ist eine sachgemäße Ausgestaltung des im D. R. P. 193
Nr. 217 294 gemachten Vorschlages zum Bau eines elektromagnetischen Senders mit Umgehung der ungenügenden Direktionskraft einer elastischen, am Rande eingespannten Membran. Siehe auch (9). —

(127). — Diese bei allen mit gleichmäßig verteilter Elastizität und Masse vor- 193
handene störende Eigenschaft ist darauf zurückzuführen, daß solche Systeme ihre Knotenpunkte derart verschieben, daß die Energieaufnahme, bzw. -abgabe zu einem Minimum wird. Bei einer Stimmgabel wandern mit zunehmender Erregung zwischen den Zinken die beiden freien Knotenpunkte der Gabel immer weiter nach dem Gabelstiel zu, bis schließlich bei immer mehr abnehmender Resonanzfrequenz die Gabel wie zwei fest-freie Stäbe schwingt. —

(128). — Die Enden der Stäbe und Rohre sind untereinander beziehungsweise mit den 194
Magnethälften verschraubt. Verteilt man diese Verschraubungen auf mehrere Gewinde, so läßt sich die in den Gewinden auftretende Gesamtverlustdämpfung kleiner halten, als die in den wenigeren, jedoch gröberen Gewinden eines einzigen Stabrohrsystems. —

(129). — Dies mußte für die hohen Schwingungszahlen eigens ausprobiert werden. 194
Anfangs waren die elastischen Systeme zu kurz gehalten und rissen nach längerer Betriebszeit. Ein kleiner Haarriß in irgendeinem Element führt sofort zu einer enormen Steigerung der Verlustdämpfung. Heute ist das Stabmaterial durch Jahre im Krieg unter den forciertesten Beanspruchungen der Apparate erprobt und kann als praktisch unverwüstlich bezeichnet werden. — Es ist klar, daß für alle Klangkörper, mögen sie nun welche Form immer

besitzen, die praktisch erreichbare Maximalamplitude in der Resonanzfrequenz nicht von der Tonkörpergröße abhängig ist, sondern proportional der zugelassenen Materialspannung und umgekehrt proportional der Resonanzfrequenz sein muß. In der Oeffentlichkeit bekannt wurden diese Verhältnisse zum ersten Male durch die Mitteilung von A. du Bois-Reymond in der Zeitschrift für technische Physik, I, 1920, Seite 165, „Die größten bei akustischen Schwingungsvorgängen erreichbaren Amplituden“ Als Beispiel wählt der Verfasser dieses Artikels einen rechteckig prismatischen Stab, dessen eines Ende in eine praktisch unendlich große Masse starr eingespannt ist. Man erhält durch Integration der Gleichung der elastischen Linie einen Zahlenfaktor μ, mit dem die Stabmasse multipliziert diejenige Masse liefert, die punktförmig am äußeren freien Ende des nunmehr massenlos zu denkenden Stabes vereinigt, die gleiche Schwingungsenergie liefern würde wie früher die über den ganzen Stab verteilte Masse. Ist weiter:

A die Durchbiegung des Stabes, unter der Wirkung einer auf alle seine Querschnitte gleichmäßig verteilten und senkrecht zu seiner Achse gerichteten Kraft am äußeren Ende gemessen,
E der Elastizitätsmodul,
ρ die Dichte und
k die zugelassene Biegungsspannung des Stabmaterials,
b die Breite und
h die Höhe des Stabquerschnittes,
l die Länge des Stabes,
n die Resonanzfrequenz und endlich für das gewählte Beispiel des einseitig geklemmten Stabes $\mu = 0{\cdot}40$, so wird

$$n = \frac{1}{2\pi}\sqrt{\frac{2\,E\,b\,h^3}{3\,l^3\mu\,\rho\,b\,h\,l}} = \frac{h}{l^2}\,\frac{1}{2\pi}\sqrt{\frac{2\,E}{3\,\mu\,\rho}} \quad \ldots\ldots \quad 1.)$$

und

$$A = \frac{l^2}{h}\,\frac{1}{2}\,\frac{k}{E} \cdot \quad \ldots\ldots\ldots\ldots \quad 2.)$$

Die Multiplikation der beiden Ausdrücke liefert für A die Beziehung:

$$A = \frac{1}{4\pi n} \cdot \sqrt{\frac{2}{3\mu}} \cdot \frac{k}{\sqrt{\rho E}} = \frac{0{\cdot}096}{n} \cdot \zeta \cdot \quad \ldots \quad 3.)$$

Soll die Direktionskraft des Stabes zur Aufrechterhaltung einer Schwingung für eine Nutzmasse m dienen, so tritt zu 1.) noch der Faktor

$$\sqrt{\frac{\mu\,\rho\,b\,h\,l}{\mu\,\rho\,b\,h\,l + m}}$$

hinzu, was somit ergibt:

$$n_m = \frac{h}{2\pi l^2}\sqrt{\frac{2\,E}{3\,\mu\,\rho}} \cdot \sqrt{\frac{\mu\,\rho\,b\,h\,l}{\mu\,\rho\,b\,h\,l + m}} \quad \ldots \quad 4.)$$

Dieser Faktor ist für jede wirklich vorhandene Nutzmasse stets ein echter Bruch, dessen Wert dann sehr klein wird, wenn die Nutzmasse die Stabmasse stark überwiegt, ein Verhältnis, das bei modernen Resonanzapparaten aus Gründen der Konstanz der Frequenz durchaus angestrebt wird. Soll nun ein Klangkörper von bestimmter Frequenz n_m und einer gegebenen Nutzmasse m konstruiert werden, so gelten für die zulässige Amplitude die Bedingungen der Gleichung 3.), das heißt, die größte zulässige Amplitude wird um so kleiner, je größer die von ihr in Schwingungen zu versetzende Nutzmasse ist. Ist aber andererseits m und n_m vorgegeben, so folgt daraus ein bestimmter Wert für die Direktionskraft oder mit anderen Worten eine bestimmte Abmessung der Feder und mit ihr nach 2.) eine Abhängigkeit der größten erreichbaren Amplitude von den maßgebenden Stabdimensionen. Ferner wäre noch zu erwähnen, daß ein solches Tongebilde mit einer unterhalb seiner Resonanzfrequenz gelegenen Periode zwangläufig betrieben zu einer Knotenbildung in der Feder führt, also zu einer Verkürzung von l, was ebenfalls eine Beschränkung der maximal zulässigen Amplitude bedeutet.

Für die Materialkonstante $\zeta = \frac{k}{\sqrt{\rho E}}$ lassen sich deshalb keine Zahlenwerte angeben, da die zulässige Materialbeanspruchung k keine natürliche Konstante, sondern eine jedem besonderen Falle angepaßte Konstruktionsvorschrift bedeutet. Sie hat indessen für alle praktischen Fälle eine obere Grenze. Die nachstehende Tabelle XXXIII gibt für akustisch besonders wichtige Baustoffe eine Vorstellung über die Größenordnung von ζ. In der ersten Spalte stehen die gebräuchlichen Werte der zulässigen Biegungsspannung k. Die dritte Spalte gibt die Maximalamplituden des einseitig eingespannten prismatischen Stabes für die Frequenz 50.

Tabelle Nr. XXXIII.

Material	k in kg/cm^2	ζ in cm/sec^2	A_{50} in m/m
Stahl	500 — 2000	130 — 510	2·4 — 9·7
Bronze	400 — 500	140 — 170	2·6 — 3·3
Messing	300 — 400	100 — 140	2·0 — 2·6
Holz	50 — 100	210 — 420	4·0 — 8·1

Es ist nicht uninteressant, daß Stahl und Holz ungefähr gleich große Werte liefern. Hat man es mit der Zunge einer Orgelpfeife zu tun oder mit einer Eisenbahnschiene oder mit einem hölzernen Deckenbalken, so werden dauernde Deformationen und sehr bald Brüche eintreten, wenn diese Gebilde bei einer Frequenz von 50 Perioden pro Sekunde zu größeren Amplituden als etwa 10 mm gezwungen werden. Eine ähnlich bestimmbare obere Grenze haben die Amplituden von Flüssigkeiten, die von einem Schallwellenzug durchsetzt werden. Ueber die Dampfspannung bei der herrschenden Temperatur und dem herrschenden Druck läßt sich die Flüssigkeit nicht expandieren, ohne zu zerreißen und diese spezifische Dehnbarkeit kann als Prozentsatz der Wellenlänge ausgedrückt werden, womit die umgekehrte Proportionalität der größten erreichbaren Amplituden mit der Frequenz auch hier gegeben ist.

Seite

(130). — Der Umstand, daß der Wirkungsgrad eines Senders bei Vergrößerung der Dämpfung des Systems sinkt, zwingt in der Praxis zu einem Kompromiß zwischen möglichster Breite der Resonanzkurve und möglichst gutem Wirkungsgrad. Aus diesen Gesichtspunkten heraus und auch unter Berücksichtigung anderer Umstände wurde die Senderdämpfung in der Praxis zwischen 0.2 und 0.3 gewählt, was bei den gegenwärtigen Gütekoeffizienten der elektromagnetischen und elektrodynamischen Sender von rund 0.2 einen Wirkungsgrad von etwa 50% ergibt. — Die hier angeführte Strahlungsdämpfung resultiert auch aus der praktischen Anforderung, die man an die Konstanz der Umdrehungszahl der Umformer und damit der Periodenzahl des erregenden Wechselstromes stellen kann. Nimmt man die z. B. an Bord eines Schiffes durch wechselnde Belastung auftretenden Aenderungen in der Netzspannung, die nicht dauernd von dem den Sender bedienenden Personal durch entsprechende Maßnahmen ausgeglichen werden können, zu ± 5 bis 10% an, so kann man bei guten Gleichstrom-Wechselstromumformern mit etwa ± 3% Aenderung in der Umdrehungszahl rechnen. Sollen diesen Frequenzschwankungen der Maschine gegenüber der Resonanzfrequenz keine allzu großen Aenderungen der ausgestrahlten Schalleistung entsprechen, und setzt man mit Bezug auf die Empfängereigenschaften des menschlichen Ohres für Intensitätsunterschiede fest, daß bei größter auftretender Verstimmung von ± 3% noch immer wenigstens die Hälfte der bei Resonanz abgegebenen Leistung gestrahlt werden soll, so findet man aus der Dämpfungsformel, daß die Dämpfung 196

$$\vartheta \geqq 2\pi \cdot 0{\cdot}03,$$

d. h. gleich oder größer als rund 0,2 sein muß. Anfangs machte es den Konstrukteuren der elektromagnetischen Sender Schwierigkeiten, diesen Wert der Strahlungsdämpfung zu erzielen, und zwar aus folgenden Gründen: die Strahlungsdämpfung ist bestimmt durch das Verhältnis von gestrahlter zu leerschwingender Energie. Die erstere steigt mit der Größe der Membran, die letztere mit den Massen des Schwingungsgebildes, bezogen auf die Membranamplitude. Um also die Strahlungsdämpfung groß zu erhalten, muß man möglichst große Membranen und kleine Schwingungsmassen, bezogen auf die Membranamplitude, anwenden. Mit dem Durchmesser der Membran ist man aber besonders an Bord von Schiffen an eine obere Grenze gebunden, die durch Gewicht und Unterbringungsmöglichkeit gezogen ist. Die Schwingungsmassen aber kann man mit Rücksicht auf die Induktion und damit auf die Verluste und Erwärmung nicht beliebig klein machen. Hierzu kommt in unserem Fall, daß zwischen Membranamplitude und Magnetamplitude eine Uebersetzung eingeschaltet werden muß, die einerseits erst eine richtige Weg-Kraft-Transformation für die Arbeitsleistung schafft, andererseits aber viel leerschwingende Energie liefert, da von der die Strahlungsenergie liefernden Membranamplitude aus betrachtet, Massen an großen Hebelarmen schwingen müssen, die mit dem Quadrat des Uebersetzungsverhältnisses in den Gleichungen erscheinen. Auf diese Weise ergeben sich Werte für die Strahlungsdämpfung, die wesentlich geringer sind, als der mit Rücksicht auf die unvermeidlichen Schwankungen im Betrieb geforderte Betrag von etwa 0,2. Aus dieser Verlegenheit half sich die Signalgesellschaft in Kiel durch die

Benutzung der ersten Ober- oder Ringschwingung der Membran, die im Mittelpunkt der Membran einen partiellen Knotenpunkt und an der Stelle des halben Membranradius einen kreisförmigen Schwingungsbauch besitzt, wie nachstehende Figur 132.) erkennen läßt. Durch Kopplung des eigentlichen Schwingungsgebildes, das aus Anker und den im Felde

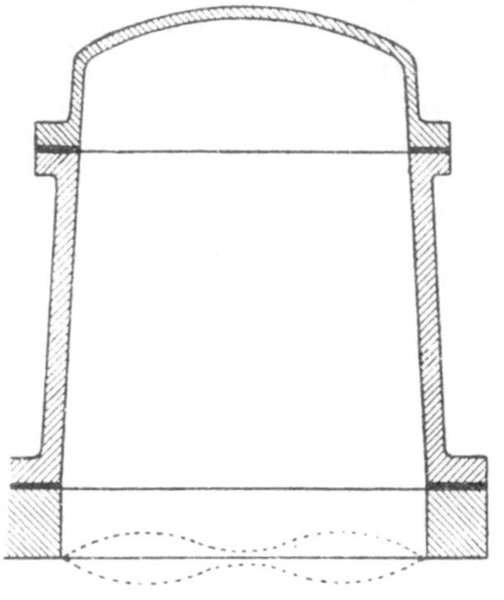

Fig. 132

vereinigten Massen (Fig. 66, Seite 195) besteht, mit der Ringschwingung erhält man ein doppelwelliges Gebilde. Wir haben bereits gesehen, wie man sich ein solch zusammengesetztes Schwingungsgebilde aus einzelnen Tonpilzen aufbauen kann, also wie man in einfach übersichtlicher Weise zu einem akustisch durchsichtigen Schaltungsschema gelangt. Ein einfaches Schema für den vorliegenden Fall gibt die nächste Figur 133.), in

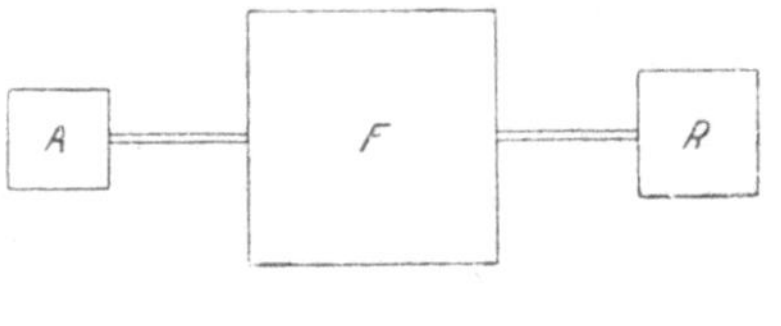

Fig. 133.

der A die freischwingende Ankermasse, F die vereinigte Feld-, Tisch- und die im Mittelpunkt als schwingend anzunehmende Membran- und Wassermasse und endlich R die an der Stelle des vom Membranzentrum aus mit dem halben Membranradius gezogenen Kreisumfanges schwingende Membran- und Wassermasse ist. Die Verbindung der Ringmasse R durch eine Elastizität mit der als sehr groß gegenüber allen anderen Massen anzunehmenden Gehäusemasse ist als unerheblich für die prinzipielle Betrachtung in der Figur weggelassen. Die zwischen A und F liegende Elastizität wird durch das Stab-Rohr-System gebildet, diejenige zwischen F und R durch Teile der

Seite

Membran. Haben die beiden Systeme A-F und F-R im freien, ungekoppelten Zustande verschiedene Abstimmung, und ist A-F das tiefere System, in dem gleichzeitig die Erregung erfolgt, so ist die Bewegungsphase von F und R gleichgerichtet, und die Schwingungsform der Membran hat das in der Figur 132.) angedeutete Aussehen. Auf diese Weise erreicht man aber, und das ist das Wesentliche dieses Kunstgriffes, das die wattlose Energie liefernden Massen, die im Mittelpunkt der Membran direkt befestigt sind oder an diesem Punkte mit großer Uebersetzung einlaufen, mit relativ kleiner Amplitude schwingen, während die Membran an anderer Stelle mit kleinerer Masse größere Amplituden erreicht und damit große Deformationsvolumina schafft. Da beide Vorgänge im dämpfungsvergrößernden Sinne wirken, erreicht man dadurch auf elegantem Wege rasch den gewünschten Wert der Strahlungsdämpfung. Siehe Zeitschrift für Physik, II, 1921, Seite 1 und Seite 33, „Entwicklung, Wirkung und Leistung des elektromagnetisch erregten Unterwasserschallsenders nach dem Telephonprinzip" von A. du Bois-Reymond, W. Hahnemann und H. Hecht.

(131). — Diese beiden Entwürfe stammen vom Verfasser, wovon der erste hauptsächlich für Empfangszwecke genauer untersucht wurde. — *199*

(132). — Fessenden selbst führte solche Versuche mit seinem ersten Sender für 500 Perioden durch. Die Sache geht zwar prinzipiell; doch macht sich bei der kleinen Dämpfung der metallische Eigenton der Membran sehr unangenehm bemerkbar. — *201*

(133). — Um von den Resonanzeigenschaften unabhängig zu werden, ist hier vorausgesetzt, daß die Grundfrequenz des Empfängers entsprechend hoch über der höchsten zu messenden Tonhöhe liegt. — *202*

(134). — Die Schallhärte einer elastischen, gleichmäßig belasteten Membran ist somit durch ihre Direktionskraft mal $\frac{1}{R^2}$ gegeben. *203*

(135). — In der Unterwasserschalltelegraphie rechnet man als normale Telegraphiergeschwindigkeit 60 Zeichen pro Minute, ein Zeichen zu 10 Intervallen, wobei unter Intervall die Zeit eines Punktes, bzw. die Ruhezeit zwischen zwei Zeichen verstanden wird. Die Punktzeit beträgt daher $^1/_{10}$ Sekunde. — *203*

(136). — Wäre es mit Wasser gefüllt, so müßte dessen Einfluß in Rechnung gezogen werden. So erhöht sich beispielsweise bei Lufttelephonen die Vakuumfrequenz infolge der Elastizität der in der Telephonkapsel eingeschlossenen Luft, deren Elastizität sich zur Membranelastizität addiert. Die Masse dieser Luftmenge würde die Vakuumfrequenz erniedrigen. Diese Erniedrigung darf aber bei Lufttelephonen deshalb vernachlässigt werden, da man auch die mitschwingende Mediumsmasse an der freien Membranoberfläche gegenüber der Membranmasse vernachlässigen darf. So beträgt z. B. die Membranmasse eines normalen in der drahtlosen Telegraphie verwendeten Telephones rund 0,6 Gramm, während die mitschwingende Mediumsmasse bloß 0,01 Gramm ausmacht. Ueber den mechanisch-akustischen Aufbau von Telephonen siehe Ann. d. Phys IV, Bd. 60, S. 454, 1919. — *205*

(137). — Dies gilt jedoch nicht für alle Senderantennen; es sind beispielsweise Sirenen nicht als Empfänger zu benützen. — *205*

(137a). — Wiss. Veröffentl. a. d. Siemenskonzern I, S. 137, 1920. — *206*

Seite

(138). — Die eigentliche Ursache der Mikrophonwirkung ist bis heute noch nicht vollständig einwandfrei aufgeklärt. Voraussichtlich beruht die Wirkung auf der Veränderlichkeit der Luftschicht zwischen den einzelnen Kohlenpartikeln, die bei den kleinen Bewegungen infolge der Membrantätigkeit geändert wird. Unter diesem Gesichtspunkt wäre zu erwarten, daß Mikrophone im Vakuum versagen müssen. Verfasser hat dies auch tatsächlich in diesbezüglichen Versuchen bestätigt gefunden. Bringt man ein Mikrophon in ein geeignet geformtes Glasgefäß und setzt dieses mit einer Vakuumpumpe in Verbindung, so wird mit steigender Evakuierung die Empfindlichkeit des Mikrophones dauernd schlechter, bis es schließlich auch auf grobe Erschütterungen nicht mehr anspricht. Läßt man hierauf Luft ein, so nimmt das Mikrophon nach einiger Zeit seine alte Empfindlichkeit wiederum an. Soweit würde die Sache stimmen. Schafft man sich nunmehr ein genaueres Bild über die Wirkungsweise, so könnte man annehmen, daß die Leitfähigkeit der Luft eine gewisse Rolle spielen müßte. Meine diesbezüglichen Versuche mit hoch radioaktiv gemachter Luft führten hier zu keinem meßbaren Resultat. Auch das Gegenteil, die Luft unter hohen Druck zu setzen und so ihre Leitfähigkeit zu vermindern, verlief resultatlos. — 210

Ausgewählte Literatur über Mikrophone: Ann. d. Phys. 323,18 S. 695, 1905; Ann. d. Phys. 278,42, S. 622, 1891. — Ann. d. Phys. 259,23, S. 651, 1884; Ann. d. Phys. 312,7, S. 862, 1902. — Ztschr. f. Schwachstromtechnik (4), S. 400, 1910; Telegraphen und Fernsprechtechnik 8 (1), S. 6, 1919. — Endlich eine der neuesten Arbeiten auf diesem Gebiete von P. O. Pedersen, Elektroteknikeren, Sept./Okt. 1914. Referat in Deutsch darüber siehe Jahrb. d. drahtl. Telegraphie und Telephonie, Bd. 11, S. 384; Phys. Ztschr. XXI, S. 305, 1920. —

(139). — Ueber diese Mikrophonkonstruktion wird seinerzeit an anderer Stelle ausführlich berichtet werden. — 211

(140). — Hahnemann und Hecht: Phys. Ztschr. 20, S. 245, 1919. — 211

(141). — Von den Spulenverlusten müssen wir hier absehen, da wir bei Aufstellung des Diagrammes den Ohmschen Spannungsabfall in den Spulen vernachlässigt haben. Daher müssen wir dies auch konsequenterweise nun mit den Spulenverlusten tun. Nichtsdestoweniger können wir aber ihren Einfluß auf die Dämpfung berücksichtigen, wenn wir sie zunächst uns zur Nutzleistung geschlagen denken und sie hinterher wieder abziehen. — 213

(142). — Das konstante, durch die Gleichstromerregung bei polarisierten Apparaten hervorgerufene Kraftfeld soll beim Empfänger gleich groß sein als wie das beim Sender. — 213

(143). — Die Feldspannung ist gleich dem Magnetisierungsstrom mal der Kreisfrequenz mal der Selbstinduktion. — 213

(144). — Wie sich später zeigt, ist dies die Bedingung für die Abstimmungsfrequenz des Empfängers, die der mechanischen oder Sender-Resonanz entspricht. — 215

(145). — Das Auftreten der Ankerrückwirkung ist natürlich nicht an eine Ankerrotation gebunden, sondern es tritt diese Wirkung ebenso bei einem oszillierenden Anker auf. — 216

(146). — Die Widerstandsoptima der Gleichung 25.) sind experimentell festgestellt und in Uebereinstimmung mit der Formel gefunden worden. — L_0 ist die 217

Seite

wahre Selbstinduktion des Apparates und läßt sich bekanntlich bei offenen Transformatoren finden, was in unserem Falle seiner Bestimmung bei ruhendem Anker entspricht. —

(147). — Für Apparate mit $G = 0{,}2$ und $\cos \varphi = 0{,}2$ beträgt die Dämpfungs- 217
erhöhung für rein Ohmsche Belastung 0,02 und für Belastung mit Ohmschem Widerstand und Kapazität 0,1, Zahlenwerte, die der Messung zugänglich sind und sich in genügender Uebereinstimmung mit der Theorie nachweisen ließen. —

(148). — Für $G = 0{,}2$ und $\cos \varphi_0 = 0{,}2$ berechnet sich dieses Verhältnis zu 220
1 + 0,006. Diese Verstimmmung des Senders bei seiner Benützung als Empfänger wurde im Laboratorium der Signalgesellschaft in Kiel zum ersten Male von L. Adelmann experimentell konstatiert. —

(149). — Auch dieser Einfluß wird im Sinne der Theorie mit genügender zahlen- 220
mäßiger Befriedigung im Experiment bestätigt gefunden. —

(150). — Hahnemann und Hecht: Phys. Ztschr. XXI, S. 426, 1920. — 221

(151). — Diese Stellringe müssen stets so angeordnet werden, daß bei wachsendem 227
äußeren Druck die Membran nicht von diesem Ring abgehoben wird; sie können auch außen am Gehäuse angebracht werden, was für eine Nachstimmung sehr zweckmäßig ist. In diesem Falle muß sich aber die Membran innen an einen Rand anlegen, der kleiner ist als der des Abstimmringes, damit das früher erwähnte Abheben bei äußerer Druckzunahme nicht stattfindet. —

(152). — Bei Anwendung einer einzigen Batterie ist die Serienschaltung die ein- 228
zige für Mikrophone zulässige. Schaltet man nämlich mehrere Mikrophone zu einer Batterie parallel, so nimmt die Wirkung gegenüber der eines einzigen nicht nur nicht zu, sondern im Gegenteil ab. Dies kommt daher, daß die einzelnen Mikrophone ungleiche innere Widerstände in der Regel besitzen und sich die Stromschwankungen eines Mikrophones durch die andern parallel liegenden größtenteils ausgleichen, daher für das Telephon gar nicht zur Wirkung kommen. Eine brauchbare Mehrfachmikrophonschaltung mit entsprechend vielen Stromquellen hat E. Ruhmer angegeben. Siehe Neuere elektrophysikalische Erscheinungen, I. Teil, Fortschritte auf dem Gebiete der Telegraphie und Telephonie, S. 148, 1907. —

(153). — Theorie des geschlossenen Luftresonators, Thiesen, Ann. d. Phys. (4), 24, 231
S. 401, 1907. — Ueber die Anwendung von Luftresonatoren bei Telephontönen, Phys. Ztschr. 13, S. 1034, 1912, Jahrb. d. drahtl. Telegraphie und Telephonie, 6, S. 496, 1913. — Ann. d. Phys. (49), 354, S. 215, 1916. —

(154). — Das internationale Morsealphabet lautet: . — a; . — . — ä; — . . . b; 232
— . — . c; — . . d; . e; . . — . f; — — . g; . . . . h; . . i; . — — — j; — . — k; . — . . l; — — m; — . n; — — — o; — — — . ö; . — — . p; — — . — q; . — . r; . . . s; — t; . . — u; . . — — ü; . . . — v; . — — w; — . . — x; — . — — y; — — . . z; . — — — — 1; . . — — — 2; . . . — — 3; . . . . — 4; . . . . . 5; — . . . . 6; — — . . . 7; — — — . . 8; — — — — . 9; — — — — — 0.

(155). — Konstruktion Siemens & Halske: Ueber Monotelephone siehe Jahrb. d. drahtl. 232
Telegr. u. Teleph. 6, S. 544, 1913; Ann. d. Phys. (49), S. 215, 1916; E. T. Z. 625, 1920; über Telephone überhaupt: Ann. d. Phys. S. 450, 1901, Ann. d. Phys. 313, S. 481, 1902; Ann. d Phys. 17, S. 999, 1905; u. 18, S. 1049, 1905. Pflügers Arch. 97, S. 1, 1903. E. T. Z. 32, S. 80, 110 u. 121, 1911; Zeitschrift für Schwachstromtechnik S. 292, 1910, Elektrostatisches Telephon Comp. Rend., Bd. 144,

Seite

S. 1154, 1907; E. T. Z. S. 51 u. 655, 1909. — Elektrodynamisches Telephon, Phys. Ztschr. X, S. 310, 1909; Ann. d. Phys. IV. Folge, Bd. 63, S. 57, 1920.

(156). — Orlich: Kapazität und Induktivität. (Aus Elektrotechnik in Einzeldarstellungen, Braunschweig 1909.) 233

(157). — Diese Erkenntnis kann auch für Luftschallempfang zweckmäßig verwertet 238
werden. Man braucht hierzu lediglich das Innere eines solchen Empfängers mit einem Gas von größerer Kompressibilität als Luft zu füllen. Dazu kann man Wasserstoff oder dergleichen mehr anwenden. Man kann auch, statt das Innere mit einem leichter kompressiblen Gas zu füllen, Luftfüllung unter geringerem Druck zur Erreichung des gleichen Zweckes anwenden und endlich beide Maßnahmen kombinieren. Siehe auch Phys. Ztschr. XXII. S. 353, 1921. —

(158). — In neuerer Zeit hat Perot, Comp. Rend. 162, S. 194, 1916, Beibl. d. Ann. d. 244
Phys. 41, S. 77, 1917, eine Untersuchung über die Koinzidenz zweier periodischer Vorgänge angestellt. Es wurde durch eine Stromverzweigung ein Kondensator aufgeladen. In jedem Zweige lag ein Telephon und ein periodischer Vorgang in jeder Verzweigung, z. B. die Pendelbewegung astronomischer Uhren, betätigte eine Kontaktvorrichtung mit einer praktisch gleichen Periode. Die Telephone werden einem Beobachter an je ein Ohr gelegt. Er hört dann den Ladestrom des Kondensators in dem Ohr zuerst, in dessen Telephonkreis der Schluß durch die Pendelbewegung zuerst erfolgt. Ist die andere Stromverzweigung offen, so schweigt daselbst das Telephon überhaupt. Werden in beiden Kreisen völlig gleichzeitig die Kontakte geöffnet und geschlossen, so werden beide Telephone mit gleicher Intensität erregt. Aus dem Lautstärkeunterschied ist ein ungeübtes Ohrpaar imstande, einen Koinzidenzunterschied von 2.10^{-5} Sekunden, ein geübtes von 4.10^{-6} Sekunden sicher festzustellen. —

(159). — Amerikanisches Patent Nr. 964 380, englisches Patent Nr. 15 102, 1910. — 245

(160). — Die normale Ohrdistanz für Männerköpfe beträgt etwa 20 cm und das 245
Verhältnis der Schallgeschwindigkeiten in Wasser zu Luft rund 4·3, so daß die Wasserschädelohrdistanz rund 90 cm ausmacht. — Figur 134 läßt das Prinzip des Richtungshörapparates deutlich erkennen. Die in der Pfeilrichtung ankommenden Schallwellen haben bis zum Empfänger A einen um die Strecke 4.3 d weiteren Weg zurückzulegen als bis zum Empfänger B. Es besteht infolgedessen eine Zeitdifferenz, die einen Richtungseindruck verursacht. Im vorliegenden Falle würde man, wenn die mit den Empfängern A und B verbundenen Telephone T_1 und T_2 gleich weit von den Ohren O_l und O_r entfernt sind, einen Rechtseindruck von etwa 30° haben. Entfernt man nun das eine Telephon vom Ohr, etwa T_2 von O_r, so hört man die Schallquelle nach der Mitte wandern, da der Zeitunterschied zwischen dem Ankommen des Schalles an beiden Ohren immer kleiner wird. Ist die Verschiebung gleich d, so wird der Zeitunterschied gerade kompensiert und die Schallquelle erscheint in der Geradeausrichtung. Diese Stellung läßt sich sehr genau bestimmen. Aus der beobachteten Verschiebung d der Telephone gegeneinander läßt sich dann die wirkliche Schallrichtung nach der Formel $\sin \alpha = \frac{4{\cdot}3\,d}{90}$ leicht berechnen. Die gegenseitige Verschiebung der Telephone geschieht durch die Drehung an einem Handrad. Hat man auf den Mitteneindruck eingestellt, so kann die wahre Schallrichtung an einer mit dem

Seite

Handrad zwanglaufig verbundenen Skala direkt abgelesen werden. Mit der 90-cm-Basis ist die Methode auf 2—3° genau, während mit vergrößerten Basen großere Genauigkeit erzielt werden kann.

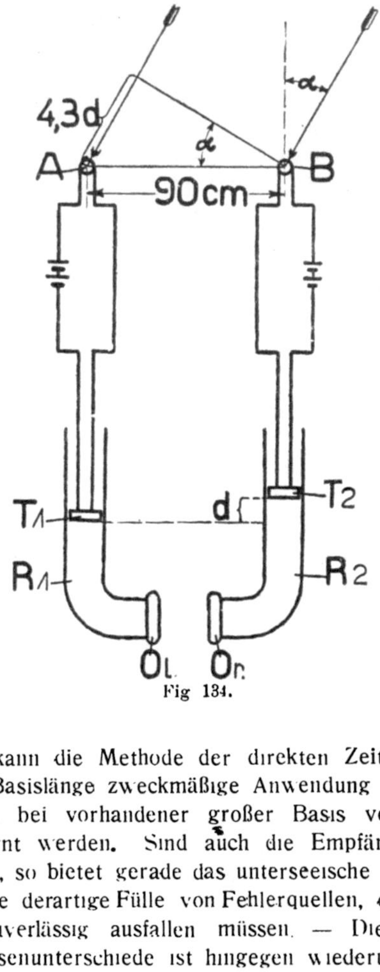

Fig 134.

(161). — Wohl aber kann die Methode der direkten Zeitmessung an der Küste bei sehr großer Basislänge zweckmäßige Anwendung finden. Es muß jedoch ausdrücklich auch bei vorhandener großer Basis vor direkten Intensitätsmessungen gewarnt werden. Sind auch die Empfänger selbst vollkommen gleich empfindlich, so bietet gerade das unterseeische Küstengelände in seiner Regellosigkeit eine derartige Fülle von Fehlerquellen, daß Intensitätsmessungen vollkommen unzuverlässig ausfallen müssen. — Die auch vorgeschlagene Messung der Phasenunterschiede ist hingegen wiederum nur bei Sinuswellen anwendbar und bedingt für verschieden hohe Töne verschiedene Vorrichtungen und läßt überdies eine Verfeinerung der Richtungsbestimmung durch einheitliche Basisvergroßerung nicht zu. — *246*

(162). — D. R. P. Nr. 301 669, siehe auch The Nature v. 14. August 1919; Engineering v. 25. Juli 1919. Auch amerikanisches Patent Nr. 224 199. — *246*

(163). — Ueber diese geistreiche Erfindung Paulsens siehe: E. T. Z. S. 57, 1901; Phys. Ztschr. S. 1, 1900, u. S. 129, S. 125, S. 413, S. 470 u. S. 554. E. T. Z. S. 385 u. 1033, 1900 Ann d. Phys. S. 754, 1900; L'eclairage électrique 1900 und H. Zopke, der Telephonograph, 1900. — *249*

(164). — Jahrb. d. drahtl. Telegr u. Telephonie, 1, S. 598, 1908; 2, S. 381, 1909 — *250*

Seite

(165). – Eine gewisse Schwierigkeit für diese Methode bildet gegenwärtig noch die Herstellung von geeigneten Empfängern erster Ordnung mit einer zweckmäßigen Verteilung der Lautstärke. – – 250

(166). — Die Punktsignale liegen dabei um die Zeit auseinander, die der Schall im Wasser zur Ueberbrückung einer Seemeile benötigt. Das erste drahtlos gehörte Punktsignal markiert den Zeitpunkt Null, dann folgen eine Anzahl bloß drahtloser Punkte, bis schließlich gemeinsame Punktzeichen als Doppelsignale eintreffen. Beim Eintreffen des ersten Doppelsignales ist die Distanz von den Schallwellen überbrückt, falls sie gleich einer ganzen Anzahl von Seemeilen ist, was in den seltensten Fällen der Fall sein wird. Beträgt die Entfernung auch Bruchteile einer Seemeile, so trifft das erste Unterwassersignal zwischen zwei drahtlosen elektrischen Signalen ein und kann aus seiner Lage zwischen zwei solchen Signalen der Bruchteil in Seemeilen geschätzt werden. Weitere Literatur zu VI: D. R. P. Nr. 232 608, D. R. P. Nr. 257 211 und 257 212. — Werft und Reederei Nr. 1 v. 15. I. 1920. Antrag des VII. deutschen Seeschiffahrtstages am 23./24. März 1914. Engineering v. 17. Mai 1918. Long-Distance Submarine Signaling by Dynamo-Electric Machinery v. Fessenden S. 19; Submarine Signaling v. Sawyer. — 253

(167). — Hier handelt es sich um eine Anlage der Signalgesellschaft in Rügen, wo in einer Seemeile Abstand vom Lande in See ein ortsfester Elektromagnetmorsesender ausgelegt ist, der den Schiffen als Ansteuerungspunkt für die Fährschiffe Saßnitz-Trelleborg zur Sicherung der Einfahrt bei Nebel dient. — 257

(168). — Nach internationaler Festsetzung führt jedes Schiff an seiner Steuerbordseite eine grüne und an seiner Backbordseite eine rote Laterne. — 270

(169). — Hier liegt für kriegsmarinetechnische Zwecke ein Anwendungsgebiet der Sender mit Tönen über der physiologischen Hörbarkeitsgrenze. — Auch ein anderes physiologisches Problem ist hier, insbesondere aber beim Loten von wesentlicher Wichtigkeit, nämlich die Frage nach der Minimalzeit von Schwingungen, die das Ohr treffen müssen, damit überhaupt eine Tonempfindung ausgelöst wird. Kennt man dieses Minimum, so liefert es leicht die kleinste Tiefe, für die das Loten mittels Unterwasserschallsignals noch anwendbar ist. Die Versuche in dieser Richtung gehen in Luft merklich auseinander. Für einen Unterwasserschallsender wurden diesbezügliche Versuchresultate von E. Lübcke, „Ueber die Wahrnehmung kürzester Töne bei Unterwasserschallsendern“, in der Zeitschrift für technische Physik II, 1921, Seite 52, mitgeteilt. Lübcke findet bei Empfang des Unterwasserschallsignales mit einem 1000ohmigen Telephon, daß für 500 Perioden des Sendertones etwa 5, für 1000 Perioden etwa 9—10 und für 2000 Perioden rund 15 Schwingungen erforderlich sind, um das Bewußtsein eines Toneindruckes hervorzurufen. Diese Versuche sind seinerzeit im Laboratorium für Unterwasserschall der Torpedo- und Mineninspektion in Kiel durchgeführt worden. 272

Namenverzeichnis.

Seite

J. F. Adair 274
L. Adelmann 308
F. Aigner . . 9, 11, 68, 73, 81, 87, 157
158, 174, 191, 193, 197, 210, 137
249, 250, 278, 285, 286, 306, 307
d'Alembert 28, 29, 34
Amagat 45
F. André 274
Atlaswerke 6, 176, 179, 200

M. Banaré 2, 4, 239, 275
H. Barkhausen 67, 279, 290
H. Barkhausen und H. Lichte . . 67, 279
Bellini-Tosi 250
G. Benischke 289
Bernoulli 28
Berzelius 274
Bessel 19, 114, 277, 282
Beudant 274
J. W. Birnbaum 61, 278
V. Bjerknes 97, 282
Blake 3
A. du Bois-Reymond 10, 276, 301
A. du Bois-Raymond, W. Hahnemann und
H. Hecht 304
L. Boltzmann 59, 278
Ch. Bonnycastle 1, 275
Th. J. Bowlker 245, 309
Breisig 295
Bridgmann 277
B. Brunhes 278

Cagniard de la Tour 152, 274
Chappus 278
Clément 9, 275, 289
J. D. Colladon . . 1, 8, 44, 238, 274, 275

Seite

Desormes 9, 275, 289
K. Dörsing 275
V. Dvorack 275

Emde 277
Engels-Hubert 277
Euler 25, 26

M. Faraday 238
H. J. W. Fay 276
R. A. Fessenden 10, 72, 74
171, 174, 176, 178, 179, 199
200, 201, 254, 276, 306, 311
Fournier 18, 28, 276
R. Fricke 276
Fry 245

Gauss 17, 42, 277
H. Gerdien 206, 306
Germaniawerft 73
J. Görges 10, 276
E. Gray 2, 3, 5, 6
Green 282
Griffith 275
Gümpel 276

W. Hahnemann 276
W. Hahnemann und H. Hecht . . . 59, 77
118, 132, 160, 179, 277, 278
287, 289, 291, 307, 308, 309
Hauser 48, 278
H. v. Helmholtz . 44, 133, 231, 277, 281
H. Hennesy 274
H. Hieronymus 4
E. M. v. Hornbostel 246, 310
Hydrotelegraphgesellschaft 11

Seite
Jahnke-Emde 277
J. Joly 276

G. Kapp 289, 290, 291
G. Kirchhoff 61, 278, 279
R. Klinger 9, 158
Knudsen 46, 50, 277
König 3
Körte 2, 275
Kohlrausch 278
Krümmel 46, 277
Krümmel und Ruppin 278
Kundt und Lehmann 275

Lagrange 97, 98
H. Lamb 281
Laplace 15, 37
Legendre 19
Lehmann 275
Leonardo da Vinci 1, 274
H. Lichte 67, 278, 279, 288, 292
Lommel 282
E. Lübcke 311

T. Martini 275
L. Matthiessen 275
O. E. Meyer 275
J. B. Millet 3, 276
Moivre 17, 101
A. Monro 274
More 245
A. Mundy 3, 5, 6

Neufeldt und Kuhnke 8

Ohm 24, 32
E. Orlich 309

Paulsen 310
Peck 2, 276
P. O. Pedersen 307
A. Perot 309
Poincaré 292
Poisson 132

Quix 59, 278

Seite
Rayleigh 31, 58, 59, 97
110, 114, 245, 277, 278, 282, 288
H. Riegger 206, 306
Riemann-Weber 277
Rüdenberg 62, 140, 278, 287
E. Ruhmer 308
Runge 39, 277
Ruppin 278

F. L. Sawyer 276, 311
Schlömilch 277
W. Schmidt 275
Siemens & Halske 206
227, 228, 233, 236, 308
Signalgesellschaft 8, 10, 11
156, 168, 187, 193, 194, 200
224, 238, 276, 304, 308, 311
H. Th. Simon 228, 234
J. Spielrein 276
Stefanini 59, 278
G. Stokes 47, 277, 278
J. K. F. Sturm 1, 44, 274
Submarine Signal Co. 6, 10

Tait 45, 277
Taylor 130, 286
M. Thiesen 308
N. M. Thompson 2
Thomson 225, 233
K. Threlfall und J. F. Adair 275
Toepler 59, 278
Torpedoinspektion 53, 67, 73, 74, 279, 311
Tosi 250

W. Wagner 291
Weber 277
G. Wertheim 8, 275
M. Wertheimer 246, 310
M. Wien 59, 60, 61, 63, 99
100, 104, 105, 128, 278, 282, 286
Winkelmann 281
Wüllner 275

Zwaardemaker 59, 278

Sachverzeichnis.

Seite
Abklingungszeit 90
Ablenkung 273
Absorptionsfläche 140
Absorptionsgesetz 73, 74, 81
Achat 157
Aequipotentialkurven 38
Aethyläther 44
Analogie 32, 36, 38, 39, 40
77, 78, 87, 134, 137, 160, 181, 238
Anfangsstörung 25
Angießen 174
Ankerblech 9, 301
Ankerrückwirkung 307
Anlaufzeit 210
Anotherm 56, 58
Ansteuern 4, 108, 257, 270, 311
Antennenkreuz 250, 251
Arbeitswiderstand . . 163, 164, 168, 184
Aufnehmertank 5
Ausbreitungsgesetz 76
Ausfressungen 156
Auspuffluft 148
Außenbordmikrophon 3, 7

Basis 245, 246
Basiswähler 249
Bauelement 172
Befehlsübermittlung 271
Besselfunktionen 19, 282, 283
Betriebsmedium 152
Beugung 59, 272
Bewegung, radiale 109
„ tangentiale 110
Bewegungsempfänger . . . 112, 202, 203
Bewegungsgleichungen 84,104,116,131,149
„ Lagrangesche 98
Blattfeder 229, 230, 232
Blechfüllfaktor 301
Blechpakete 192
Bodenelektrode 210
Böschungslinien 12, 13
Boje 6, 147, 263, 270
Bordbetrieb 9
bordfähig 159, 273
Bordgeräusche 204, 268
Brechungsgesetz 54

Seite
Bremswiderstand 138, 223
Bugzelle 267

Chatty 1, 64

Dämpfung 17, 74 76, 148
„ aperiodische 88
Dämpfungserhöhung 217
218, 219, 223, 224, 225
Dämpfungsfaktor 17, 87, 92, 93, 95, 100
Dämpfungskonstante 100
Dämpfungsmessung 124
Dämpfungszahl 17, 89, 93
Dampfbildung 83, 129
Deckaufbauten 266
Deckempfänger 259
Deformationsvolumen 106
119, 120, 143, 151, 288
Dekrement 17, 39, 82, 89, 90, 100
121, 122, 123, 162, 164, 169
170, 171, 203, 229, 301, 304
„ akustisches 11
114, 121, 122, 123, 138, 140
143, 146, 162, 183, 203, 304
„ gesamtes 162, 233
„ mechanisches 171
178, 188 203, 204, 213
„ nützliches . . . 126, 138, 140
143, 203, 213, 216, 224, 225
„ schädliches . 9, 10, 122, 126
131, 138, 162, 172, 173, 174
176, 178, 183, 191 192, 203
213, 216, 223, 228, 233, 237
Demontierungsmöglichkeit 174, 289
Dezimierzeit 90
Diagrammdarstellung . . . 20, 161, 165
167, 168, 187, 188, 189, 211, 219
Dichte 46, 49, 56, 57, 112
Direktionskraft 10, 11, 84, 85, 89, 116
117, 120, 123, 129, 130, 138, 157
167, 171, 190, 196, 207, 301, 303
Diskusglocke 147, 199
Distanzbestimmung 252
Distanzmessung 11, 252, 271
Distanzschätzung 244
Distanzüberbrückung 52, 8

Seite

Divergenz 13
Dock 9, 269
Doppelhebel 230
Doppelmembran 207, 227
Doppelsenderanlage 266, 267, 270
Doppelspule 175
Doppeltelephon 250
Drehkondensator 233, 259, 261
Drehrichtung 212
Drehungskomponenten 14
Drehzahl 272
Dreibein 263
Druck 43, 45, 48, 50, 57, 74
„ akustischer 30, 38, 78, 150
„ negativer 9
Druckamplitude 77, 83
Druckausgleich 4, 154, 210
Druckempfänger 202, 203
Druckfest 208
Druckgleichung . 38, 39, 117, 118, 150
Druckmikrophon 208
Dynamoblech 192

Ebenhörbarkeit 59, 73, 280
Echo 272
Echomethode 272
Eigentonhöhe 124, 126
Einbettungen 77
Einfachsenderanlage 267
Einheitsempfänger 203, 204
Einschlagglocke 8, 148
Eisberg 272
Eisgang 270
Eisenglasblock 193
Eisenverluste 9, 160, 161
177, 183, 190, 192, 213
Elastizität . . 9, 120, 124, 133, 136, 284
Elastizitätsgrenze 237
Elektromagnetempfänger . . . 227, 230
Elektromagnetherstellung 192
Elektromagnet, polarisierter 135
Elektromagnetsender 11, 196
Elektronensenderröhre 126
Elektronenverstärker 80
Empfänger 7, 64
Empfängerabbremsung 225
Empfängerabstimmung 66
Empfängeraufhängung 268

Seite

Empfängeraufstellung 268
Empfänger, aperiodischer 266
Empfängerdämpfung 66, 213
Empfängerdiagramm 221
Empfängergehäuse 237
Empfängerkabel 268
Empfänger, polarer 251
Empfängertank 5, 267
Empfängerverstimmung 226
Empfängerwahlschalter 259
Empfangsantenne 90
Empfangsapparatur 4, 259
Empfangskreis 211
Empfangslautstärke 68, 80
Empfangsmembran 59
Empfangsmikrophon 5
Empfangsschaltkasten 244
Empfangsschaltung 261
Empfangsstation 267
Empfindlichkeit 240
Empfindlichkeitsgrenze 210
Empfindlichkeitskonstanz . . . 209, 210
Empfindlichkeitsschwankung 7
Energieabsorption . . . 59, 61, 138, 144
Energiedichte 139
Energieentzug 211
Energie, kinetische 85, 97, 130, 132, 133
Energie, leerschwingende 85, 103, 109, 120
Energie, potentielle . . 85, 97, 129, 133
Energieumformungselement . . 136, 204
208, 211, 220, 238
Endbleche 190
Entfernungsmessung 250, 269
Entlüftung 83, 158
Ergiebigkeit 13, 41
Erregungsfrequenz 91, 93, 95
Ersatzkreis, elektrischer 160, 163
165, 168, 170, 179, 211, 220, 221
Ersatztransformator 182
Eulersche Gleichungen 25, 26
Explosionsdistanz 234
Explosionsschutz 238
Explosionssicherheit 236
Explosionsstoß 234, 236
Explosionszentrum 234

Fahrgestell 266
Fahrtgeräusche 268

Seite

Feldintensität 150
Feld, polarisiertes 111, 180
Feldpotential 111
Feldstärke, ebenhörbare 80
Feldstörung 77, 78
Feuchtigkeit 237
Feuereinwirkung 271
Feuerschiff 66, 263, 265, 266, 270
Flanschsender 266
Flux 180, 186
Formelastizität 25
Formfaktor 119, 120, 128, 288
Fouriersche Reihen 18, 28
Fremdkörper 77
Frequenztransformation 81
Führerschiff 271
Funkenraum 259
Fußsender 266, 267

Gamma-Funktionen 19
Gang, toter 172
Gasblasen 83
Gase, absorbierte 46
Gaußsche Ebene 19
Gaußscher Satz 42, 277
Gebirge, unterseeisches 1, 6
8, 44, 146, 265
Gefechtsignalmittel 272
Gefällslinien 12
Gegenfeld 180, 181, 216
Gegensegler 271
Gehäusefuß 197
Gehäuserohrwand 191
Gehörempfang 59, 62, 64, 65, 81
Generator 177
Geräuschempfänger 203, 204
205, 226, 261, 270
Geschwindigkeit, generalisierte . . . 98
Geschwindigkeitspotential 25, 26
27, 35, 41, 42, 106, 114, 118
141, 143, 144, 149, 150, 277
Gleichstrompolarisation 68, 72
Gleichung, charakteristische 87
102, 104, 158
Glimmer 210
Glocke 1, 6, 8, 44, 146, 265
Glockenkörperkonstruktion 146
Gong 147, 288

Seite

Grundgestell 269, 270
Grundschwingung 181
Grundsender 265
Gütekoeffizient 171, 179, 188, 200
211, 217, 224, 225, 226, 290
Gummischlauch 268

Hafen 272
Halbedelsteine 157
Halbraum 107, 151
Halsringmembran 197
Handelsschiffahrt 270
Havarie 9, 271, 273
Hebel, akustischer 135, 172, 290
Heißaufziehen 191
Heteroginität 54, 67
Hindernis 272
Hochfrequenzmaschinen 67
Hörrohr 1, 44, 107
Hörbarkeit 52, 80, 81, 280
Hören, binaurales 244
„ mittelbares 62, 64
„ unmittelbares 62, 63, 64
Hörgrenze 81, 201
Hörmessung 69
Hörmethode, stereoskopische . . 245, 250
homohalin 56
Horchposten 204

Imprägnierung 284
Induktionskoeffizient, akustischer 39
Infraempfänger 281
Infrafeld 82
Infratelegraphie 82
Isolation 211

Kabelkammer 191
Kapazitätswirkung . 116, 164, 170, 187
Kartenhaus 6
katotherm 58
Kegel 118
Kennung 146, 257, 270
Kiel 266
Kimm 266
Kippschwingungen 206
Klangfarbe 52, 240
Klingeln 203
Klöppelschlagring 146

Seite
Knochenleitung 244
Knotenfigur 133
Kohlegries 210
Kohlekugeln 210
Koinzidenz 309
Kolbenmembran 11, 113, 114
116, 117, 118, 120, 129, 131
132, 140, 141, 143, 190, 131
Kolbenmembranmasse 130
Kollision 270
Kombinationswiderstand 280
Komma 94
Kompensationskapazität 221
Kompressibilität 43, 45, 46, 56, 57, 79, 112
Kompressibilitätsmodul 31, 78
Kompression 107
Kongreß 67
Konkavität 197
Kontaktdruck 210
Kontaktspitzen 211
Kontinuitätsgleichung . . 25, 26, 37, 38, 42
Kopplung 136, 177, 207
Kopplungsglieder 99
Kopplungskoeffizient 103, 137
Kopplungsparameter 101
Korrodierung 159
Kraft, äquivalente 86
Kraftgleichung 110, 111, 116, 117
120, 127, 128, 134, 138, 142
Kraftlinienweg 292
Kreisdiagramm . . . 185, 188, 212, 213
Kriegsschiff 271
Krümmung 54, 56
Küste 269
Kugel, atmende 105, 117, 199
Kugelfunktionen 18
Kugelmikrophon 211, 238
Kugelstrahler 117
Kugelwellen 32, 35, 36, 47, 107
Kurs 253
Kurzschlußtransformator 177, 289
Kurzschlußwicklung 161, 170, 174

Ladebaum 266
Längsverband 266
Laplace'sche Gleichung 15, 37
Laufstrecke 51, 56
Lautstärke 10, 197, 202, 249, 268

Seite
Lautstärkeabsorptionskoeffizient 74
Lautstärkeamplitude 68, 75, 280
Lautstärkekurve 75, 251
Lautstärkemessung 68, 279
Lautstärke, spezifische 68, 69, 72
Lebensdauer 8, 147, 156, 157
Leerlaufdiagramm 182, 213
Legendre'sche Funktionen 19
Leistungskurve 169
Leuchtboje 265
Loten 11, 271
Lotsendampfer 266, 273
Lotsendienst 272
Luftblasen 83, 129, 158
Luftdämpfung 126
Luftgehalt 43, 286
Luftkurve 178, 188
Luftresonator, geschlossener 308
Luftschall 146, 238
Luftschallfeld 278, 279
Luftsignal 252
Luftsirene 152
Luftspalt 161, 167, 174, 179
Luftton 124
Luftstrecke 248
Luftweg 250

Maschinengeräusche 263
Masse, äquivalente 113, 123
„ hydrodynamische 111, 117
118, 120, 123, 124, 131, 142
„ stationäre 120
„ wirksame 120
Massenkopplung 136
Massenzuwachs, hydrodynamischer 89, 117
Mast 266
Materialzähigkeit 87
Medianebene 244, 245, 246, 250
Mediumabsorption . . 47, 51, 52, 59, 61
Mediumeinfluß 179
Mediumhärte 203
Mediumstrom . . 106, 118, 143, 150, 282
Meeresgrund 263
Meerestiefe 271
Mehrfachempfänger 231
Meistergeigen 285
Membran, elastische 113, 118
122, 124, 128, 140, 141, 172

Seite
Membranelastizität 181, 211
Membranelektrode 210
Membrankraft 10
Membranrand 197, 208
Membransender, elektrodynamischer . 160
„ elektromagnetischer . 179
189
Membranstrahler 122, 140
Membranzentrum 120
Meßmethode, stereoskopische 246
Mikrophonaußenluft 210
Mikrophonelektroden 4
Mikrophonempfänger 2, 3, 4, 8, 68, 227, 230
Mikrophonempfängerschaltung 80
Mikrophongehäuse 209
Mikrophonkapsel 210
Mikrophonpulver 209
Mikrophonwirkung 306, 307
Minen 271, 272
Minenausdehnung 272
Minimalreichweite 77
Mitteneindruck 248, 309
Mittenrichtung 246
Mitschwingungsamplitude 92
Mitschwingungsintensität 92
Molenköpfe 270
Morsealphabet . . . 8, 10, 232, 270, 308
Morseschieber 9
Morsetaster 148

Navigationsgerät 8
Navigationsmanöver 6
Navigationsmittel 4, 77, 149
Nebel 270, 273
Nebelsignalisierung 2, 270
Nebengeräusche 3, 204, 230, 231
Normalkoordinaten 99, 100
Nullantenne 117
Nullstrahler 105, 110
111, 116, 118, 143, 149, 197
Nutzeffekt, mechanischer 179
Nutzleistung . . 213, 214, 216, 224, 225
Nutzwiderstand, akustischer 121

Oberflächenintegral 42
Obertöne 18, 52, 206
Oberschwingungen 244
Ohrempfindlichkeit 59, 61, 63, 65

Seite
Ohrempfindlichkeitskurve 63
Ohrdistanz 245
Ordnungszahl 146
Oxydschicht 192

Parallelogrammführung 206
Parallelohmwiderstand 271
Pausen 271
Pausengruppen 271
Peilapparatur 240
Peilinstrument 145
Peilung 4, 5, 239, 241
Periode, komplexe 17
Pfeifen 44
Phasenkonstante . . 16, 17, 85, 91, 102
Phasenverschiebung 166
Phasenvoreilung 217
Phasenwinkel 19, 108, 170
Pipette siffleur 274
Positionslaternen 270
Positionssignale 270
Potentialbewegung 37
Preßluftkammer 148
Propellergeräusch 204

Quasistationär 114, 133
Quelle . 12, 34, 35, 42, 63, 74, 75, 106
Quellenabstand 150
Quellenarbeit 107, 116
Quellenazimut 244
Quellenergiebigkeit 13, 41, 24
Quellenpunkt 14, 15
Querelastizität 135
Querkontraktion 130, 132
Querschnittserweiterung 156
Querschwingungszahl 135

Rasselglocke 8, 148
Raumstrahlung 140
Raumwinkel . . 116, 117, 121, 128, 151
Reflektor 202
Reflexion 77, 271, 272
Reibung, äußere 87
„ innere 47, 48, 50, 51, 87, 121
Reibungsarbeit 156
Reibungskopplung 235, 236
Reichweite 2, 10, 51, 52, 58, 65, 66, 67, 241
Reichweiteschwankung 53

Seite

Reizschwellenwert 59, 60, 61
Resonanzbreite 282
Resonanzkurven 94, 127, 160
169, 178, 180, 181, 196, 204
Resonanzschärfe 282
Resonanztelephon 232
Resonatorgröße 140
Rettungsboot 147
Reziprozitätsgesetz 107, 282
Richtungsempfänger 112, 113
Richtungshörapparat 309
Richtungslokalisation . . . 13, 113, 244
Richtungsmessung 269
Richtungsunterscheidungsvermögen . 244
Richtwirkung 112, 250
Ringelektromagnet 174, 175, 176
Ringschwingung 305
Rohr 194
Rotorsirene 9, 152, 155
Rückstrahlung. 138
Rückwirkung 96, 143, 177

Salzgehalt 43, 46, 47, 48, 50, 54, 56, 74
Sausen 210
Schallabsorptionskoeffizient. 80
Schallantenne 84
Schallausbreitung 47
Schalldruck 138
Schallenergie 10
Schallenergiestrahlungssteigerung . . 83
Schallfeld 12, 25, 74
Schallgeschwindigkeit . 1, 9, 26, 32, 43
44, 45, 46, 47, 50, 54, 274
Schallhärte 77, 78, 80, 183, 202, 203, 306
schallhart . . . 116, 198, 202, 208, 228
Schalleitfähigkeit 3, 51
Schalleitung 46, 47, 51
Schallmedium 74, 163
Schallrichtung. 2
Schallschatten 2, 5, 6
59, 239, 241, 243 259
Schallschirm. 243
Schallschwächung 7, 46, 201
Schallschwächungskoeffizient 47, 51
52, 61, 64, 279
Schallsenke . . 12, 42, 59, 60, 139, 140
Schallstrahl 53, 54
Schallstrahlgleichung 55

Seite

schallweich . 79, 83, 116, 164, 202, 238
Scheibensirene. 152, 154
Schiffsgeräusche 66, 241, 250, 267
Schleppscheiben 241, 243, 244
Schließungszustand 219
Schlüpfung 110
Schnelldampfer 272
Schnellschlagglocken 8, 148, 149
Schraubengeräusche 268
Schüttelmikrophon 208, 226
Schutzeinrichtung 234
Schwellenwert 59, 63
Schwimmkörper 147
Schwingungskreis, elektrischer . . . 233
Seegangausnützung 6, 147
Seewasser 45, 46, 47, 53, 122
Seewasserkristalle 9
Seidenring 210
Seitenlichter 270
Seitenrichtung 246
Seitensignale 270
Selbstinduktionskoeffizient, akustischer 39
Selbstinduktionswirkung 170, 187
Senderapparatur. 254
Senderdämpfung 213, 223
Senderdiagramm 182
Sender, elektrodynamischer . . 160, 164
171, 185, 192
Sender, elektromagnetischer 171
Senderflansch 266
Senderfrequenz, ökonomische 59
65, 66, 67
Senderkraftfeld 123
Sendermembranen 196
Sendernutzeffekt. 82
Sender, polarisierte 179
Senderröhrenbetrieb. 67
Senderschallfeld 126
Sendetempo 8
Signalempfänger 206, 228, 229
Signalempfängeranlage 261
Signalmagnetsender 200, 201
Signalmittel 271
Signalreichweite, praktische. 53
" theoretische. . . 52
Signaltaste . . . 148, 153, 159, 177, 255
Sirene 149, 151
Sirenenstrahlungsleistung 150

Seite
Sommer-Winter-Periode 67
Sonde 202
Spezialempfänger 204
Sprachrohr 107, 238
Sprechmikrophon 210
Spulenempfänger 221, 225, 226
Spulensender 160, 166, 176, 224
Stab 97, 129, 132, 135, 159, 194
Stabrohrgebilde 194, 199, 200
Standardton 81
Stereoskophören 261, 269
Stimmgabel 193
Störungsbereich 144
Störungsfreiheit 203, 252
Störungsradius 144, 145
Störungsquelle 251
Störungsraum 149
Stoßerregung 203
Strahler erster Ordnung 109
110, 111, 141, 144, 197, 198
Strahler nullter Ordnung 105
109, 121, 144, 198
Strahlungsdämpfung . . . 126, 178, 183
Strahlungsleistung 192
Strahlungswiderstand 87, 183, 211
Strömungen 273
Synchronsignalisierung 253

Tankprinzip 5, 7, 8, 240, 268
Tauchtiefe 4, 9, 227, 236, 238
Telegraphiergeschwindigkeit 8, 82
148, 203, 231
Telegraphon 249, 310
Telephonempfänger 11
Telephonlautstärke, korrespondenzfähige 68
Temperaturgefälle 53, 54, 55, 74
Toneindruck 311
Tonempfänger 203, 204, 205
Tonempfang 204
Tonhöhekonstanz 152
Tonpilz 122, 133, 134, 135
136, 180, 190, 191, 193, 197, 209
Torpedolancierrohre 267
Torsionsschwingungen 85
Totalreflexion 53, 54
Transformator, elektrischer 176, 180, 290
Transformator, elektromechanischer . 180
181, 183, 184, 187, 188

Seite
Trommelfell 59
Trommelsirene 152
Tube éprouvette 274
Turmtelephonanschluß 261
U-Boot . . 8, 9, 10, 203, 204, 234, 238
241, 261, 263, 267, 270, 271, 273
U-Bootempfangsanlage 259, 261
Ueberlagerungsprinzip . . . 82, 201, 281
Ueberlastungsprobe 178
Ultrafrequenz 82
Ultrasender 82
Ultratelegraphie 81, 82
Unterwasserbomben 234
Unterwasserglocke 6, 66, 146
Unterwassermikrophone 210
Unterwassersirene 10, 66
Unterwasserschallreichweite 66
Unterwasserschalltelephonie 8, 11
82, 201, 271, 281
Untiefen 67

Vakkum 86, 89, 178, 183
Vektorfluß 41
Verdichtung 26, 30, 35, 149
Verlustleistung 216
Verlustwiderstand, akustischer 121, 163, 189
Vermessung 239
Verschiebungsvolumen 118
Verschraubungen 172, 173, 191
Verstärkereinrichtungen . . . 11, 80, 81
Verstimmung 93, 164
167, 169, 184, 185, 188, 189
Verstimmungsdiagramm 185
Verzögerungseinrichtung 246
Vibrations doubles 278
„ simples 278
Viskosität 61, 89
Volumselastizitätsmodul 43

Wasserabstimmung 126
Wasserlautstärke 68
Wasserpfeifen 8, 80
Wasserplatte 47
Wasserresonator 79
Wasserschädel 244, 245
Wasserschädelohrdistanz 245
Wasserschallfeld 6, 64, 65
Wasserschallhärte 79

	Seite
Wassersirenen	8, 152
Wasserstrahlungsdämpfung	124, 126, 127
Wassertank	153
Wassertiefe	66, 74
Wasserton	123, 124
Wassertopf	268
Weg-Kraft-Transformation	304
Wellengleichung	27, 29, 34, 43
Widerlager	237, 238
Widerstand, akustischer	32, 39, 87, 107, 115, 116, 117, 121, 128
Windkessel	154
Windkesselluft	237
Wirkungsgrad, akustischer	184
Wirkungsgrad, mechanischer	136, 152, 162, 168, 169, 170, 179, 182, 183, 184, 189, 238
Zähigkeit	90
Zerhackungsfrequenz	281
Zerstreuungsfunktion	97, 98, 100
Zeitdifferenzmessung	246
Zeitkonstante	177, 201, 290
Zugelastizitätsmodul	78, 129
Zugkraft	190, 191
Zusammenstöße	253, 272
Zusatzgewicht	126
Zusatzmasse	87, 124
Zweifachmembrankonstruktion	228

Figurenverzeichnis.

	Seite		Seite		Seite
1	2	32	155	60 und 61	190
2	3	33	156	62	191
3 und 4	4	34 und 35	157	63	192
5 und 6	5	36	158	64	193
7	6	37	160	65	194
8 und 9	7	38	161	66	195
10	21	39	162	67 und 68	196
11	33	40	163	69 und 70	197
12	41	41	165	71	198
13	54	42	169	72 und 73	199
14	57	43	170	74	200
15	65	44	173	75	205
16 und 17	68	45	174	76 und 77	206
18	72	46	175	78	207
19	74	47 und 48	176	79	208
20	75	49	177	80	209
21	76	50	178	81	211
22	95	51	179	82	212
23	113	52	180	83	221
24 und 25	133	53	181	84	222
26	135	54	182	85 und 86	227
27	146	55	183	87	228
28a und 28b	147	56	184	88	229
29 und 30	148	57	186	89 und 90	230
31a	153	58	187	91	231
31b	154	59	188	92 und 93	232

	Seite		Seite		Seite
94	233	106	249	120	263
95	234	107	251	121 und 122	264
96	235	108	252	123 und 124	265
97	236	109	254	125	266
98	237	110	255	126	267
99	239	111 und 112	256	127	268
100	240	113	257	128	269
101	241	114	258	129	271
102	242	115	259	130	285
103	243	116 und 117	260	131	300
104	247	118	261	132 und 133	305
105	248	119	262	134	310

Tabellenverzeichnis

	Seite		Seite		Seite
I	45	XIII und XIV	69	XXV	119
II und III	46	XV	70	XXVI	122
IV und V	48	XVI und XVII	72	XXVII	123
VI	49	XVIII	73	XXVIII	124
VII	50	XIX	94	XXIX	125
VIII	60	XX	97	XXX und XXXI	126
IX	62	XXI	108	XXXII	127
X	64	XXII	109	XXXIII	303
XI	279	XXIII	111		
XII	65	XXIV	283		

Bei Fragen zur Produktsicherheit wenden Sie sich bitte an:
If you have any questions regarding product safety,
please contact:

Walter de Gruyter GmbH
Genthiner Straße 13
10785 Berlin
productsafety@degruyterbrill.com